高等职业教育新业态新职业新岗位系列教材

AutoCAD 中文版
机械设计项目教学案例教程

何志昌　胡仁喜　顾美香◎主　编

罗贻正　张春芳　易剑辉◎副主编

電子工業出版社

Publishing House of Electronics Industry

北京 · BEIJING

内 容 简 介

本书以 AutoCAD 2024 为软件平台，讲述各种 CAD 机械设计的绘制方法，包括熟悉 AutoCAD 基本操作、绘制简单机械图形、绘制复杂机械图形、标注机械图形、灵活运用辅助绘图工具、设计轴系类零件、设计齿轮类零件、设计箱体和箱盖、设计减速箱装配图。全书内容翔实，图文并茂，语言简洁，思路清晰。为了方便广大读者更加形象直观地学习此书，本书配备电子教学包，包含全书实例操作过程讲解微课和实例源文件。为配合教师授课需要，本书还提供教学大纲、课程标准、电子教案、授课 PPT、模拟试题及答案等授课资料包。

本书可作为高等职业院校、职业本科院校机械类相关专业的教学用书，也可作为工程技术人员的参考工具书。

图书在版编目（CIP）数据

AutoCAD 中文版机械设计项目教学案例教程 / 何志昌，胡仁喜，顾美香主编. -- 北京 : 电子工业出版社，2024. 9. -- ISBN 978-7-121-48383-7

Ⅰ. TH122

中国国家版本馆 CIP 数据核字第 2024755MB3 号

责任编辑：王昭松
印　　刷：三河市鑫金马印装有限公司
装　　订：三河市鑫金马印装有限公司
出版发行：电子工业出版社
　　　　　北京市海淀区万寿路 173 信箱　　邮编：100036
开　　本：787×1092　1/16　印张：16.5　字数：444 千字
版　　次：2024 年 9 月第 1 版
印　　次：2024 年 9 月第 1 次印刷
定　　价：56.00 元

凡所购买电子工业出版社图书有缺损问题，请向购买书店调换。若书店售缺，请与本社发行部联系，联系及邮购电话：（010）88254888，88258888。

质量投诉请发邮件至 zlts@phei.com.cn，盗版侵权举报请发邮件至 dbqq@phei.com.cn。

本书咨询联系方式：（010）88254015，wangzs@phei.com.cn，QQ83169290。

党的二十大报告指出，“教育、科技、人才是全面建设社会主义现代化国家的基础性、战略性支撑。必须坚持科技是第一生产力、人才是第一资源、创新是第一动力，深入实施科教兴国战略、人才强国战略、创新驱动发展战略，开辟发展新领域新赛道，不断塑造发展新动能新优势。”为了响应党中央的号召，我们在充分进行调研和论证的基础上，精心编写了本书。

机械工程图用来阐述机械工程的构成和功能，描述机械装置的工作原理，提供安装和维护使用的信息，辅助机械工程研究和指导机械工程施工实践等。AutoCAD 2024 提供的平面绘图功能可以胜任机械工程图中使用的各种机械系统图、框图、电路图、接线图、机械平面图等的绘制任务。AutoCAD 2024 还提供了三维造型、图形渲染等功能，用于机械工程图的辅助设计。

“AutoCAD 机械设计”是一门计算机辅助设计与机械设计结合的交叉课程。本书的定位是一本适合教学使用与自学参考的综合指南，旨在全面展示 AutoCAD 2024 在机械设计领域的应用功能，并根据机械设计在各学科和专业中的实际应用，深入、详细地讲解各种机械设计中使用的 AutoCAD 设计方法和技巧。

一、本书特色

1. 项目驱动，目标明确

本书根据职业教育教学改革要求，采取项目化教学驱动的方式组织内容。所有知识都在任务实施过程中悄然灌输，使读者能够明确学习目标，有针对性地学习，从而提高学习兴趣。

2. 内容全面，剪裁得当

本书内容全面具体，适合各类读者的需求。在编写过程中，选择任务实例时特别注意知识应用的代表性，力求覆盖 AutoCAD 的主要知识点。同时，为了在有限的篇幅内提高知识集中程度，编者对所涉及的知识点进行了精心剪裁。

3. 实例丰富，环环相扣

作为 AutoCAD 类专业软件在机械设计领域应用的工具书，本书为了避免空洞的介绍和描述，力求环环相扣，以机械设计实例介绍每个知识点，这样读者在实例操作过程中能够深入掌握软件功能。实例的种类也非常丰富，包括针对单个知识点的实例，涵盖几个知识点或全章知识点的综合实例，用于练习和提高的上机实例，以及完整实用的工程实例。通过交错讲解不同类型的实例，旨在巩固读者对知识的理解。

4. 例解图解配合使用

与同类书相比，本书最大的特点是采用“例解+图解”模式。其中，“例解”是指放弃传统的基础知识点铺陈式讲解方法，直接采用“实例引导+知识点拨”的方式进行讲解。这种方式可以增强本书的操作性，迅速吸引读者的注意，避免枯燥。“图解”是指图文并茂，文字简洁，图片和文字紧密结合，显著提升本书的可读性。

二、本书组织结构和主要内容

本书以 AutoCAD 2024 版本为演示平台，全面介绍 AutoCAD 机械设计从基础到实例的全部知识，帮助读者从入门走向精通。全书分为九个项目。

项目一 熟悉 AutoCAD 基本操作。

项目二 绘制简单机械图形。

项目三 绘制复杂机械图形。

项目四 标注机械图形。

项目五 灵活运用辅助绘图工具。

项目六 设计轴系类零件。

项目七 设计齿轮类零件。

项目八 设计箱体和箱盖。

项目九 设计减速箱装配图。

三、本书素材

为了方便广大读者更加形象直观地学习此书，本书配备电子教学包，包含全书实例操作过程讲解微课和实例源文件。为配合教师授课需要，本书还提供教学大纲、课程标准、电子教案、授课 PPT、模拟试题及答案等授课资料包。请广大读者登录华信教育资源网（www.hxedu.com.cn）注册后免费下载。

四、致谢

本书由何志昌（江西冶金职业技术学院）、胡仁喜（河北工程技术学院）、顾美香（江西冶金职业技术学院）担任主编，罗贻正（江西冶金职业技术学院）、张春芳（江西冶金职业技术学院）、易剑辉（江西铜业集团有限公司）担任副主编，廖志峰（江西冶金职业技术学院）、王晓东（新余钢铁集团有限公司）、苏益群（江西冶金职业技术学院）、付敏（江西冶金职业技术学院）参编。在本书的编写过程中，编者得到了学院和企业相关领导及同事的大力支持，在此表示衷心的感谢。

由于时间仓促，加上编者水平有限，书中难免存在不妥之处，望广大读者批评指正，编者将不胜感激。

编 者

目录

Contents

项目一　熟悉 AutoCAD 基本操作

学习情境

到目前为止，有些读者可能还没有正式接触 AutoCAD 2024，对软件的绘图环境、基本操作功能等还没有了解。

在本项目中，读者可以通过几个简单任务循序渐进地学习 AutoCAD 2024 的基本知识，了解如何设置图形的系统参数，如何建立新的图形文件及打开已有文件等，为后面进行系统学习奠定基础。

素质目标

通过讲解 AutoCAD 2024 的基本知识，帮助读者了解操作界面的基本布局，掌握管理文件的方法，学会各种基本输入数据方式。同时，培养读者严谨细致的工作态度，为未来从事工程技术工作奠定坚实的基础。

能力目标

- 设置绘图环境
- 管理文件
- 基本输入操作
- 显示控制操作

课时安排

3 课时（讲授 2 课时，练习 1 课时）

任务一　设置绘图环境

任务背景

使用任何一款软件的第一件事是要对这个软件的基本界面进行感性的认识，并会进行基本的参数设置，从而为后面具体的操作做好准备。

AutoCAD 2024 不仅提供了交互性良好的 Windows 风格操作界面，也提供了方便的系统定制功能，用户可以根据需要和喜好灵活地设置绘图环境。

本任务要求读者熟悉 AutoCAD 2024 的基本界面布局和各个区域的功能。为了便于读者进行后续绘图操作，可以在本任务中尝试设置十字光标大小和图形窗口颜色等基本参数。

操作步骤

1. 熟悉操作界面

（1）双击计算机桌面快捷图标或在计算机上选择“开始”→“所有程序”→“Autodesk”→“AutoCAD 2024 简体中文（Simplified Chinese）”命令，打开如图 1-1 所示的 AutoCAD 操作界面。

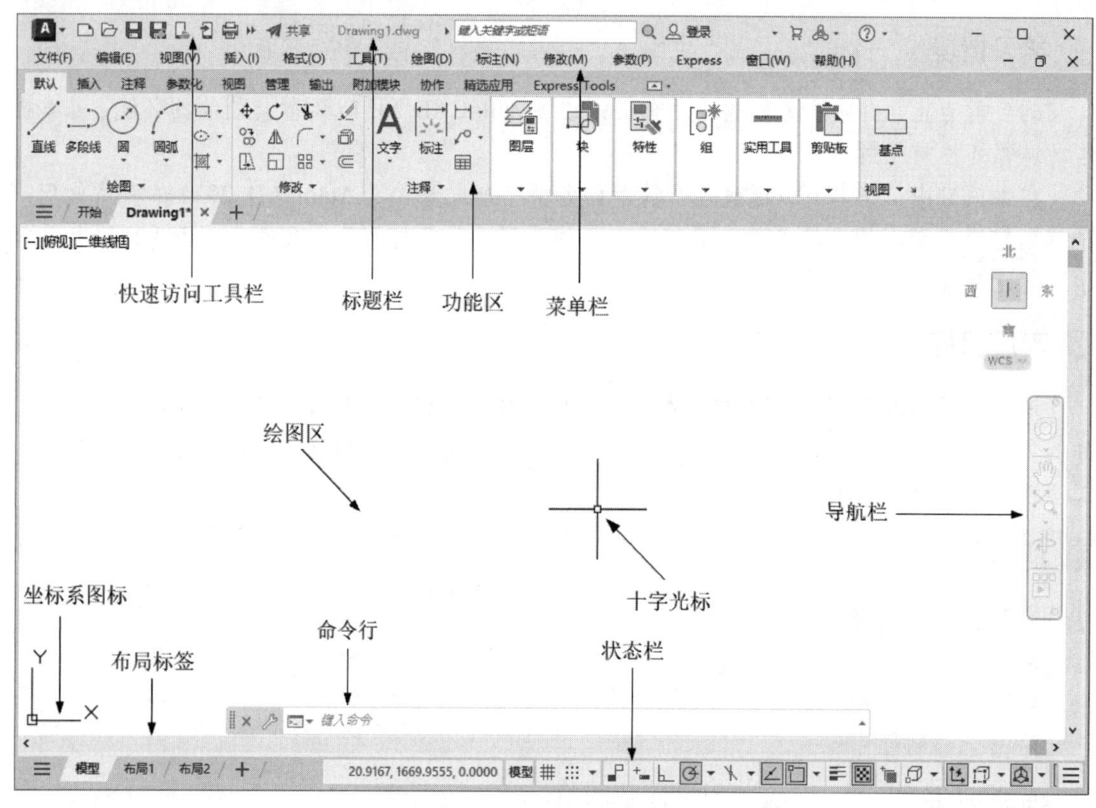

图 1-1　AutoCAD 操作界面

该界面是 AutoCAD 显示、编辑图形的区域。一个完整的 AutoCAD 操作界面，包括快速访问工具栏、标题栏、功能区、菜单栏、绘图区、十字光标、导航栏、坐标系图标、布局标签、命令行和状态栏。

（2）在绘图区中右击，打开快捷菜单（见图 1-2），选择“选项”命令，打开“选项”对话框（见图 1-3），选择“显示”选项卡，将“窗口元素”选区中的“颜色主题”设置为“明”，单击“确定”按钮，关闭对话框，此时操作界面如图 1-4 所示。

2. 菜单栏

单击 AutoCAD 快速访问工具栏右侧三角，在打开的下拉菜单中选择“显示菜单栏”命令（见图 1-5），打开的子菜单栏如图 1-6 所示。与其他 Windows 程序相同，AutoCAD 的菜单也是下拉形式的，并在菜单中包含子菜单。AutoCAD 的菜单栏中包含“文件”“编辑”“视图”“插入”“格式”“工具”“绘图”“标注”“修改”“参数”“窗口”“帮助”“Express”共 13 个菜单。这些菜单中几乎包含 AutoCAD 的所有绘图命令，后面的项目将围绕这些菜单展开讲述。一般来讲，AutoCAD 下拉菜单中的命令有以下 3 种类型。

图 1-2 快捷菜单

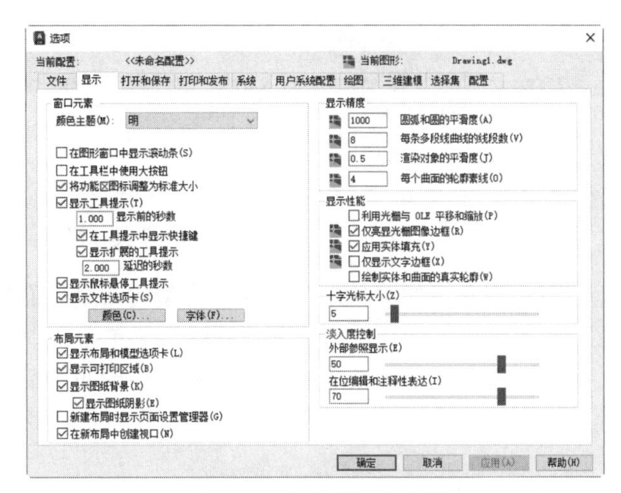

图 1-3 “选项”对话框

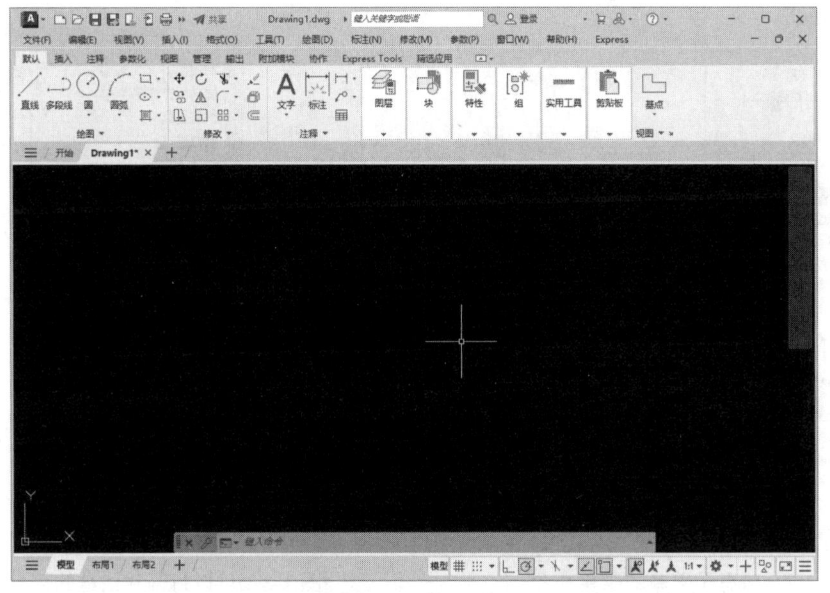

图 1-4 将“颜色主题”设置为“明”后的操作界面

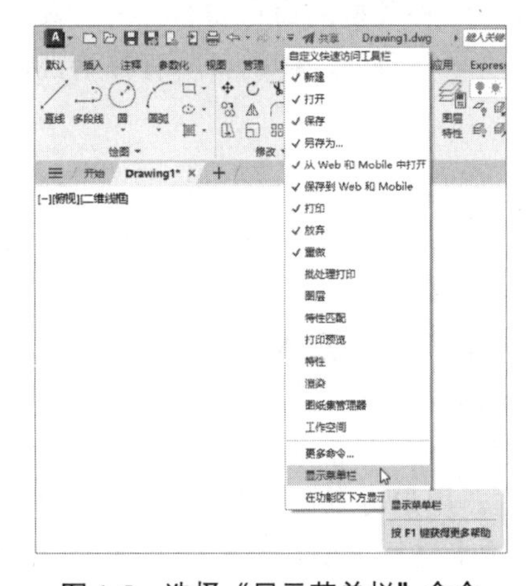

图 1-5 选择“显示菜单栏”命令

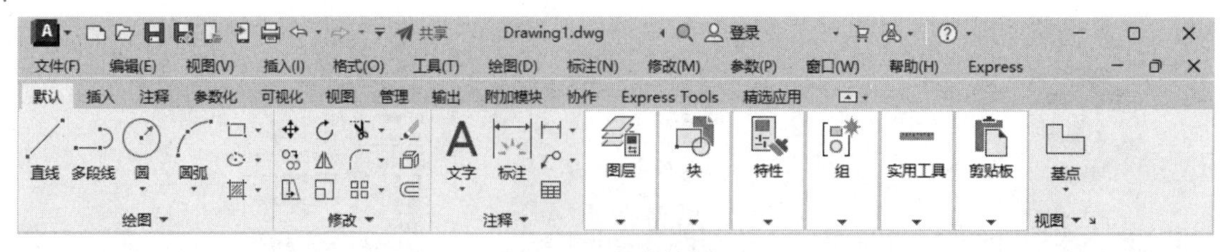

图 1-6　子菜单栏

（1）带有小三角形的菜单命令。这种类型的命令后面带有子菜单。例如，选择菜单栏中的“绘图”→“圆弧”命令，将打开“圆弧”菜单命令中所包含的命令，如图 1-7 所示。

（2）可以打开对话框的菜单命令。这种类型的命令后面带有省略号。例如，选择菜单栏中的“格式”→“表格样式”命令（见图 1-8），将打开“表格样式”对话框，如图 1-9 所示。

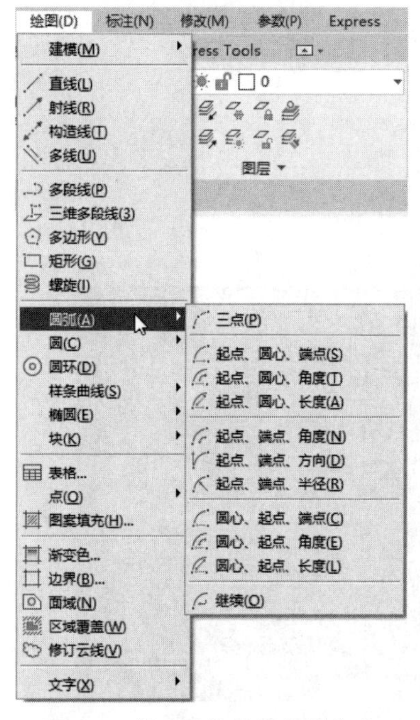

图 1-7　带有子菜单的菜单命令

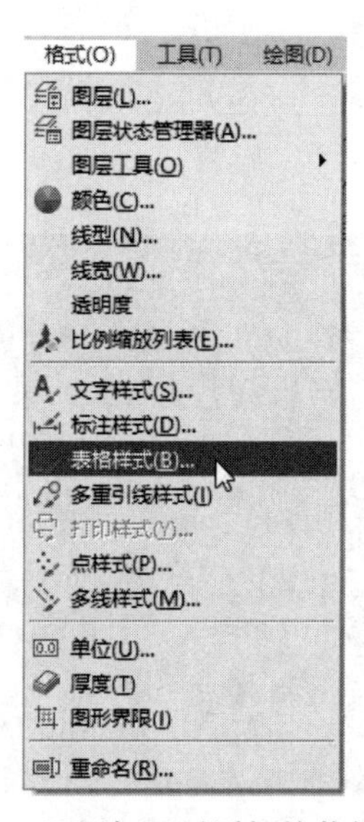

图 1-8　可以打开对话框的菜单命令

（3）直接操作的菜单命令。这种类型的命令将直接进行相应的绘图或其他操作。例如，选择菜单栏中的“视图”→“重画”命令，将刷新所有显示视口，如图 1-10 所示。

3. 配置绘图环境

由于每台计算机所使用的显示器、输入设备和输出设备的类型不同，加上用户个人偏好及计算机目录设置的差异，因此每台计算机都具有独特性。一般来讲，使用 AutoCAD 2024 的默认配置即可进行绘图，但为了兼容用户的定点设备或打印机，并提升绘图效率，AutoCAD 推荐用户在开始作图前进行必要的配置。具体配置操作如下。

在命令行中输入“preferences”命令，或者选择菜单栏中的“工具”→“选项”命令，或者在空白处右击，在打开的快捷菜单（其中包括一些最常用的命令）中选择“选项”命令（见图 1-11），打开“选项”对话框。用户可以在该对话框中选择相关选项，对 AutoCAD 进行配置。下面仅对其中几个主要选项卡进行说明，其他配置选项在后面使用时再做具体说明。

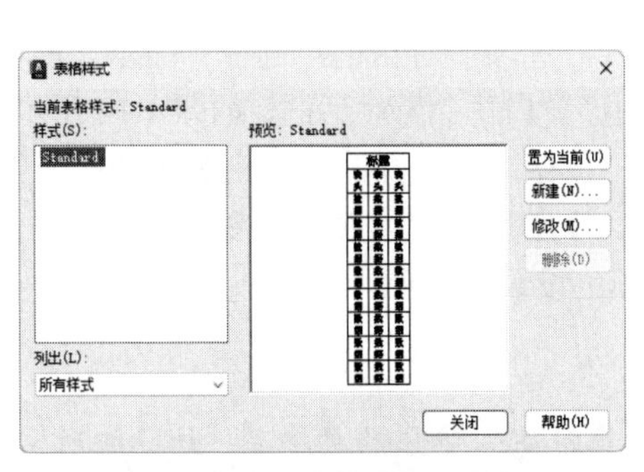

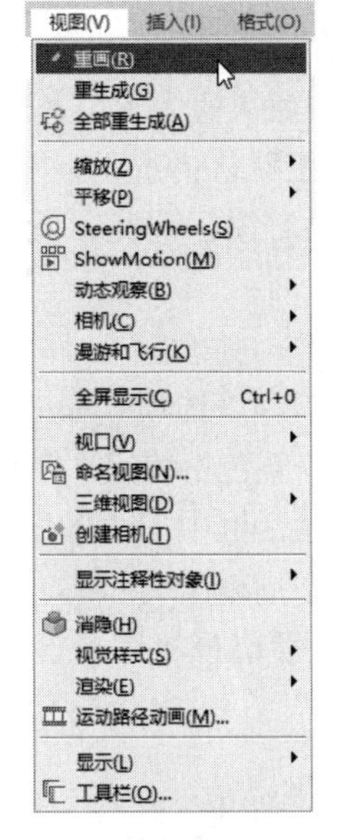

图 1-9 “表格样式”对话框　　图 1-10 直接操作的菜单命令　　图 1-11 选择“选项”命令

（1）系统配置。“选项”对话框中的第 5 个选项卡为“系统”，如图 1-12 所示。该选项卡用来设置 AutoCAD 系统中的相关特性。其中，“常规选项”选区用来确定是否使用系统配置的相关基本选项。

（2）显示配置。“选项”对话框中的第 2 个选项卡为“显示”，如图 1-13 所示。该选项卡不仅可以用来控制 AutoCAD 窗口的外观，还可以设置屏幕菜单、屏幕颜色、十字光标的大小、滚动条、命令行中的文字行数、AutoCAD 的版面布局设置、各实体的显示分辨率及 AutoCAD 运行时的其他性能参数等。现对部分设置进行介绍如下。

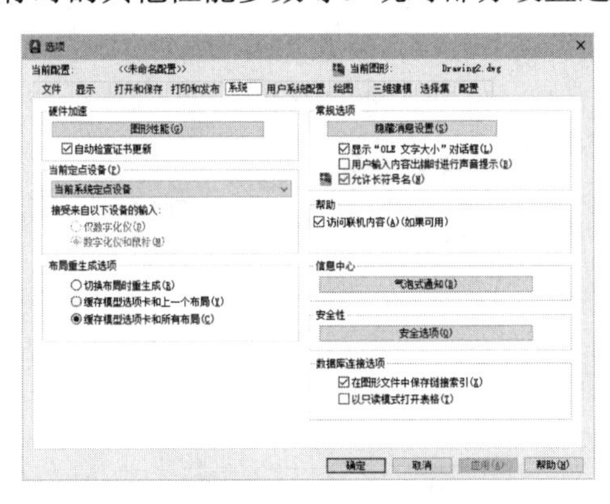

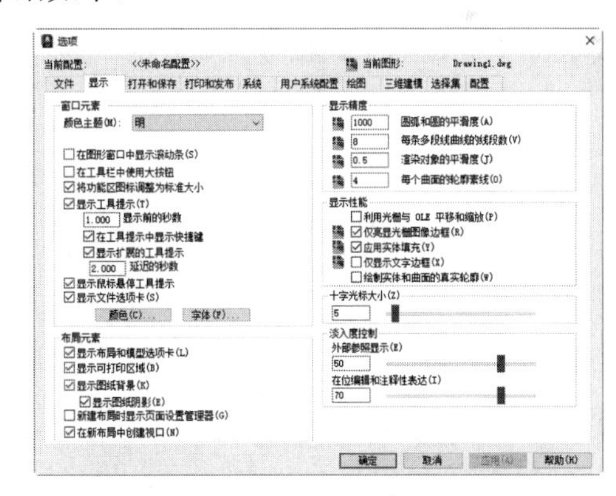

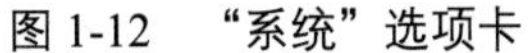

图 1-12 “系统”选项卡　　图 1-13 “显示”选项卡

① 修改绘图区中十字光标的大小。十字光标的长度默认设置为屏幕大小的百分之五，用户可以根据实际绘图需求调整其大小。调整十字光标大小的方法如下。

选择菜单栏中的“工具”→“选项”命令，打开“选项”对话框，选择“显示”选项卡，在“十字光标大小”选区的文本框中直接输入数值，或者拖动文本框后的滑块，即可对十字光标的大小进行调整。

此外，还可以通过设置系统变量 CURSORSIZE 的值来调整十字光标的大小，方法是在命令行输入：

```
命令: CURSORSIZE↙
输入 CURSORSIZE 的新值 <5>:
```

根据提示，输入新值即可。默认值为 5%。

② 修改图形窗口的颜色。在默认情况下，AutoCAD 的图形窗口显示为黑色背景、白色线条，这不符合绝大多数用户的习惯。因此，修改图形窗口的颜色是大多数用户都需要进行的操作。

修改图形窗口颜色的步骤如下。

a. 选择菜单栏中的“工具”→“选项”命令，打开“选项”对话框，选择“显示”选项卡，单击“窗口元素”选区中的“颜色”按钮，打开“图形窗口颜色”对话框，如图 1-14 所示。

b. 单击“图形窗口颜色”对话框中的“颜色”下拉按钮，在打开的下拉列表中选择所需的窗口颜色，单击“应用并关闭”按钮。此时，AutoCAD 图形窗口的颜色将变为白色背景。通常，大部分用户会根据视觉习惯选择将图形窗口的颜色设置为白色。

注意

> 在设置实体显示分辨率时，请务必记住，显示质量越高，即分辨率越高，计算机所需的处理时间越长。因此，千万不要将分辨率设置得过高。保证显示质量在一个合理的范围内非常重要。

③工具栏配置。工具栏是一组图标型工具的集合。选择菜单栏中的“工具”→“工具栏”→“AutoCAD”命令，调出所需的工具栏，把鼠标指针移动到某个图标上，稍停片刻即在该图标一侧显示相应的工具提示，同时在状态栏中显示对应的说明和命令名。此时，单击图标可以执行相应命令。

a. 调出工具栏。AutoCAD 2024 的标准菜单提供了几十种工具栏。选择菜单栏中的“工具”→“工具栏”→“AutoCAD”命令，打开工具栏标签列表（见图 1-15），单击其中某个未在界面中显示的工具栏标签名，将在操作界面打开该工具栏，反之将关闭该工具栏。

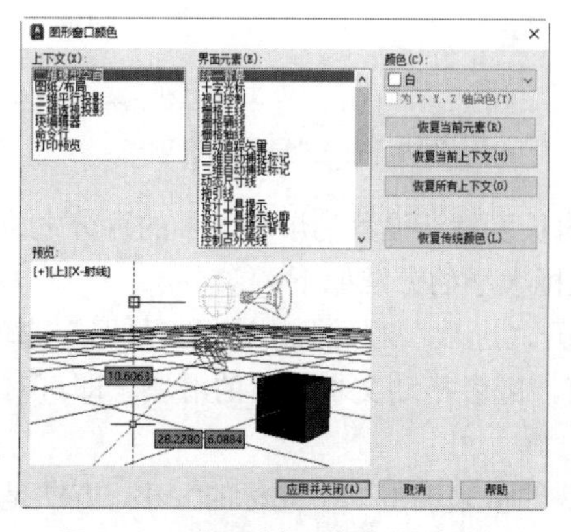

图 1-14 “图形窗口颜色”对话框

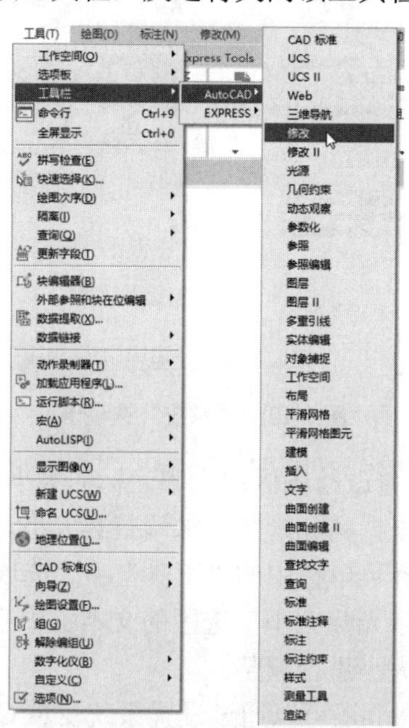

图 1-15 工具栏标签列表

b．工具栏的固定、浮动与打开。工具栏可以在绘图区“浮动”（见图 1-16）。使用鼠标可以拖动浮动工具栏到绘图区的边界，使它变为固定工具栏。同理，将固定工具栏拖出，可以使它成为浮动工具栏。

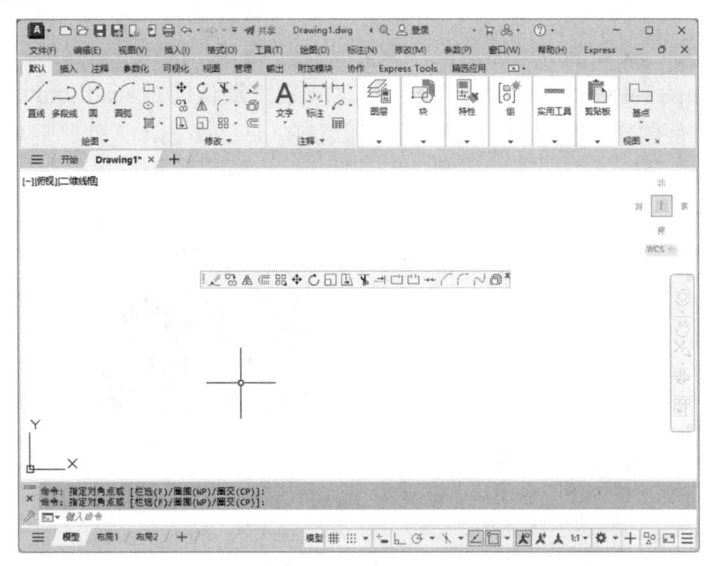

图 1-16　浮动工具栏

有些图标的右下角带有一个小三角，单击该三角会打开相应的工具栏，如图 1-17 所示。按住鼠标左键，将鼠标指针移动到某个图标上并释放鼠标左键，该图标将成为当前图标。单击当前显示的按钮，即可执行相应命令。

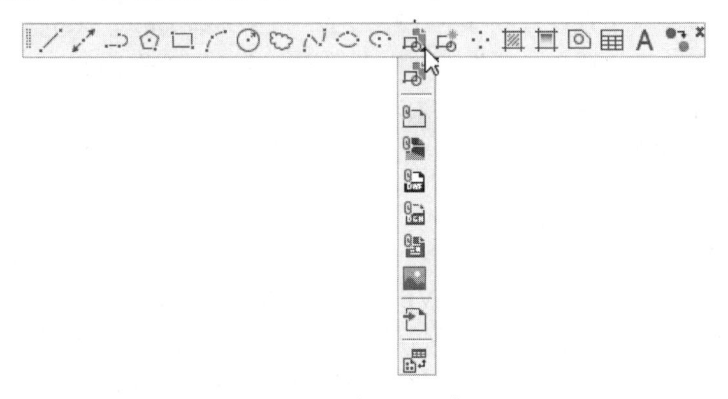

图 1-17　打开工具栏

任务二　管理文件

任务背景

在使用任何应用软件之前，首先需要熟悉的是管理文件，如新建文件、打开文件、保存文件等。

本任务将介绍文件管理的一些基本操作方法，包括新建文件、保存文件、打开文件、另存文件和退出软件。这些是进行 AutoCAD 2024 操作的基础。

操作步骤

1. 新建文件

在命令行中输入“NEW”（或“QNEW”）命令，或者选择菜单栏中的“文件”→“新建”命令，或者单击快速访问工具栏中的“新建”按钮，打开“选择样板”对话框，如图1-18所示；选择一个样板文件（系统默认的是acadiso.dwt文件），AutoCAD将根据所选样板文件创建新图形。如果选择的是默认的acadiso.dwt文件，则打开的界面如图1-1所示。

图1-18 “选择样板”对话框

提示

样板文件系统提供了预设好各种参数或进行了初步标准绘制（如图框）的文件。

文件类型下拉列表中包含3种格式的图形样板，后缀分别是.dwt、.dwg和.dws。

在一般情况下，.dwt文件是标准的样板文件，通常会将一些规定的标准样板文件保存为.dwt文件；.dwg文件是普通的样板文件；而.dws文件是包含标准图层、标注样式、线型和文字样式的样板文件。

2. 保存文件

在命令行中输入“SAVE”（或“QSAVE”）命令，或者选择菜单栏中的“文件”→“保存”命令，或者单击快速访问工具栏中的“保存”按钮。在执行上述命令后，若文件已命名，则AutoCAD将自动保存文件；若文件未命名（默认名drawing1.dwg），则打开“图形另存为”对话框（见图1-19），指定保存路径，输入文件名并进行保存。在“保存于”下拉列表中，可以指定保存文件的路径；在“文件类型”下拉列表中，可以指定保存文件的类型。

3. 打开文件

在命令行中输入“OPEN”命令，或者选择菜单栏中的“文件”→“打开”命令，或者单击快速访问工具栏中的“打开”按钮，打开“选择文件”对话框（见图1-20），找到刚才保存的文件，单击“打开”按钮，即可打开该文件。

4. 另存文件

在命令行中输入“SAVEAS”命令，或者选择菜单栏中的“文件”→“另存为”命令，打开“图形另存为”对话框（见图1-21），输入另一个文件名，指定路径并进行保存。

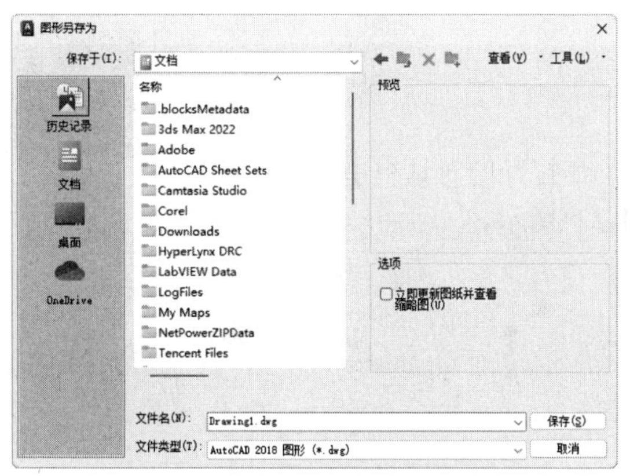

图 1-19　“图形另存为”对话框

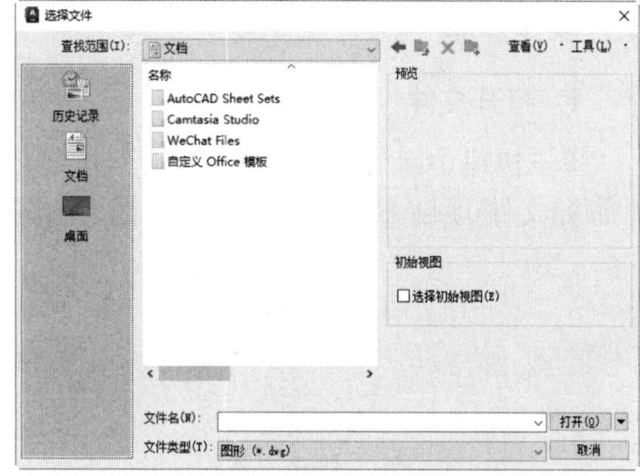

图 1-20　“选择文件”对话框

5. 退出软件

在命令行中输入“QUIT”（或“EXIT”）命令，或者选择菜单栏中的“文件”→“关闭”命令，或者单击 AutoCAD 操作界面右上角的“关闭”按钮✕。执行上述命令后，若用户对图形所做的修改尚未保存，则打开如图 1-22 所示的系统警告对话框。如果单击“是”按钮，则保存文件并退出软件；如果单击“否”按钮，则不会保存文件。若用户对图形所做的修改已经保存，则直接退出软件。

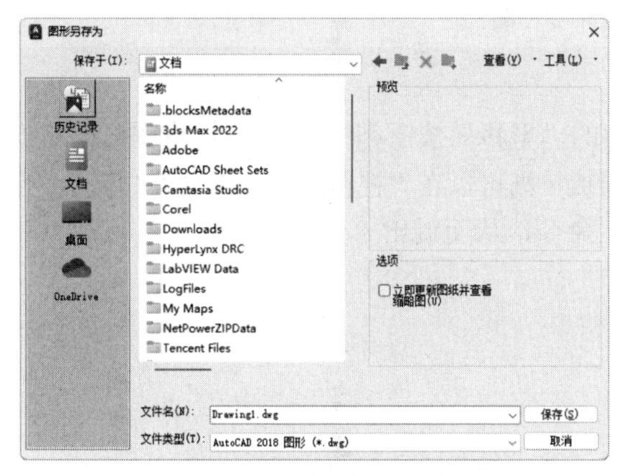

图 1-21　“图形另存为”对话框

图 1-22　系统警告对话框

任务三　查看零件图的细节

任务背景

在绘制或查看图形时，经常需要转换绘制图形的区域，或者查看图形某部分的细节，这时需要使用 AutoCAD 的图形显示工具。

改变视图的一般方法是利用缩放和平移命令在绘图区域缩小或放大图像，或者改变观察位置。

本任务将介绍利用 AutoCAD 2024 的平移和缩放工具查看图形的具体方法，方便后面读者在具体绘图过程中转换显示区域和查看图形细节。

操作步骤

1. 打开文件

单击快速访问工具栏中的“打开”按钮，在打开的对话框中打开“源文件\原始文件\项目一\低速轴”图形文件，如图 1-23①所示。

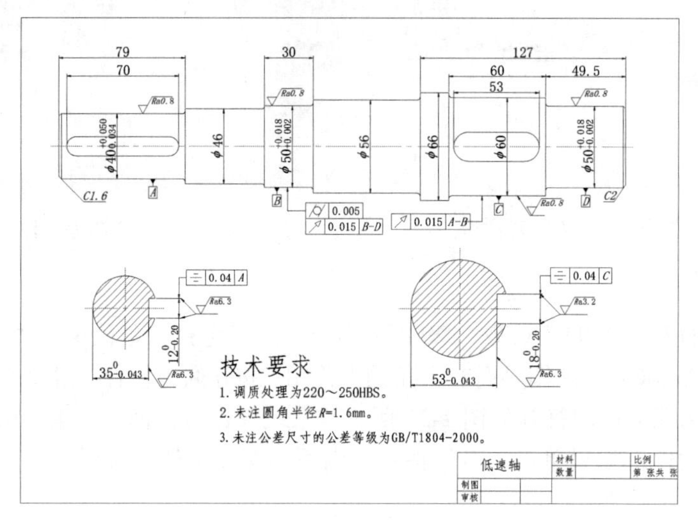

图 1-23　低速轴零件图

2. 平移图形

（1）单击“视图”选项卡的“导航”面板中的“平移”按钮，使用鼠标将图形向左拖动，结果如图 1-24 所示。如果找不到“导航”面板，则可以在“视图”选项卡的空白处右击，在打开的快捷菜单中选择显示面板中的“导航”命令，从而调出“导航”面板。

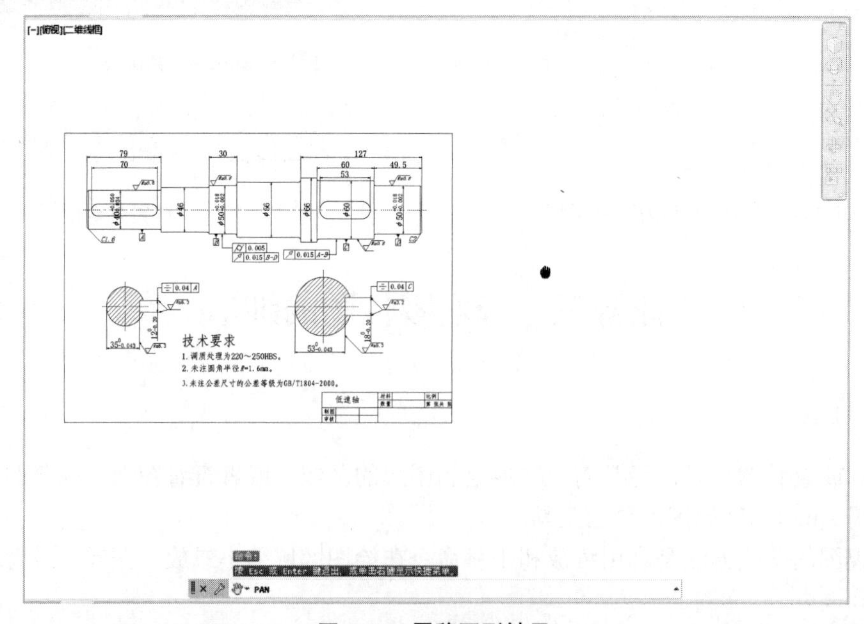

图 1-24　平移图形结果

① 本书中，AutoCAD 图形尺寸标注的默认单位为 mm。

（2）右击空白处，在打开的快捷菜单（见图 1-25）中选择“缩放”命令。此时，绘图区将显示缩放标记，向上拖动鼠标，将图形实时放大；单击“视图”选项卡的“导航”面板中的“平移”按钮，将图形移动到中间位置，结果如图 1-26 所示。

（3）单击“视图”选项卡的“导航”面板中的“窗口”按钮，先在绘图区中单击确定第一个角点，再拉出一个矩形框，如图 1-27 所示；在另一个角点处单击，窗口缩放结果如图 1-28 所示。

图 1-25 快捷菜单

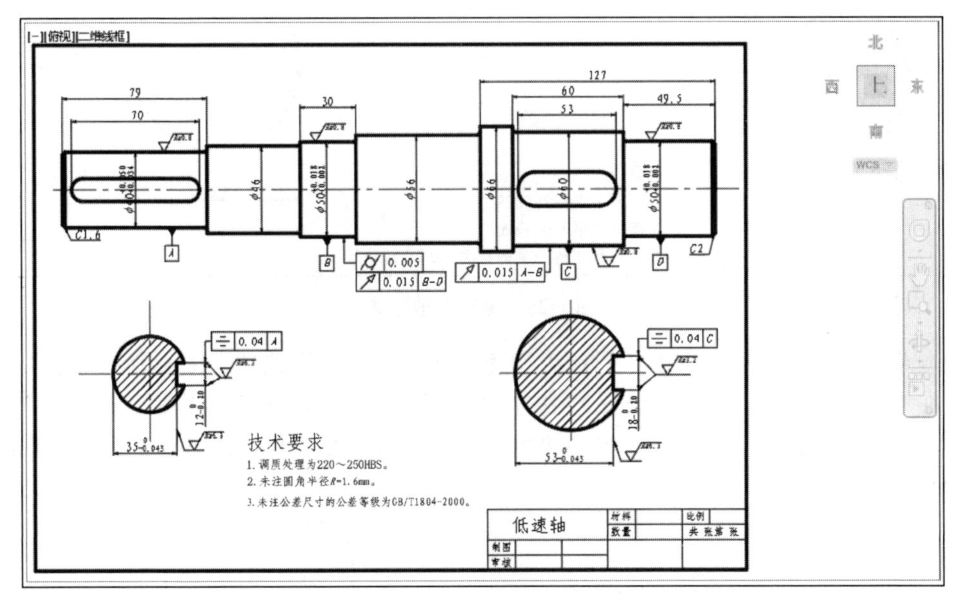

图 1-26 实时放大结果

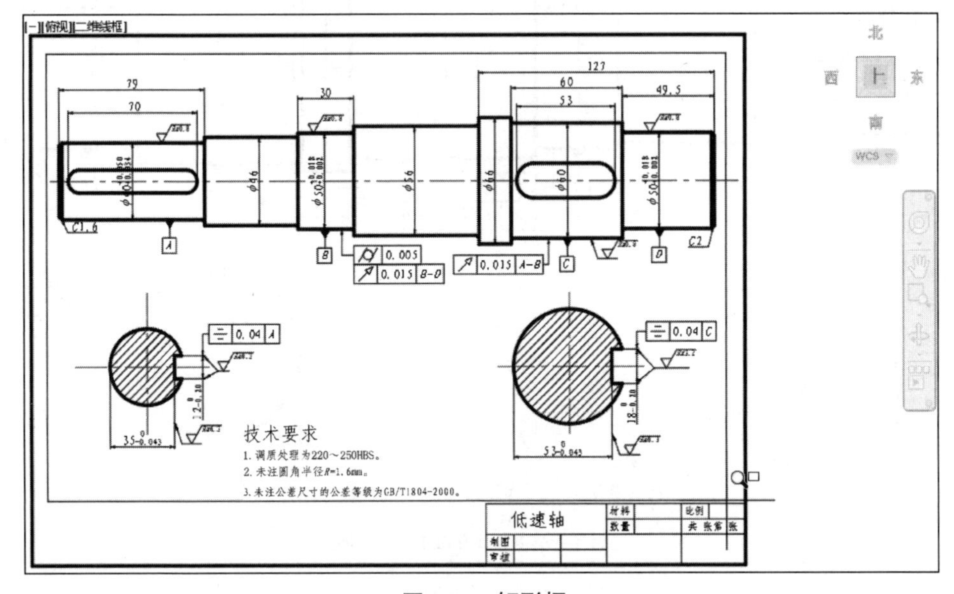

图 1-27 矩形框

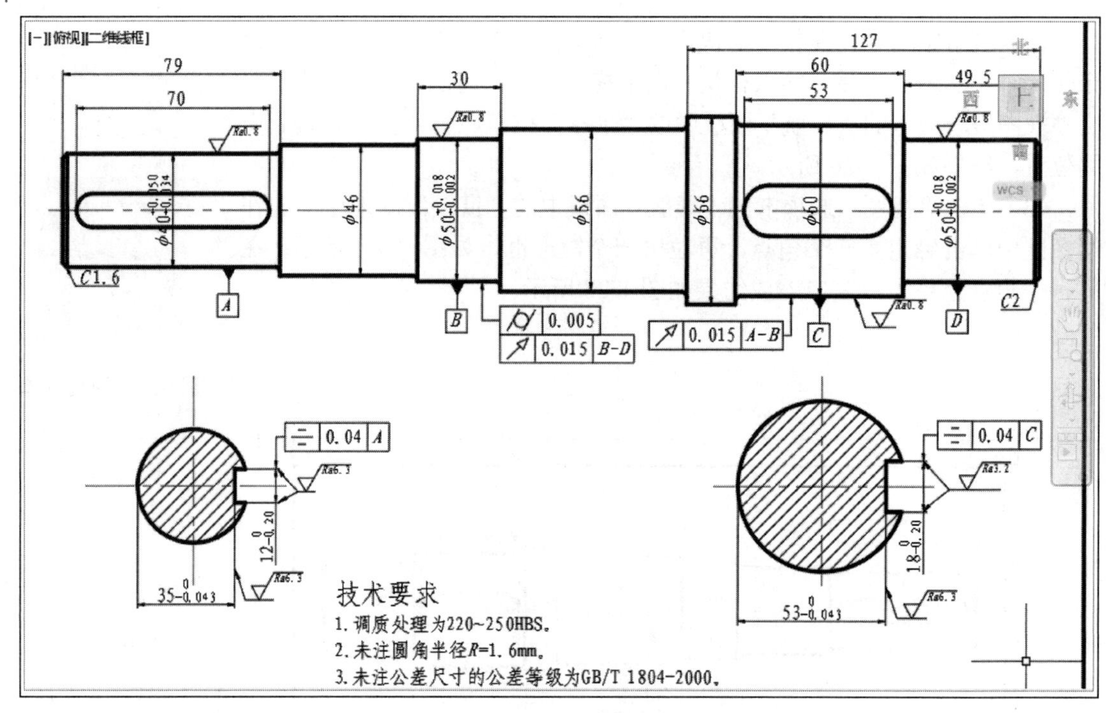

图 1-28　窗口缩放结果

（4）单击“视图”选项卡的“导航”面板（如果“视图”选项卡中没有“导航”面板，则可以在“窗口”菜单栏中进行设置）中的“圆心”按钮，在图形上指定所要查看大概位置的缩放中心点，如图 1-29 所示；在命令行提示下输入“2X”作为缩放比例，并按 Enter 键。中心缩放结果如图 1-30 所示。

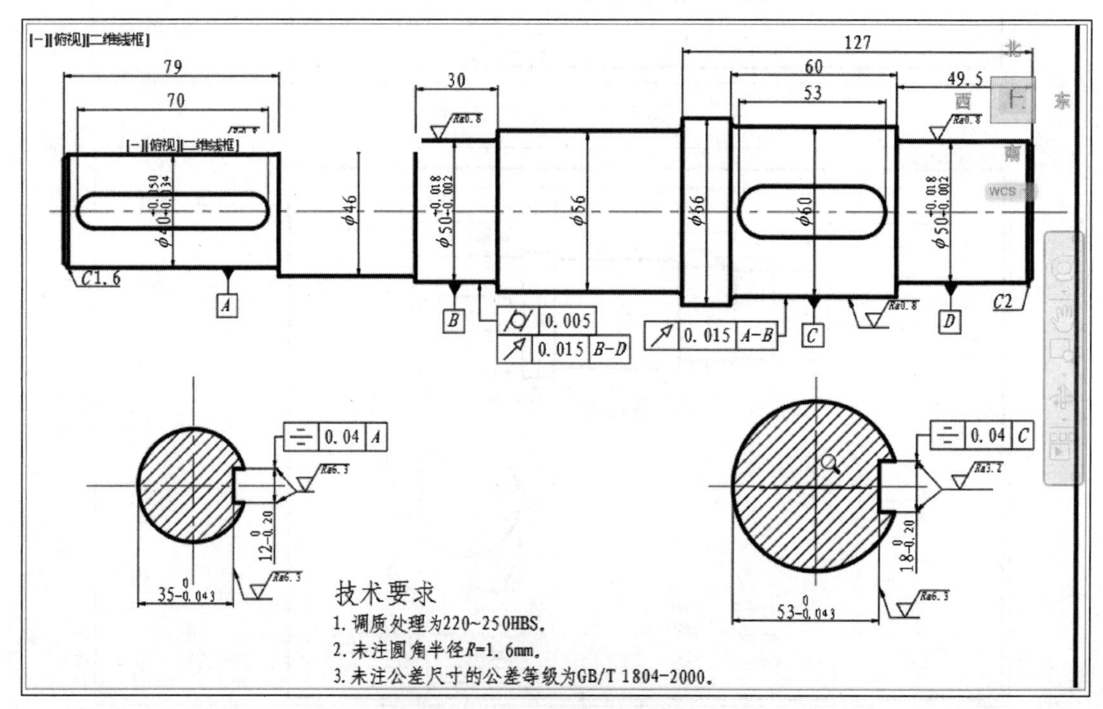

图 1-29　指定缩放中心点

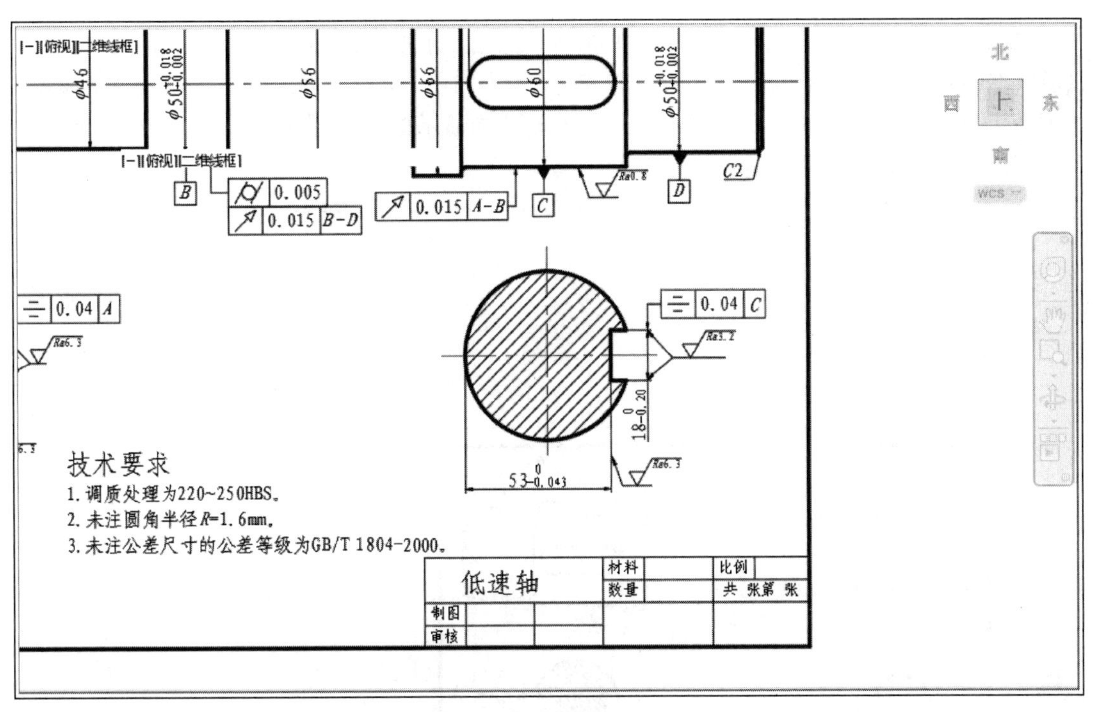

图 1-30 中心缩放结果

（5）单击“视图”选项卡的“导航”面板中的“上一个”按钮，将自动返回上一次缩放的图形窗口，即进行中心缩放前的图形窗口。

（6）单击“视图”选项卡的“导航”面板中的“动态”按钮，此时图形平面上会显示一个中心具有小叉号的缩放范围显示框，结果如图 1-31 所示。

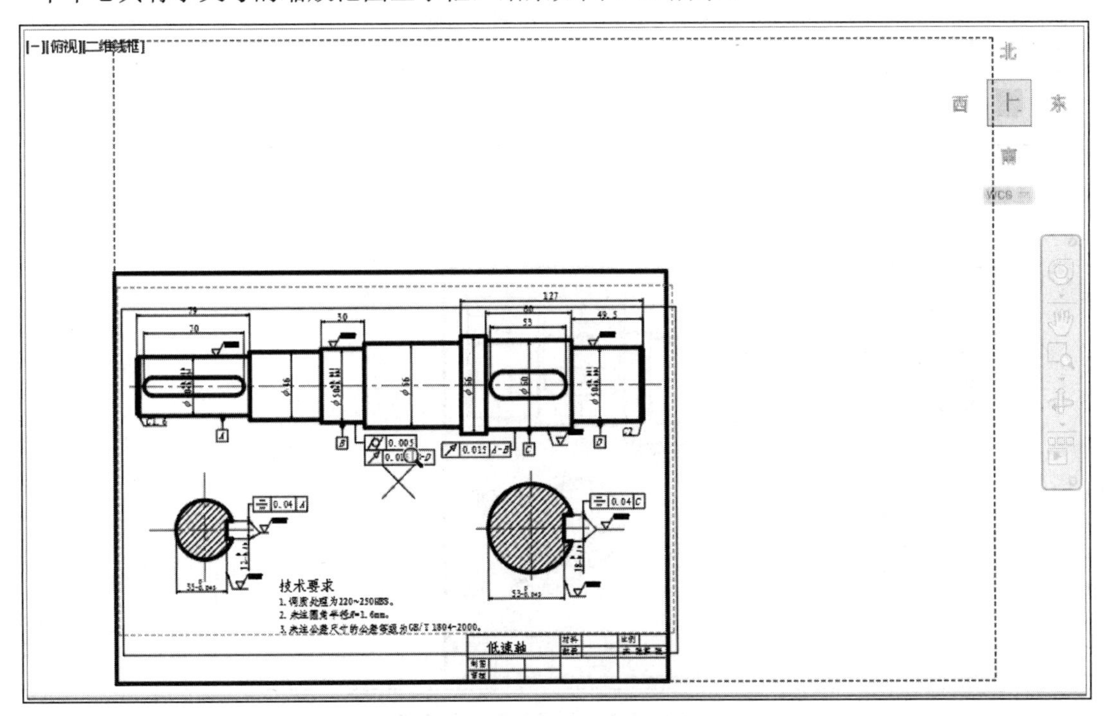

图 1-31 动态缩放范围窗口结果

（7）此时单击，将显示右边具有箭头的缩放范围显示框，如图 1-32 所示。拖动鼠标，可以看到具有箭头的缩放范围显示框大小在变化，如图 1-33 所示。再次单击，缩放范围显示框即可变为具有小叉号的形式，可以再次平移缩放范围显示框，如图 1-34 所示。按 Enter 键，则显示动态缩放后的图形，结果如图 1-35 所示。

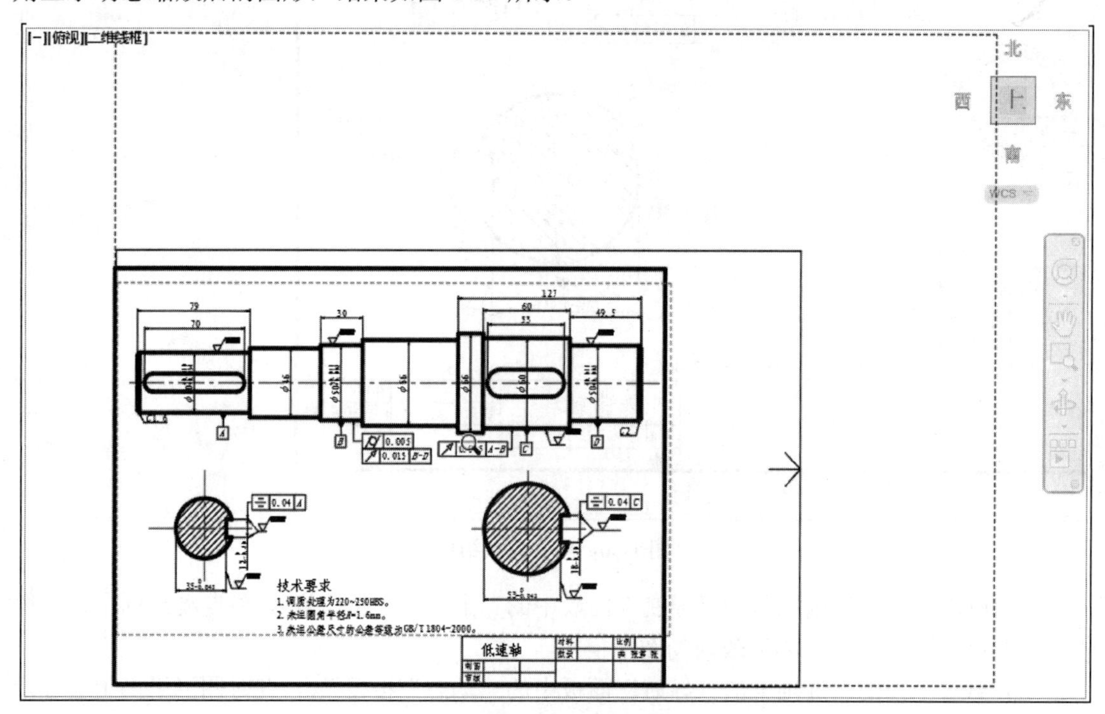

图 1-32　右边具有箭头的缩放范围显示框

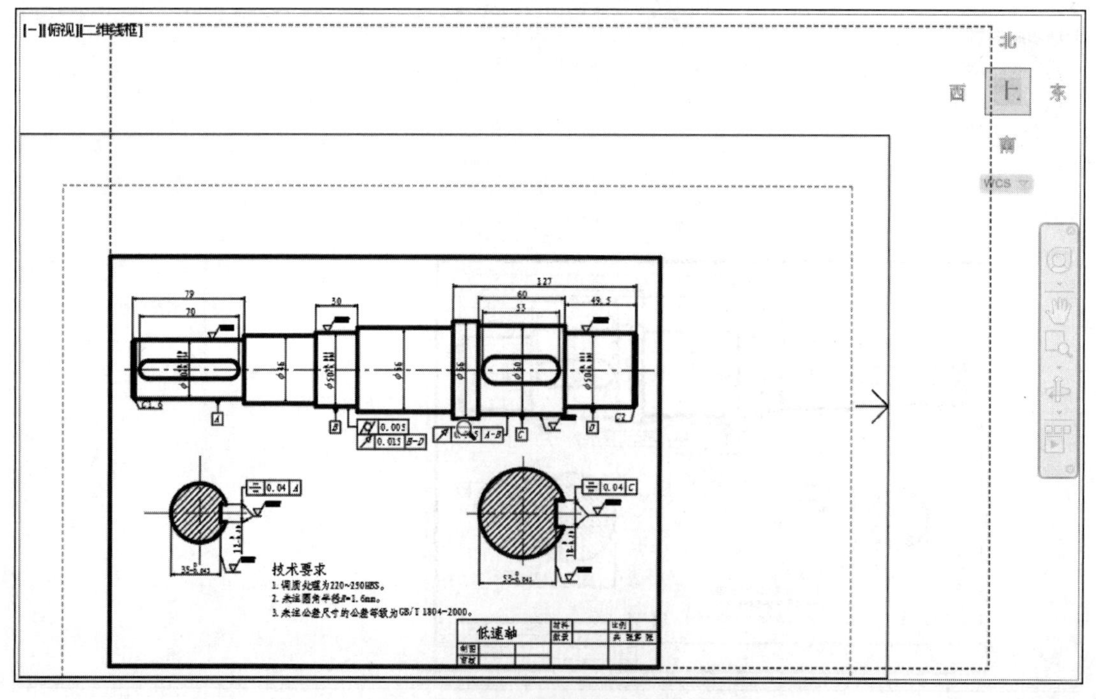

图 1-33　变化的缩放范围显示框

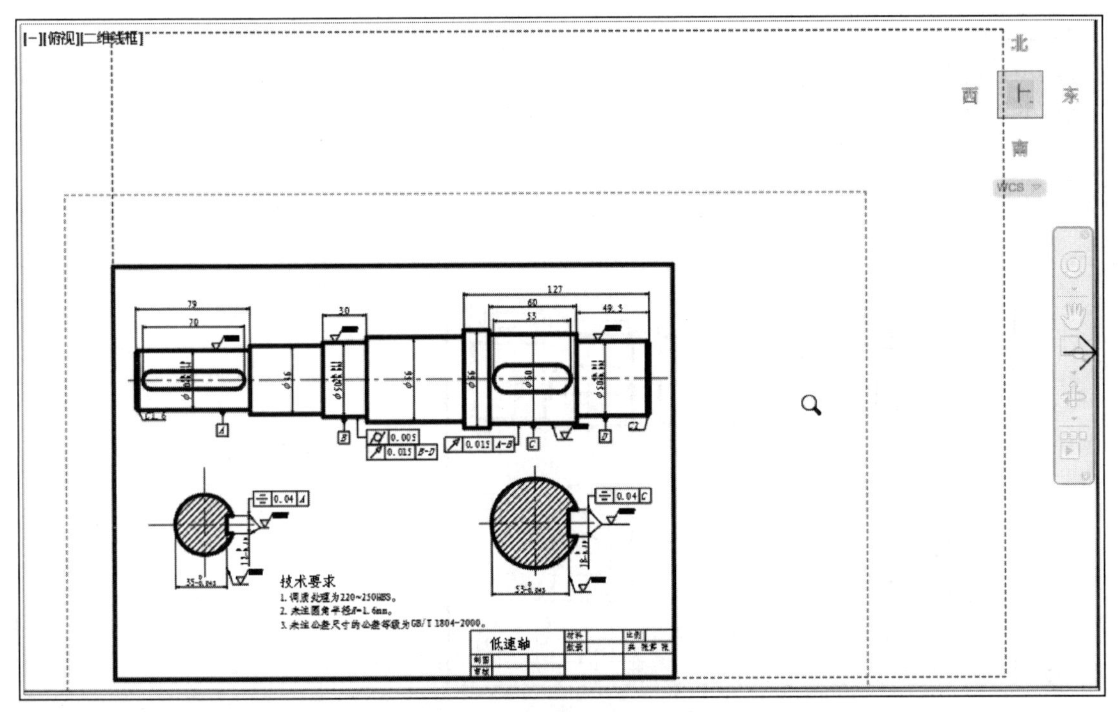

图 1-34 平移缩放范围显示框

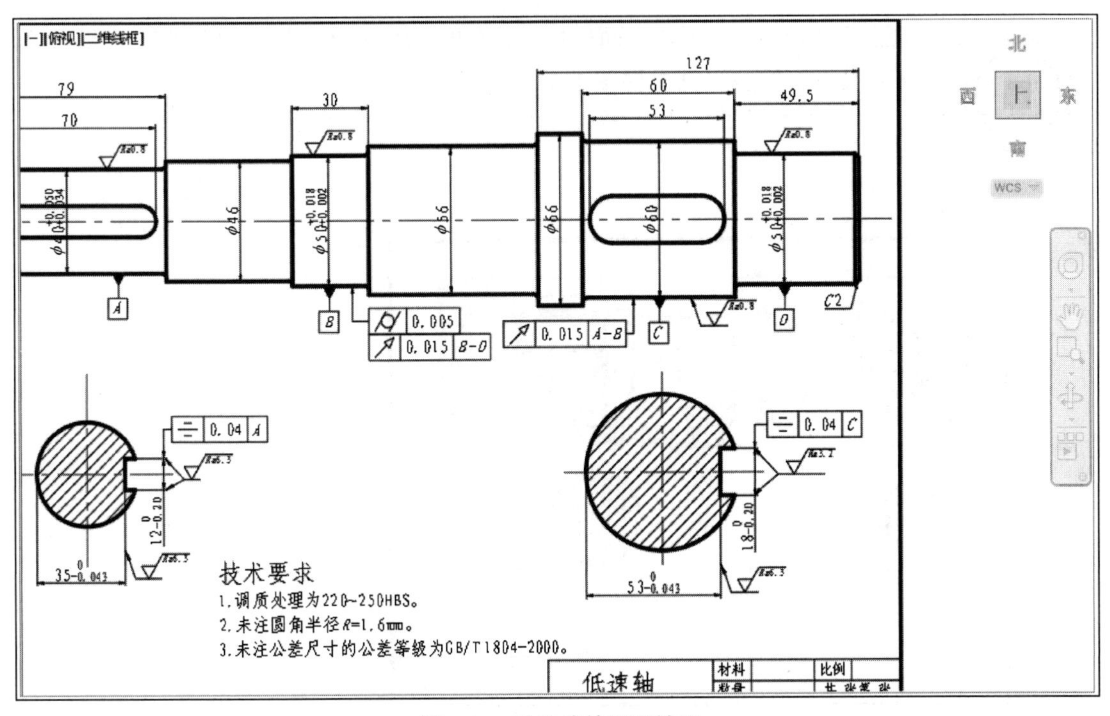

图 1-35 动态缩放图形结果

（8）单击“视图”选项卡的“导航”面板中的“全部”按钮，将显示全部图形画面，结果如图 1-36 所示。

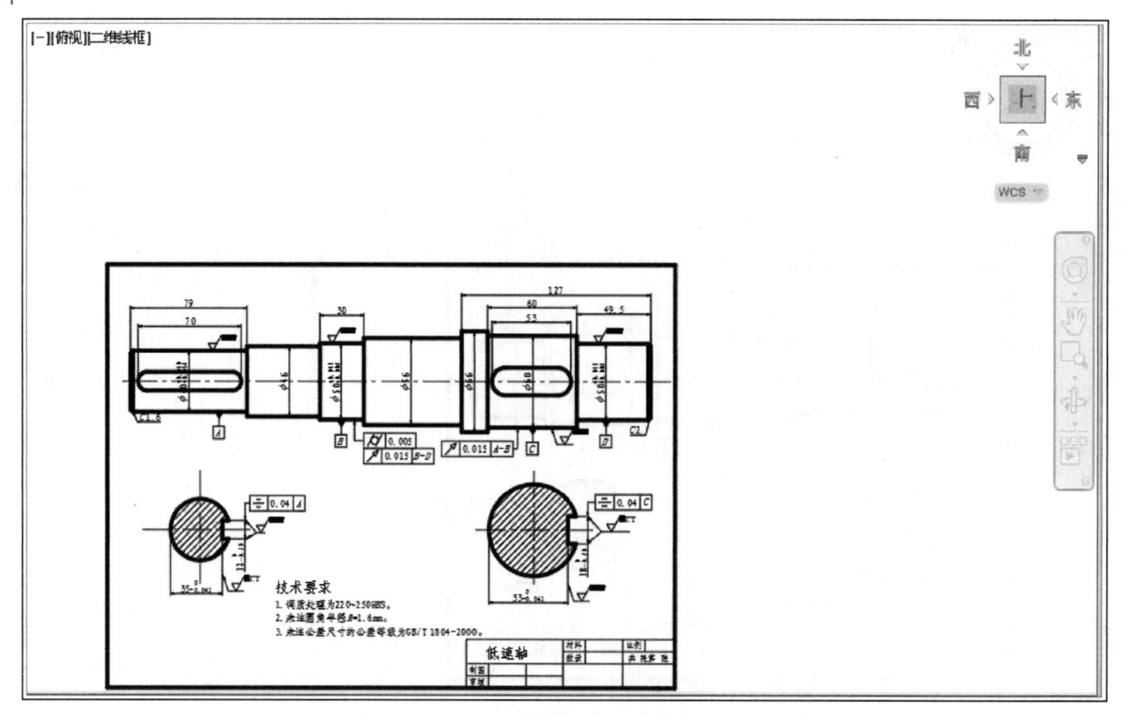

图 1-36　全部图形画面结果

（9）单击“视图”选项卡的“导航”面板中的“对象”按钮，框选如图 1-37 所示对象，按 Enter 键，即可对其进行缩放，结果如图 1-38 所示。

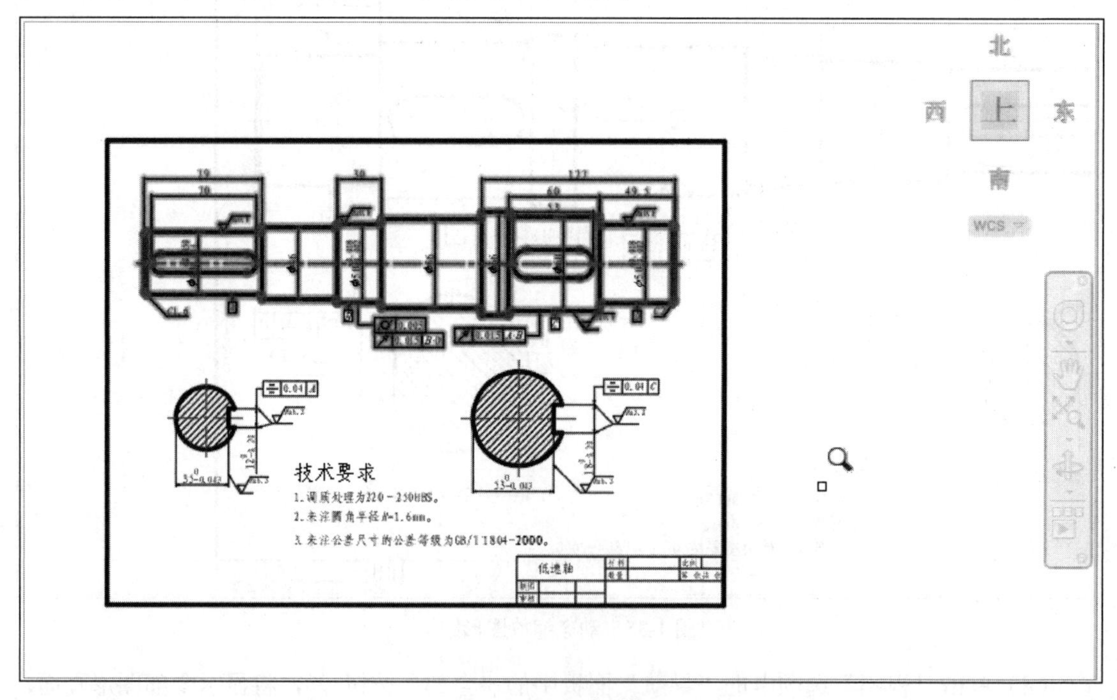

图 1-37　框选对象

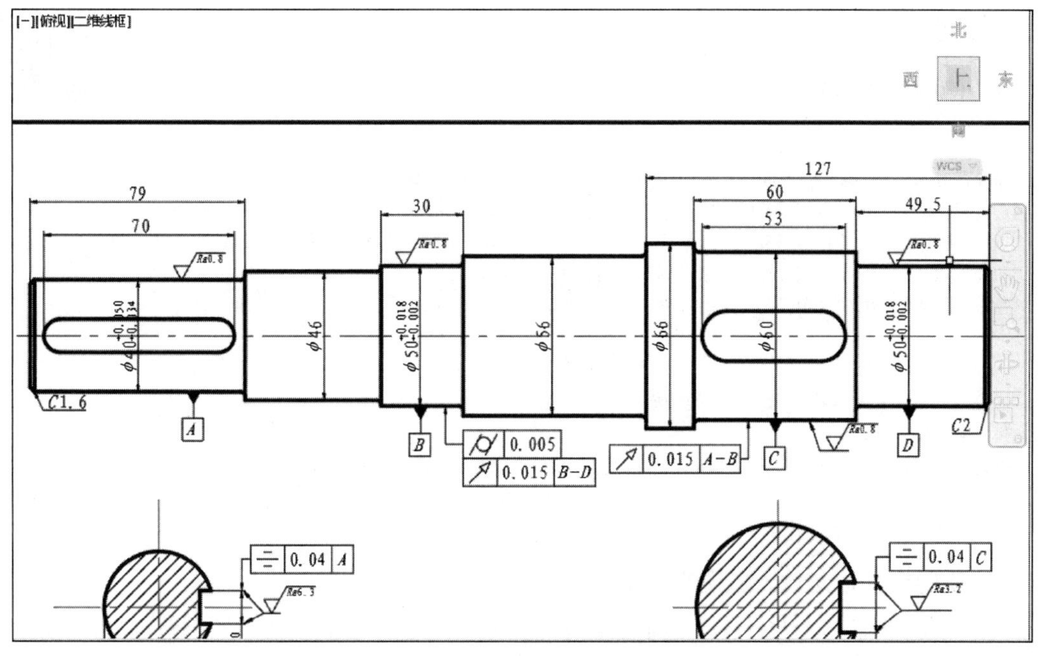

图 1-38　缩放对象结果

任务四　绘制一条线段

任务背景

为了便于绘制图形，AutoCAD 提供了多种命令输入方式，读者可以选择自己习惯的命令输入方式进行快速绘图。在指定数据点的具体坐标等参数时，AutoCAD 也设定了一些固定的格式。只有按照这些格式输入数值，AutoCAD 才能准确识别。

在 AutoCAD 2024 中，点的坐标可以使用直角坐标、极坐标、球面坐标和柱面坐标来表示。其中，直角坐标和极坐标较为常用。每种坐标又分别具有两种坐标输入方式：绝对坐标和相对坐标。

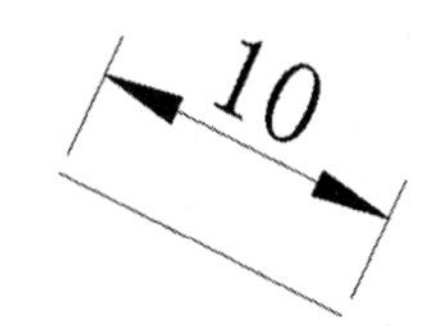

图 1-39　线段

本任务将通过绘制如图 1-39 所示的线段，介绍在利用 AutoCAD 2024 绘制图形时具体的命令输入方式和数值输入方式。图 1-40 所示为几种数值输入方式。

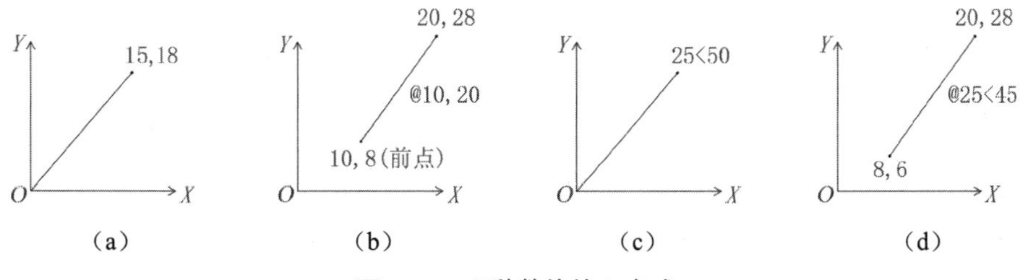

图 1-40　几种数值输入方式

操作步骤

1. 使用直角坐标法输入数值来绘制线段

（1）绝对坐标输入方式。在命令行中输入：

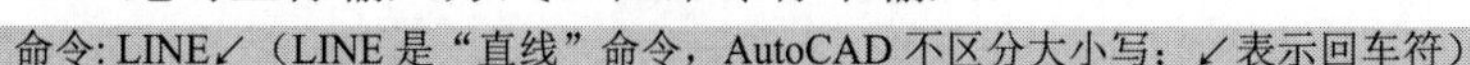

命令: LINE↙（LINE 是“直线”命令，AutoCAD 不区分大小写；↙表示回车符）

指定第一个点: 0,0↙（这里输入的是使用直角坐标法输入的点的 X、Y 坐标值）

指定下一点或 [放弃(U)]: 15,18↙（表示输入了一个 X、Y 坐标值分别为 15、18 的点。这种方式为绝对坐标输入方式，表示该点的坐标是相对于当前坐标原点的坐标值，如图 1-40（a）所示）

指定下一点或 [放弃(U)]: ↙（直接按 Enter 键，表示结束当前命令）

（2）相对坐标输入方式。在命令行中输入：

命令: L↙（L 是“直线”命令的快捷输入方式，与完整命令输入方式等效）

指定第一个点:10,8↙

指定下一点或 [放弃(U)]: @10,20↙（相对坐标输入方式，表示该点的坐标是相对于前一点的坐标值，如图 1-40（b）所示）

指定下一点或 [放弃(U)]: ↙（如果输入 U，则表示放弃上步所做的操作）

2. 使用极坐标法输入数值来绘制线段

（1）绝对坐标输入方式。选择菜单栏中的“绘图”→“直线”命令，如图 1-41 所示，命令行提示与操作如下：

命令: _line↙（line 命令前加一个“_”，表示“直线”命令的菜单或工具栏输入方式，与命令行输入方式等效）

指定第一个点:0,0↙

指定下一点或 [放弃(U)]: 25<50↙（在绝对坐标输入方式下，使用极坐标法输入数值的方式，其中 25 表示该点到坐标原点的距离，50 表示该点到原点的连线与 X 轴正向的夹角，如图 1-40（c）所示）

指定下一点或 [放弃(U)]: ↙

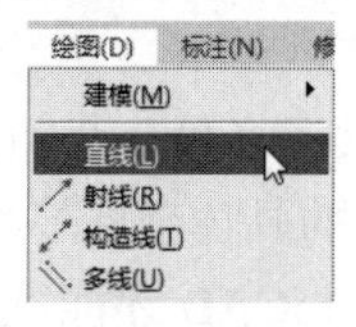

图 1-41 选择“直线”命令

（2）相对坐标输入方式。单击“默认”选项卡的“绘图”面板中的“直线”按钮（系统默认位置在绘图区的上方），命令行提示与操作如下：

命令: _line↙

指定第一个点:8,6↙

指定下一点或 [放弃(U)]: @25<45↙（在相对坐标输入方式下，使用极坐标法输入数值的方式，其中 25 表示该点到前一点的距离，45 表示该点到前一点的连线与 X 轴正向的夹角，如图 1-40（d）所示）

指定下一点或 [放弃(U)]: ↙

有时可能会看不清绘制的线段，可以在当前命令执行过程中使用一些显示控制命令，如单击“视图”选项卡的“导航”面板中的“平移”按钮，命令行提示与操作如下：

命令: '_pan

按 Esc 或 Enter 键退出，或单击右键显示快捷菜单。

提示

命令行前面加一个“'”符号，表示此命令为透明命令。透明命令是指在其他命令执行过程中可以随时插入并执行的命令。在执行完透明命令后，AutoCAD 会回到前面执行的命令过程中，不影响原命令的执行。

3. 直接输入长度值来绘制线段

（1）在绘图区中右击，打开快捷菜单，在“最近的输入”子菜单中选择需要的命令，如图 1-42 所示。“最近的输入”子菜单中存储了最近使用的几个命令。如果经常重复使用某个命令，则这种方法相对快速简捷。

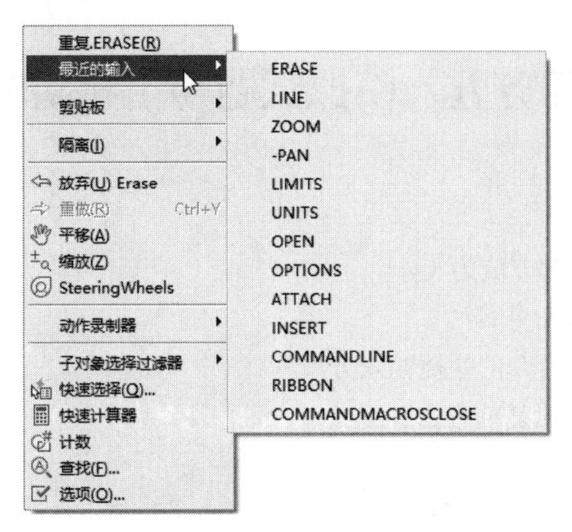

图 1-42　右键快捷菜单

（2）在命令行中输入：

命令: LINE
指定第一个点:（在屏幕上指定一点）
指定下一点或 [放弃(U)]:

这时在屏幕上移动鼠标指示线段的方向，但不要单击进行确认，如图 1-43 所示，随后在命令行中输入“10”，即可在指定方向上准确地绘制长度为 10mm 的线段。

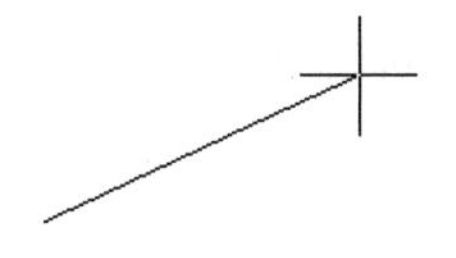

图 1-43　绘制直线

4. 动态数据输入

（1）单击状态栏中的按钮，打开动态输入功能，可以在屏幕上动态地输入某些参数数据。

例如，在绘制直线时，十字光标附近会动态地显示“指定第一点”和坐标文本框，当前显示的是十字光标所在位置。在坐标文本框中可以输入数据，如果需要输入两个数据，则其间以逗号进行分割，如图 1-44 所示。在指定第一个点后，将动态地显示直线的角度，同时需要输入线段长度值，如图 1-45 所示。这种方式的效果与“@长度<角度”方式相同。

图 1-44　输入两个数据

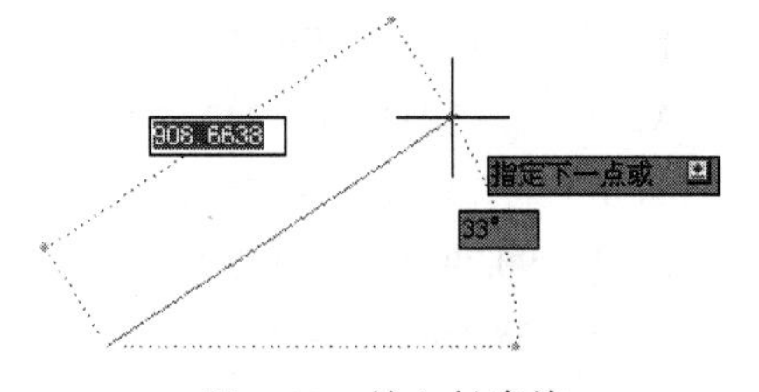

图 1-45　输入长度值

（2）在命令行中直接按 Enter 键，表示重复执行上一次使用的“直线”命令，在绘图区中指定一点作为线段的起点。

（3）在绘图区中移动十字光标指示线段的方向，但不要单击，在命令行中输入“10”，即可在指定方向上准确地绘制长度为 10mm 的线段，如图 1-39 所示。

任务五　模拟试题与上机实验

1．选择题

（1）调用 AutoCAD 命令的方法为（　　）。

A．在命令行中输入命令名

B．在命令行中输入命令的快捷输入方式

C．选择下拉菜单中的菜单命令

D．单击工具栏中的对应图标

（2）正确退出 AutoCAD 的方法为（　　）。

A．使用 QUIT 命令

B．使用 EXIT 命令

C．单击屏幕右上角的关闭按钮

D．直接关机

（3）如果想要改变绘图区的背景颜色，则应该（　　）。

A．在“选项”对话框的“显示”选项卡的“窗口元素”选区中，单击“颜色”按钮，在打开的对话框中进行修改

B．在 Windows 的“显示属性”对话框的“外观”选项卡中，单击“高级”按钮，在打开的对话框中进行修改

C．修改 SETCOLOR 变量的值

D．在“特性”面板的“常规”选区中，修改“颜色”值

（4）（　　）选项可以对图形进行动态放大。

A．ZOOM/(D)　　B．ZOOM/(W)

C．ZOOM/(E)　　D．ZOOM/(A)

（5）如果使用世界坐标系的点(70,20)作为用户坐标系的原点，则用户坐标系的点(20,30)的世界坐标为（　　）。

A．(50,50)　　B．(90,10)

C．(20,30)　　D．(70,20)

（6）绘直线，起点坐标为(57,79)，线段长度为 173mm，与 X 轴正向的夹角为 71°，将线段分为 5 等份，从起点开始的第一个等分点的坐标为（　　）。

A．$X=113.3233$，$Y=242.5747$

B．$X=79.7336$，$Y=145.0233$

C．$X=90.7940$，$Y=177.1448$

D．$X=68.2647$，$Y=111.7149$

2．上机实验题

实验 1 熟悉操作界面

◆ 目的要求

操作界面是用户绘制图形的平台，操作界面中的各个部分都有其独特的功能。熟悉操作界面有助于用户方便、快速地绘制图形。本实验要求读者了解操作界面各部分的功能，掌握修改图形窗口颜色和十字光标大小的方法，能够熟练地打开、移动、关闭工具栏。

◆ 操作提示

（1）启动 AutoCAD 2024，进入操作界面。

（2）调整操作界面的大小。

（3）设置图形窗口的颜色与十字光标的大小。

（4）打开、移动、关闭工具栏。

（5）尝试同时利用命令行、下拉菜单和工具栏绘制一条线段。

实验 2 数据输入

◆ 目的要求

AutoCAD 2024 人机交互的基本内容就是数据输入。本实验要求读者灵活熟练地掌握各种数据输入方法。

◆ 操作提示

（1）在命令行输入“LINE”命令。

（2）采用直角坐标方式输入起点的绝对坐标值。

（3）采用直角坐标方式输入下一个点的相对坐标值。

（4）采用极坐标方式输入下一个点的绝对坐标值。

（5）采用极坐标方式输入下一个点的相对坐标值。

（6）使用鼠标直接指定下一个点的位置。

（7）单击状态栏中的“正交”按钮，使用鼠标指定下一个点的方向，并在命令行中输入一个数值。

（8）单击状态栏中的 DYN 按钮，拖动鼠标，此时会动态地显示角度。在拖动到指定角度后，在长度文本框中输入长度值。

（9）按 Enter 键结束绘制线段。

实验 3 查看零件图的细节

零件图如图 1-46 所示，打开“源文件\原始文件\项目一\箱体”图形文件，利用“平移”和“缩放”命令查看零件图的细节。

◆ 目的要求

本实验要求读者能够熟练使用各种平移和缩放工具灵活地显示图形。

◆ 操作提示

（1）利用平移工具对图形进行平移。

（2）综合利用各种缩放工具对图形细节进行缩放。

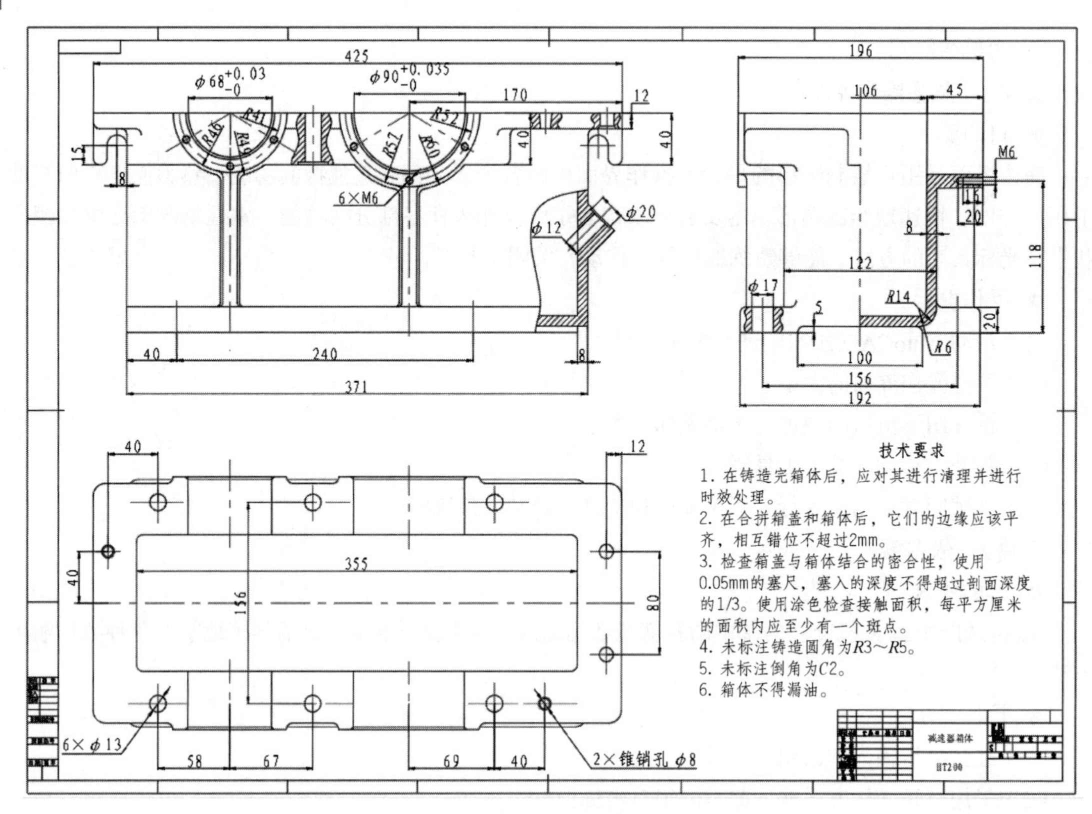
425
φ68+0.03 −0
φ90+0.035 −0
170
12
R46
R41
R49
R52
R57
R60
15
8
40
40
6×M6
φ12
φ20
40
240
371
8
196
106
45
M6
16
20
8
118
122
φ17
R14
5
20
100
R6
156
192
40
12
355
40
156
80
6×φ13
58
67
69
40
2×锥销孔 φ8
技术要求
1. 在铸造完箱体后，应对其进行清理并进行时效处理。
2. 在合拼箱盖和箱体后，它们的边缘应该平齐，相互错位不超过2mm。
3. 检查箱盖与箱体结合的密合性，使用0.05mm的塞尺，塞入的深度不得超过剖面深度的1/3。使用涂色检查接触面积，每平方厘米的面积内应至少有一个斑点。
4. 未标注铸造圆角为R3～R5。
5. 未标注倒角为C2。
6. 箱体不得漏油。
减速器箱体
HT200
图 1-46　零件图

项目二　绘制简单机械图形

学习情境

到目前为止，读者可能仅了解了 AutoCAD 的基本绘图环境，熟悉了基本的命令和数据输入方式，但还不知道如何具体绘制各种机械图形。本项目就来解决这个问题。

AutoCAD 提供了大量的绘图与编辑工具，可以帮助用户完成各种简单机械图形的绘制，具体包括点、直线、圆、圆弧、椭圆、椭圆弧、平面图形、图案填充、多段线和样条曲线的绘制与编辑等工具。

素质目标

通过讲解 AutoCAD 的直线、圆、平面图形、图案填充、多段线和样条曲线等命令，培养读者坚实的技术基础和严谨细致的绘图习惯，强化其创新思维和解决问题的能力。

能力目标

- 掌握直线类命令
- 掌握圆类图形命令
- 掌握平面图形命令
- 掌握图案填充命令
- 掌握多段线、样条曲线命令

课时安排

7 课时（讲授 3 课时，练习 4 课时）

任务一　绘制螺栓

任务背景

螺栓是机械工程设计中常用的零件，也是标准件。从图 2-1 中可以看出，这是一个简化的螺栓图形，由一系列直线段组成，在绘制过程中需要使用“直线”命令。根据《机械制图国家标准》相关规定，图线又分为细实线、粗实线、细点画线、粗点画线、双点画线、细虚线、粗虚线、波浪线、双折线 9 种。

在绘制机械图形时，如果需要处理不同线型或线宽的图线，则可以使用 AutoCAD 的图层工具。通过为每个图层指定颜色和线型，并将具有相同特性的图形对象放置在同一层上进行绘制，可以避免单独设置每个对象的线型和颜色。这样做不仅方便了绘图，提高了工作效率，还在存储图形时只需保存几何数据和所在的图层信息，从而节省了存储空间。

图层的概念类似于投影片，可以将具有不同属性的对象分别绘制在不同的投影片（图层）上。例如，将图形的主要线段、中心线、尺寸标注等分别绘制在不同的图层上，为每个图层设置不同的线型、线条颜色，并将不同的图层叠加在一起，即可形成一张完整的视图。这样做可以使视图层次清晰有序，方便图形对象的编辑与管理。一个完整的图形是由它所包含的所有图层上的对象叠加而成的，如图 2-2 所示。

在使用图层功能绘制图形之前，首先需要对图层的各项特性进行设置，包括新建和命名图层，设置当前图层，设置图层的颜色和线型，是否关闭、冻结、锁定图层等。

本任务主要使用“直线”命令。由于本任务所要绘制的图形中包含 3 种线型，因此需要通过设置图层来管理线型。整个图形都是由线段构成的，只需利用“直线”命令进行绘制即可。螺栓如图 2-1 所示。

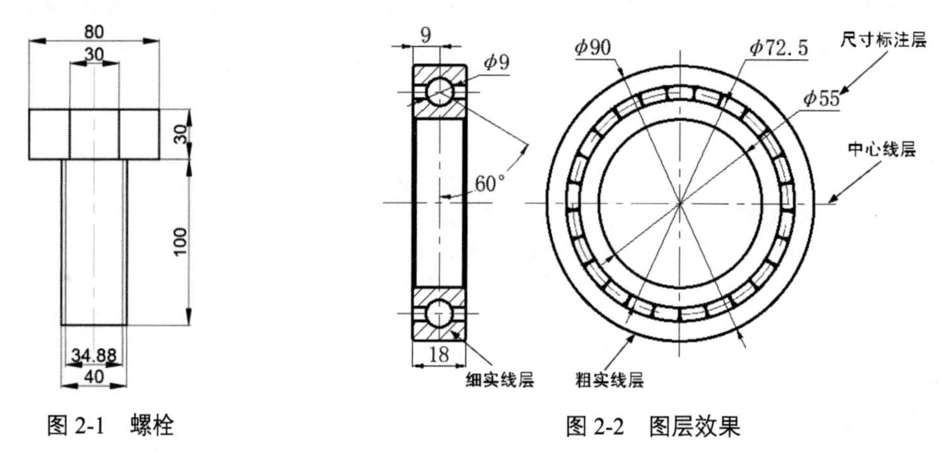

图 2-1 螺栓

图 2-2 图层效果

操作步骤

1. 设置图层

（1）在命令行中输入“LAYER”命令，或者选择菜单栏中的“格式”→“图层”命令，或者单击“默认”选项卡的“图层”面板中的“图层特性”按钮，打开“图层特性管理器”选项板，如图 2-3 所示。

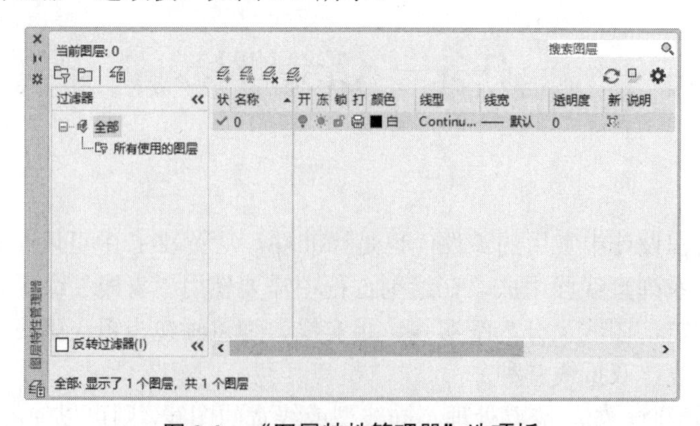

图 2-3 “图层特性管理器”选项板

（2）单击“新建图层”按钮，创建一个新图层，将该图层的名称由默认的“图层 1”改为“中心线”，如图 2-4 所示。

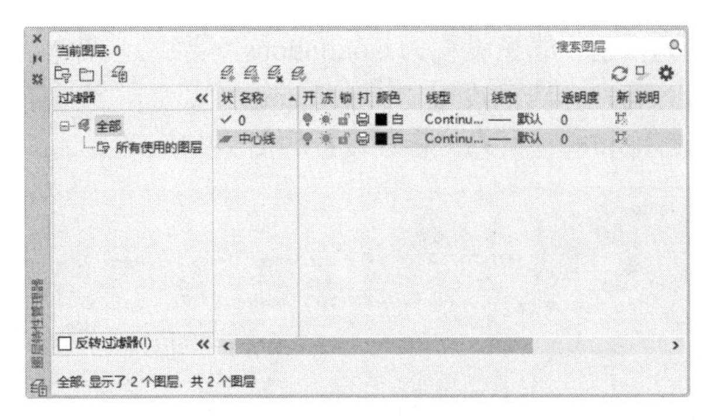

图 2-4　更改图层名称

（3）选择“中心线”图层对应的“颜色”选项，打开“选择颜色”对话框（见图 2-5），选择红色为该图层的颜色，单击“确定”按钮，返回“图层特性管理器”选项板。

（4）选择“中心线”图层对应的“线型”选项，打开“选择线型”对话框，如图 2-6 所示。

图 2-5　“选择颜色”对话框

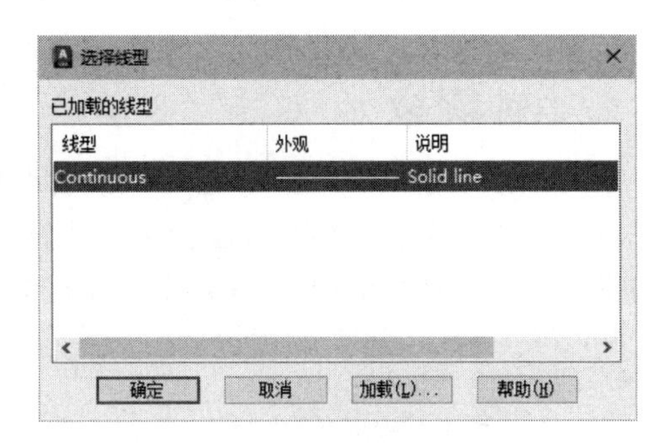

图 2-6　“选择线型”对话框

（5）单击“加载”按钮，打开“加载或重载线型”对话框（见图 2-7），选择 CENTER（点画线）线型，单击“确定”按钮。在“选择线型”对话框中，选择 CENTER 为该图层的线型，单击“确定”按钮，返回“图层特性管理器”选项板。

（6）选择“中心线”图层对应的“线宽”选项，打开“线宽”对话框（见图 2-8），设置线宽为 0.09mm，单击“确定”按钮。

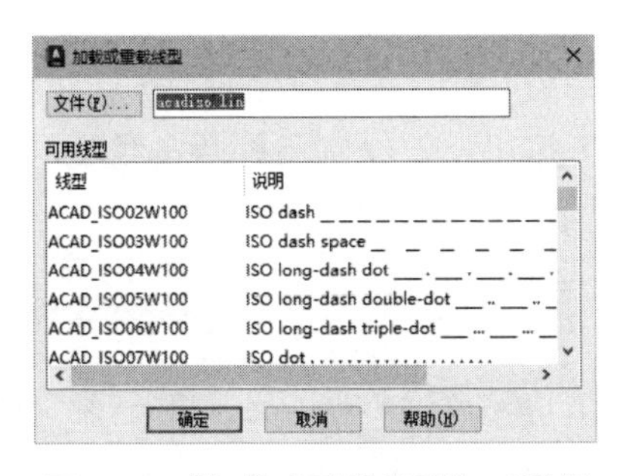

图 2-7　“加载或重载线型”对话框

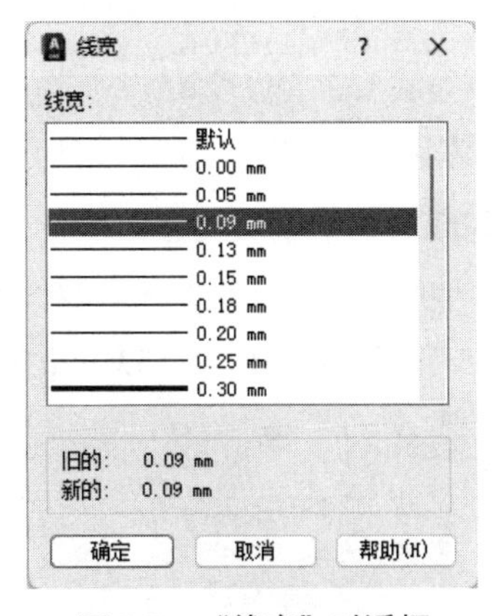

图 2-8　“线宽”对话框

（7）采用相同的方法创建两个新图层，并分别将其命名为“轮廓线”和“细实线”。将“轮廓线”图层的颜色设置为白色，线型设置为 Continuous（实线），线宽设置为 0.30mm；将“细实线”图层的颜色设置为蓝色，线型设置为 Continuous（实线），线宽设置为 0.09mm。同时让这两个图层处于打开、解冻和解锁状态，各项设置如图 2-9 所示。

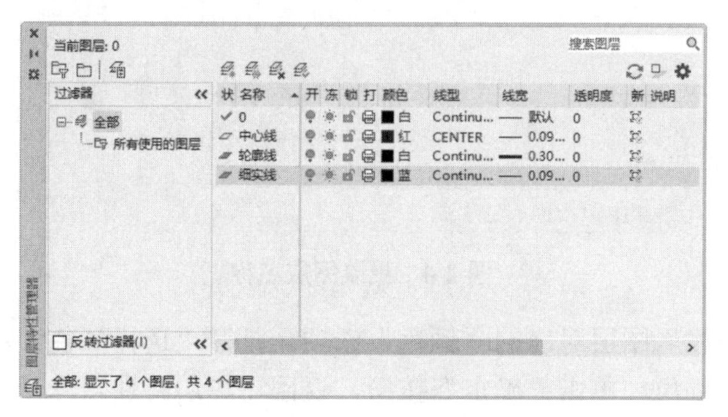

图 2-9　设置图层

（8）选择“中心线”图层，单击“置为当前”按钮，将其设置为当前图层，单击“关闭”按钮，关闭“图层特性管理器”选项板。

2. 绘制中心线

在命令行中输入“LINE”命令，或者选择菜单栏中的“绘图”→“直线”命令，或者单击“默认”选项卡的“绘图”面板中的“直线”按钮。在命令行中输入“LINE”命令的提示与操作如下（按快捷键 Ctrl+9 可以调出或关闭命令行）：

```
命令: LINE↙
指定第一个点: 40,25↙
指定下一点或 [放弃(U)] ：40,-145↙
```

3. 绘制螺帽外框

将“轮廓线”图层设置为当前图层。单击“默认”选项卡的“绘图”面板中的“直线”按钮，绘制螺帽的一条轮廓线，命令行提示与操作如下：

```
命令: _line↙
指定第一个点: 0,0↙
指定下一点或 [放弃(U)]: @80,0↙
指定下一点或 [放弃(U)]: @0,-30↙
指定下一点或 [闭合(C)/放弃(U)]: @80<180↙
指定下一点或 [闭合(C)/放弃(U)]: C↙
```

绘制螺帽外框结果如图 2-10 所示。

4. 完成螺帽绘制

单击“默认”选项卡的“绘图”面板中的“直线”按钮，绘制另外两条线段，其端点分别为{(25,0),(@0,-30)}、{(55,0),(@0,-30)}，命令行提示与操作如下：

```
命令: _line↙
指定第一个点: 25,0↙
指定下一点或 [放弃(U)]: @0,-30↙
指定下一点或 [放弃(U)]:↙
命令: _line↙
指定第一个点: 55,0↙
指定下一点或 [放弃(U)]: @0,-30↙
```

```
指定下一点或 [放弃(U)]: ↙
```

绘制直线结果如图 2-11 所示。

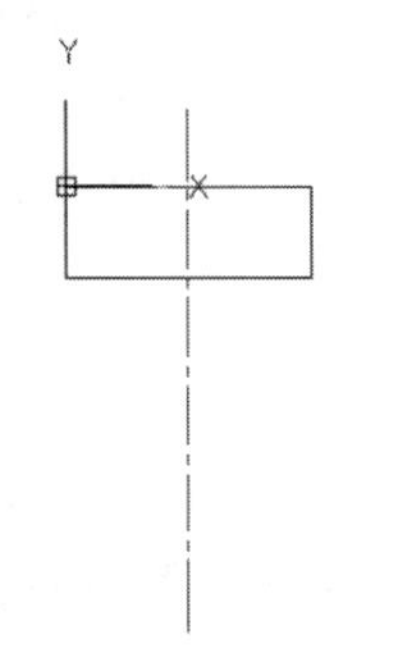

图 2-10 绘制螺帽外框结果

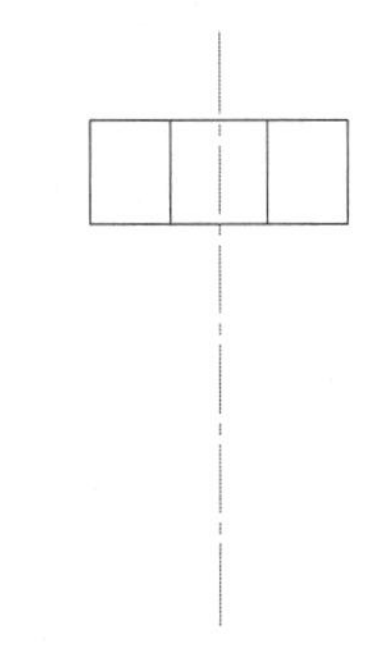

图 2-11 绘制直线结果

5. 绘制螺杆

单击“默认”选项卡的“绘图”面板中的“直线”按钮╱，命令行提示与操作如下：

```
命令: _line↙
指定第一个点: 20,-30↙
指定下一点或 [放弃(U)]: @0,-100↙
指定下一点或 [放弃(U)]: @40,0↙
指定下一点或 [闭合(C)/放弃(U)]: @0,100↙
指定下一点或 [闭合(C)/放弃(U)]: ↙
```

绘制螺杆结果如图 2-12 所示。

6. 绘制螺纹

将“细实线”图层设置为当前图层。单击“默认”选项卡的“绘图”面板中的“直线”按钮╱，绘制螺纹，其端点分别为{(22.56,-30),(@0,-100)}、{(57.44,-30),(@0,-100)}，命令行提示与操作如下：

```
命令: _line↙
指定第一个点: 22.56,-30↙
指定下一点或 [放弃(U)]: @0,-100↙
指定下一点或 [放弃(U)]: ↙
命令: _line↙
指定第一个点: 57.44,-30↙
指定下一点或 [放弃(U)]: @0,-100↙
```

7. 显示线宽

单击状态栏中的“线宽”按钮☰，显示图线线宽，最终结果如图 2-13 所示。

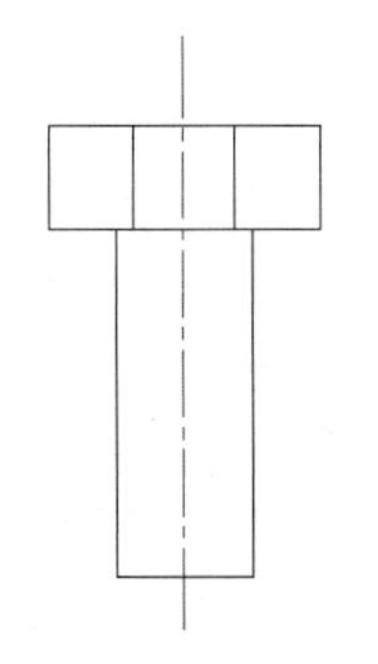

图 2-12 绘制螺杆结果

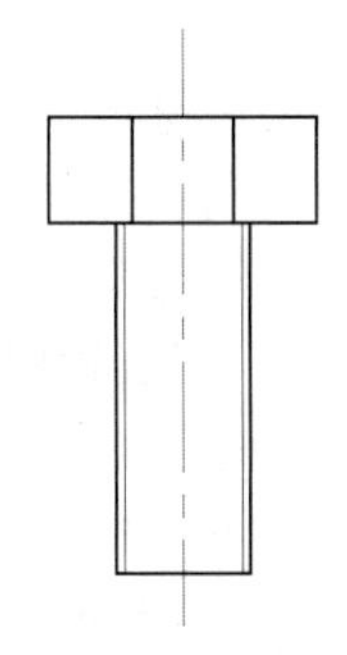

图 2-13 绘制螺纹结果

小知识

在 AutoCAD 中，通常有两种输入数据的方法，即输入坐标值和使用鼠标在屏幕上指定。输入坐标值很精确，但相对烦琐；使用鼠标指定速度比较快，但精度稍逊。用户可以根据需要选择合适的输入方式。例如，由于本例所绘制的螺栓是对称的，因此采用输入坐标值的方法输入数据。

操作技巧

图层的使用技巧：在绘制图形时，应确保所有图元的各种属性与其所在的图层属性保持一致。避免出现像线段属于 WA 图层但颜色却是黄色、线型却是虚线的情况。最好保持图元属性设置为“按图层设置”（Bylayer）。当需要修改某个属性时，可以统一调整当前图层的属性，这样有助于保持图面清晰、准确，并提高工作效率。

知识点详解

1. “图层特性管理器”选项板

AutoCAD 提供了“图层特性管理器”选项板，用户可以方便地通过对该对话框中的各个选项及其二级对话框进行设置，实现新建图层、设置图层的颜色及线型等各种操作。

（1）“新建特性过滤器”按钮：打开“图层过滤器特性”对话框，如图 2-14 所示。在该对话框中，可以基于一个或多个图层特性创建图层过滤器。

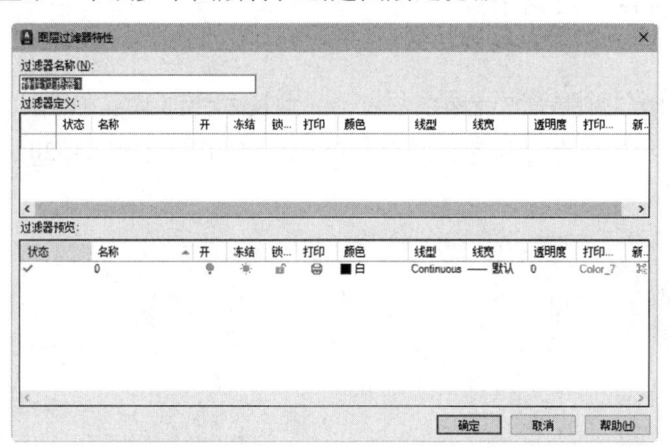

图 2-14 “图层过滤器特性”对话框

（2）“新建组过滤器”按钮：创建一个图层过滤器，其中包含用户选定和添加到该过滤器的图层。

（3）“图层状态管理器”按钮：打开“图层状态管理器”对话框，如图 2-15 所示。在该对话框中，可以将图层的当前特性设置保存到命名图层状态中，随后可以随时恢复这些设置。

（4）“新建图层”按钮 ：建立新图层。单击此按钮，会在图层列表中新建一个图层，名称为“图层 1”。用户可以使用此名称，也可以对其进行修改。如果想要同时新建多个图层，则可以在选中一个图层名后，输入多个名称，名称之间使用逗号进行分隔。图层名称中可以包含字母、数字、空格和特殊符号。AutoCAD 2024 支持长达 255 个字符的图层名称。新的图层会继承在创建时所选中的已有图层的所有特性（如颜色、线型、开启/关闭状态等）。如果在创建图层时没有选中任何图层，则新图层将采用默认设置。

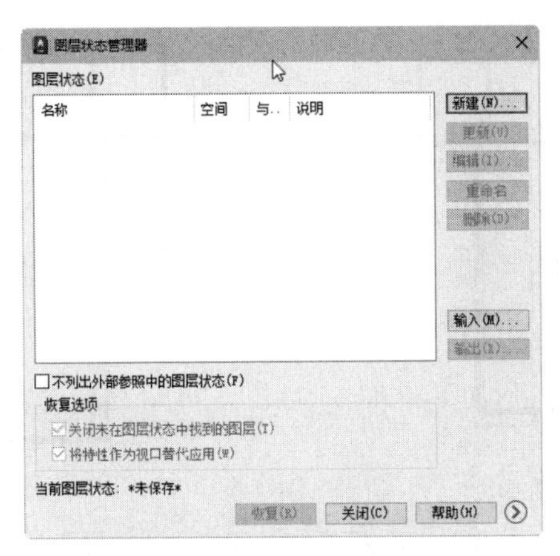

图 2-15　“图层状态管理器”对话框

（5）“删除图层”按钮：删除所选图层。在图层列表中选中某个图层，单击此按钮，可以将该图层删除。

（6）“置为当前”按钮：设置当前图层。在图层列表中选中某个图层，单击此按钮，即可将该图层设置为当前图层，并在“当前图层”选区中显示该图层名称。当前图层的名称存储在系统变量 CLAYER 中。另外，双击图层名称也可以将该图层设置为当前图层。

（7）“搜索图层”文本框：在输入字符后，将按照名称快速搜索图层列表中的图层。当关闭“图层特性管理器”选项板时，不会保存搜索结果。

（8）“反转过滤器”复选框：勾选此复选框，将显示所有不满足搜索条件的图层。

（9）图层列表：显示已有的图层及其特性。如果要修改某个图层的某个特性，则单击相应图标即可。右击空白处，打开快捷菜单，用户可利用该快捷菜单快速选中所有图层。图层列表中各列的含义如下。

① 名称：显示图层的名称。如果要对某个图层进行修改，则必须先选中该图层，使其反向显示。

② 状态转换图标：在详细数据区中选中或取消选中关闭（/）、锁定（/）、在所有视口内冻结（/）及不打印（/）等按钮，可以打开或关闭该图标所代表的功能。各图标功能说明如表 2-1 所示。

表 2-1　各图标功能说明

图　标	名　称	功 能 说 明
/	打开/关闭	将图层设置为打开或关闭状态。当图层处于关闭状态时，将隐藏该图层上的所有对象。只有图层处于打开状态，屏幕上才会显示该图层或打印机才会打印该图层。因此，在绘制复杂的图形时，暂时关闭不编辑的图层，可以降低图形的复杂度。图 2-16 所示为打开和关闭中心线图层
/	解冻/冻结	将图层设置为解冻或冻结状态。当图层处于冻结状态时，该图层上的所有对象将不会在屏幕上显示或打印机无法打出，并且不会执行重生（REGEN）、缩放（ROOM）、平移（PAN）等操作。因此，暂时冻结视图中不编辑的图层，可以提高执行绘图编辑的速度。/（打开/关闭）功能只是显示/隐藏对象，而不会提高执行速度
/	解锁/锁定	将图层设置为解锁或锁定状态。被锁定的图层仍然会在画面上显示，但不能使用编辑命令对该图层中的对象进行修改，只能绘制新的对象，这样可以防止重要的图形被修改
/	打印/不打印	设置是否可以打印图层中的图形

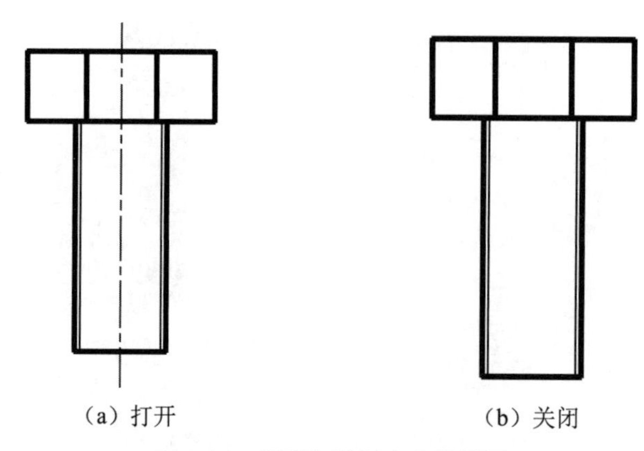

（a）打开　　（b）关闭

图 2-16　打开和关闭中心线图层

③ 颜色：显示和修改图层的颜色。如果要修改某个图层的颜色，则单击该图层的颜色图标（选择“颜色”选项），打开“选择颜色”对话框（见图 2-17），从中选择所需的颜色。

④ 线型：显示和修改图层的线型。如果要修改某个图层的线型，则选择该图层的“线型”选项，打开“选择线型”对话框（见图 2-18），其中列出了当前可用的线型，从中选择合适的线型即可。“选择线性”对话框中的选项将在后面详细介绍。

图 2-17　“选择颜色”对话框

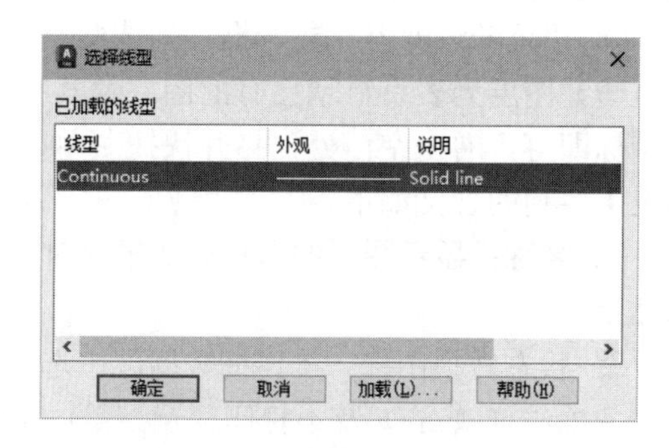

图 2-18　“选择线型”对话框

⑤ 线宽：显示和修改图层的线宽。如果要修改某个图层的线宽，则选择该图层的“线宽”选项，打开“线宽”对话框（见图 2-19），其中列出了 AutoCAD 预置的线宽，从中选择合适的线宽即可。其中，“线宽”列表框用于显示可以选用的线宽值，包括一些绘图中经常使用的线宽。“旧的”显示框用于显示之前赋予图层的线宽。当创建一个新图层时，将采用默认线宽（其值为 0.01in，即 0.25mm）。默认线宽的值由系统变量 LWDEFAULT 设置。“新的”显示框用于显示赋予图层的新的线宽。

⑥ 打印样式：修改图层的打印样式。打印样式是指打印图形时各项属性的设置。

2. “特性”面板

AutoCAD 提供了一个“特性”面板，如图 2-20 所示。用户可以使用该面板中的工具快速地查看和修改所选对象的图层、颜色、线型和线宽等属性。在绘图区上选择任何对象都会自动在该面板中显示其所在的图层、颜色、线型等属性。

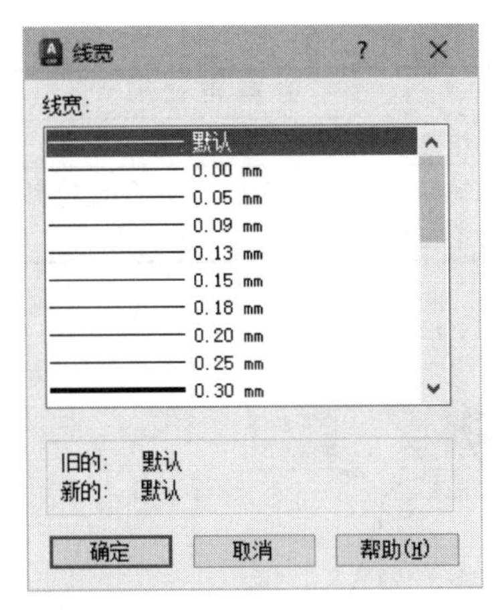

图 2-19　“线宽”对话框

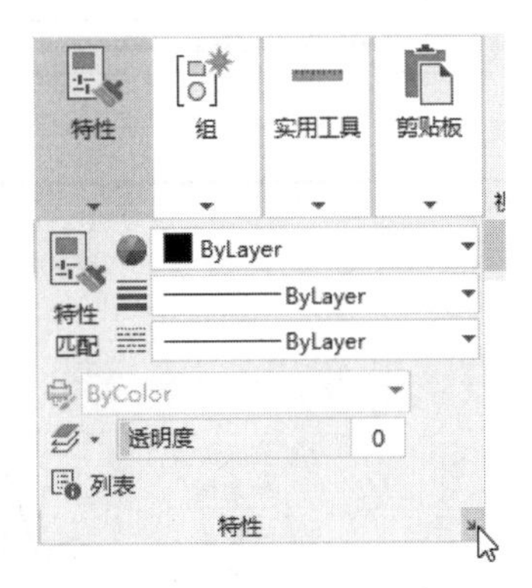

图 2-20　“特性”面板

下面简单介绍“特性”面板中各部分的功能。

（1）“颜色控制”下拉列表：单击右侧的下拉按钮，打开下拉列表，用户可从中选择所需颜色作为当前颜色。如果选择“选择颜色”选项，则 AutoCAD 将打开“选择颜色”对话框，以供用户选择其他颜色。在修改当前颜色后，无论在哪个图层上绘图，都会采用这种颜色，但不会影响各个图层单独设置的颜色。

（2）“线型控制”下拉列表：单击右侧的下拉按钮，打开下拉列表，用户可从中选择某种线型作为当前线型。在修改当前线型后，无论在哪个图层上绘图，都会采用这种线型，但不会影响各个图层单独设置的线型。

（3）“线宽”下拉列表：单击右侧的下拉按钮，打开下拉列表，用户可从中选择某种线宽作为当前线宽。在修改当前线宽后，无论在哪个图层上绘图，都会采用这种线宽，但不会影响各个图层单独设置的线宽。

（4）“打印类型控制”下拉列表：单击右侧的下拉按钮，打开下拉列表，用户可从中选择一种打印样式作为当前打印样式。

3. 图层的线型

（1）图线的型式。

国家标准对机械图样中使用的各种图线的名称、线型、线宽，以及在图样中的应用进行了规定，如表 2-2 所示。其中，常用的图线有粗实线、细实线、虚线和细点画线。图线分为粗线和细线两种类型，其中粗线的宽度 b 应按图样的大小和图形的复杂程度，在 0.5～2mm 之间进行选择，细线的宽度约为 $b/2$。图线应用示例如图 2-21 所示。

表 2-2　图线的型式及应用

图线名称	线　型	线宽/mm	主要用途
粗实线	━━━━━━	b=0.5～2	可见轮廓线、可见过渡线
细实线	──────	约为 $b/2$	尺寸线、尺寸界线、剖面线、引出线、弯折线、牙底线、齿根线、辅助线等
细点画线	———— — ————	约为 $b/2$	轴线、对称中心线、齿轮节线等
虚线	—— —— —— ——	约为 $b/2$	不可见轮廓线、不可见过渡线
波浪线	～～～	约为 $b/2$	断裂边界线、剖视与视图的分界线
双折线	—\/—\/—\/—	约为 $b/2$	断裂边界线

续表

图线名称	线型	线宽/mm	主要用途
粗点画线	▬▬ ▬ ▬▬	b	有特殊要求的线或面的表示线
双点画线	—— — — ——	约为 $b/2$	相邻辅助零件的轮廓线、极限位置轮廓线、假想投影的轮廓线

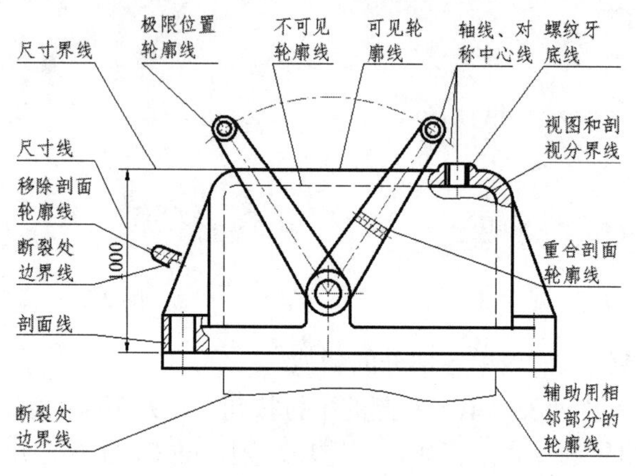

图 2-21　图线应用示例

（2）图线的画法。

① 在同一图样中，同类图线的宽度应保持基本一致。虚线、点画线及双点画线的线段和间隔应各自大致相等。

② 两条平行线（包括剖面线）之间的距离应不小于粗实线的两倍宽度，最小距离不得小于 0.7 mm。

③ 在绘制圆的对称中心线时，圆心应为线段的交点。点画线和双点画线的首末两端应是线段而不是短画。建议中心线应超出轮廓线 2～5mm，如图 2-22 所示。

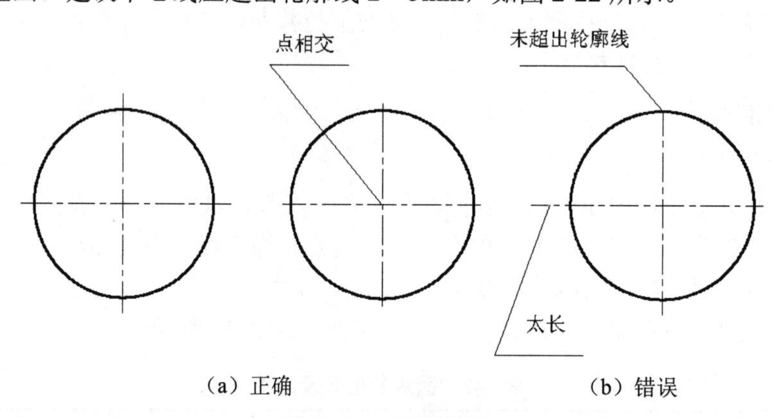

（a）正确　　（b）错误

图 2-22　点画线画法

④ 当在较小的图形上画点画线或双点画线遇到困难时，可以使用细实线来代替。

为了保证图形清晰，在图线存在相交、相连情况时，习惯采用如图 2-23 所示的正确方法。

当点画线、虚线与粗实线相交，以及点画线、虚线相交时，均应相交于点画线或虚线的线段处。当虚线与粗实线相连时，应保留一定的间隙；当虚直线与虚半圆弧相切时，应在虚直线处留出一定的间隙，而将虚半圆弧绘制至对称中心线处。如图 2-23（a）所示。

⑤ 由于在复制图形时可能会遇到困难，因此建议尽量避免使用 0.18mm 的线宽。

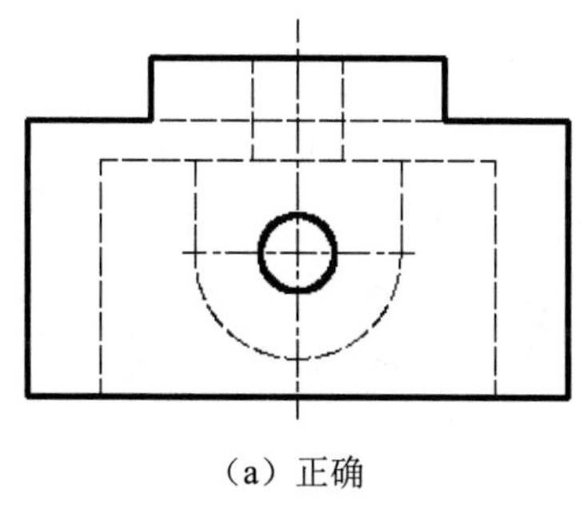

（a）正确

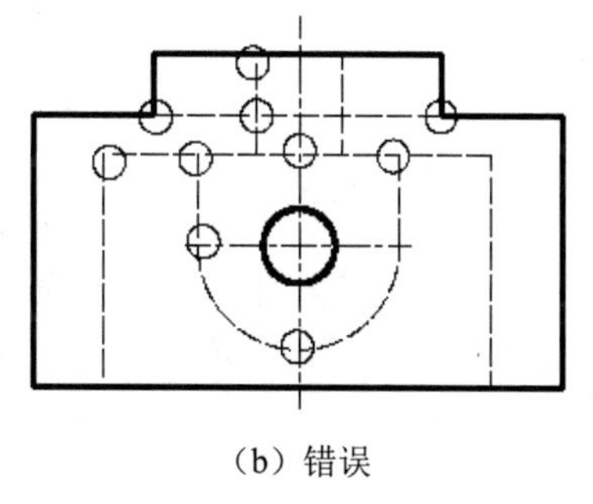

（b）错误

图 2-23　图线画法

按照前面讲述的方法打开“图层特性管理器”选项板，单击图层列表中的“线型”选项，打开“选择线型”对话框。该对话框中选项的含义如下。

（1）“已加载的线型”选区：显示在当前绘图中加载的线型，其右侧显示为线型的形式。

（2）“加载”按钮：单击此按钮，打开“加载或重载线型”对话框，如图 2-24 所示。用户通过该对话框可以加载线型并将其添加到线型列表中。但是，所加载的线型必须已经在线型库（LIN）文件中进行定义。标准线型保存在 acad.lin 文件中。

设置图层线型的方法如下：

命令行：LINETYPE

在命令行中输入上述命令后，打开“线型管理器”对话框，如图 2-25 所示。该对话框中选项的含义与前面介绍的含义相同，这里不再赘述。

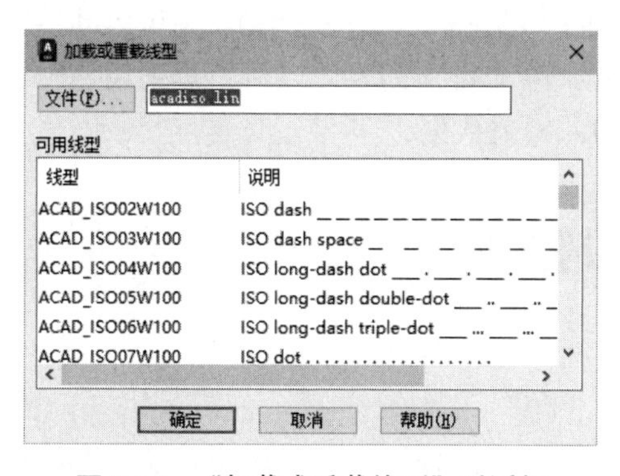

图 2-24　“加载或重载线型”对话框

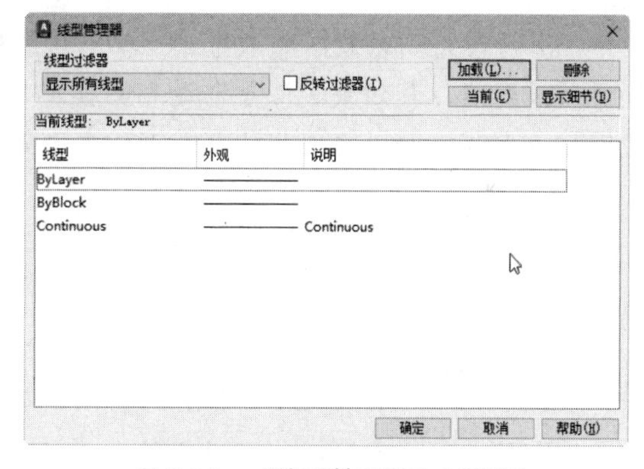

图 2-25　“线型管理器”对话框

4. 颜色的设置

使用 AutoCAD 绘制的图形对象都具有一定的颜色。为了使绘制的图形清晰明了，可以使用同一种颜色来绘制同一类图形对象，使用另一种颜色来绘制另一种图形对象，以便进行区分。为此，需要适当地对颜色进行设置。AutoCAD 允许用户为图层设置颜色，不仅可以为新建的图形对象设置当前颜色，还可以修改已有图形对象的颜色。

选择菜单栏中的“格式”→“颜色”命令，或者在命令行中输入“COLOR”命令后按 Enter 键，打开“选择颜色”对话框。另外，也可以在图层操作过程中打开此对话框。

5. 线宽的设置

选择菜单栏中的“格式”→“线宽”命令，或者在命令行中输入“LINEWEIGHT”命令后按 Enter 键，打开“线宽设置”对话框。该对话框中选项的含义与前面介绍的含义相同，这里不再赘述。

有的读者设置了线宽，但在图形中无法显示出来。出现这种情况一般有以下两种原因。

（1）没有打开状态栏中的显示线宽功能（单击状态栏中的“线宽”按钮）。

（2）线宽设置的宽度不足。AutoCAD 只能显示 0.30mm 以上的线宽，如果宽度低于 0.30mm，则无法显示。

6. “直线”命令

在绘制直线时，其命令行提示中部分选项的含义如下。

（1）若采用按 Enter 键来响应“指定第一个点”提示，则会将上次绘制图线的终点作为本次图线的起始点。若上次操作为绘制圆弧，则在按 Enter 键响应提示后，会绘制穿过圆弧终点并与该圆弧相切的直线段。该线段的长度为十字光标在绘图区指定的一点与切点之间的距离。

（2）在“指定下一点”提示下，用户可以指定多个端点，从而绘制出多条直线段。需要说明的是，一段直线是一个独立的对象，可以进行单独的编辑操作。

（3）在绘制两条以上直线段后，若采用输入选项“C”来响应“指定下一点”提示，则会自动连接起始点和最后一个端点，从而绘制出封闭的图形。

（4）若采用输入选项“U”来响应提示，则删除最近一次绘制的直线。

（5）若设置正交方式（单击状态栏中的“正交模式”按钮），则只能绘制水平线段或垂直线段。

（6）若设置动态数据输入方式（单击状态栏中的“动态输入”按钮），则可以动态输入坐标或长度值，其效果类似于非动态数据输入方式。除非特别需要，以后不再强调使用动态数据输入方式，而只使用非动态数据输入方式来输入相关数据。

任务二 绘制挡圈

任务背景

挡圈是一种较为简单的机械零件，主要起到轴向固定的作用，一般用于轴端。在机械图形绘制过程中，除了需要绘制直线，还经常需要绘制曲线。圆是简单的曲线。AutoCAD 提供了“圆”命令来绘制圆。

由于本任务所要绘制的图形中包含两种线型，因此需要设置图层来管理线型。图形中包括 5 个圆，因此需要利用“圆”命令的各种操作方式来绘制图形。挡圈如图 2-26 所示。

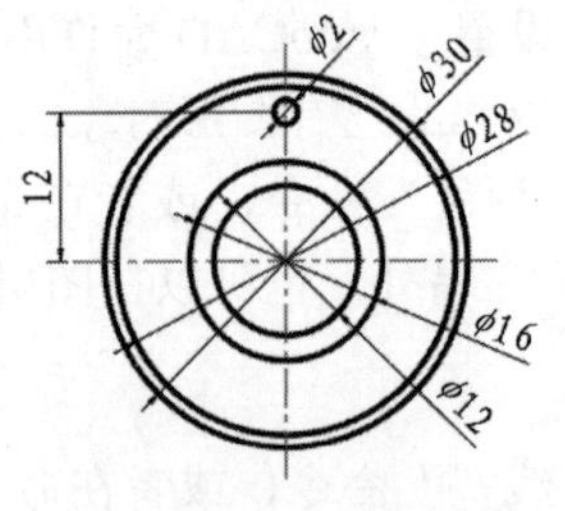

图 2-26　挡圈

操作步骤

1. 设置图层

单击“默认”选项卡的“图层”面板中的“图层特性”按钮，打开“图层特性管理器”选项板，新建“中心线”和“轮廓线”两个图层，如图 2-27 所示。

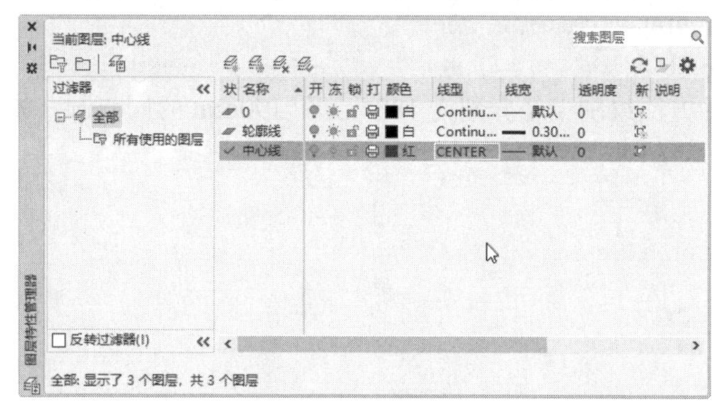

图 2-27　新建图层

2. 绘制中心线

将“中心线”图层设置为当前图层。单击“默认”选项卡的“绘图”面板中的“直线”按钮，命令行提示与操作如下：

命令: _line
指定第一个点:（适当指定一个点）
指定下一点或 [放弃(U)]: @400,0↙
指定下一点或 [放弃(U)]: ↙
命令: _line
指定第一个点: from↙（表示“捕捉自”功能）
基点:（单击状态栏中的“对象捕捉”按钮，将鼠标指针移动到刚才绘制的线段的中点附近，将显示一个绿色的小三角形，表示中点捕捉位置（见图 2-28），单击确定基点位置）
<偏移>: @0,200↙
指定下一点或 [放弃(U)]: @0,-400↙
指定下一点或 [放弃(U)]: ↙

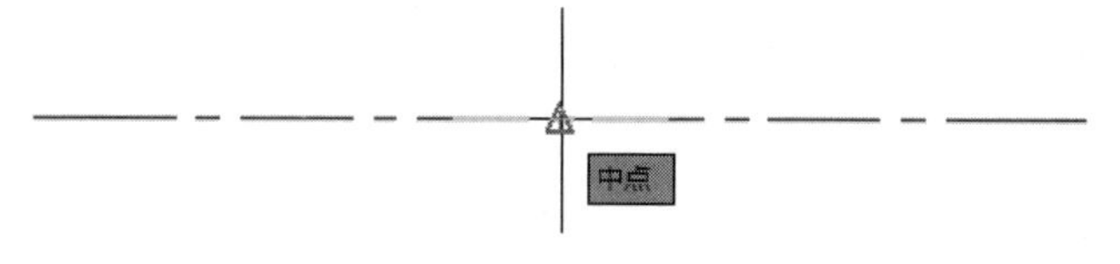

图 2-28　捕捉中点

注意

按住 Shift 键，同时右击，可以弹出“捕捉自”功能的快捷对话框。

绘制中心线结果如图 2-29 所示。

3. 绘制同心圆

（1）将“轮廓线”图层设置为当前图层。在命令行中输入“CIRCLE”命令，或者选择菜单栏中的“绘图”→“圆”→“圆心，半径”命令，或者单击“默认”选项卡的“绘图”面板中的“圆”按钮。单击“默认”选项卡的“绘图”面板中的“圆”按钮的命令行提示与操作如下：

```
命令: _circle
指定圆的圆心或 [三点(3P)/两点(2P)/切点、切点、半径(T)]:（捕捉中心线交点为圆心）
指定圆的半径或 [直径(D)]: 40↙
命令: _circle
指定圆的圆心或 [三点(3P)/两点(2P)/切点、切点、半径(T)]: （捕捉中心线交点为圆心）
指定圆的半径或 [直径(D)] <40.0000>: d↙
指定圆的直径 <80.0000>: 120↙
```

（2）参照相同的方法绘制半径分别为 180mm 和 190mm 的同心圆，如图 2-30 所示。

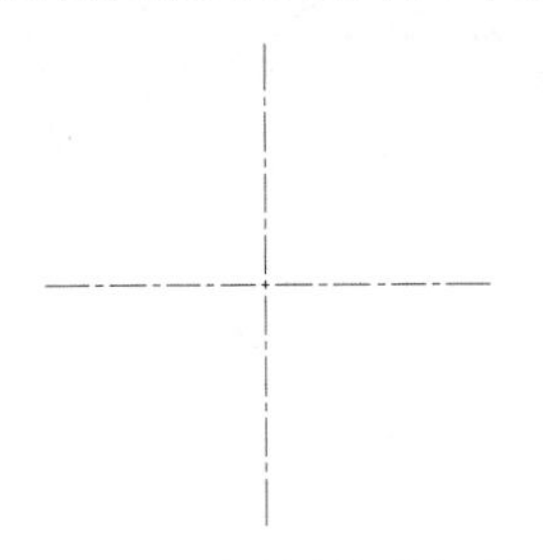
图 2-29　绘制中心线结果

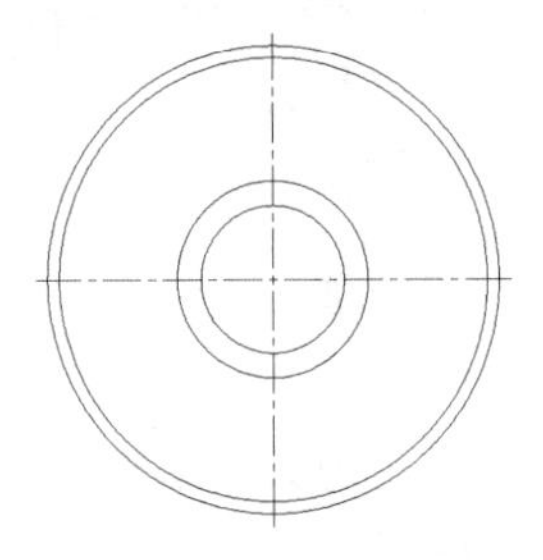
图 2-30　绘制同心圆

4. 绘制定位孔

单击“默认”选项卡的“绘图”面板中的“圆”按钮，命令行提示与操作如下：

```
命令: _circle↙（或者直接按 Enter 键，表示执行上次执行的命令）
指定圆的圆心或 [三点(3P)/两点(2P)/切点、切点、半径(T)]: 2p↙
指定圆直径的第一个端点: from↙
基点:（捕捉同心圆的圆心）
<偏移>: @0,120↙
指定圆直径的第二个端点: @0,20↙
```

绘制定位孔结果如图 2-31 所示。

5. 补画中心线

将“中心线”图层设置为当前图层。单击“默认”选项卡的“绘图”面板中的“直线”按钮，命令行提示与操作如下：

```
命令: _line
指定第一个点: from↙
基点:（捕捉同心圆的圆心）
<偏移>: @-15,0↙
指定下一点或 [放弃(U)]: @30,0↙
指定下一点或 [放弃(U)]: ↙
```

补画中心线结果如图 2-32 所示。

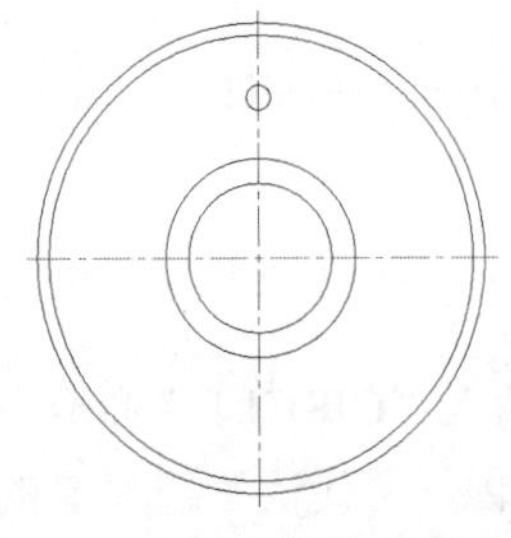
图 2-31　绘制定位孔结果

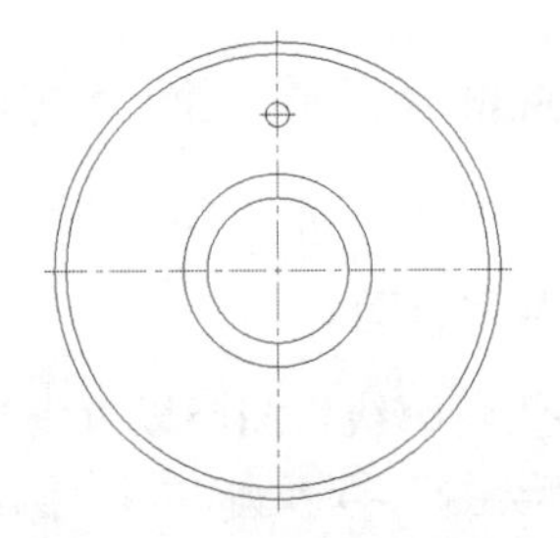
图 2-32　补画中心线结果

6. 显示线宽

单击状态栏中的“线宽”按钮☰，显示图线线宽。

知识点详解

（1）在绘制圆的命令行提示中，部分选项的含义如下。

① 三点(3P)：通过指定圆周三点的方法来绘制圆。

② 两点(2P)：通过指定直径的两端点来绘制圆。

③ 切点、切点、半径(T)：通过先指定两个相切对象，再指定半径的方法来绘制圆。图 2-33 给出了以“切点、切点、半径”方式绘制圆的各种情形（其中加黑的圆为最后绘制的圆）。

（2）功能区中还有一种绘制圆的方法，即“相切、相切、相切”的方法。当选择此方法时，命令行提示：

```
指定圆上的第一个点: _tan 到: （指定相切的第一个圆弧）
指定圆上的第二个点: _tan 到: （指定相切的第二个圆弧）
指定圆上的第三个点: _tan 到: （指定相切的第三个圆弧）
```

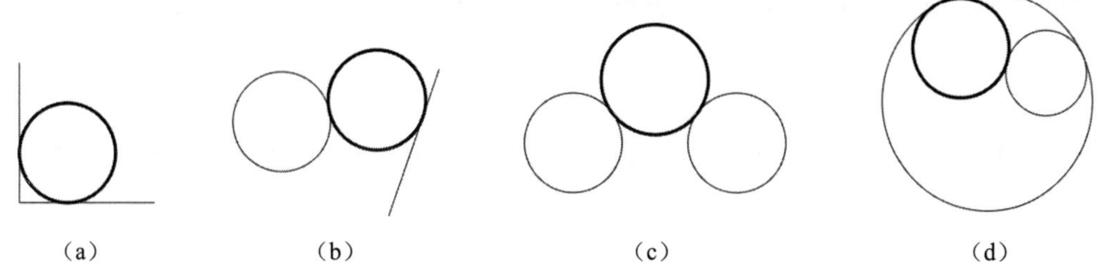

图 2-33 圆与另外两个对象相切的各种情形

任务三 绘制圆头平键

任务背景

键是一种常用的连接件，通常用于轴与轴上零件的周向固定和导向。其中，平键是较为常用的一种键，也是一种标准件。平键分为圆头平键（A 型键）、方头平键（B 型键）和半圆头平键（C 型键）3 种。这里介绍圆头平键的绘制方法。

本任务通过绘制定位销来介绍“圆弧”命令的操作方法。利用“圆弧”命令绘制的图形如图 2-34 所示。

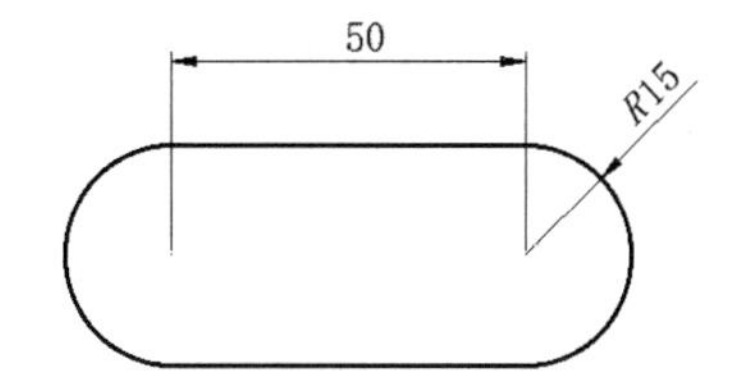

图 2-34 利用“圆弧”命令绘制的图形

操作步骤

1. 绘制直线

单击“默认”选项卡的“绘图”面板中的“直线”按钮，以(100,100)为起点，以(150,100)为终点绘制直线。同理，绘制坐标值为(100,130)和(150,130)的直线，结果如图2-35所示。

2. 绘制左端圆弧

在命令行中输入“ARC”命令，或者选择菜单栏中的“绘图”→“圆弧”→“起点、端点、方向”命令，或者单击“默认”选项卡的“绘图”面板中的“圆弧”按钮，绘制左端圆弧。单击“默认”选项卡的“绘图”面板中的“圆弧”按钮的命令行提示与操作如下：

```
命令: _arc
指定圆弧的起点或[圆心(C)]:（打开“对象捕捉”开关，指定起点为上面水平线的左端点）
指定圆弧的第二个点或[圆心(C)/端点(E)]:E
指定圆弧的端点:（指定端点为下面水平线的左端点）
指定圆弧的中心点(按住 Ctrl 键以切换方向)或 [角度(A)/方向(D)/半径(R)]: D
指定圆弧起点的相切方向(按住 Ctrl 键以切换方向): 180↙
```

绘制左端圆弧结果如图2-36所示。

3. 绘制右端圆弧

单击“默认”选项卡的“绘图”面板中的“圆弧”按钮，绘制右端圆弧，命令行提示与操作如下：

```
命令: _arc
指定圆弧的起点或[圆心(C)]:（打开“对象捕捉”开关，指定起点为上面水平线的右端点）
指定圆弧的第二个点或[圆心(C)/端点(E)]: E
指定圆弧的端点:（指定端点为下面水平线的右端点）
指定圆弧的中心点(按住 Ctrl 键以切换方向)或[角度(A)/方向(D)/半径(R)]:A
指定夹角(按住 Ctrl 键以切换方向): -180↙
```

绘制右端圆弧结果如图2-37所示。

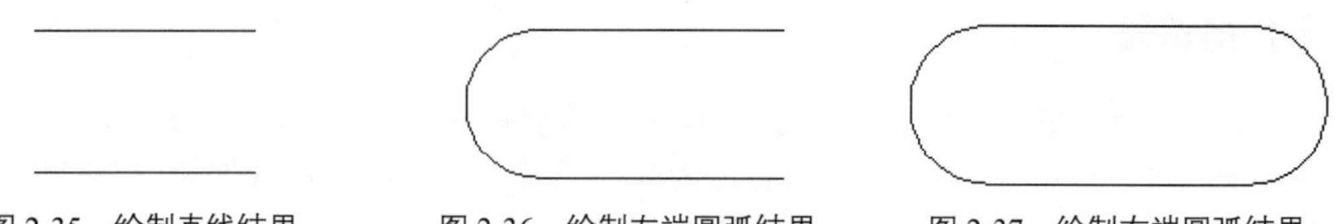

图2-35 绘制直线结果　　图2-36 绘制左端圆弧结果　　图2-37 绘制右端圆弧结果

提示

在绘制圆弧时，圆弧的曲率是遵循逆时针方向的。因此，在选择指定圆弧两个端点和半径的模式时，需要注意端点的指定顺序，否则可能导致圆弧的凹凸形状与预期的形状相反。

知识点详解

在使用命令行方式绘制圆弧时，可以根据提示选择不同的选项，具体功能与“绘制”菜单的“圆弧”子菜单提供的11种方法相似。11种绘制圆弧的方法如图2-38所示。

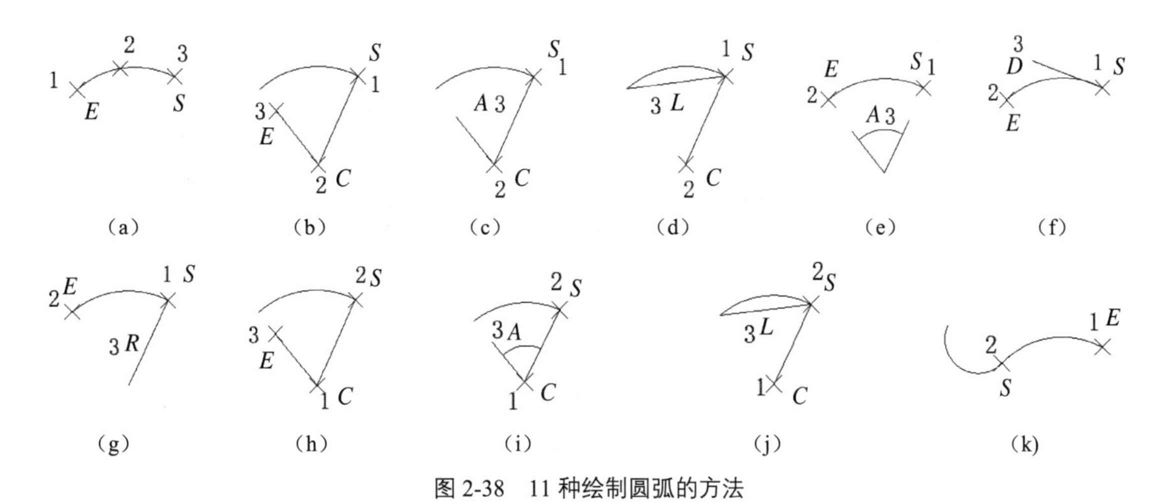

图 2-38　11 种绘制圆弧的方法

注意

采用“连续”方式绘制的圆弧会与上一线段或圆弧相切，因此仅设置端点即可。

任务四　绘制定距环

任务背景

定距环是机械零件中一种典型的辅助轴向定位零件，绘制起来比较简单。

定距环呈管状，在主视图中呈圆环状，可利用“圆”命令来绘制；在俯视图中呈矩形状，可利用“矩形”命令来绘制。中心线可以利用“直线”命令来绘制。定距环如图 2-39 所示。

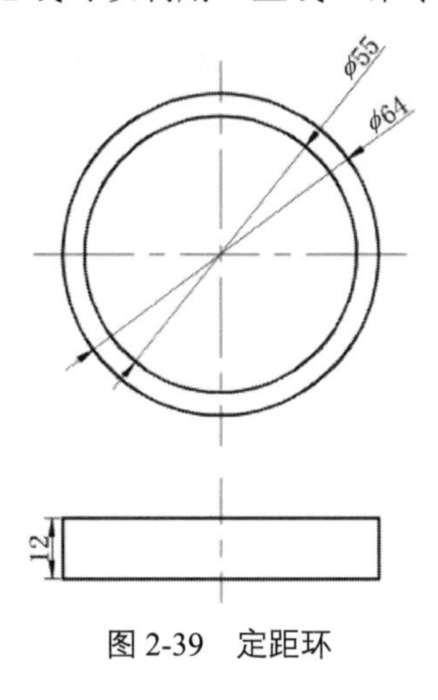

图 2-39　定距环

操作步骤

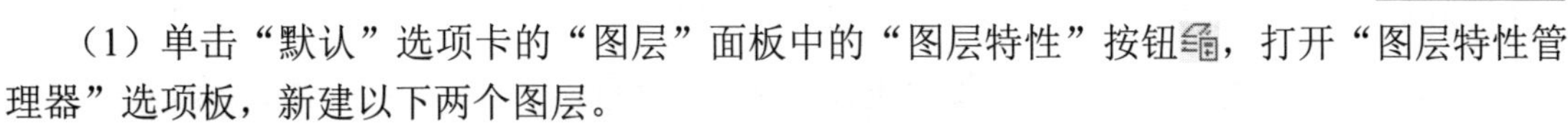

(1) 单击“默认”选项卡的“图层”面板中的“图层特性”按钮，打开“图层特性管理器”选项板，新建以下两个图层。

① 将第一个图层命名为“轮廓线”，“线宽”设置为 0.30mm，其余选项采用默认设置。

② 将第二个图层命名为“中心线”，“线宽”设置为 0.09mm，“颜色”设置为红色，“线

型”设置为CENTER，其余选项采用默认设置，如图2-40所示。

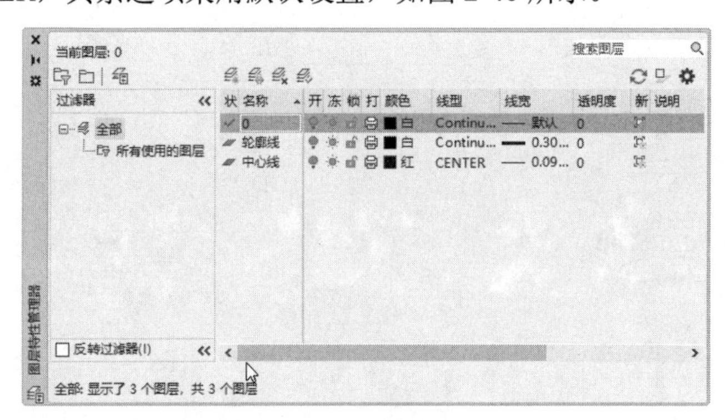

图2-40　图层设置

（2）将“中心线”图层设置为当前图层，单击“默认”选项卡的“绘图”面板中的“直线”按钮╱，绘制中心线，命令行提示与操作如下：

```
命令: _line ↙
指定第一个点: 150,92 ↙
指定下一点或 [放弃(U)]: 150,120 ↙
指定下一点或 [放弃(U)]: ↙
```

参照相同的方法绘制另外两条中心线，坐标分别为{(100,200),(200,200)}和{(150,150),(150,250)}，结果如图2-41所示。

（3）将“轮廓线”图层设置为当前图层，单击“默认”选项卡的“绘图”面板中的“圆”按钮⊘，绘制定距环主视图，命令行提示与操作如下：

```
命令: _circle ↙
指定圆的圆心或 [三点(3P)/两点(2P)/切点、切点、半径(T)]: 150,200 ↙
指定圆的半径或 [直径(D)] : 27.5 ↙
```

参照相同的方法绘制另一个圆：圆心坐标为(150,200)，半径为32mm，结果如图2-42所示。

对于圆心坐标的选择，除了直接输入圆心坐标(150,200)，还可以利用圆心与中心线的对应关系和对象捕捉方法来选择。单击状态栏（见图2-43）中的“对象捕捉”按钮□，命令行会提示“命令: <打开对象捕捉>”。

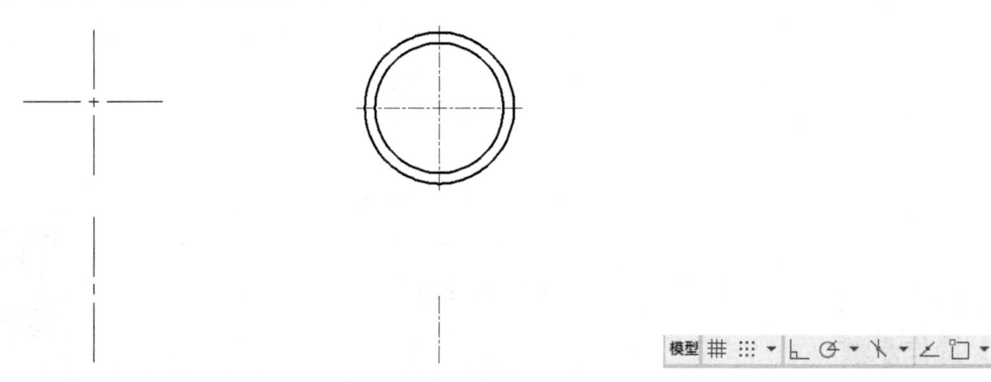

图2-41　绘制中心线结果　　图2-42　绘制定距环两个圆结果　　图2-43　状态栏

重复执行绘制圆的操作，当命令行提示“指定圆的圆心或 [三点(3P)/两点(2P)/切点、切点、半径(T)]: ”时，移动鼠标指针到中心线交叉点附近，AutoCAD会自动在中心线交叉点处显示绿色的小三角形，以表明系统已经捕捉到该点；单击确认，命令行会提示“指定圆的

半径或 [直径(D)] :”，此时输入圆的半径值并按 Enter 键，即可完成圆的绘制。

注意

在命令行中输入坐标时，应检查此时的输入法是否是英文状态。如果是中文状态，则在输入“150，92”时会因中文逗号“，”而导致 AutoCAD 认为该坐标是无效的。此时，只需将中文逗号改为英文逗号，并将输入法切换为英文状态即可。

注意

在绘制某些局部图形时，可能会重复使用同一条命令。此时，若重复使用菜单命令、工具栏中的命令或命令行中的命令，则效率会比较低。AutoCAD 2024 提供了快速重复执行前一条命令的方法，即右击图形窗口中的非选中图形对象，打开快捷菜单，选择其中第一项重复某某命令，或者使用更为简便的做法，即直接按 Enter 键或空格键。

（4）在命令行中输入“RECTANG”命令，或者选择菜单栏中的“绘图”→“矩形”命令，或者单击“默认”选项卡的“绘图”面板中的“矩形”按钮▭，绘制定距环俯视图。在命令行中输入“RECTANG”命令的提示与操作如下：

```
命令: RECTANG ↙
指定第一个角点或 [倒角(C)/标高(E)/圆角(F)/厚度(T)/宽度(W)]: 118,100 ↙
指定另一个角点或 [面积(A)/尺寸(D)/旋转(R)]: 182,112 ↙
```

绘制定距环俯视图结果如图 2-44 所示。

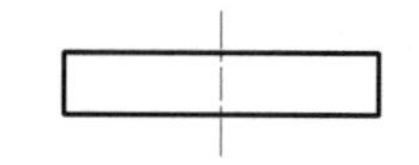

图 2-44　绘制定距环俯视图

知识点详解

1. 矩形

在绘制矩形的命令行提示中，各个选项的含义如下。

（1）指定第一个角点：通过指定两个角点来绘制矩形，效果如图 2-45（a）所示。

（2）倒角(C)：用于指定倒角距离，从而绘制具有倒角的矩形，效果如图 2-45（b）所示。每个角点的逆时针和顺时针方向的倒角可以相同，也可以不同。其中，第一个倒角距离是指角点逆时针方向的倒角距离，第二个倒角距离是指角点顺时针方向的倒角距离。

（3）标高(E)：用于指定矩形标高（*Z* 坐标），即将矩形绘制在标高为 *Z* 和与 *XOY* 坐标面平行的平面上，并作为后续矩形的标高值。

（4）圆角(F)：用于指定圆角半径，从而绘制具有圆角的矩形，效果如图 2-45（c）所示。

（5）厚度(T)：用于指定矩形的厚度，效果如图 2-45（d）所示。

（6）宽度(W)：用于指定线宽，效果如图 2-45（e）所示。

（7）面积(A)：通过指定面积和长或宽来绘制矩形。在选择该选项后，命令行提示与操作如下：

```
输入以当前单位计算的矩形面积 <20.0000>: （输入面积值）
计算矩形标注时依据 [长度(L)/宽度(W)] <长度>:（按 Enter 键或输入 W）
输入矩形长度 <4.0000>: （指定长度或宽度）
```

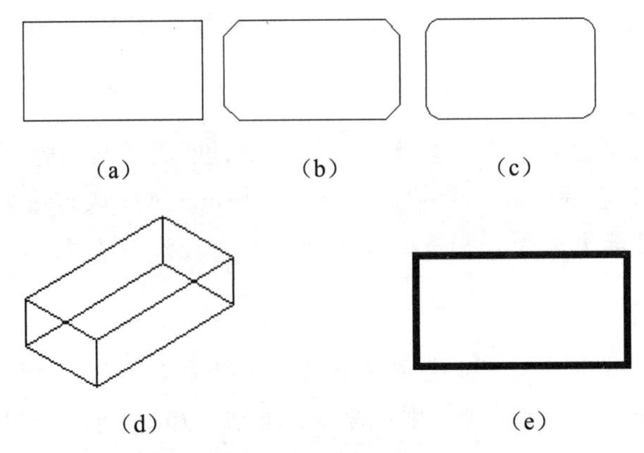

图 2-45　绘制矩形效果

在指定长或宽后，AutoCAD 将自动计算另一个维度，并绘制矩形。如果矩形进行了倒角或圆角处理，则在计算长度或宽度时会考虑此设置。根据面积绘制矩形如图 2-46 所示。

（8）尺寸(D)：通过指定长和宽来绘制矩形。第二个指定点可以将矩形定位在与第一个角点相关的四个位置之一内。

（9）旋转(R)：用于指定所绘制矩形的旋转角度。在选择该选项后，命令行提示与操作如下：

```
指定旋转角度或 [拾取点(P)] <135>:  （指定角度）
指定另一个角点或 [面积(A)/尺寸(D)/旋转(R)]: （指定另一个角点或选择其他选项）
```

在指定旋转角度后，AutoCAD 将根据该角度来绘制矩形，如图 2-47 所示。

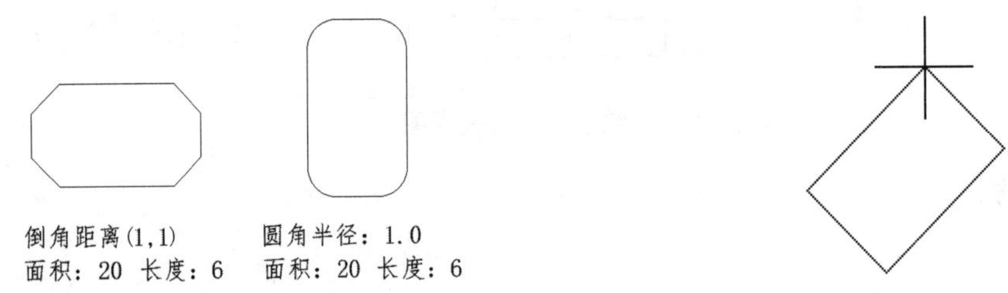

图 2-46　根据面积绘制矩形

图 2-47　根据指定的旋转角度绘制矩形

2. 对象捕捉

在绘制 AutoCAD 图形时，有时需要指定一些特殊位置的点，如圆心、端点、中点、平行线上的点等，这些点可以通过对象捕捉功能进行捕捉。捕捉特殊位置的点如表 2-3 所示。

表 2-3　捕捉特殊位置的点

捕捉模式	命　令	功　能
临时追踪点	TT	建立临时追踪点
两点之间的中点	M2P	捕捉两个独立点之间的中点
捕捉自	FROM	建立一个临时参考点，作为指出后继点的基点
点过滤器	.X (Y、Z)	由坐标选择点
端点	ENDP	捕捉线段或圆弧的端点
中点	MID	捕捉线段或圆弧的中点
交点	INT	捕捉线段、圆弧或圆等的交点
外观交点	APPINT	捕捉图形对象在视图平面上的交点
延长线	EXT	指定对象的延伸线
圆心	CEN	捕捉圆或圆弧的圆心

续表

捕捉模式	命　令	功　能
象限点	QUA	捕捉与十字光标最近的圆或圆弧上可见部分的象限点，即圆周上 0°、90°、180°、270° 位置上的点
切点	TAN	捕捉最后生成的一个点到被选中的圆或圆弧上引切线的切点
垂足	PER	在线段、圆、圆弧或它们的延长线上捕捉一个点，使其与最后生成的点的连线与该线段、圆或圆弧正交
平行线	PAR	绘制与指定对象平行的图形对象
节点	NOD	捕捉使用 Point 或 DIVIDE 等命令生成的点
插入点	INS	捕捉文本对象和图块的插入点
最近点	NEA	捕捉与拾取点最近的线段、圆、圆弧等对象上的点
无	NON	关闭对象捕捉模式
对象捕捉设置	OSNAP	设置对象捕捉

AutoCAD 提供了命令行、工具栏和快捷菜单 3 种捕捉特殊位置点的方式。

（1）命令行方式。在绘制图形时，当命令行提示输入一个点时，输入相应特殊位置点命令（见表 2-3），随后根据提示进行操作即可。

（2）工具栏方式。使用“对象捕捉”工具栏（见图 2-48）可以方便地捕捉点。当命令行提示输入一个点时，单击“对象捕捉”工具栏中的相应按钮。当将鼠标指针移动到某个图标上时，会显示该图标的功能提示，根据提示进行操作即可。

（3）快捷菜单方式。对象捕捉快捷菜单可通过按住 Shift 键不释放的同时右击来打开。对象捕捉快捷菜单中列出了 AutoCAD 提供的对象捕捉模式，如图 2-49 所示。它的操作方法与工具栏相似，只需在 AutoCAD 提示输入点时选择快捷菜单中相应的命令，并根据提示进行操作即可。

图 2-48　“对象捕捉”工具栏

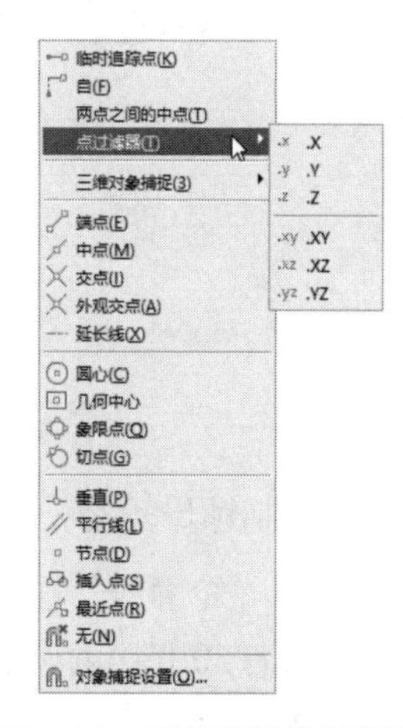

图 2-49　对象捕捉快捷菜单

任务五　绘制螺母

任务背景

螺母是螺纹零件中的一种，属于典型的连接件，也是标准件。螺母通常与螺栓结合使用，用于固定和连接不同的机械零件，在机械设计工程中非常常见。

本任务主要利用“多边形”“圆”“直线”命令绘制螺母主视图，如图 2-50 所示。

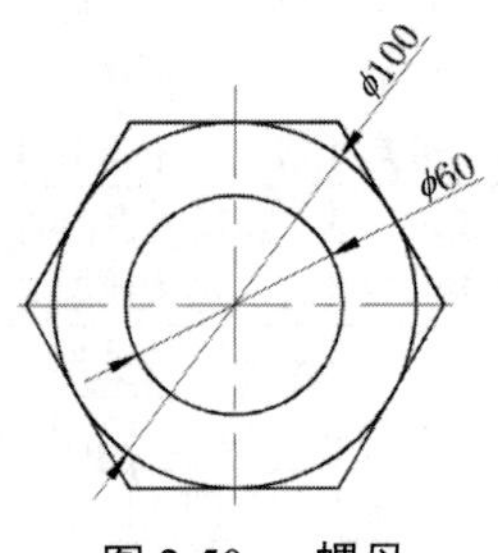

图 2-50　螺母

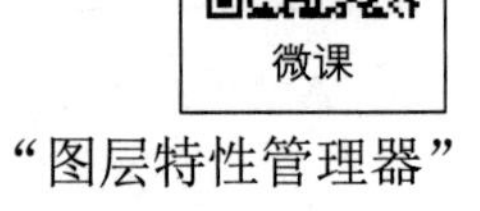

操作步骤

1. 设置图层

单击“默认”选项卡的“图层”面板中的“图层特性”按钮，打开“图层特性管理器”选项板，新建“中心线”和“轮廓线”两个图层，具体设置如图 2-51 所示。

2. 绘制中心线

将“中心线”图层设置为当前图层，单击“默认”选项卡的“绘图”面板中的“直线”按钮，绘制中心线，端点坐标为{(90,150),(210,150)}、{(150,90),(150,210)}，结果如图 2-52 所示。

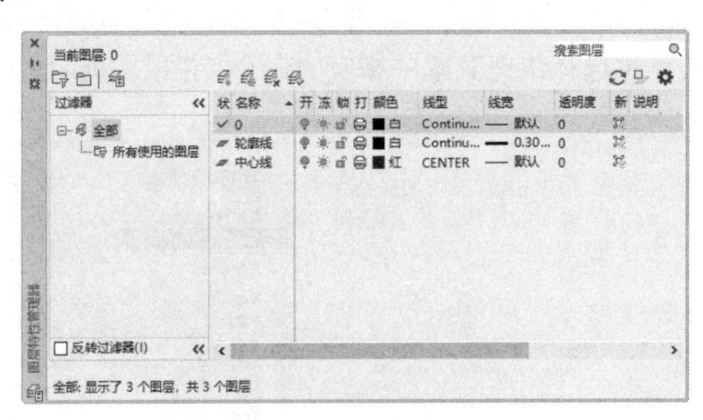

图 2-51　图层设置

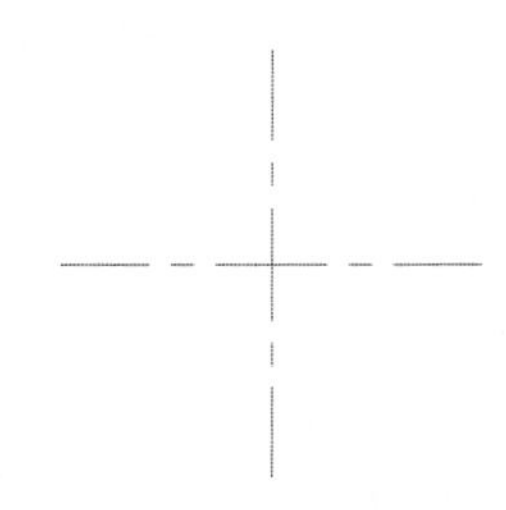

图 2-52　绘制中心线结果

3. 绘制螺母轮廓

（1）将“轮廓线”图层设置为当前图层，单击“默认”选项卡的“绘图”面板中的“圆”按钮，以(150,150)为圆心，绘制半径为 50mm 的圆，结果如图 2-53 所示。

（2）绘制正六边形。在命令行中输入“POLYGON”命令，或者选择菜单栏中的“绘图”→“多边形”命令，或者单击“默认”选项卡的“绘图”面板中的“多边形”按钮。单击“默认”选项卡的“绘图”面板中的“多边形”按钮的命令行提示与操作如下：

```
命令: _polygon
输入侧面数 <4>: 6↙
指定正多边形的中心点或 [边(E)]: 150,150↙
输入选项 [内接于圆(I)/外切于圆(C)] <I>: c↙
指定圆的半径: 50↙
```

绘制正六边形结果如图 2-54 所示。

（3）单击“默认”选项卡的“绘图”面板中的“圆”按钮，以(150,150)为圆心，绘制半径为 30mm 的圆，结果如图 2-50 所示。

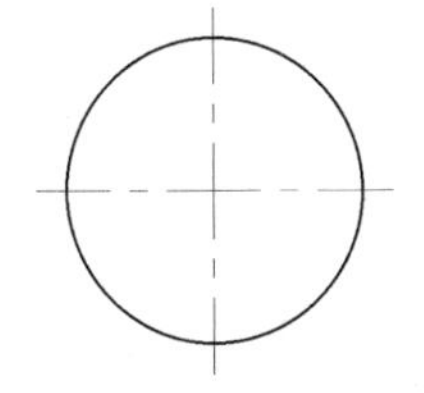

图 2-53 绘制圆结果

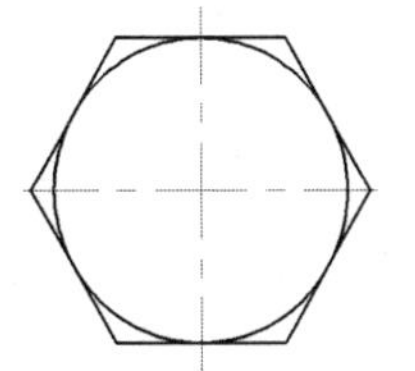

图 2-54 绘制正六边形结果

知识点详解

在绘制正六边形的命令行提示中，部分选项的含义如下。

（1）边(E)：若选择该选项，则只需指定多边形的一条边，AutoCAD 将按照逆时针方向绘制正多边形，效果如图 2-55（a）所示。

（2）内接于圆(I)：若选择该选项，则绘制的多边形内接于圆，效果如图 2-55（b）所示。

（3）外切于圆(C)：若选择该选项，则绘制的多边形外切于圆，效果如图 2-55（c）所示。

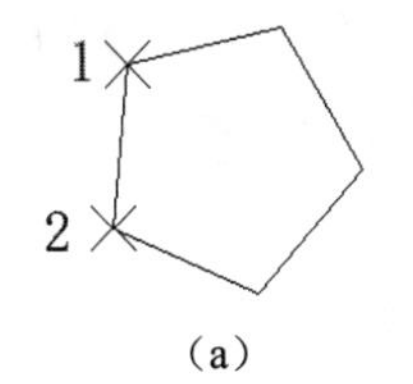

（a）

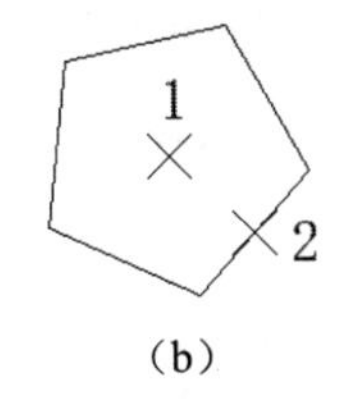

（b）

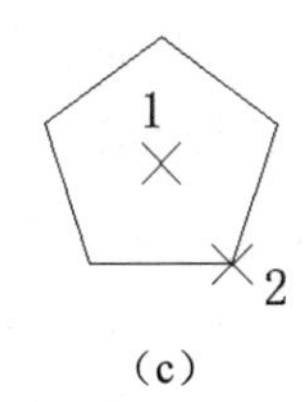

（c）

图 2-55 绘制正多边形效果

任务六 绘制螺丝刀

任务背景

在绘制机械图形时，有时会遇到直线和曲线连接，以及图线粗细出现变化等相对复杂的情况。为了便于处理这种情况，AutoCAD 提供了“多段线”命令。

多段线由线段和圆弧组成，其特点是可以具有不同的线宽。这种线条因组合形式的多样和线宽的变化，弥补了直线或圆弧功能的不足，适合绘制各种复杂的图形轮廓，因此在实际应用中得到了广泛的应用。

另外，AutoCAD 提供一种被称为非一致有理 B 样条（NURBS）曲线的特殊样条曲线类型。NURBS 曲线可以在控制点之间产生一条光滑的样条曲线，如图 2-56 所示。样条曲线可用于创建形状不规则的曲线，如在地理信息系统（Geographic Information System，GIS）应用或汽车设计中绘制轮廓线。

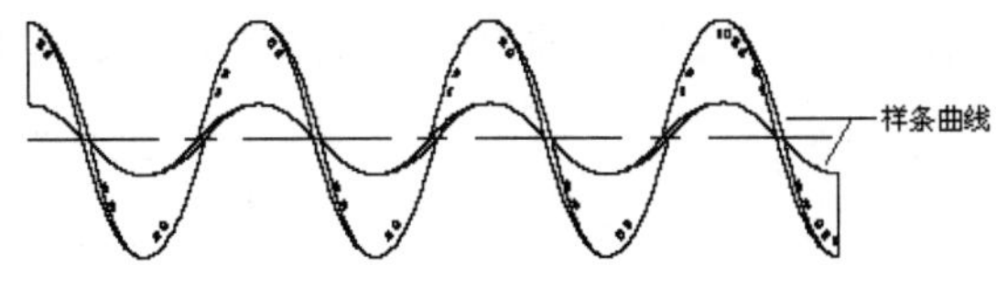

图 2-56 NURBS 曲线

本任务将通过绘制螺丝刀来介绍“多段线”和“样条曲线”这两种复杂绘图命令的操作方法。螺丝刀如图 2-57 所示。

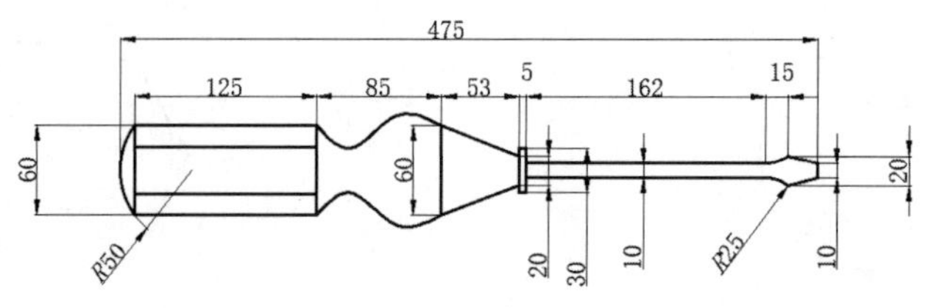

图 2-57　螺丝刀

操作步骤

微课

1. 绘制螺丝刀的左部把手

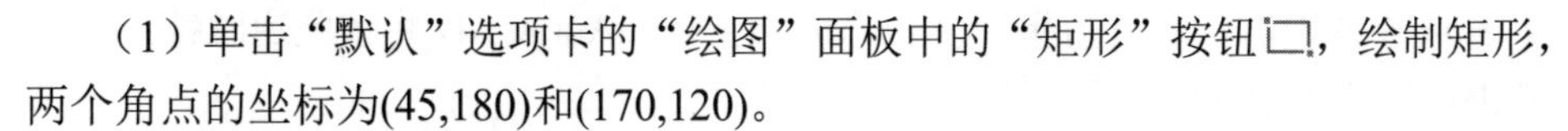

（1）单击“默认”选项卡的“绘图”面板中的“矩形”按钮，绘制矩形，两个角点的坐标为(45,180)和(170,120)。

（2）单击“默认”选项卡的“绘图”面板中的“直线”按钮，绘制两条线段，坐标分别为{(45,166),(@125<0)}、{(45,134),(@125<0)}。

（3）单击“默认”选项卡的“绘图”面板中的“圆弧”按钮，绘制圆弧，3 个点的坐标分别为(45,180)、(35,150)、(45,120)。绘制螺丝刀的左部把手结果如图 2-58 所示。

2. 绘制螺丝刀的中间部分

（1）在命令行中输入“SPLINE”命令，或者选择菜单栏中的“绘图”→“样条曲线”→“拟合点”命令，或者单击“默认”选项卡的“绘图”面板中的“样条曲线拟合”按钮。在命令行中输入“SPLINE”命令的提示与操作如下：

```
命令: SPLINE↙
当前设置: 方式=拟合    节点=弦
指定第一个点或 [方式(M)/节点(K)/对象(O)]: 170,180↙
输入下一个点或 [起点切向(T)/公差(L)]: 192,165↙
输入下一个点或 [端点相切(T)/公差(L)/放弃(U)]: 225,187↙
输入下一个点或 [端点相切(T)/公差(L)/放弃(U)/闭合(C)]: 255,180↙
输入下一个点或 [端点相切(T)/公差(L)/放弃(U)/闭合(C)]:↙
命令: SPLINE↙
当前设置: 方式=拟合    节点=弦
指定第一个点或 [方式(M)/节点(K)/对象(O)]: 170,120↙
输入下一个点或 [起点切向(T)/公差(L)]: 192,135↙
输入下一个点或 [端点相切(T)/公差(L)/放弃(U)]:225,113↙
输入下一个点或 [端点相切(T)/公差(L)/放弃(U)/闭合(C)]: 255,120↙
输入下一个点或 [端点相切(T)/公差(L)/放弃(U)/闭合(C)]:↙
```

（2）单击“默认”选项卡的“绘图”面板中的“直线”按钮，绘制一条连续线段，坐标分别为{(255,180),(308,160),(@5<90),(@5<0),(@30<−90),(@5<−180),(@5<90),(255,120),(255,180)}；单击“默认”选项卡的“绘图”面板中的“直线”按钮，绘制一条连续线段，坐标分别为{(308,160),(@20<−90)}。绘制螺丝刀的中间部分结果如图 2-59 所示。

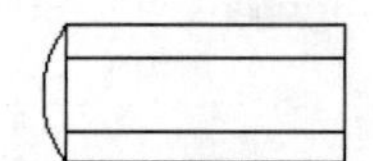

图 2-58　绘制螺丝刀的左部把手结果

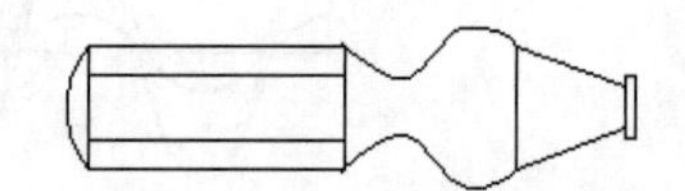

图 2-59　绘制螺丝刀的中间部分结果

3. 绘制螺丝刀的右部

在命令行中输入“PLINE”命令，或者选择菜单栏中的“绘图”→“多段线”命令，或者单击“默认”选项卡的“绘图”面板中的“多段线”按钮。在命令行中输入“PLINE”命令的提示与操作如下：

```
命令: PLINE↙
指定起点: 313,155↙
当前线宽为 0.0000
指定下一个点或 [圆弧(A)/半宽(H)/长度(L)/放弃(U)/宽度(W)]: @162<0↙
指定下一点或 [圆弧(A)/闭合(C)/半宽(H)/长度(L)/放弃(U)/宽度(W)]: A↙
指定圆弧的端点(按住 Ctrl 键以切换方向)或[角度(A)/圆心(CE)/闭合(CL)/方向(D)/半宽(H)/直线(L)/半径(R)/第二个点(S)/放弃(U)/宽度(W)]: 490,160↙
指定圆弧的端点(按住 Ctrl 键以切换方向)或[角度(A)/圆心(CE)/闭合(CL)/方向(D)/半宽(H)/直线(L)/半径(R)/第二个点(S)/放弃(U)/宽度(W)]: ↙
命令: PLINE↙
指定起点: 313,145↙
当前线宽为 0.0000
指定下一个点或 [圆弧(A)/半宽(H)/长度(L)/放弃(U)/宽度(W)]: @162<0↙
指定下一点或 [圆弧(A)/闭合(C)/半宽(H)/长度(L)/放弃(U)/宽度(W)]: A↙
指定圆弧的端点(按住 Ctrl 键以切换方向)或[角度(A)/圆心(CE)/闭合(CL)/方向(D)/半宽(H)/直线(L)/半径(R)/第二个点(S)/放弃(U)/宽度(W)]: 490,140↙
指定圆弧的端点(按住 Ctrl 键以切换方向)或[角度(A)/圆心(CE)/闭合(CL)/方向(D)/半宽(H)/直线(L)/半径(R)/第二个点(S)/放弃(U)/宽度(W)]: L↙
指定下一点或 [圆弧(A)/闭合(C)/半宽(H)/长度(L)/放弃(U)/宽度(W)]: 510,145↙
指定下一点或 [圆弧(A)/闭合(C)/半宽(H)/长度(L)/放弃(U)/宽度(W)]: @10<90↙
指定下一点或 [圆弧(A)/闭合(C)/半宽(H)/长度(L)/放弃(U)/宽度(W)]: 490,160↙
指定下一点或 [圆弧(A)/闭合(C)/半宽(H)/长度(L)/放弃(U)/宽度(W)]: ↙
```

绘制螺丝刀的右部结果如图 2-60 所示。

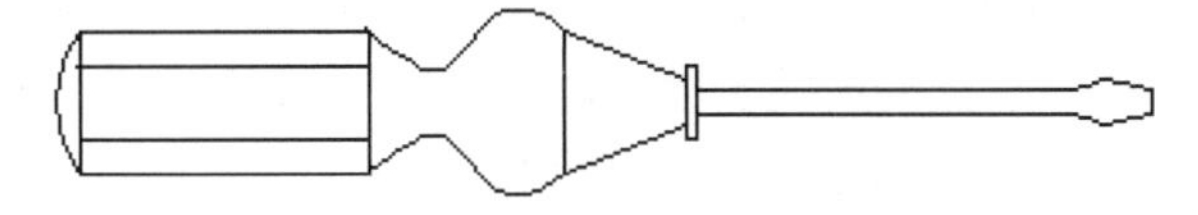

图 2-60 绘制螺丝刀的右部结果

知识点详解

1. 样条曲线

在绘制样条曲线的命令行提示中，部分选项的含义如下。

（1）方式(M)：设置是使用拟合点还是使用控制点来绘制样条曲线，绘制结果会因所选方式不同而不同。

（2）节点(K)：指定节点参数化，它会影响样条曲线在通过拟合点时的形状。

（3）对象(O)：将二维或三维的二次或三次样条曲线拟合为多段线，并根据 DELOBJ 系统变量的设置删除该多段线。

（4）起点切向(T)：定义样条曲线的第一个点和最后一个点的切向。如果在样条曲线的两端都指定切向，则可以输入一个点或使用“切点”和“垂足”对象捕捉模式使样条曲线与已有对象相切或垂直。如果按 Enter 键，则 AutoCAD 将计算默认切向。

（5）端点相切(T)：停止基于切向绘制样条曲线。通过指定拟合点可以绘制样条曲线。

（6）公差(L)：指定样条曲线必须通过的指定拟合点的距离。公差适用于除起点和端点外的所有拟合点。

（7）闭合(C)：使最后一个点与第一个点重合，并使它们在连接处相切，以形成闭合的样条曲线。在选择该选项后，命令行提示如下：

```
指定切向:指定点或按 Enter 键
```

如果在样条曲线的两端指定切向，则可以通过输入一个点或使用“切点”和“垂足”对象捕捉模式使样条曲线与已有对象相切或垂直。如果按 Enter 键，则 AutoCAD 将计算默认切向。

2. 多段线

在绘制多段线的命令行提示中，部分选项的含义如下。

（1）指定下一个点：确定另一端点，从而绘制一条直线段，它是默认选项。

（2）圆弧(A)：进入绘制圆弧方式。当选择该选项后，AutoCAD 会提示：

```
指定圆弧的端点(按住 Ctrl 键以切换方向)或[角度(A)/圆心(CE)/闭合(CL)/方向(D)/半宽(H)/直线(L)/半径(R)/第二个点(S)/放弃(U)/宽度(W)]:
```

① 指定圆弧的端点：绘制弧线段，它是默认选项。弧线段从多段线上一段的最后一个点开始并与多段线相切。

② 角度(A)：指定弧线段从起点开始包含的角度。若输入的角度值为正值，则按逆时针方向绘制弧线段；若输入的角度值为负值，则按顺时针方向绘制弧线段。

③ 圆心(CE)：指定所绘制弧线段的圆心。

④ 闭合(CL)：使用一段弧线段来封闭所绘制的多段线。

⑤ 方向(D)：指定弧线段的起始方向。

⑥ 直线(L)：退出绘制圆弧方式，并返回 PLINE 命令的初始提示信息状态。

⑦ 半径(R)：指定所绘制弧线段的半径。

⑧ 第二个点(S)：利用三点绘制圆弧。

⑨ 放弃(U)：撤销上一步所做的操作。

⑩ 宽度(W)：指定下一条直线段的宽度，与“半宽”选项相似。

（3）闭合(C)：通过绘制一条直线段来封闭多段线。

（4）长度(L)：在与前一线段相同的角度方向上绘制指定长度的直线段。

任务七　绘制泵轴

任务背景

在绘制机械图形的过程中，大部分图形都需要保持关于轴线的对称性。除了利用准确的坐标输入法，还可以怎样保持这种对称关系呢？

在绘制机械图形时，有些图形之间存在一定的对应几何关系，如相切、垂直、平行等。为了在绘图时严格保持这种对应的几何关系，AutoCAD 提供了几何约束功能。另外，在绘制机械图形时，有时需要通过修改图线的长度等尺寸参数来获得不同的零件系列或修改错误的设计。这时，可以利用尺寸约束功能进行自动修改。

我们将这种几何约束和尺寸约束统称为对象约束或参数化绘图。这是 AutoCAD 参数化设计功能的一种典型体现。

本任务绘制的泵轴主要由直线、圆及圆弧组成。因此，可以用“直线”、“圆”及“圆弧”

命令来完成绘制。在绘制过程中，应灵活应用对象约束功能来提高绘图效率，确保图形的精确程度。泵轴如图 2-61 所示。

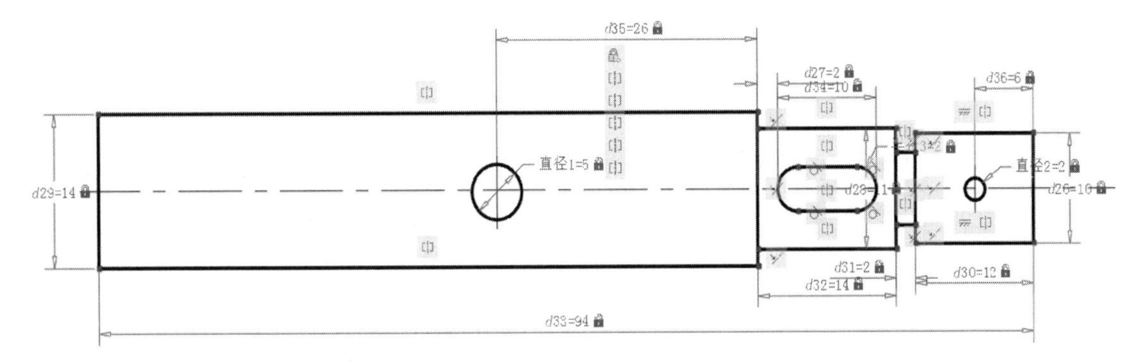

图 2-61 泵轴

操作步骤

微课

1. 设置绘图环境

在命令行中输入“LIMITS”命令，设置绘图环境，命令行提示与操作如下：

```
命令: LIMITS↙
重新设置模型空间界限:
指定左下角点或 [开(ON)/关(OFF)] <0.0000,0.0000>: ↙
指定右上角点 <420.0000,297.0000>: 297,210↙
```

2. 图层设置

（1）单击“默认”选项卡的“图层”面板中的“图层特性”按钮，打开“图层特性管理器”选项板。

（2）单击“新建图层”按钮，创建一个新图层，并将该图层命名为“中心线”。

（3）选择“中心线”图层中的“颜色”选项，打开“选择颜色”对话框，如图 2-62 所示；选择红色为该图层的颜色，单击“确定”按钮，返回“图层特性管理器”选项板。

（4）选择“中心线”图层中的“线型”选项，打开“选择线型”对话框，如图 2-63 所示。

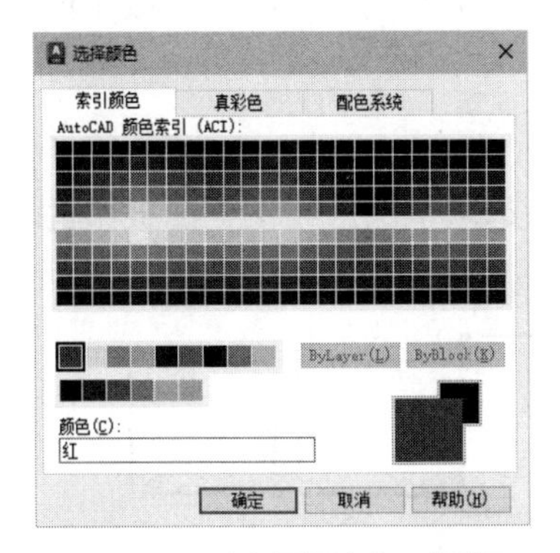

图 2-62 “选择颜色”对话框

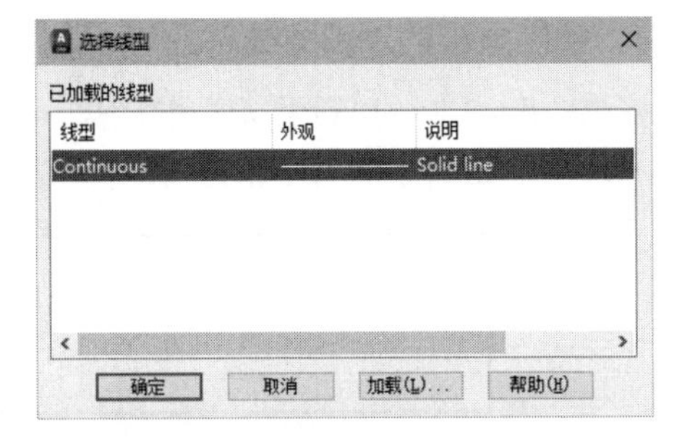

图 2-63 “选择线型”对话框

（5）在“选择线型”对话框中，单击“加载”按钮，打开“加载或重载线型”对话框（见图 2-64），选择 CENTER 线型，单击“确定”按钮。在“选择线型”对话框中，选择 CENTER（点画线）为该图层线型，单击“确定”按钮，返回“图层特性管理器”选项板。

（6）选择“中心线”图层中的“线宽”选项，打开“线宽”对话框，如图 2-65 所示；选择 0.09mm 线宽，单击“确定”按钮。

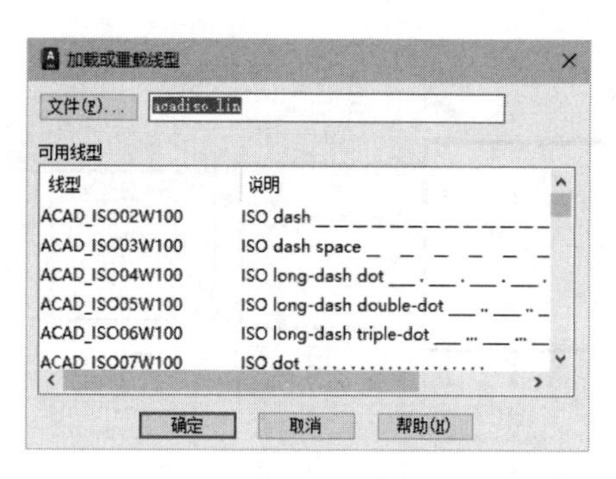

图 2-64　“加载或重载线型”对话框

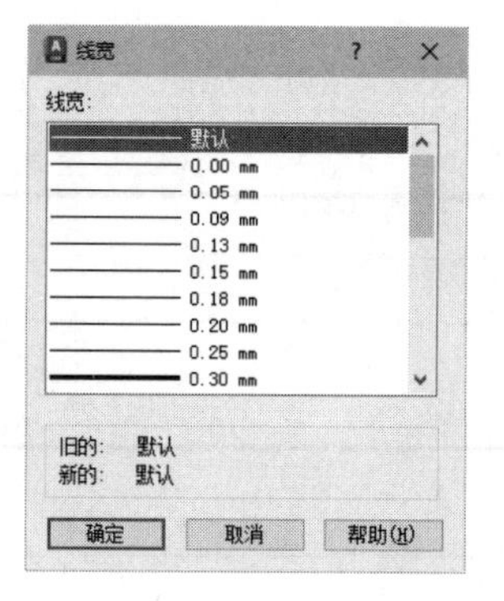

图 2-65　“线宽”对话框

（7）参照相同的方法创建两个新图层，分别将其命名为“轮廓线”和“尺寸线”。将“轮廓线”图层的颜色设置为白色，线型设置为 Continuous（实线），线宽设置为 0.30mm。将“尺寸线”图层的颜色设置为蓝色，线型设置为 Continuous（实线），线宽设置为 0.09mm。在设置完成后，使 3 个图层均处于打开、解冻和解锁状态，各项设置如图 2-66 所示。

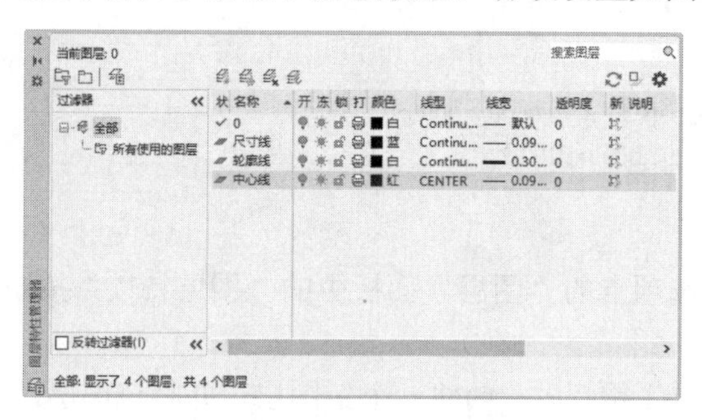

图 2-66　图层的各项设置

3. 绘制中心线

将“中心线”图层设置为当前图层，单击“默认”选项卡的“绘图”面板中的“直线”按钮，绘制泵轴的水平中心线。

4. 绘制泵轴的外轮廓线

将“轮廓线”图层设置为当前图层，单击“默认”选项卡的“绘图”面板中的“直线”按钮，绘制如图 2-67 所示的泵轴外轮廓线，尺寸无须精确。

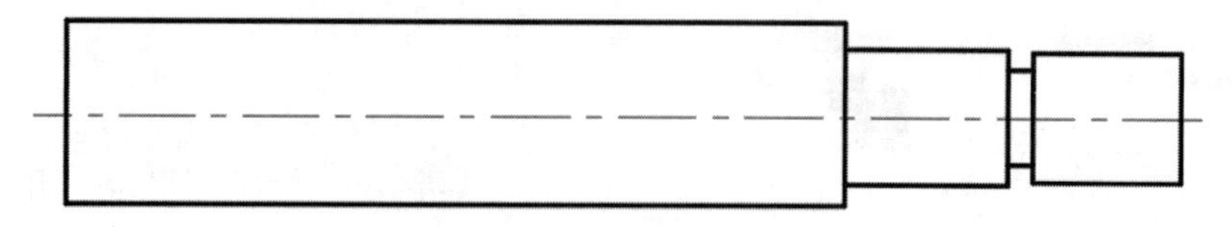

图 2-67　泵轴的外轮廓线

5. 添加约束

（1）在命令行中输入“GCFIX”命令，或者单击“参数化”选项卡的“几何”面板中的“固定”按钮，添加水平中心线的固定约束。单击“参数化”

选项卡的“几何”面板中的“固定”按钮的命令行提示与操作如下：

```
命令: _GcFix
选择点或 [对象(O)] <对象>: 选择水平中心线
```

添加固定约束结果如图 2-68 所示。

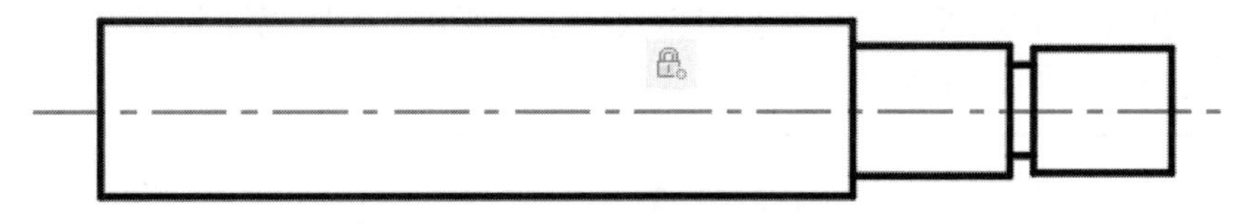

图 2-68 添加固定约束结果

（2）在命令行中输入“GCCOINCIDENT”命令，或者单击“参数化”选项卡的“几何”面板中的“重合”按钮，选择左端垂直线的上端点和最上端水平直线的左端点，添加重合约束。单击“参数化”选项卡的“几何”面板中的“重合”按钮的命令行提示与操作如下：

```
命令: _GcCoincident
选择第一个点或 [对象(O)/自动约束(A)] <对象>:（选择左端垂直线的上端点）
选择第二个点或 [对象(O)] <对象>:（选择最上端水平直线的左端点）
```

参照相同的方法，添加各个端点之间的重合约束，结果如图 2-69 所示。

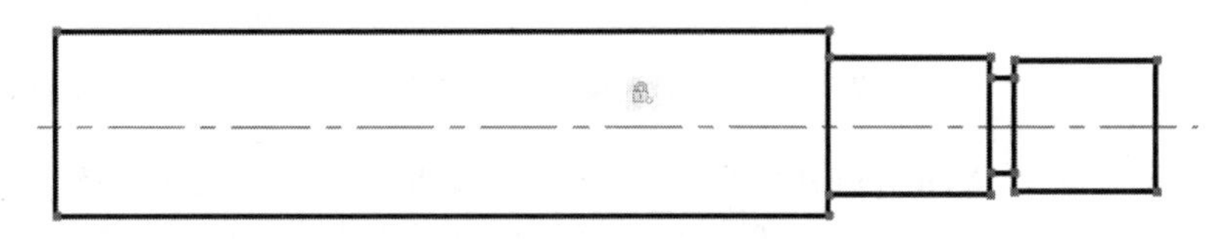

图 2-69 添加重合约束结果

（3）单击“参数化”选项卡的“几何”面板中的“共线”按钮，添加轴肩垂直之间的共线约束，结果如图 2-70 所示。

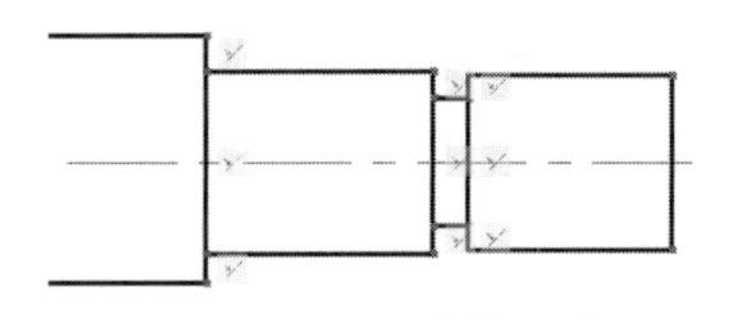

图 2-70 添加共线约束结果

（4）在命令行中输入“DCVERTICAL”命令，或者单击“参数化”选项卡的“标注”面板中的“竖直”按钮，选择左侧第一条垂直线的两端点并进行尺寸约束。单击“参数化”选项卡的“标注”面板中的“竖直”按钮的命令行提示与操作如下：

```
命令: _DcVertical
指定第一个约束点或 [对象(O)] <对象>:（选择左侧第一条垂直线的上端点）
指定第二个约束点:（选择左侧第一条垂直线的下端点）
指定尺寸线位置:（指定尺寸线的位置）
标注文字 = 19
```

将尺寸值更改为 14，直线的长度会根据尺寸进行变化。参照相同的方法，对其他线段进行垂直尺寸约束，结果如图 2-71 所示。

（5）在命令行中输入“DCHORIZONTAL”命令，或者单击“参数化”选项卡的“几何”面板中的“水平”按钮，对泵轴外轮廓尺寸进行约束。单击“参数化”选项卡的“几何”面板中的“水平”按钮的命令行提示与操作如下：

```
命令: _DcHorizontal
指定第一个约束点或 [对象(O)] <对象>:(指定第一个约束点)
指定第二个约束点:(指定第二个约束点)
指定尺寸线位置:(指定尺寸线的位置)
标注文字 = 12.56
```

将尺寸值更改为 12，直线的长度会根据尺寸进行变化。参照相同的方法，对其他线段进行水平尺寸约束，结果如图 2-72 所示。

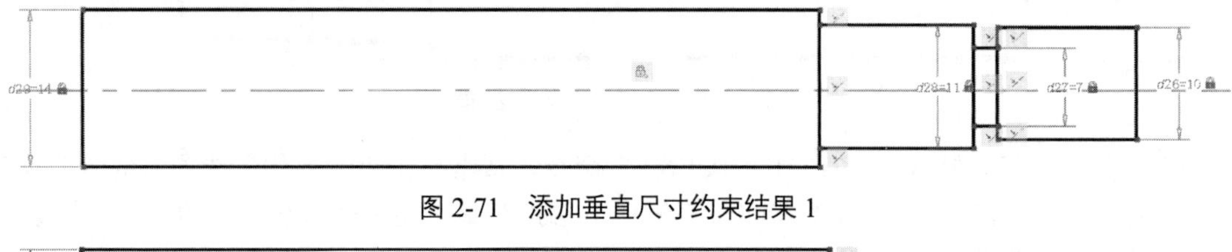

图 2-71　添加垂直尺寸约束结果 1

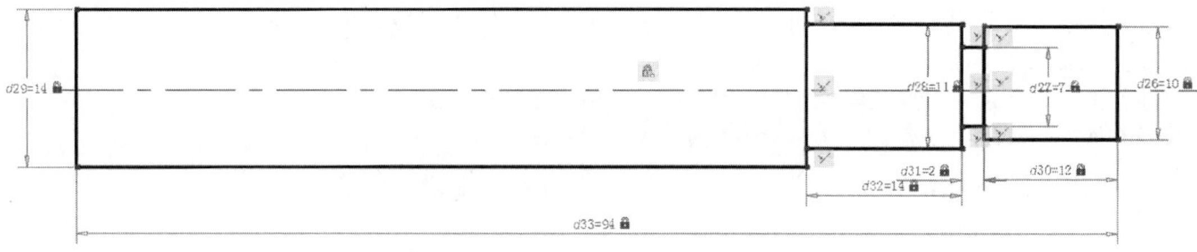

图 2-72　添加水平尺寸约束结果

（6）在命令行中输入“GCSYMMETRIC”命令，或者单击“参数化”选项卡的“几何”面板中的“对称”按钮，添加上下两条水平直线相对于水平中心线的对称约束关系。单击“参数化”选项卡的“几何”面板中的“对称”按钮的命令行提示与操作如下：

```
命令: _GcSymmetric
选择第一个对象或 [两点(2P)] <两点>:(选择右侧上端的水平直线)
选择第二个对象:(选择右侧下端的水平直线)
选择对称直线:(选择水平中心线)
```

参照相同的方法，添加其他 3 个轴段相对于水平中心线的对称约束关系，结果如图 2-73 所示。

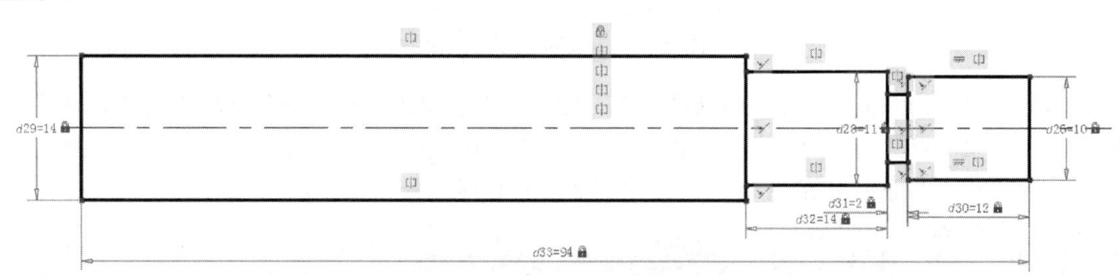

图 2-73　添加垂直尺寸约束结果 2

6. 绘制泵轴的键槽

（1）将“轮廓线”图层设置为当前图层。单击“默认”选项卡的“绘图”面板中的“直线”按钮，在第二轴段内适当位置绘制两条水平直线。

（2）单击“默认”选项卡的“绘图”面板中的“圆弧”按钮，在直线的两端绘制圆弧，结果如图 2-74 所示。

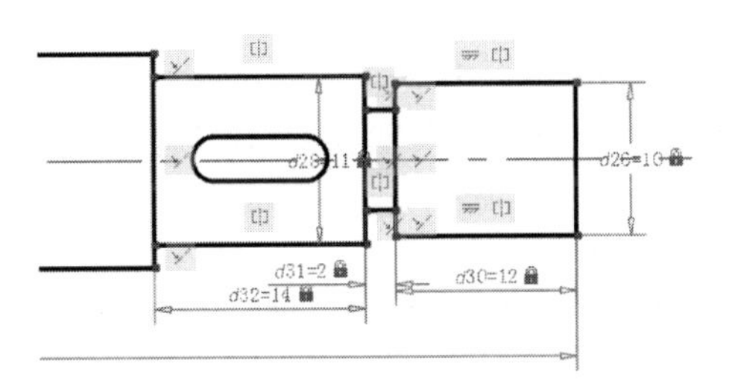

图 2-74 绘制键槽轮廓结果

（3）单击“参数化”选项卡的“几何”面板中的“重合”按钮，分别添加直线端点与圆弧端点的重合约束关系。

（4）单击“参数化”选项卡的“几何”面板中的“对称”按钮，添加键槽上下两条水平直线相对于水平中心线的对称约束关系。

（5）单击“参数化”选项卡的“几何”面板中的“相切”按钮，添加直线与圆弧之间的相切约束关系，结果如图 2-75 所示。

（6）单击“参数化”选项卡的“标注”面板中的“线性”按钮，对键槽进行线性尺寸约束。

（7）单击“参数化”选项卡的“标注”面板中的“半径”按钮，将半径尺寸更改为 2mm，结果如图 2-76 所示。

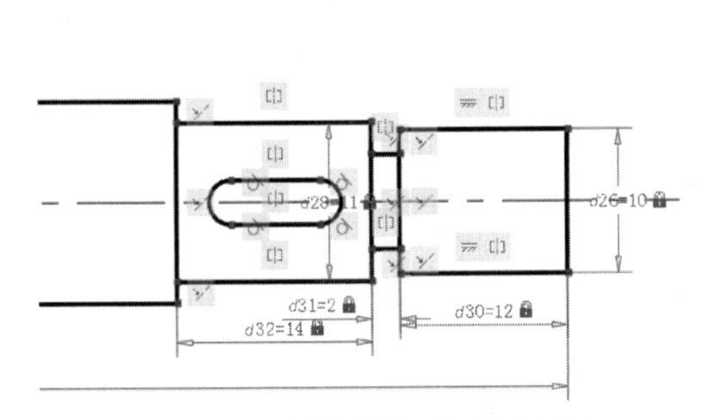

图 2-75 添加键槽的几何约束结果

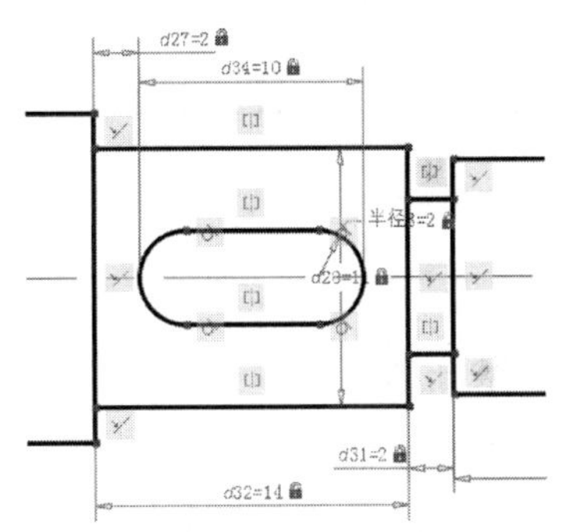

图 2-76 更改尺寸结果

7. 绘制孔

（1）将“中心线”图层设置为当前图层，单击“默认”选项卡的“绘图”面板中的“直线”按钮，在第一轴段和最后一轴段适当位置绘制垂直中心线。

（2）单击“参数化”选项卡的“标注”面板中的“线性”按钮，对垂直中心线进行线性尺寸约束，结果如图 2-77 所示。

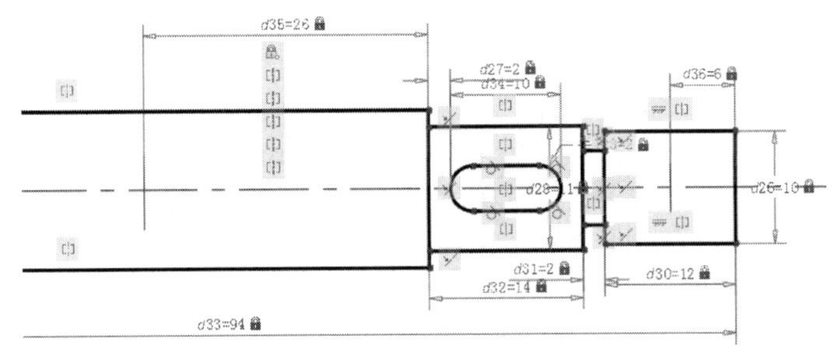

图 2-77 添加线性尺寸约束结果

（3）将“轮廓线”图层设置为当前图层，单击“默认”选项卡的“绘图”面板中的“圆”按钮⊘，在垂直中心线和水平中心线的交点处绘制圆，结果如图 2-78 所示。

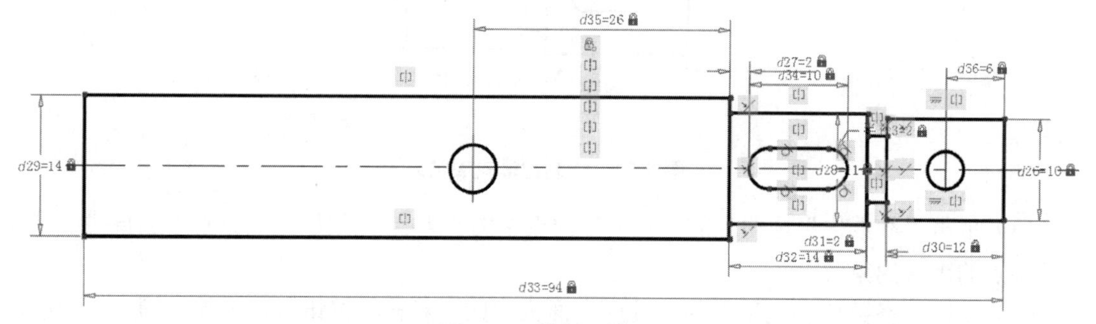

图 2-78　绘制圆结果

（4）单击“参数化”选项卡的“标注”面板中的“直径”按钮，对圆的直径进行尺寸标注，结果如图 2-79 所示。

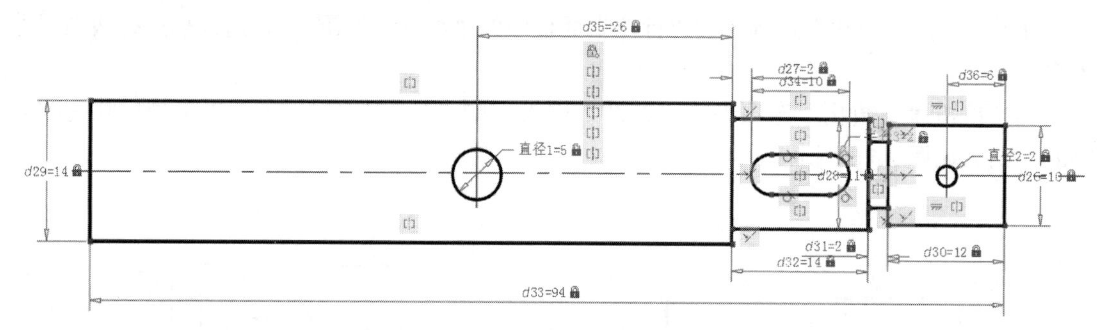

图 2-79　直径尺寸标注结果

知识点详解

1. 几何约束

几何约束用于建立草图对象的几何特性（如要求某条直线具有固定长度）或两个或多个草图对象的关系类型（如要求两条直线垂直或平行，或者几个弧具有相同的半径）。在绘图区，用户可以使用“参数化”选项卡中的“全部显示”、“全部隐藏”或“显示”按钮来显示相关信息，并显示代表这些约束的直观标记（见图 2-80 中的水平标记和共线标记）。

使用几何约束，可以指定草图对象必须遵守的条件，或者草图对象之间必须维持的关系。几何约束面板及工具栏（面板位于“参数化”选项卡的“几何”面板中）如图 2-81 所示，其中主要的几何约束选项功能如表 2-4 所示。

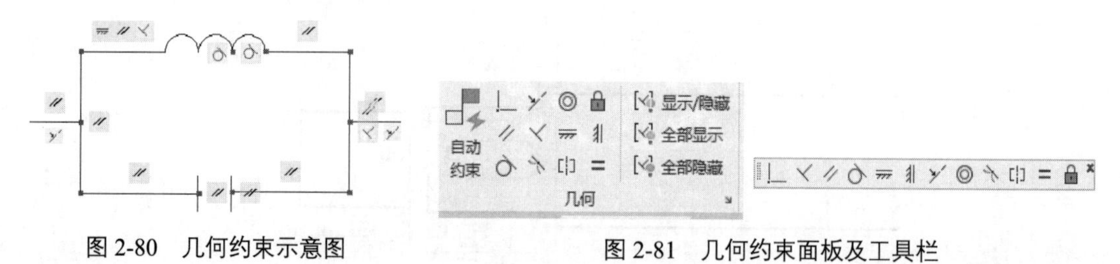

图 2-80　几何约束示意图　　　　图 2-81　几何约束面板及工具栏

表 2-4 主要的几何约束选项功能

约束模式	功能
重合	约束两个点，使其重合，或者约束一个点，使其位于曲线（或曲线的延长线）上。该约束可以使对象上的约束点与某个对象重合，也可以使其与另一对象上的约束点重合
共线	约束两条或多条直线段，使其位于同一条无限延长的线上
同心	将两个圆弧、圆或椭圆约束到同一个中心点，其结果与将重合约束应用于曲线的中心点所产生的结果相同
固定	将一个点或一条曲线固定在相对于世界坐标系中的固定位置
平行	平行约束在两个对象之间应用，使选定的直线位于彼此平行的位置
垂直	垂直约束在两个对象之间应用，使选定的直线位于彼此垂直的位置
水平	使直线或点对对齐到与当前坐标系 X 轴平行的位置，默认选择类型为对象
竖直	使直线或点对对齐到与当前坐标系 Y 轴平行的位置
相切	将两条曲线约束为保持彼此相切或其延长线保持彼此相切。相切约束应用于两个对象之间
平滑	将样条曲线约束为连续，并与其他样条曲线、直线、圆弧或多段线保持 G2 连续性
对称	使选定对象受对称约束，相对于选定直线对称
相等	将选定圆弧和圆的尺寸重新调整为相同的半径，或者将选定直线的尺寸重新调整为相同的长度

在绘图过程中，可以指定二维对象或对象上点之间的几何约束。之后在编辑受约束的几何图形时，将保留约束。因此，通过使用几何约束，可以保持设计的准确性和稳定性。

在命令行中输入“CONSTRAINTSETTINGS”命令，或者选择菜单栏中的“参数”→“约束设置”命令，或者单击“参数化”工具栏中的“约束设置”按钮，或者单击“参数化”选项卡的“几何”面板中的“约束设置”按钮，打开“约束设置”对话框；在该对话框中，选择“几何”选项卡，如图 2-82 所示。利用此对话框可以控制约束栏中显示的约束类型。其中，各选项的含义如下。

（1）“约束栏显示设置”选区：设置图形编辑器中是否为对象显示约束栏或约束点标记。例如，可以为水平约束和垂直约束隐藏约束栏。

（2）“全部选择”按钮：选择几何约束类型。

（3）“全部清除”按钮：清除选定的几何约束类型。

（4）“仅为处于当前平面中的对象显示约束栏”复选框：若勾选此复选框，则仅为当前平面上受几何约束的对象显示约束栏。

（5）“约束栏透明度”选区：设置图形中约束栏的透明度。

（6）“将约束应用于选定对象后显示约束栏”复选框：在勾选此复选框后，通过手动应用约束后或在使用“AUTOCONSTRAIN”命令应用约束后将显示相关约束栏。

2. 尺寸约束

在命令行中输入“CONSTRAINTSETTINGS”命令，或者选择菜单栏中的“参数”→“约束设置”命令，或者单击“参数化”工具栏中的“约束设置”按钮，或者单击“参数化”选项卡的“标注”面板中的“约束设置”按钮，打开“约束设置”对话框；在该对话框中，选择“标注”选项卡，如图 2-83 所示。其中，各选项的含义如下。

（1）“标注约束格式”选区：设置标注名称格式和锁定图标的显示。

（2）“标注名称格式”下拉列表：指定应用标注约束时显示文字的格式。该下拉列表中包含名称、值及名称和表达式 3 个选项。

（3）“为注释性约束显示锁定图标”复选框：针对已应用注释性约束的对象显示锁定图标。

（4）“为选定对象显示隐藏的动态约束”复选框：显示选定时已设置为隐藏的动态约束。

图 2-82　“几何”选项卡

图 2-83　“标注”选项卡

任务八　模拟试题与上机实验

1．选择题

（1）可以有宽度的线为（　　）。

A．构造线　　B．多段线　　C．直线　　D．样条曲线

（2）在执行“样条曲线”命令后，（　　）选项用来输入曲线的偏差值。该值越大，曲线与指定的点的距离越远；该值越小，曲线与指定的点的距离越近。

A．闭合　　B．端点切向　　C．拟合公差　　D．起点切向

（3）首先利用“ARC”命令结束绘制一段圆弧，然后执行“LINE”命令，当提示“指定第一点:”时，直接按 Enter 键，结果为（　　）。

A．继续提示“指定第一点:”　　B．提示“指定下一点或 [放弃(U)]:”

C．“LINE”命令结束　　D．以圆弧端点为起点绘制圆弧的切线

（4）按（　　）键可以重复使用刚才执行的命令。

A．Ctrl　　B．ALT　　C．Enter　　D．Shift

（5）在进行图案填充时，（　　）图案类型不需要同时指定角度和比例。

A．预定义　　B．用户定义　　C．自定义　　D．A、B、C3 种

（6）在根据图案填充创建边界时，边界类型不可能是（　　）。

A．多段线　　B．样条曲线　　C．三维多段线　　D．螺旋线

（7）在标注约束时，圆 a 和圆 b 的距离值 $d1$ 为 30，圆 b 与圆 c 的距离值 $d2$ 为 80，圆 a 和圆 c 的距离值为 $d3=d1+d2$，则它们的距离值为（　　）。

A．80　　B．50　　C．30　　D．110

（8）现在有 3 个不共圆心的圆，如果先使用“同心”几何约束，选择圆 a，将圆 a 和圆 b 共圆心，再使用“同心”几何约束，选择圆 c，则圆 a、圆 b、圆 c 共圆圆心的坐标为（　　）。

A．圆 a 的圆心　　B．圆 b 的圆心

C．圆 c 的圆心　　D．第二次先选择的圆的圆心

2．上机实验题

实验 1 绘制如图 2-84 所示的定位销。

◆ 目的要求

本实验绘制如图 2-84 所示的定位销，主要涉及“直线”和“圆弧”命令。本实验对尺寸要求不是很严格，在绘制过程中可以适当指定位置。本实验要求读者能够掌握圆弧的绘制方法，同时复习直线的绘制方法。

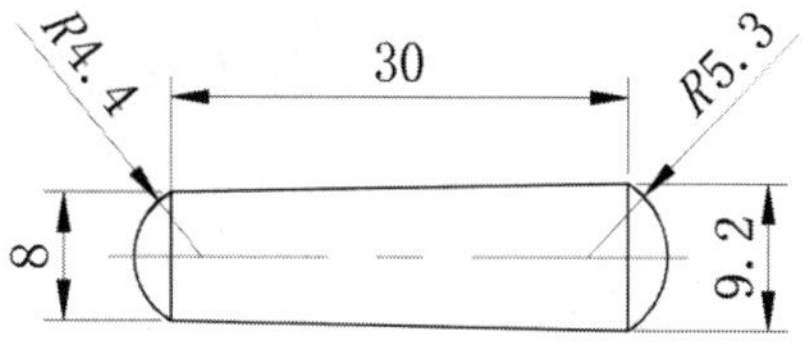

图 2-84 定位销

◆ 操作提示

（1）利用“直线”命令绘制中心线和定位销侧面斜线。

（2）利用“圆弧”命令绘制两端的圆弧顶。

实验 2 绘制如图 2-85 所示的螺杆头部。

◆ 目的要求

本实验绘制如图 2-85 所示的螺杆头部，主要涉及“直线”、“矩形”、“构造线”和“圆”命令。本实验对尺寸要求很严格，在绘制过程中需要使用对象捕捉相关命令。本实验要求读者能够掌握各种基本绘图命令的操作方法。

◆ 操作提示

（1）利用“矩形”命令绘制倒角矩形。

（2）利用“圆”命令绘制矩形外接圆。

（3）利用“构造线”命令绘制辅助线。

（4）利用“直线”命令绘制螺杆头部的主视图。

（5）删除构造线。

实验 3 绘制如图 2-86 所示的带轮截面轮廓线。

◆ 目的要求

本实验主要涉及“多段线”命令。在绘制过程中，注意各个点的准确坐标。

◆ 操作提示

利用“多段线”命令进行绘制。

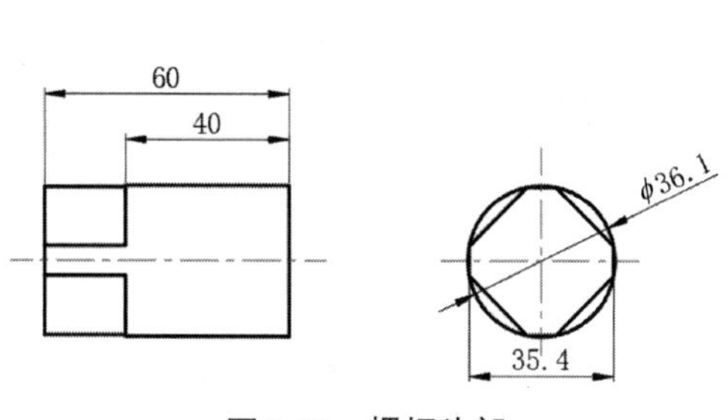

图 2-85 螺杆头部

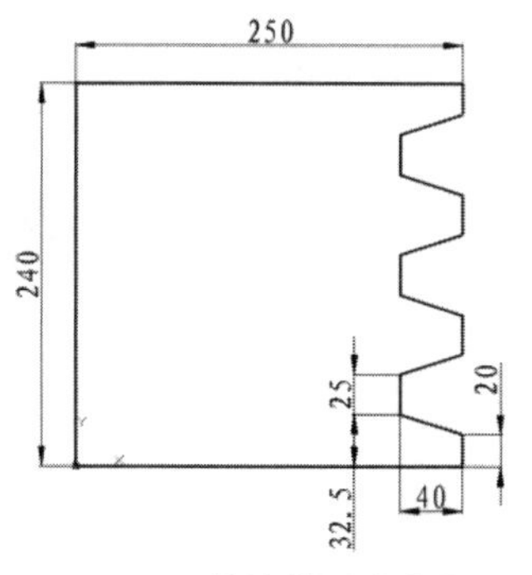

图 2-86 带轮截面轮廓线

项目三　绘制复杂机械图形

学习情境

在前面的项目中，读者学习了利用 AutoCAD 绘制简单机械图形的基本方法及对应 AutoCAD 命令的使用技巧。对于复杂的机械图形，利用前面所学的知识可能无法完全解决问题。本项目将帮助读者利用二维图形编辑命令来解决这些问题。

有一类命令被称为二维图形编辑命令。这类命令允许在已经绘制的图形上进行修改，从而完成复杂图形的绘制工作。这些命令可以帮助用户合理安排和组织图形，确保绘图准确无误，同时减少重复操作。因此，熟练掌握和使用这些编辑命令有助于提高设计和绘图的效率。

素质目标

通过讲解 AutoCAD 中的复制类命令、改变位置类命令和改变几何特性类命令，培养读者高效准确的绘图能力。同时，通过绘制各种复杂机械图形，强化读者的实践能力和创新精神，培养其解决实际工程问题的能力。

能力目标

- 掌握复制类命令
- 掌握改变位置类命令
- 掌握改变几何特性类命令
- 熟练绘制各种复杂机械图形

课时安排

8 课时（讲授 4 课时，练习 4 课时）

任务一　绘制卡盘

任务背景

在绘制机械图形时，如果需要绘制对称的图形，则可以利用“镜像”命令来迅速完成。“镜像”命令是一种非常简单的编辑命令。镜像对象是指对所选对象围绕一条镜像线进行对称复制。在完成镜像操作后，可以保留原对象，也可以将其删除。

本任务所要绘制的图形主要由圆、圆弧和直线组成，具有上下、左右对称性。因此，可以先利用“圆”命令、“多段线”命令、“修剪”命令绘制出图形的右上部分，再利用“镜像”命令进行镜像操作，即可完成图形的绘制。卡盘如图 3-1 所示。

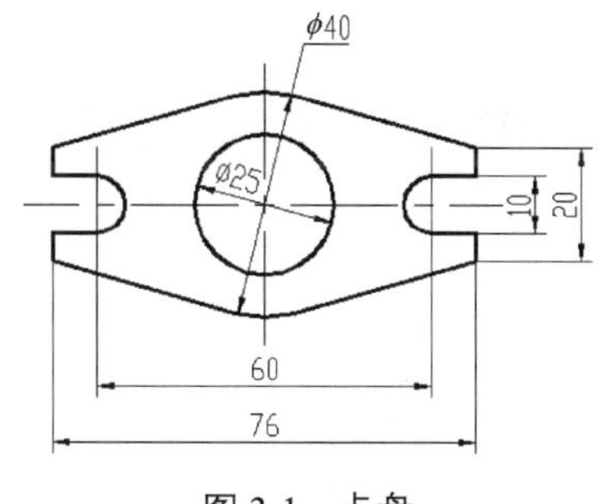

图 3-1 卡盘

操作步骤

1. 设置图层

单击“默认”选项卡的“图层”面板中的“图层特性”按钮，打开“图层特性管理器”选项板，在其中新建两个图层。

（1）“粗实线”图层：线宽为 0.30mm，其余选项采用默认设置。

（2）“中心线”图层：颜色为红色，线型为 CENTER，其余选项采用默认设置。

2. 绘制中心线

将“中心线”图层设置为当前图层。单击“默认”选项卡的“绘图”面板中的“直线”按钮，绘制图形的中心线。

3. 绘制图形

（1）将“粗实线”图层设置为当前图层。利用“默认”选项卡的“绘图”面板中的“圆”按钮和“多段线”按钮，绘制图形的右上部分，结果如图 3-2 所示。

（2）在命令行中输入“MIRROR”命令，或者选择菜单栏中的“修改”→“镜像”命令，或者单击“默认”选项卡的“修改”面板中的“镜像”按钮，以水平中心线为镜像线将右上部分进行镜像。单击“默认”选项卡的“修改”面板中的“镜像”按钮的命令行提示与操作如下：

```
命令: _mirror
选择对象:（选择右上部分）
选择对象: ↙
指定镜像线的第一点:（选择水平中心线的左端点）
指定镜像线的第二点:（选择水平中心线的右端点）
要删除源对象吗？[是(Y)/否(N)] <否>:直接按 Enter 键
```

重复执行“镜像”命令，将右上部分和镜像后的图形以垂直中心线为镜像线进行镜像。

（3）在命令行中输入“TRIM”命令，或者选择菜单栏中的“修改”→“修剪”命令，或者单击“默认”选项卡的“修改”面板中的“修剪”按钮，修剪所绘制的图形。在命令行中输入“TRIM”命令的提示与操作如下：

```
命令: TRIM↙
当前设置:投影=UCS，边=无，模式=标准
选择剪切边...
选择对象或 [模式(O)] <全部选择>:（选择 4 条多段线，如图 3-3 所示）
找到 1 个
……
```

```
找到 1 个，总计 4 个
选择对象:↙
选择要修剪的对象，或按住 Shift 键选择要延伸的对象，或[剪切边(T) /栏选(F)/窗交(C)/模式(O)/投影(P)/边(E)/删除(R)]:（分别选择中间大圆的左、右线段）
```

修剪图形结果如图 3-4 所示。

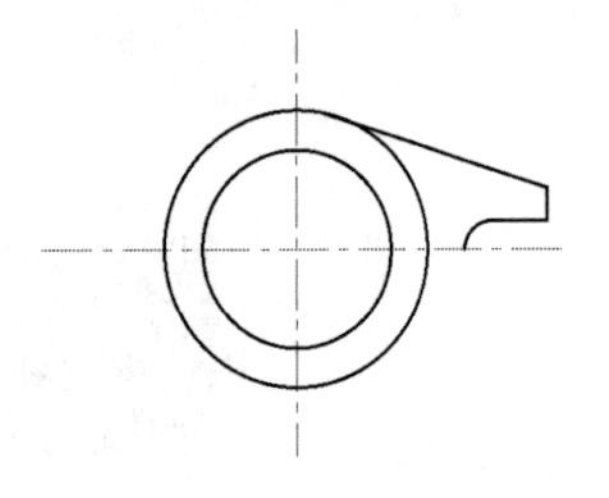

图 3-2　绘制右上部分结果

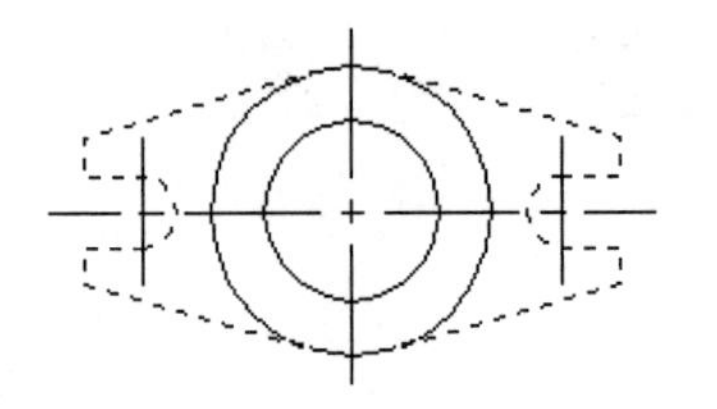

图 3-3　选择多段线

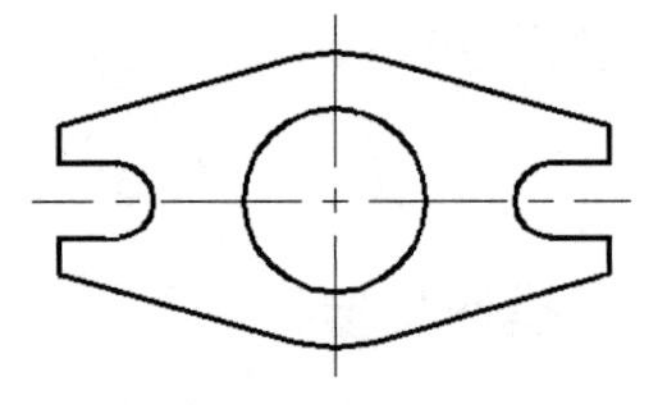

图 3-4　修剪图形结果

知识点详解

1. 修剪

在“修剪”命令的命令行提示中，部分选项的含义如下。

（1）在选择对象时，如果按住 Shift 键，则 AutoCAD 会自动将“修剪”命令转换成“延伸”命令。

（2）在选择“边(E)”选项时，可以选择对象的修剪方式，包括延伸和不延伸两种。

① 延伸(E)：对延伸边界进行修剪。在此方式下，如果剪切边没有与被修剪对象相交，则 AutoCAD 将先延伸剪切边直至与对象相交，再进行修剪，如图 3-5 所示。

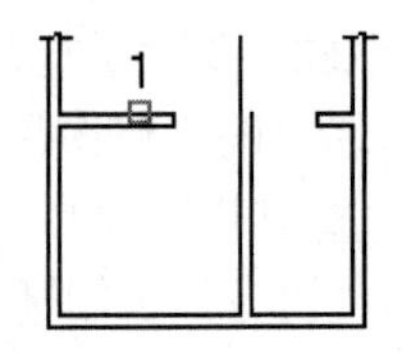

（a）选择剪切边

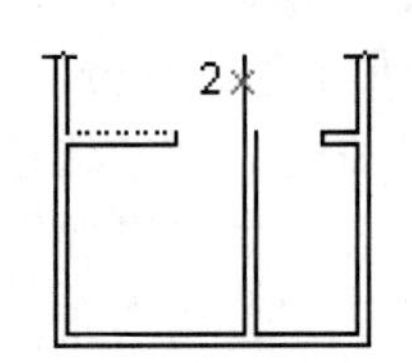

（b）选择被修剪对象

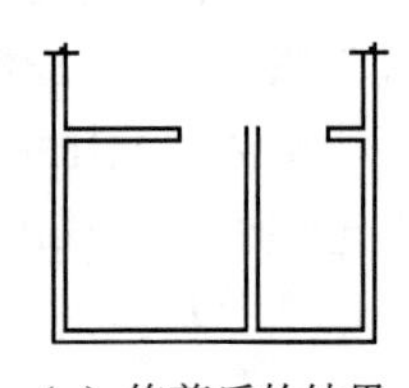

（c）修剪后的结果

图 3-5　使用延伸方式修剪对象

② 不延伸(N)：不延伸边界修剪对象，只修剪与剪切边相交的对象。

（3）在选择“栏选(F)”选项时，AutoCAD 将以栏选的方式选择被修剪对象，如图 3-6 所示。

（4）在选择“窗交(C)”选项时，AutoCAD 将以窗交的方式选择被修剪对象，如图 3-7 所示。

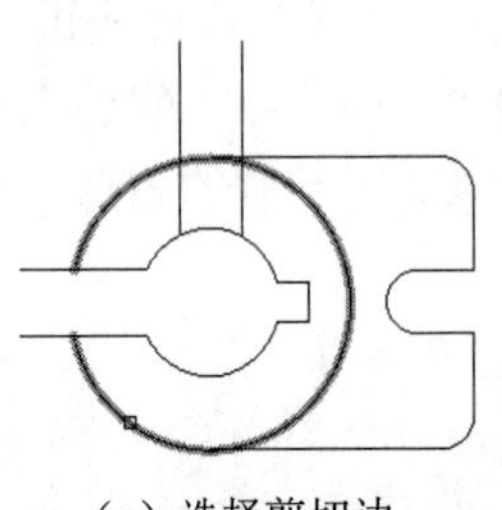

（a）选择剪切边

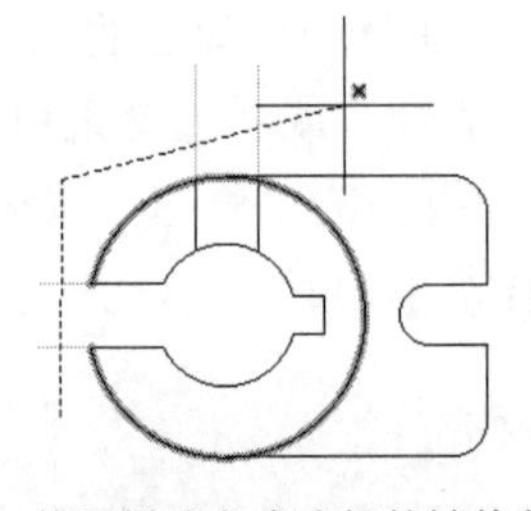

（b）使用栏选方式选择的被修剪对象

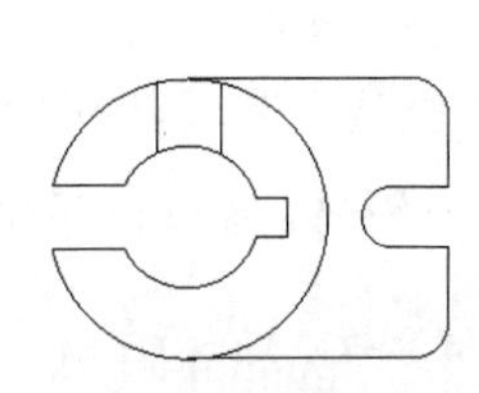

（c）修剪后的结果

图 3-6　使用栏选方式修剪对象

（5）被选择的对象可以互为边界和被修剪对象，此时 AutoCAD 会在被选择的对象中自动判断边界。

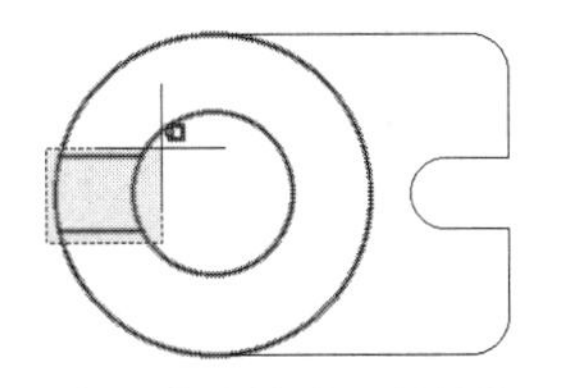

（a）使用窗交方式选择的剪切边

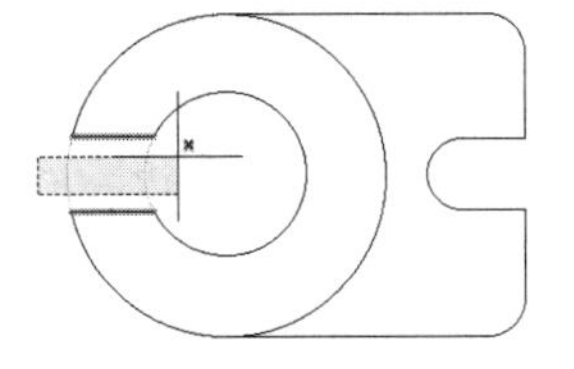

（b）选择被修剪对象

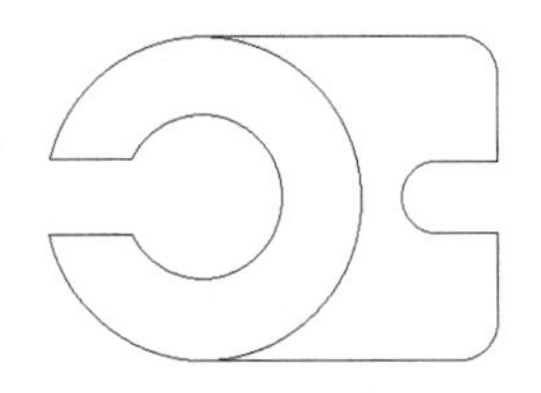

（c）修剪后的结果

图 3-7 使用窗交方式修剪对象

2. 镜像

在“镜像”命令的命令行提示中，可以根据两点来确定一条镜像线，被选择的对象以该线为对称轴进行镜像。包含该线的镜像平面与用户坐标系的 *XY* 平面垂直，即镜像操作的实现是在与用户坐标系的 *XY* 平面平行的平面上。

任务二 绘制弹簧

任务背景

弹簧是一种广泛应用的常见零件，具有多种用途，如减震、夹紧、储存能量和测力等。它的特点在于一旦外力解除，就立即恢复原状。弹簧可分为压缩弹簧、拉转弹簧、扭转弹簧和平面涡卷弹簧等类型，如图 3-8 所示。

本任务首先利用“直线”命令绘制中心线，然后利用“圆”命令和“复制”命令绘制圆，接着利用“圆弧”和“直线”命令完成基本图形的绘制，最后利用“图案填充”命令填充图形，结果如图 3-9 所示。

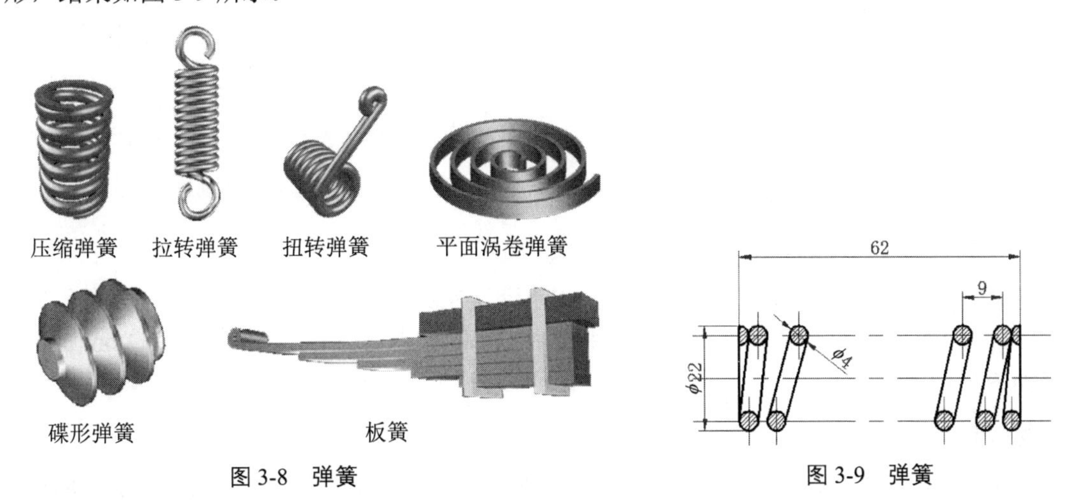

图 3-8 弹簧

图 3-9 弹簧

操作步骤

1. 创建图层

单击“默认”选项卡的“图层”面板中的“图层特性”按钮，打开“图层特性管理器”选项板，在其中新建 3 个图层。

（1）“中心线”图层：颜色为红色，线型为 CENTER，线宽为 0.15mm。

（2）“粗实线”图层：颜色为白色，线型为 Continuous，线宽为 0.30mm。

（3）“细实线”图层：颜色为白色，线型为 Continuous，线宽为 0.15mm。

2. 绘制中心线

将“中心线”图层设置为当前图层。单击“默认”选项卡的“绘图”面板中的“直线”按钮，以坐标点{(150,150),(230,150)}、{(160,164),(160,154)}和{(162,146),(162,136)}绘制中心线，修改线型比例为 0.5，结果如图 3-10 所示。

3. 偏移中心线

在命令行中输入“OFFEST”命令，或者选择菜单栏中的“修改”→“偏移”命令，或者单击“默认”选项卡的“修改”面板中的“偏移”按钮，对水平中心线向上和向下偏移，偏移距离为 9mm。单击“默认”选项卡的“修改”面板中的“偏移”按钮的命令行提示与操作如下：

```
命令: _offset
当前设置: 删除源=否  图层=源  OFFSETGAPTYPE=0
指定偏移距离或 [通过(T)/删除(E)/图层(L)] <通过>:  9↙
选择要偏移的对象，或 [退出(E)/放弃(U)] <退出>:（选择水平中心线）
指定要偏移的那一侧上的点，或 [退出(E)/多个(M)/放弃(U)] <退出>:（在水平中心线的上方单击）
选择要偏移的对象，或 [退出(E)/放弃(U)] <退出>:（选择水平中心线）
指定要偏移的那一侧上的点，或 [退出(E)/多个(M)/放弃(U)] <退出>:（在水平中心线的下方单击）
选择要偏移的对象，或 [退出(E)/放弃(U)] <退出>:
```

重复执行“偏移”命令，将垂直中心线 *A* 向右偏移，偏移距离分别为 4mm、9mm、36mm、9mm 和 4mm；将垂直中心线 *B* 向右偏移，偏移距离分别为 6mm、37mm、9mm 和 6mm，结果如图 3-11 所示。

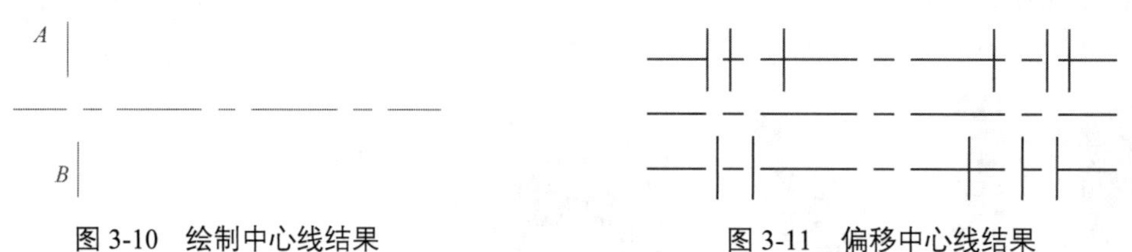

图 3-10　绘制中心线结果　　图 3-11　偏移中心线结果

4. 绘制圆

将“粗实线”图层设置为当前图层。单击“默认”选项卡的“绘图”面板中的“圆”按钮，以最上方水平中心线与左边第 2 条垂直中心线的交点为圆心，绘制半径为 2mm 的圆，结果如图 3-12 所示。

5. 复制圆

在命令行中输入“COPY”命令，或者选择菜单栏中的“修改”→“复制”命令，或者单击“默认”选项卡的“修改”面板中的“复制”按钮，复制圆。单击“默认”选项卡的“修改”面板中的“复制”按钮的命令行提示与操作如下：

```
命令: _copy
选择对象:（选择刚绘制的圆）找到 1 个
选择对象: ↙
```

```
当前设置:  复制模式 = 多个
指定基点或[位移(D)/模式(O)] <位移>:（选择圆心）
指定第二个点或[阵列(A)] <使用第一个点作为位移>:（分别选择垂直中心线与水平中心线的交点）
```

参照相同的方法，复制其他圆，结果如图 3-13 所示。

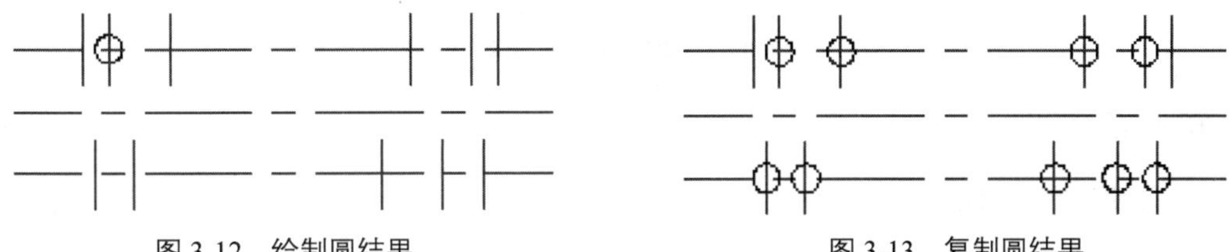

图 3-12　绘制圆结果　　　　图 3-13　复制圆结果

6. 绘制圆弧

单击“默认”选项卡的“绘图”面板中的“圆弧”按钮，绘制圆弧，命令行提示与操作如下：

```
命令: _arc
指定圆弧的起点或[圆心(C)]: C
指定圆弧的圆心:（指定最左边垂直中心线与最上方水平中心线的交点）
指定圆弧的起点: @0,-2
指定圆弧的端点(按住 Ctrl 键以切换方向)或[角度(A)/弦长(L)]: @0,4↙
命令: _arc
指定圆弧的起点或[圆心(C)]: C
指定圆弧的圆心:（指定最右边垂直中心线与最上方水平中心线的交点）
指定圆弧的起点: @0,2
指定圆弧的端点(按住 Ctrl 键以切换方向)或[角度(A)/弦长(L)]: @0,-4↙
```

绘制圆弧结果如图 3-14 所示。

7. 绘制连接线

单击“默认”选项卡的“绘图”面板中的“直线”按钮，绘制连接线，结果如图 3-15 所示。

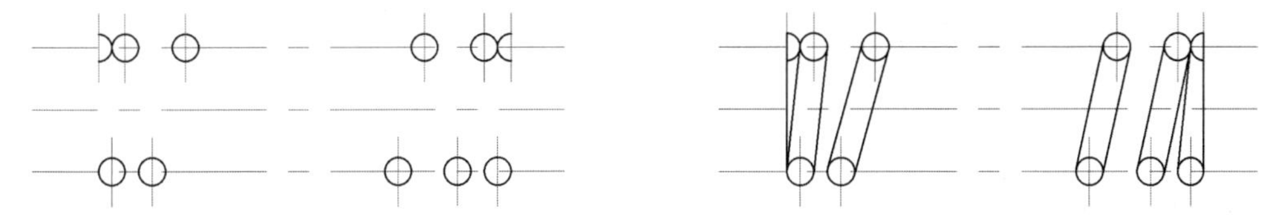

图 3-14　绘制圆弧结果　　　　图 3-15　绘制连接线结果

8. 填充弹簧图案

将“细实线”图层设置为当前图层。在命令行中输入“HATCH”命令，或者选择菜单栏中的“绘图”→“图案填充”命令，或者单击“默认”选项卡的“绘图”面板中的“图案填充”按钮，打开“图案填充创建”选项卡（见图 3-16），设置“图案”为“ANSI31”，“角度”为 0°，“比例”为 0.2，选取图 3-15 中的圆形截面并填充图案，单击状态栏中的“线宽”按钮，结果如图 3-17 所示。

图 3-16　“图案填充创建”选项卡

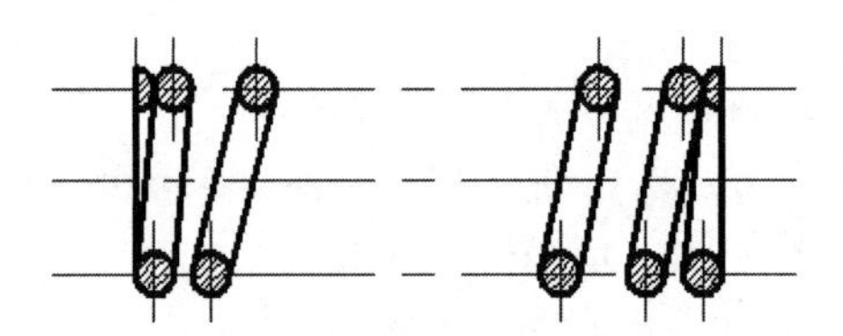

图 3-17　填充弹簧图案结果

知识点详解

1. 单个弹簧的画法

（1）在平行螺旋弹簧轴线的视图中，应将各圈的轮廓线绘制为直线。

（2）有效圈数在 4 圈以上的弹簧，可只绘制两端的 1～2 圈（不包括支承圈），随后通过弹簧钢丝中心的点画线连接中间部分。

（3）在图样上，如果没有规定弹簧的旋向，则应将螺旋弹簧统一绘制为右旋。左旋弹簧应标注“左”字。

2. “偏移”命令

在“偏移”命令的命令行提示中，部分选项的含义如下。

（1）指定偏移距离：输入一个距离值，或者直接按 Enter 键使用当前的距离值，AutoCAD 会将该距离值作为偏移距离，如图 3-18（a）所示。

（2）通过(T)：指定偏移的通过点。在选择该选项后，命令行提示如下：

```
选择要偏移的对象，或 [退出(E)/放弃(U)] <退出>:（选择要偏移的对象。若按 Enter 键，则结束操作）
指定通过点或[退出(E)/多个(M)/放弃(U)] <退出>:（指定偏移对象的一个通过点）
```

在完成操作后，AutoCAD 将根据指定的通过点绘制偏移对象，如图 3-18（b）所示。

（a）指定偏移距离　　（b）通过点

图 3-18　偏移选项说明 1

（3）删除(E)：对源对象进行偏移后，将其删除，如图 3-19（a）所示。在选择该选项后，命令行提示如下：

```
要在偏移后删除源对象吗？ [是(Y)/否(N)] <当前>:（输入 Y 或 N）
```

（4）图层(L)：确定偏移对象的创建位置，分为当前图层和源对象所在图层。这样可以在不同图层上偏移对象。在选择该选项后，命令行提示如下：

```
输入偏移对象的图层选项 [当前(C)/源(S)] <当前>: （输入选项）
```

如果将偏移对象的图层设置为当前图层，则偏移对象的图层特性与当前图层相同，如图 3-19（b）所示。

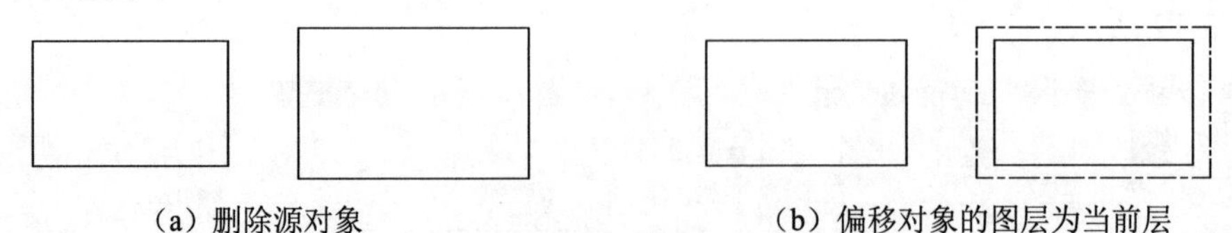

（a）删除源对象　　（b）偏移对象的图层为当前层

图 3-19　偏移选项说明 2

（5）多个(M)：使用当前偏移距离重复执行偏移操作，并接受附加的通过点，如图 3-20 所示。

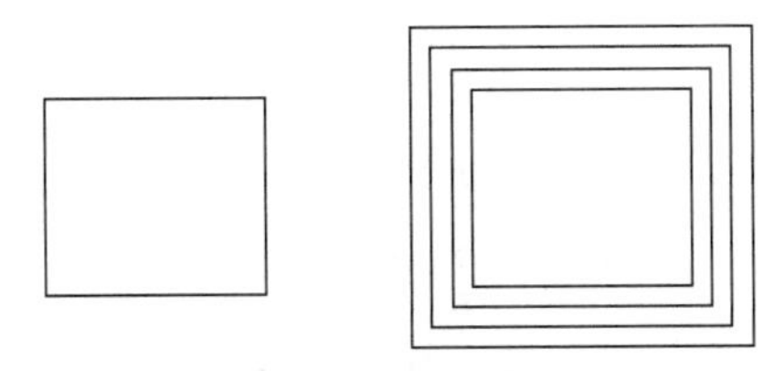

图 3-20 偏移选项说明 3

注意

使用“偏移”命令可以对指定的直线、圆弧、圆等对象进行指定距离的偏移复制操作。在实际应用中，人们经常使用“偏移”命令的特性来创建平行线或等距离分布图形，其效果与“阵列”命令的效果相同。在默认情况下，首先需要指定偏移距离，然后选择要偏移复制的对象，最后指定偏移方向，以复制对象。

3. “复制”命令

在“复制”命令的命令行提示中，各个选项的含义如下。

（1）指定基点：在指定一个坐标点后，AutoCAD 会将该点作为复制对象的基点，并提示：

```
指定第二个点或 [阵列(A)] <使用第一个点作为位移>:
```

在指定第二个点后，AutoCAD 将根据由这两点确定的位移矢量把所选对象复制到第二个点处。如果此时直接按 Enter 键，即选择默认的“使用第一个点作为位移”，则第一个点将被视为相对于 *X*、*Y*、*Z* 的位移。例如，如果指定基点为(2,3)并在下一个提示下按 Enter 键，则该对象将从当前的位置开始在 *X* 方向上移动 2 个单位，在 *Y* 方向上移动 3 个单位。在完成复制后，AutoCAD 会继续提示：

```
指定第二个点或 [阵列(A)/退出(E)/放弃(U)] <退出>:
```

这时，可以不断指定新的第二个点，从而实现多重复制。

（2）位移(D)：直接输入位移值，表示以选择对象时的拾取点为基准，以拾取点坐标为移动方向纵横比移动指定位移后确定的点为基点。例如，选择对象时的拾取点坐标为(2,3)，输入位移值为 5，则表示以(2,3)点为基准，沿纵横比为 3∶2 的方向移动 5 个单位所确定的点为基点。

（3）模式(O)：控制是否自动重复该命令。该选项由 COPYMODE 系统变量控制。

4. 图案填充

在“图案填充创建”选项卡中，部分选项的含义如下。

（1）“边界”面板。

① 拾取点：通过选择由一个或多个对象形成的封闭区域内的点，确定图案填充边界（见图 3-21）。在指定内部点时，可以随时在绘图区中右击，以显示包含多个选项的快捷菜单。

② 选择边界对象：指定基于选定对象的图案填充边界。在使用该选项时，AutoCAD 不会自动检测内部对象，必须选择选定边界内的对象（见图 3-22），以按照当前孤岛检测样式填充这些对象。

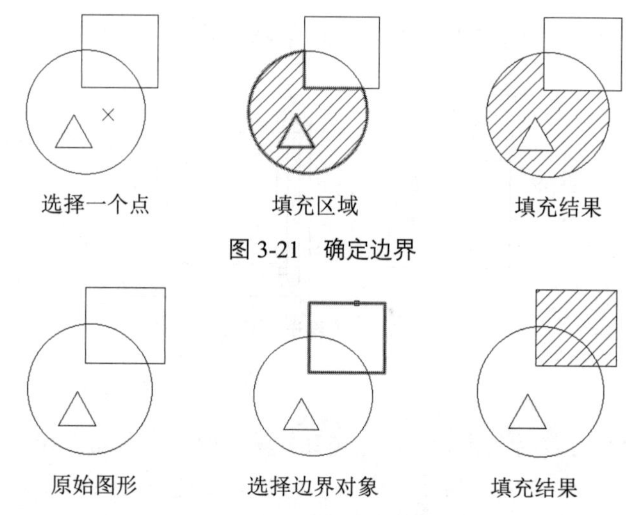

图 3-21　确定边界

图 3-22　选择边界对象

③ 删除边界对象：从边界定义中删除之前添加的任何对象，如图 3-23 所示。

④ 重新创建：围绕选定的图案填充或填充对象创建多段线或面域，并使其与图案填充对象相关联（可选）。

⑤ 显示边界对象：选择构成选定关联图案填充对象的边界的对象，使用显示的夹点可修改图案填充边界。该选项需单击“边界”下拉按钮后才显示。

⑥ 保留边界对象：该选项需单击“边界”下拉按钮后才显示。

该选项用于指定如何处理图案填充边界对象。其中，包括以下选项。

- 不保留边界：不创建独立的图案填充边界对象。
- 保留边界-多段线：创建封闭图案填充对象的多段线。
- 保留边界-面域：创建封闭图案填充对象的面域对象。
- 选择新边界集：指定对象的有限集（被称为边界集），以便通过创建图案填充时的拾取点进行计算。

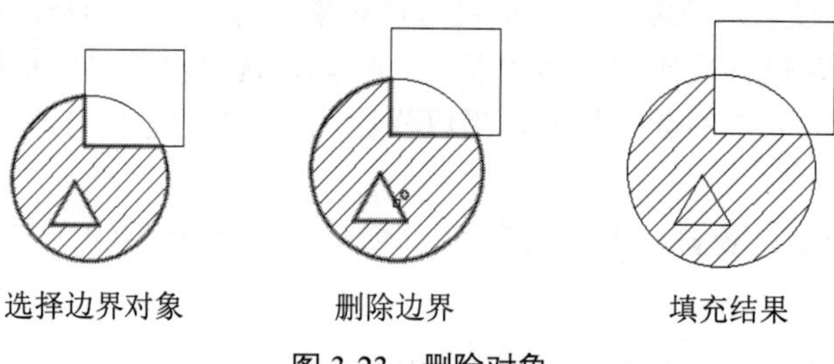

图 3-23　删除对象

（2）“图案”面板。

该面板用于显示所有预定义和自定义图案的预览图像。

（3）“特性”面板。

① 图案填充类型：指定是使用纯色、渐变色、图案还是使用用户定义的图案进行填充。

② 图案填充颜色：替代实体填充和填充图案的当前颜色。

③ 背景色：指定填充图案背景的颜色。

④ 图案填充透明度：指定新图案填充或填充的透明度，替代当前对象的透明度。

⑤ 角度：指定图案填充或填充的角度。

⑥ 填充图案比例：放大/缩小预定义或自定义填充图案 。

⑦ 相对图纸空间：(仅在布局中可用）相对于图纸空间单位缩放填充图案。使用此选项，可以很容易地以适合布局的比例显示填充图案。该选项需单击“特性”下拉按钮后才显示。

⑧ 双向：(仅当“图案填充类型”为“用户定义”时可用）将绘制第二组直线，与原始直线成 90° 角，从而构成交叉线。该选项需单击“特性”下拉按钮后才显示。

⑨ ISO 笔宽：(仅对于预定义的 ISO 图案可用）基于选定的笔宽缩放 ISO 图案。

(4)“原点”面板。

① 设定原点：直接指定新的图案填充原点。

② 左下：将图案填充原点设置在图案填充边界矩形范围的左下角。该选项需单击“原点”下拉按钮后才显示。

③ 右下：将图案填充原点设置在图案填充边界矩形范围的右下角。该选项需单击“原点”下拉按钮后才显示。

④ 左上：将图案填充原点设置在图案填充边界矩形范围的左上角。该选项需单击“原点”下拉按钮后才显示。

⑤ 右上：将图案填充原点设置在图案填充边界矩形范围的右上角。该选项需单击“原点”下拉按钮后才显示。

⑥ 中心：将图案填充原点设置在图案填充边界矩形范围的中心。该选项需单击“原点”下拉按钮后才显示。

⑦ 使用当前原点：将图案填充原点设置在 HPORIGIN 系统变量中存储的默认位置。该选项需单击“原点”下拉按钮后才显示。

⑧ 存储为默认原点：将新图案填充原点的值存储在 HPORIGIN 系统变量中。该选项需单击“原点”下拉按钮后才显示。

(5)“选项”面板。

① 关联：指定图案填充或填充为关联图案填充。关联的图案填充或填充在用户修改其边界对象时将会更新。

② 注释性：指定图案填充为注释性。此特性会自动完成缩放注释过程，从而使注释能够以正确的大小在图纸上打印或显示。

③ 特性匹配。

- 使用当前原点：使用选定图案填充对象（除图案填充原点外）来设置图案填充的特性。
- 使用源图案填充的原点：使用选定图案填充对象（包括图案填充原点）设置图案填充的特性。

④ 允许的间隙：设置在将对象用作图案填充边界时可以忽略的最大间隙。默认值为 0，表示对象必须封闭区域，不能有任何间隙。该选项需单击“选项”下拉按钮后才显示。

⑤ 创建独立的图案填充：控制当指定了几个单独的闭合边界时，是创建单个图案填充对象，还是创建多个图案填充对象。该选项需单击“选项”下拉按钮后才显示。

⑥ 孤岛检测。该选项需单击“选项”下拉按钮后才显示。

- 普通孤岛检测：从外部边界向内填充。如果遇到内部孤岛，则填充将会在遇到孤岛中的另一个孤岛之前封闭。
- 外部孤岛检测：从外部边界向内填充。此选项仅填充指定的区域，不会影响内部孤岛。

➢ 忽略孤岛检测：忽略所有内部的对象，在填充图案时将通过这些对象。

⑦ 绘图次序：为图案填充或填充指定绘图次序，包括不更改、后置、前置、置于边界之后和置于边界之前。该选项需单击“选项”下拉按钮后才显示。

任务三　绘制轴承端盖

任务背景

轴承端盖用于固定轴承、调整轴承间隙并承受轴向力。轴承端盖的结构分为嵌入式和凸缘两种。每种又分为闷盖和透盖。

本任务主要利用“圆”和“环形阵列”命令绘制轴承端盖，如图 3-24 所示。

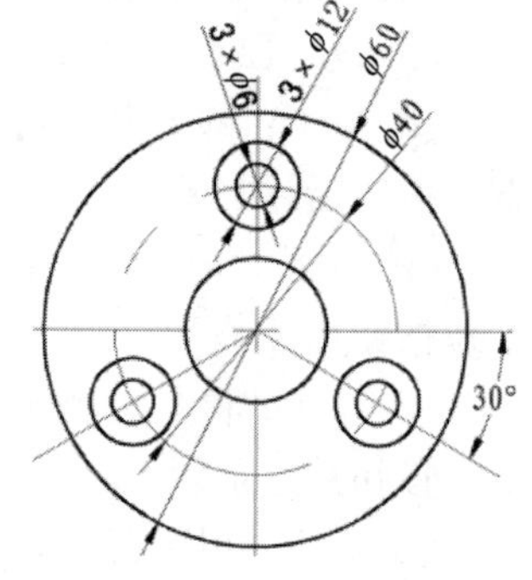

图 3-24　轴承端盖

操作步骤

1. 图层设定

通过单击“默认”选项卡的“图层”面板中的“图层特性”按钮，新建 3 个图层。

（1）“粗实线”图层：线宽为 0.50mm，其余选项采用默认设置。

（2）“细实线”图层：线宽为 0.30mm，其余选项采用默认设置。

（3）“中心线”图层：线宽为 0.30mm，颜色为红色，线型为 CENTER，其余选项采用默认设置。

2. 绘制左视图的中心线

打开线宽显示。将“中心线”图层设置为当前图层。使用“默认”选项卡的“绘图”面板中的“直线”按钮和“圆”下拉菜单中的“圆心，半径”按钮，并结合“正交”、“对象捕捉”和“对象捕捉追踪”等工具，选择适当尺寸，绘制如图 3-25 所示的中心线。

3. 左视图的轮廓线

将“粗实线”图层设置为当前图层。使用“默认”选项卡的“绘图”面板上的“圆”下拉菜单中的“圆心，半径”按钮，并结合“对象捕捉”工具，选择适当尺寸，绘制如图 3-26 所示的圆（左视图的轮廓线）。

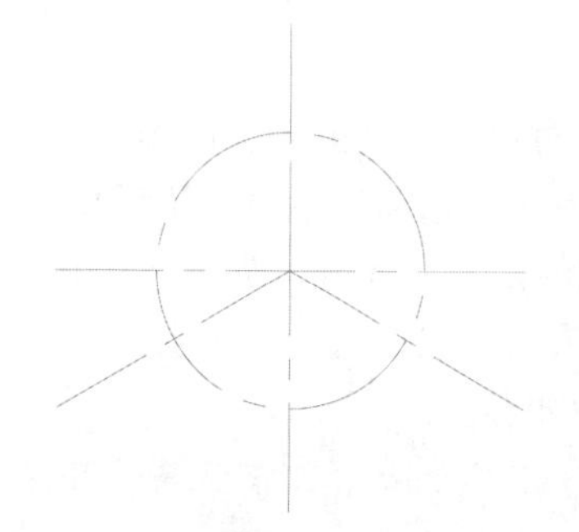

图 3-25　轴承端盖左视图的中心线

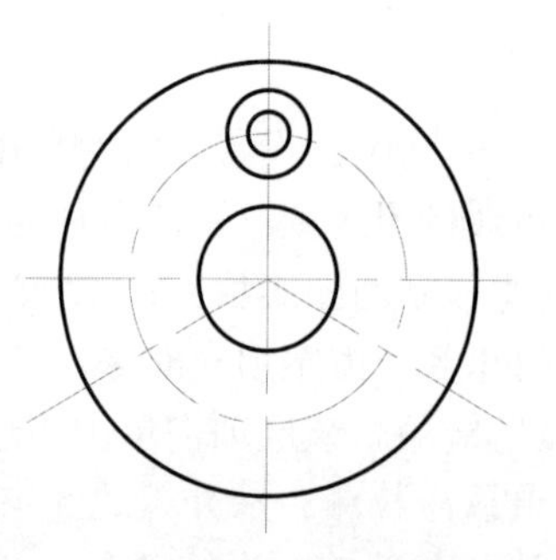

图 3-26　绘制左视图的轮廓线

4. 阵列圆

在命令行中输入“ARRAYPOLAR”命令，或者选择菜单栏中的“修改”→“阵列”→“环形阵列”命令，或者单击“默认”选项卡的“修改”面板中的“环形阵列”按钮，将项目数设置为 3，填充角度设置为 360°，选择两个同心的小圆为阵列对象，捕捉中心线圆的圆心为阵列中心。单击“默认”选项卡的“修改”面板中的“环形阵列”按钮的命令行提示如下：

```
命令: _arraypolar
选择对象: （选择两个同心的小圆）
选择对象:
类型 = 极轴  关联 = 是
指定阵列的中心点或 [基点(B)/旋转轴(A)]: （捕捉中心线圆的圆心）
选择夹点以编辑阵列或 [关联(AS)/基点(B)/项目(I)/项目间角度(A)/填充角度(F)/行(ROW)/层(L)/旋转项目(ROT)/退出(X)] <退出>:I
输入阵列中的项目数或 [表达式(E)] <6>: 3↙
选择夹点以编辑阵列或 [关联(AS)/基点(B)/项目(I)/项目间角度(A)/填充角度(F)/行(ROW)/层(L)/旋转项目(ROT)/退出(X)] <退出>：F
指定填充角度(+=逆时针、-=顺时针)或 [表达式(EX)] <360>:↙
选择夹点以编辑阵列或 [关联(AS)/基点(B)/项目(I)/项目间角度(A)/填充角度(F)/行(ROW)/层(L)/旋转项目(ROT)/退出(X)] <退出>:
```

阵列圆结果如图 3-27 所示。

知识点详解

在“环形阵列”命令的命令行提示中，部分选项的含义如下。

（1）基点(B)：指定阵列的基点。

（2）旋转轴(A)：指定阵列的旋转轴，以进行三维空间的阵列。

（3）关联(AS)：指定是否在阵列中创建项目作为关联阵列对象或独立对象。

（4）项目(I)：指定阵列的数目。

（5）项目间角度(A)：指定阵列对象之间的间隔角度。

（6）填充角度(F)：指定所有阵列对象的总间隔角度。

（7）行(ROW)：指定阵列中的行数和行间距。

（8）层(L)：指定阵列中的层数和层间距。

（9）旋转项目(ROT)：指定是否在阵列的同时旋转对象。

（10）表达式(E)：使用数学公式或方程式获取值。

（11）退出(X)：退出命令。

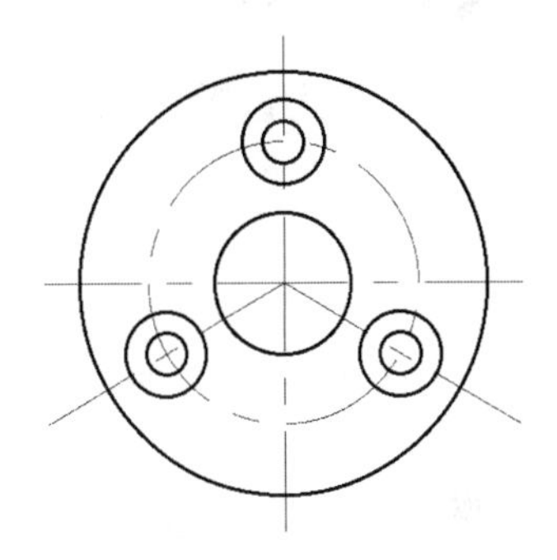

图 3-27 阵列圆结果

任务四 绘制凸轮

任务背景

凸轮是一种典型机械零件。为了绘制出具有真实感的凸轮曲线，需要根据从动件的运动规律，利用反转法或解析计算法来确定其准确的轮廓。

凸轮是机械装置中的回转或滑动零件，它用于传递运动给紧靠其边缘移动的滚轮或在槽面上自由运动的针杆，或者从这些滚轮和针杆中接收力。凸轮是一个具有曲线轮廓或凹槽的零件，如图 3-28 所示。

本任务绘制的凸轮由不规则的曲线组成。为了准确地绘制凸轮的轮廓，需要使用样条曲线，并且利用点的等分来控制样条曲线的范围。在绘制的过程中，还需要使用剪切、删除等编辑功能，结果如图 3-29 所示。

图 3-28　凸轮

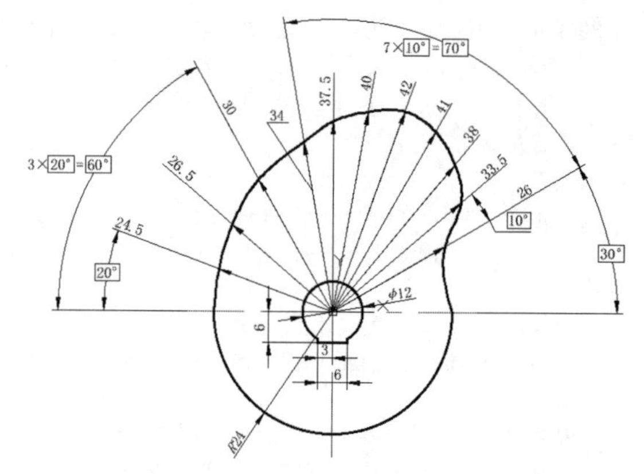

图 3-29　绘制凸轮结果

操作步骤

微课

1. 图层设置

通过单击“默认”选项卡的“图层”面板中的“图层特性”按钮，新建 3 个图层。

（1）“粗实线”图层：线宽为 0.30mm，其余选项采用默认设置。

（2）“细实线”图层：所有选项采用默认设置。

（3）“中心线”图层：颜色为红色，线型为 CENTER，其余选项采用默认设置。

2. 绘制中心线

将“中心线”图层设置为当前图层。单击“默认”选项卡的“绘图”面板中的“直线”按钮，绘制中心线，命令行提示与操作如下：

```
命令: _line↙
指定第一个点: -40,0↙
指定下一点或 [放弃(U)]: 40,0↙
指定下一点或 [放弃(U)]:↙
```

参照相同的方法绘制线段，两个端点的坐标为(0,40)和(0,−40)。

3. 绘制辅助直线

将“细实线”图层设置为当前图层。单击“默认”选项卡的“绘图”面板中的“直线”按钮，绘制辅助直线，命令行提示与操作如下：

```
命令: _line↙
指定第一个点: 0,0↙
指定下一点或 [放弃(U)]: @40<30↙
指定下一点或 [放弃(U)]: ↙
```

参照相同的方法绘制两条线段，端点坐标分别为{(0,0),(@40<100)}和{(0,0),(@40<120)}。中心线及辅助直线如图 3-30 所示。

4. 绘制辅助线圆弧

单击“默认”选项卡的“绘图”面板中的“圆弧”按钮，绘制圆弧，命令行提示与操作如下：

```
命令:_arc↙
指定圆弧的起点或 [圆心(C)]: C↙
指定圆弧的圆心: 0,0↙
指定圆弧的起点: 30<120↙
指定圆弧的端点(按住 Ctrl 键以切换方向)或 [角度(A)/弦长(L)]: A↙
指定夹角(按住 Ctrl 键以切换方向): 60↙
```

参照相同的方法绘制圆弧，圆心坐标为(0,0)，圆弧起点坐标为(@30<30)，夹角角度为 70°。

5. 设置点样式

在命令行中输入“DDPTYPE”命令，或者选择菜单栏中的“格式”→“点样式”命令，打开“点样式”对话框（见图 3-31），将点样式设置为。

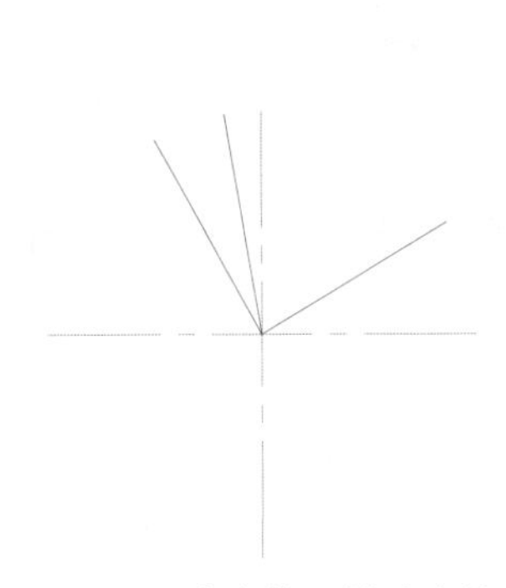

图 3-30　中心线及辅助直线

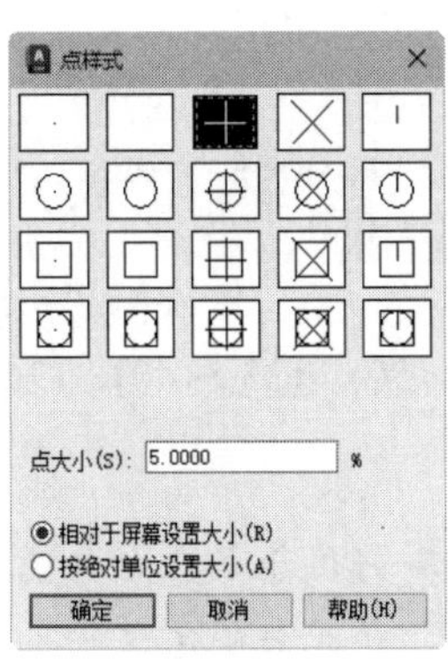

图 3-31　“点样式”对话框

6. 等分圆弧

在命令行中输入“DIVIDE”命令，或者选择菜单栏中的“绘图”→“点”→“定数等分”命令，或者单击“默认”选项卡的“绘图”面板中的“定数等分”按钮，将圆弧等分。在命令行中输入“DIVIDE”命令的提示与操作如下：

```
命令: DIVIDE↙
选择要定数等分的对象:（选择左边的弧线）
输入线段数目或 [块(B)]: 3↙
```

参照相同的方法将另一条圆弧分为 7 等分，结果如图 3-32 所示。连接中心点与第 2 条圆弧的等分点，如图 3-33 所示。

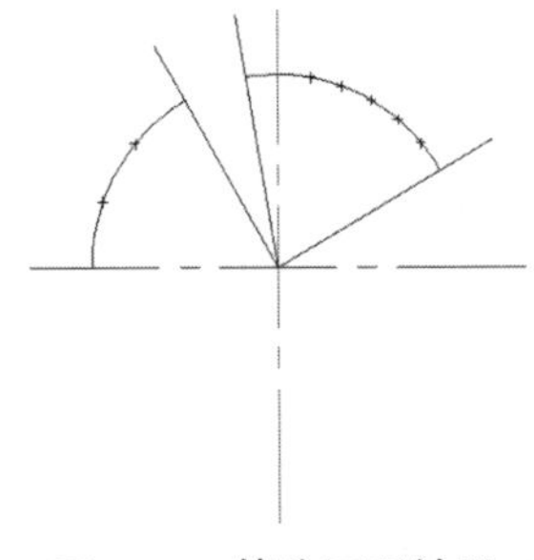

图 3-32　等分圆弧结果

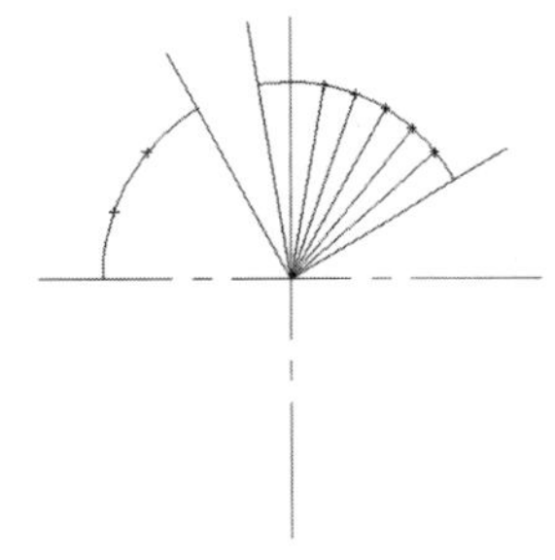

图 3-33　连接中心点与等分点

7. 绘制凸轮下半部分圆弧

将“粗实线”图层设置为当前图层。单击“默认”选项卡的“绘图”面板中的“圆弧”按钮，绘制凸轮下半部分圆弧，命令行提示与操作如下：

```
命令:_arc↙
指定圆弧的起点或 [圆心(C)]:C↙
指定圆弧的圆心:0,0↙
指定圆弧的起点:24,0↙
指定圆弧的端点(按住 Ctrl 键以切换方向)或[角度(A)/弦长(L)]:A↙
指定夹角(按住 Ctrl 键以切换方向):-180↙
```

绘制凸轮下半部分圆弧结果如图 3-34 所示。

8. 绘制凸轮上半部分样条曲线

（1）标记样条曲线的端点。在命令行中输入“POINT”命令，或者选择菜单栏中的“绘图”→“点”→“多点”命令，或者单击“默认”选项卡的“绘图”面板中的“多点”按钮。在命令行中输入“POINT”命令的提示与操作如下：

```
命令: POINT↙
当前点模式:  PDMODE=2  PDSIZE=-2.0000
指定点: 24.5<160↙
```

参照相同的方法，依次标记点(26.5<140)、(30<120)、(34<100)、(37.5<90)、(40<80)、(42<70)、(41<60)、(38<50)、(33.5<40)、(26<30)。

注意

这些点刚好位于等分点与圆心连线的延长线上，可以通过“对象捕捉”选项中的“捕捉到延长线”功能来确定这些点的位置。

（2）绘制样条曲线。单击“默认”选项卡的“绘图”面板中的“样条曲线拟合”按钮，命令行提示与操作如下：

```
命令:_SPLINE
当前设置: 方式=拟合    节点=弦
指定第一个点或 [方式(M)/节点(K)/对象(O)]:（选择下半部分圆弧的右端点）
输入下一个点或 [起点切向(T)/公差(L)]: （选择(26<30)点）
输入下一个点或 [端点相切(T)/公差(L)/放弃(U)]:（选择(33.5<40)点）
输入下一个点或 [端点相切(T)/公差(L)/放弃(U)/闭合(C)]:（选择(38<50)点）
……（依次选择上面标记的各点，最后一个点为下半部分圆弧的左端点）
输入下一个点或 [端点相切(T)/公差(L)/放弃(U)/闭合(C)]:↙
```

绘制样条曲线结果如图 3-35 所示。

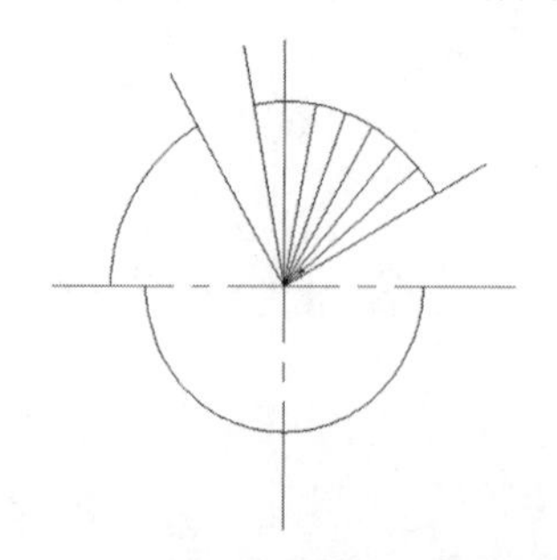

图 3-34　绘制凸轮下半部分圆弧结果

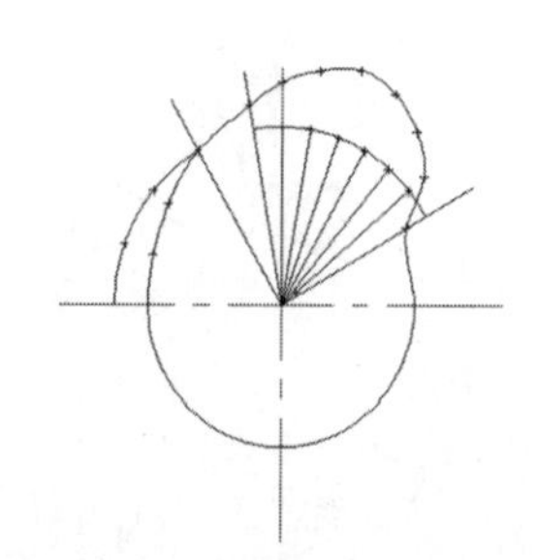

图 3-35　绘制样条曲线结果

9. 删除辅助线和点

在命令行中输入“ERASE”命令，或者选择菜单栏中的“修改”→“删除”命令，或者单击“默认”选项卡的“修改”面板中的“删除”按钮，删除辅助线和点。在命令行中输入“ERASE”命令的提示与操作如下：

```
命令: ERASE ↙
选择对象:（选择绘制的辅助线和点）
选择对象:↙
```

将多余的辅助线和点删除。

10. 剪掉过长的中心线

在命令行中输入“BREAK”命令，或者选择菜单栏中的“修改”→“打断”命令，或者单击“默认”选项卡的“修改”面板中的“打断”按钮，将过长的中心线剪掉。单击“默认”选项卡的“修改”面板中的“打断”按钮的命令行提示与操作如下：

```
命令: _break
选择对象:选择中心线
指定第二个打断点 或 [第一点(F)]:（调整中心线的长度）
```

剪掉过长的中心线结果如图 3-36 所示。

11. 绘制凸轮轴孔

单击“默认”选项卡的“绘图”面板中的“圆”按钮，命令行提示与操作如下：

```
命令: _circle↙
指定圆的圆心或 [三点(3P)/两点(2P)/切点、切点、半径(T)]: 0, 0↙
指定圆的半径或 [直径(D)]: 6↙
命令: LINE↙
指定第一个点: -3,0↙
指定下一点或 [放弃(U)]: @0,-6↙
指定下一点或 [放弃(U)]: @6,0↙
指定下一点或 [闭合(C)/放弃(U)]: @0,6↙
指定下一点或 [闭合(C)/放弃(U)]: C↙
```

绘制凸轮轴孔结果如图 3-37 所示。单击“默认”选项卡的“修改”面板中的“修剪”按钮，剪掉键槽位置的圆弧，单击状态栏中的“线宽”按钮，打开线宽显示。凸轮最终结果如图 3-38 所示。

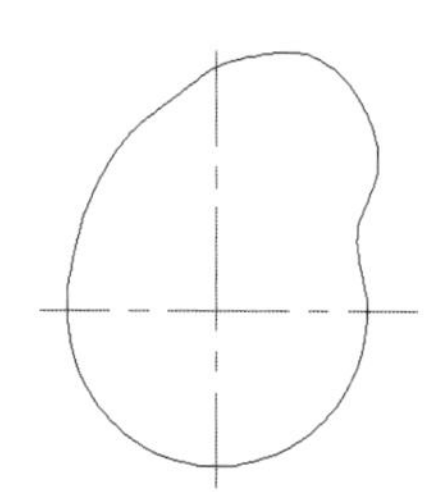

图 3-36 剪掉过长的中心线结果

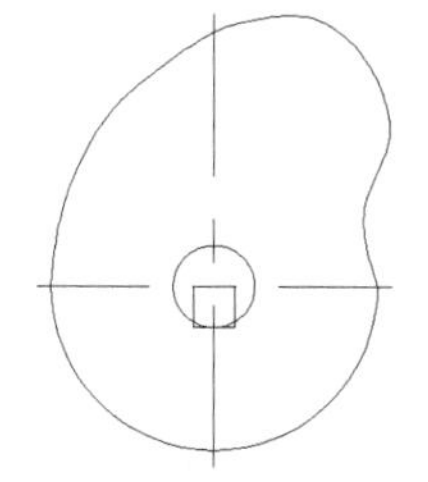

图 3-37 绘制凸轮轴孔结果

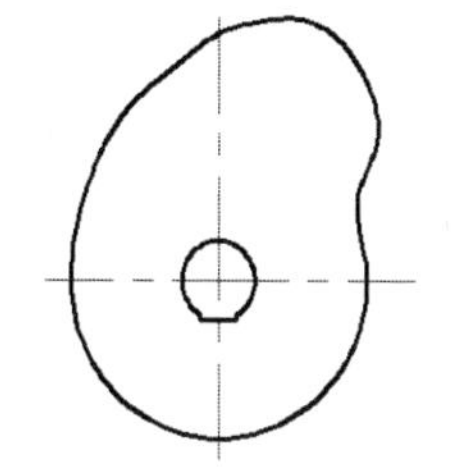

图 3-38 凸轮最终结果

知识点详解

1. 定数等分

有时需要将某条线段或曲线等分为若干部分。在手工绘图中，这一点很难实现，但在

AutoCAD 中，可以通过相关命令轻松完成。

在“定数等分”命令的命令行提示中，部分选项的含义如下。

（1）等分数目范围为 2～32 767。

（2）在等分点处，将按照当前点样式绘制等分点。

（3）在第二行提示下，当选择“块(B)”选项时，表示在等分点处插入指定的图块。

2. 点

点是最简单的图形单元。在工程图形中，点通常用来标定某个特殊的坐标位置，或者作为某个绘制步骤的起点和基础。

在操作过程中，需要注意以下两点。

（1）通过菜单方法进行操作，“单点”命令表示只输入一个点，“多点”命令表示可输入多个点。

（2）可以单击状态栏中的“对象捕捉”按钮 ，设置点捕捉模式，以此来选择点。

3. 打断

在“打断”命令的命令行提示中，部分选项的含义如下。

如果选择“第一点(F)”选项，则 AutoCAD 将丢弃前面选择的第一个点，重新提示用户指定两个断开点。

任务五　绘制曲柄

任务背景

曲柄是机械中的一个基本组件，它通常是一个刚性杆或轴的一部分，一端固定（如连接到发动机的机体或某个固定的轴上），而另一端则通过某种方式（如连杆）与另一个运动部件相连。

本任务先利用“直线”、“偏移”和“圆”等命令绘制曲柄的一部分，再进行旋转复制操作，从而得到另一部分。曲柄如图 3-39 所示。

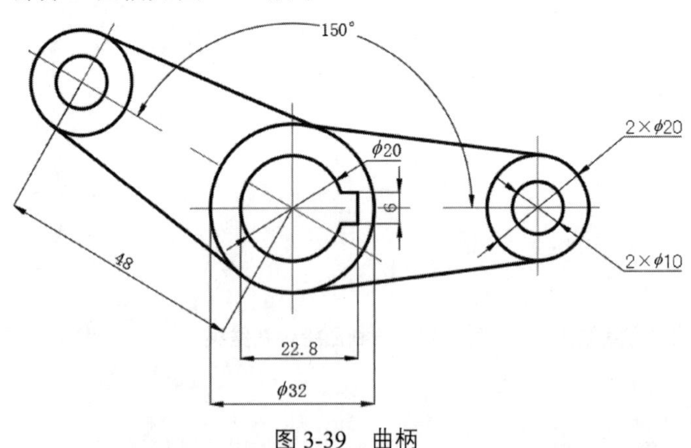

图 3-39　曲柄

操作步骤

1. 设置图层

通过单击“默认”选项卡的“图层”面板中的“图层特性”按钮，新建 3 个图层。

（1）“中心线”图层：颜色为红色，线型为 CENTER，其余选项采用默认设置。

（2）“粗实线”图层：线宽为 0.30mm，其余选项采用默认设置。

（3）“细实线”图层：颜色为蓝色，其余选项采用默认设置。

2. 绘制对称中心线

将“中心线”图层设置为当前图层。单击“默认”选项卡的“绘图”面板中的“直线”按钮，根据坐标点{(100,100),(180,100)}和{(120,120),(120,80)}绘制对称中心线，结果如图 3-40 所示。

3. 绘制另一条中心线

单击“默认”选项卡的“修改”面板中的“偏移”按钮，将垂直对称中心线向右偏移，偏移距离为 48mm，结果如图 3-41 所示。

图 3-40 绘制对称中心线结果　　图 3-41 偏移对称中心线结果

4. 绘制轴孔

将“粗实线”图层设置为当前图层。单击“默认”选项卡的“绘图”面板中的“圆”按钮，以左端对称中心线交点为圆心，绘制直径为 32mm 和 20mm 的同心圆；重复执行“圆”命令，以右端对称中心线交点为圆心，绘制直径为 20mm 和 10mm 的同心圆，结果如图 3-42 所示。

5. 绘制公切线

单击“默认”选项卡的“绘图”面板中的“直线”按钮，利用对象捕捉功能，绘制公切线，结果如图 3-43 所示。

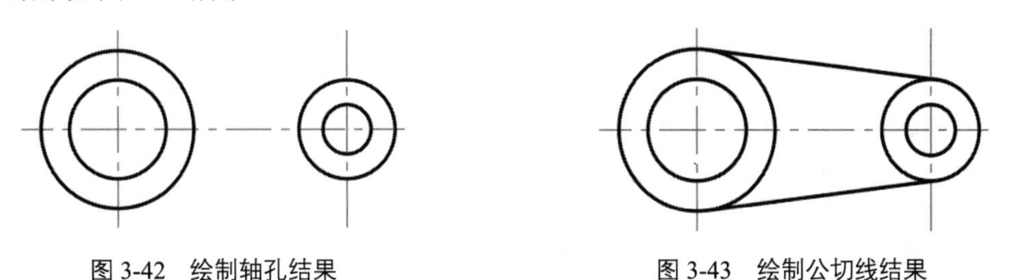

图 3-42 绘制轴孔结果　　图 3-43 绘制公切线结果

6. 绘制辅助线

单击“默认”选项卡的“修改”面板中的“偏移”按钮，将水平对称中心线向上和向下各偏移 3mm；重复执行“偏移”命令，将垂直对称中心线向右偏移，偏移距离为 12.8mm，结果如图 3-44 所示。

7. 绘制键槽

单击“默认”选项卡的“绘图”面板中的“直线”按钮，绘制键槽，命令行提示与操作如下：

```
命令: _line
指定第一个点:（捕捉上部水平对称中心线与小圆的交点）
指定下一点或[放弃(U)]:（捕捉上部水平对称中心线与垂直对称中心线的交点）
指定下一点或[放弃(U)]:（捕捉下部水平对称中心线与垂直对称中心线的交点）
指定下一点或[闭合(C)/放弃(U)]:（捕捉下部水平对称中心线与小圆的交点）
```

绘制键槽结果如图 3-45 所示。

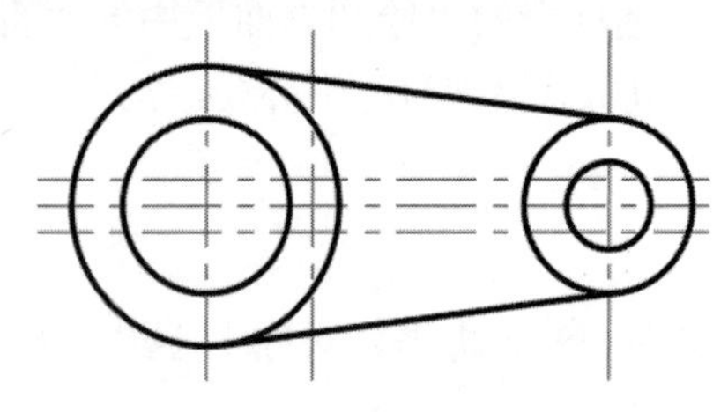

图 3-44　绘制辅助线结果

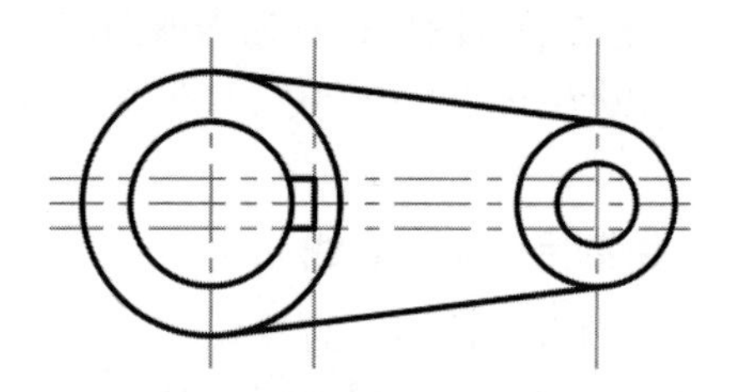

图 3-45　绘制键槽结果

8. 修剪键槽中间的圆弧

单击“默认”选项卡的“修改”面板中的“修剪”按钮，对键槽中间的圆弧进行修剪，结果如图 3-46 所示。

9. 删除辅助线

单击“默认”选项卡的“修改”面板中的“删除”按钮，删除多余的辅助线，结果如图 3-47 所示。

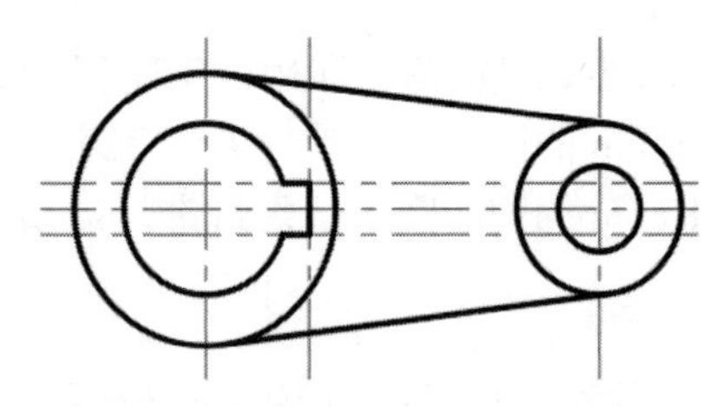

图 3-46　修剪键槽中间的圆弧结果

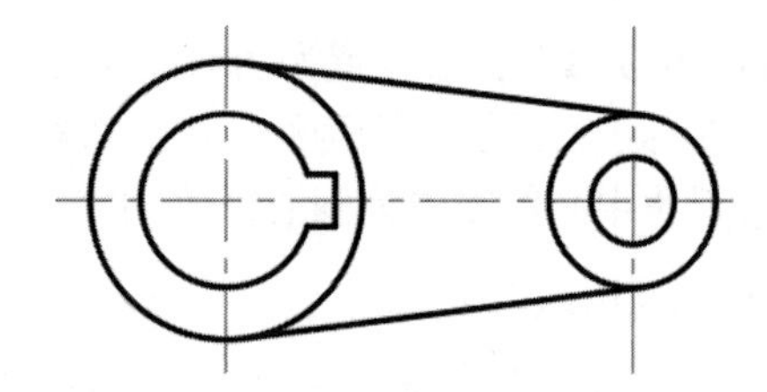

图 3-47　删除辅助线结果

10. 复制旋转曲柄

在命令行中输入“ROTATE”命令，或者选择菜单栏中的“修改”→“旋转”命令，或者单击“默认”选项卡的“修改”面板中的“旋转”按钮，旋转图形。单击“默认”选项卡的“修改”面板中的“旋转”按钮的命令行提示与操作如下：

```
命令: _rotate
UCS 当前的正角方向:  ANGDIR=逆时针   ANGBASE=0
选择对象:（选择图形中要旋转的部分，如图 3-48 所示）
选择对象: ↙
指定基点:（捕捉左边对称中心线的交点）
指定旋转角度，或[复制(C)/参照(R)] <0>:C
指定旋转角度，或[复制(C)/参照(R)] <0>:150
```

此时，曲柄主视图绘制完成，结果如图 3-49 所示。

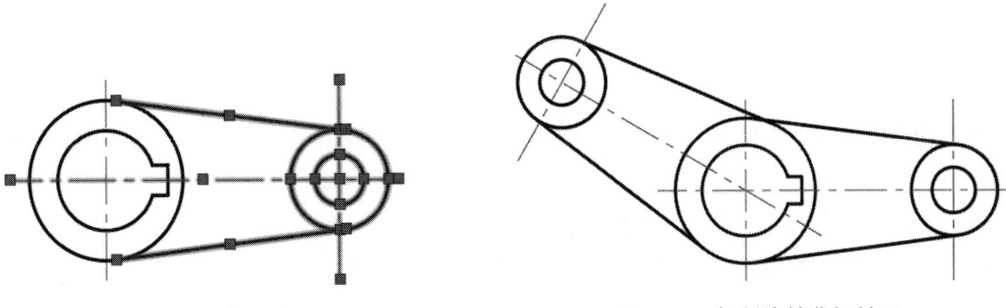

图 3-48 选择对象　　　　图 3-49 复制旋转曲柄结果

知识点详解

在“旋转”命令的命令行提示中，部分选项的含义如下。

（1）复制(C)：当选择该选项后，在旋转对象的同时会保留原对象，如图 3-50 所示。

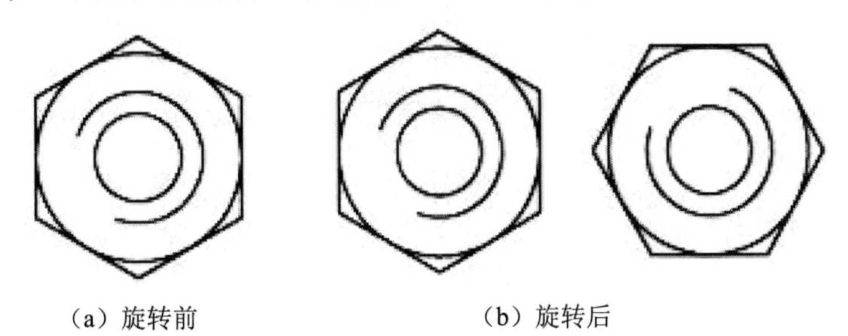

（a）旋转前　　（b）旋转后

图 3-50 复制旋转

（2）参照(R)：当使用该方式旋转对象时，AutoCAD 会提示：

```
指定参照角 <0>:（指定要参考的角度，默认值为 0）
指定新角度或[点(P)] <0>:（输入旋转后的角度值）
```

在完成操作后，会将对象旋转至指定的角度位置。

注意

可以使用拖动鼠标的方法来旋转对象。在选择对象并指定基点后，基点与当前鼠标指针位置之间会出现一条连线。移动鼠标会动态地旋转选定的对象，其旋转角度与该连线和水平方向的夹角有关。按 Enter 键可确认旋转操作，如图 3-51 所示。

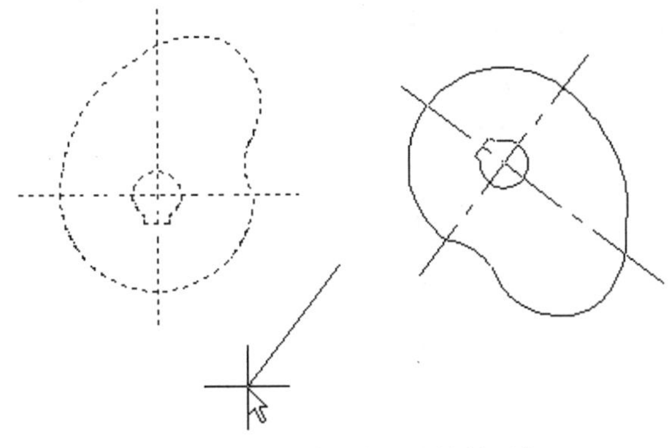

图 3-51 通过拖动鼠标旋转对象

任务六　绘制螺钉

任务背景

螺钉是机械中常见的标准件，通常由金属或塑料制成，形状为圆柱体，表面刻有凹凸的线条（被称为螺纹）。螺钉主要用于将两个物体连接在一起，或者固定一个物体的位置。

本任务首先绘制中心线，然后利用“倒角”“直线”“延伸”等命令绘制左侧图形，最后通过“镜像”命令得到右侧图形。螺钉如图 3-52 所示。

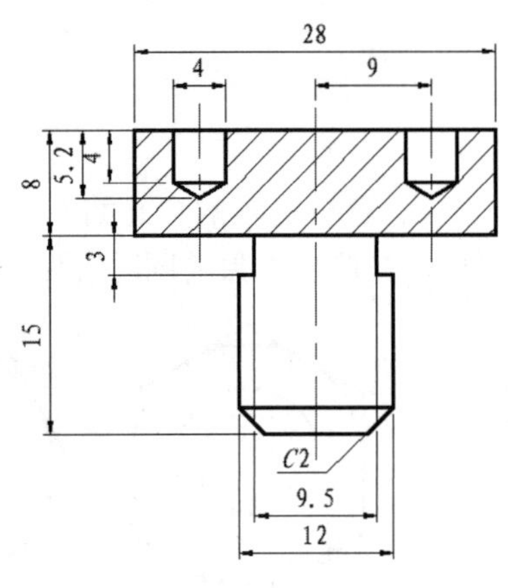

图 3-52　螺钉

操作步骤

（1）通过单击“默认”选项卡的“图层”面板中的“图层特性”按钮，新建 3 个新图层。“粗实线”图层：线宽为 0.30mm，其余选项采用默认设置。“细实线”图层：线宽为 0.09mm，其余选项采用默认设置。“中心线”图层：颜色为红色，线型为 CENTER，其余选项采用默认设置。

（2）将“中心线”图层设置为当前层，单击“默认”选项卡的“绘图”面板中的“直线”按钮，绘制中心线，坐标分别为{(930,460),(930,430)}和{(921,445),(921,457)}，结果如图 3-53 所示。

（3）转换到“粗实线”图层，单击“默认”选项卡的“绘图”面板中的“直线”按钮，绘制轮廓线，坐标分别为{(930,455), (916,455),(916,432)}，结果如图 3-54 所示。

（4）单击“默认”选项卡的“修改”面板中的“偏移”按钮，绘制初步轮廓；将刚绘制的垂直轮廓线分别向右偏移 3mm、7mm、8mm 和 9.25mm，将刚绘制的水平轮廓线分别向下偏移 4mm、8mm、11mm、21mm 和 23mm，结果如图 3-55 所示。

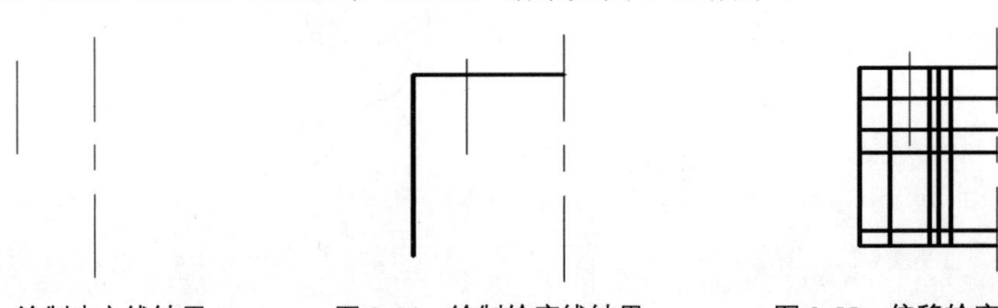

图 3-53　绘制中心线结果　　图 3-54　绘制轮廓线结果　　图 3-55　偏移轮廓线结果

（5）分别选择适当的界线和对象，单击“默认”选项卡的“修改”面板中的“修剪”按钮，修剪偏移产生的轮廓线，结果如图 3-56 所示。

（6）在命令行中输入“CHAMFER”命令，或者选择菜单栏中的“修改”→“倒角”命令，或者单击“默认”选项卡的“修改”面板中的“倒角”按钮，对螺钉端部进行倒角。单击“默认”选项卡的“修改”面板中的“倒角”按钮的命令行提示与操作如下：

命令:_chamfer
(“修剪”模式) 当前倒角距离 1 = 0.0000，距离 2 = 0.0000
选择第一条直线或 [放弃(U)/多段线(P)/距离(D)/角度(A)/修剪(T)/方式(E)/多个(M)]:d↙
指定第一个倒角距离 <0.0000>: 2↙
指定第二个倒角距离 <2.0000>:↙
选择第一条直线或 [放弃(U)/多段线(P)/距离(D)/角度(A)/修剪(T)/方式(E)/多个(M)]:（选择图 3-56 中最下边的直线）
选择第二条直线，或按住 Shift 键选择直线以应用角点或 [距离(D)/角度(A)/方法(M)]:（选择与下边直线相交的侧面直线）

倒角结果如图 3-57 所示。

（7）单击“默认”选项卡的“绘图”面板中的“直线”按钮，绘制螺孔底部，坐标分别为{(919,451),(@10<−30)}和{(923,451),(@10<210)}，结果如图 3-58 所示。

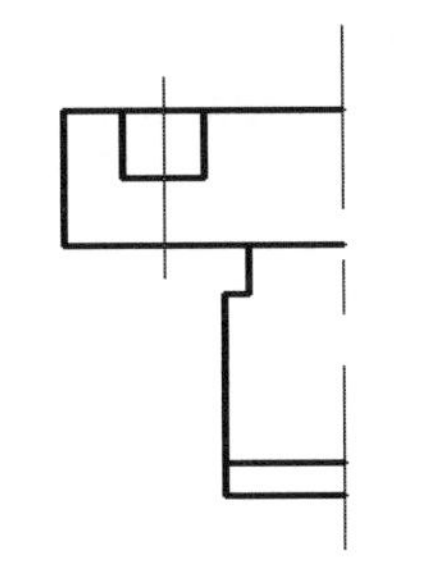

图 3-56 修剪轮廓线结果

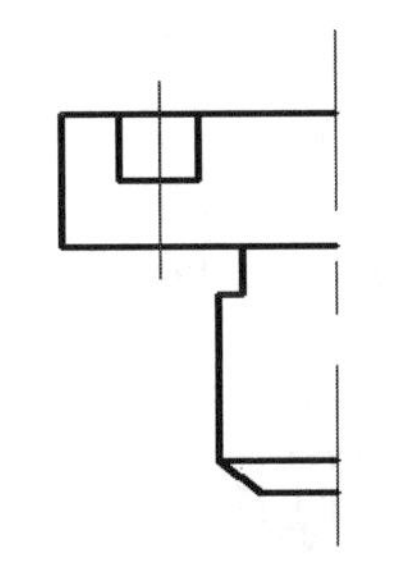

图 3-57 倒角结果

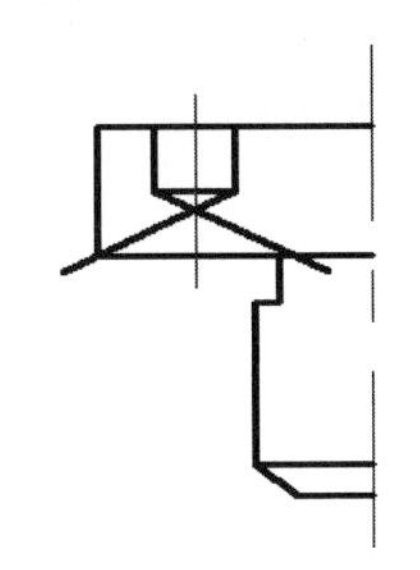

图 3-58 绘制螺孔底部结果

（8）单击“默认”选项卡的“修改”面板中的“修剪”按钮，将刚才绘制的两条斜线多余部分剪掉，结果如图 3-59 所示。

（9）转换到“细实线”图层，单击“默认”选项卡的“绘图”面板中的“直线”按钮，绘制一条螺纹牙底线，结果如图 3-60 所示。

（10）在命令行中输入“EXTEND”命令，或者选择菜单栏中的“修改”→“延伸”命令，或者单击“默认”选项卡的“修改”面板中的“延伸”按钮，将螺纹牙底线延伸至倒角处。单击“默认”选项卡的“修改”面板中的“延伸”按钮的命令行提示与操作如下：

命令: _extend
当前设置:投影=UCS，边=无，模式=标准
选择边界的边...
选择对象或[模式(O)]<全部选择>:（选择倒角生成的斜线）找到 1 个
选择对象: ↙
选择要延伸的对象，或按住 Shift 键选择要修剪的对象，或[栏选(F)/窗交(C)/投影(P)/边(E)/放弃(U)]:（选择刚才绘制的螺纹牙底线）
选择要延伸的对象，或按住 Shift 键选择要修剪的对象，或[栏选(F)/窗交(C)/投影(P)/边(E)/放弃(U)]: ↙

延伸螺纹牙底线结果如图 3-61 所示。

（11）单击“默认”选项卡的“修改”面板中的“镜像”按钮，对图形进行镜像处理，以长中心线为轴、以该中心线左边所有的图线为对象进行镜像，结果如图 3-62 所示。

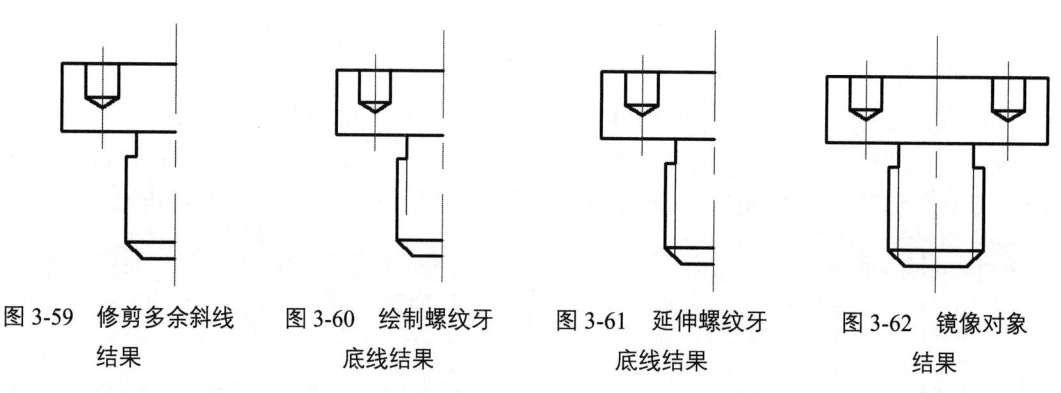

图 3-59　修剪多余斜线结果　　图 3-60　绘制螺纹牙底线结果　　图 3-61　延伸螺纹牙底线结果　　图 3-62　镜像对象结果

（12）单击“默认”选项卡的“绘图”面板中的“图案填充”按钮，绘制剖面，打开“图案填充创建”选项卡，如图 3-63 所示；设置“图案填充类型”为“用户定义”，“角度”为 45°，“填充图案比例”为 1.5，单击“拾取点”按钮，在图形中选择要填充的区域拾取点，按 Enter 键，结果如图 3-64 所示。

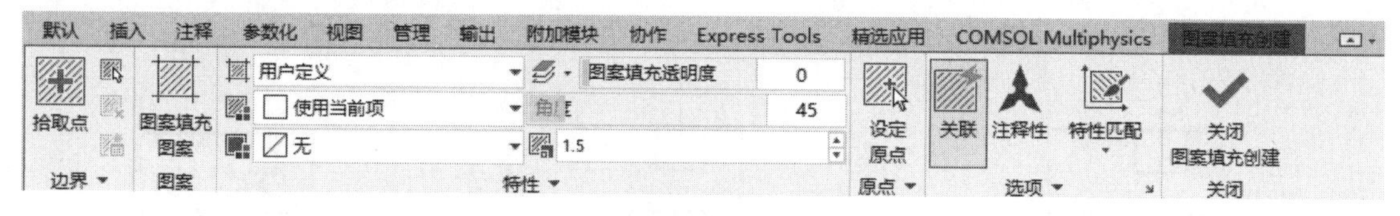

图 3-63　“图案填充创建”选项卡

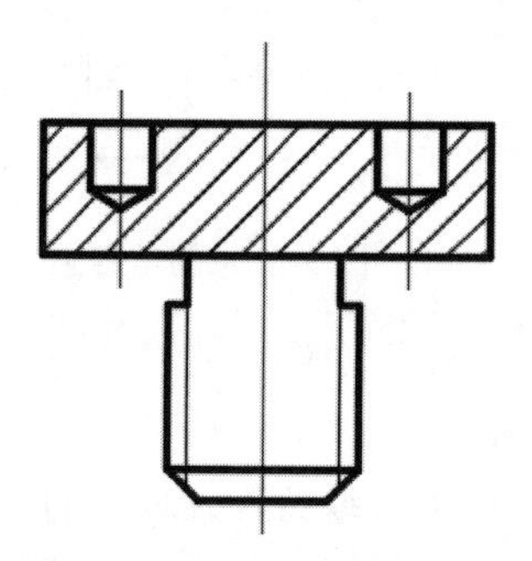

图 3-64　图案填充结果

知识点详解

1. 倒角

倒角是指用斜线连接两个不平行的线型对象。它可以用来连接直线段、双向无限长线、射线和多义线。

AutoCAD 采用两种方法来确定连接两个线型对象的斜线：指定斜线距离；指定斜线角度、一个对象与斜线的距离。下面分别介绍这两种方法。

（1）指定斜线距离。

斜线距离是指从被连接的对象与斜线的交点到被连接的两个对象可能的交点之间的距离，如图 3-65 所示。

（2）指定斜线角度、一个对象与斜线的距离。

当采用这种方法连接对象时，需要输入两个参数：斜线与一个对象的斜线距离、斜线与该对象的夹角，如图 3-66 所示。

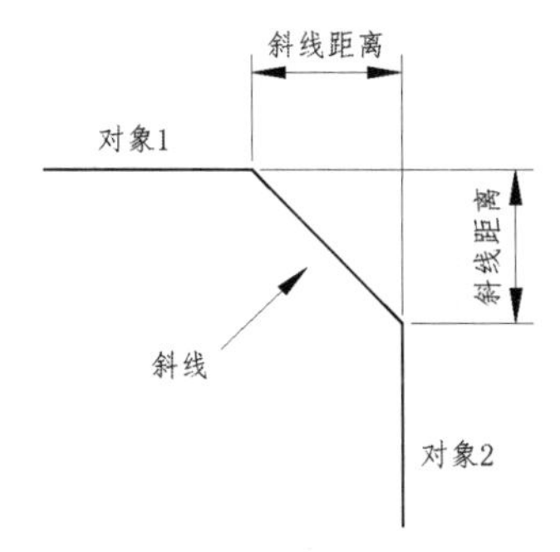

图 3-65 斜线距离

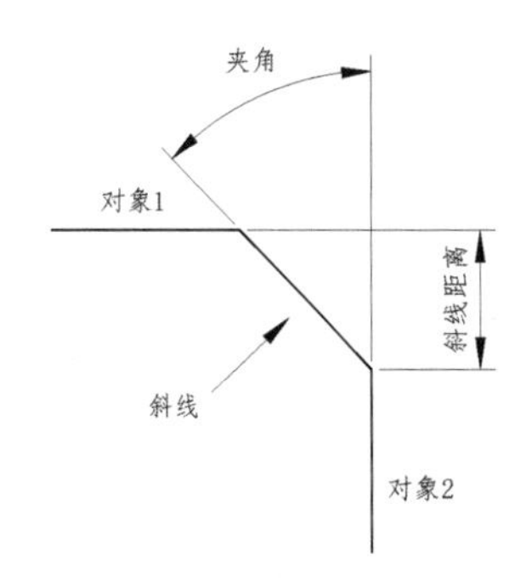

图 3-66 斜线距离与夹角

在“倒角”命令的命令行提示中，部分选项的含义如下。

（1）多段线(P)：对多段线的各个交叉点进行倒角。为了得到最好的连接效果，一般将斜线距离设置为相等的值。AutoCAD 将根据指定的斜线距离对多段线的每个交叉点进行斜线连接，这些连接的斜线将成为多段线的新添构成部分，如图 3-67 所示。

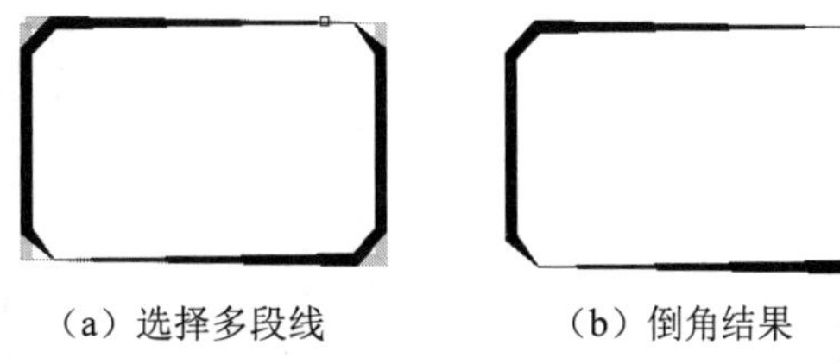
（a）选择多段线　（b）倒角结果

图 3-67 使用斜线连接多段线

（2）距离(D)：选择倒角的两个斜线距离。这两个斜线距离可以相同，也可以不相同。若二者均为 0，则 AutoCAD 将不绘制连接的斜线，而是延伸两个对象，使其相交，并修剪超出的部分。

（3）角度(A)：选择第一条直线的斜线距离和第一条直线的倒角角度。

（4）修剪(T)：决定在连接对象后是否剪切原对象。

（5）方式(E)：决定采用“距离”方式或“角度”方式进行倒角。

（6）多个(M)：同时对多个对象进行倒角。

2. 延伸

在“延伸”命令的命令行提示中，部分选项的含义如下。

（1）选择对象：此时可以通过选择对象来定义边界。若直接按 Enter 键，则选择所有对象作为可能的边界对象。

AutoCAD 规定可以作为边界对象的对象为直线段、射线、双向无限长线、圆弧、圆、椭圆、二维多段线、三维多段线、样条曲线、文本、浮动的视口和区域。如果选择二维多段线作为边界对象，则 AutoCAD 会忽略其宽度，而将对象延伸至多段线的中心线。

（2）选择要延伸的对象：如果要延伸的对象是适配样条多段线，则延伸后会在多段线的控制框上增加新节点；如果要延伸的对象是锥形的多段线，则 AutoCAD 会修正延伸端的宽度，使多段线从起始端平滑地延伸至新终止端。如果延伸操作导致终止端宽度可能为负值，则将宽度设置为 0，如图 3-68 所示。

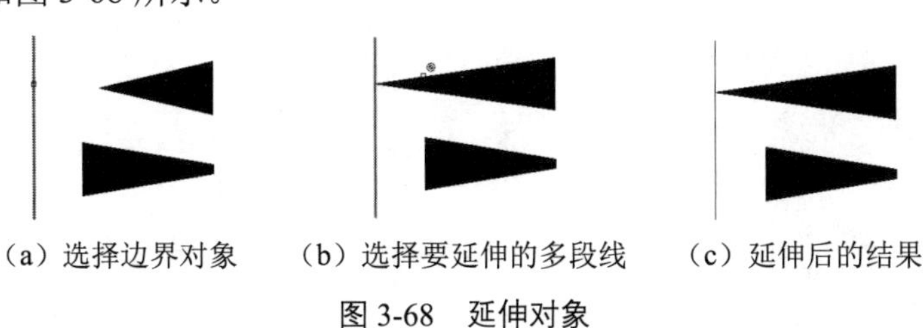
（a）选择边界对象　（b）选择要延伸的多段线　（c）延伸后的结果

图 3-68 延伸对象

（3）当选择对象时，如果按住 Shift 键不释放，则 AutoCAD 会自动将“延伸”命令转换为“修剪”命令。

任务七　绘制齿轮轴套

任务背景

本任务应用“修剪”、“圆角”、“偏移”及“图案填充”命令，利用对象捕捉功能及一些二维绘图和编辑命令，绘制齿轮轴套局部视图，利用对象捕捉追踪功能绘制齿轮轴套主视图。齿轮轴套如图 3-69 所示。

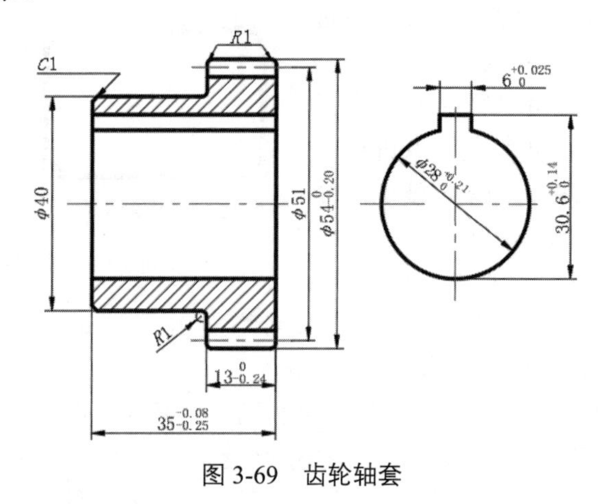

图 3-69　齿轮轴套

微课

操作步骤

1. 新建图层

通过单击“默认”选项卡的“图层”面板中的“图层特性”按钮，新建 3 个图层。“轮廓线”图层：线宽为 0.30mm，其余选项采用默认设置。“中心线”图层：颜色为红色，线型为 CENTER，其余选项采用默认设置。“细实线”图层：颜色为蓝色，其余选项采用默认设置。

2. 绘制齿轮轴套局部视图轮廓线

（1）将“轮廓线”图层设置为当前图层，单击状态栏中的“线宽”按钮，显示线宽。单击“默认”选项卡的“绘图”面板中的“圆”按钮，绘制 $\phi28$ 的圆。

（2）在命令行中输入“XLINE”命令，或者选择菜单栏中的“绘图”→“构造线”命令，或者单击“默认”选项卡的“绘图”面板中的“构造线”按钮。单击“默认”选项卡的“绘图”面板中的“构造线”按钮的命令行提示与操作如下：

```
命令: _xline
指定点或 [水平(H)/垂直(V)/角度(A)/二等分(B)/偏移(O)]: h↙
指定通过点: _from↙
基点: <打开对象捕捉>:（打开对象捕捉功能，捕捉 φ28 圆的下象限点）
<偏移>: @0,30.6↙
指定通过点: ↙
命令: ↙（绘制垂直辅助线）
指定点或 [水平(H)/垂直(V)/角度(A)/二等分(B)/偏移(O)]: v↙
```

```
指定通过点: _from↙
基点:（捕捉 φ28 圆的圆心）
<偏移>: @3,0↙
指定通过点: ↙
```

（3）单击“默认”选项卡的“修改”面板中的“偏移”按钮，选择垂直辅助线，将其向左偏移 6mm，结果如图 3-70 所示。

（4）使用“默认”选项卡的“修改”面板中的“修剪”按钮和“删除”按钮，修剪多余辅助线，结果如图 3-71 所示。

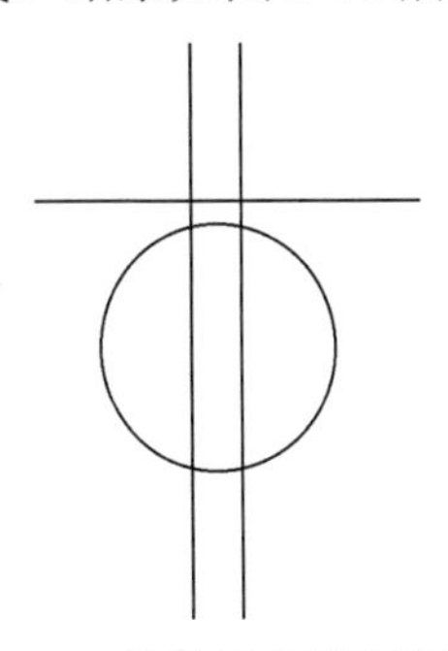

图 3-70 偏移垂直辅助线结果

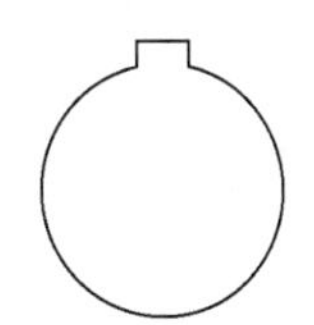

图 3-71 修剪多余辅助线结果

3. 绘制中心线

将“中心线”图层设置为当前图层，单击“默认”选项卡的“绘图”面板中的“直线”按钮，绘制水平中心线，命令行提示与操作如下：

```
命令: _line
指定第一个点: _from↙
基点:（捕捉 φ28 圆的圆心）
<偏移>: @-18,0↙
指定下一点或 [放弃(u)]: @36,0↙
指定下一点或 [放弃(u)]: ↙
```

参照相同的方法，绘制垂直中心线，结果如图 3-72 所示。

4. 绘制齿轮轴套主视图轮廓线

（1）将“轮廓线”图层设置为当前图层，单击“默认”选项卡的“绘图”面板中的“直线”按钮，打开对象捕捉追踪功能，捕捉 ϕ28 圆的圆心。

（2）向左拖动鼠标，确定直线起始点，根据起始点→(@0,20)→(@22,0)→(@0,7)→(@13,0)→(@0,−27)绘制直线，结果如图 3-73 所示。

（3）单击“默认”选项卡的“修改”面板中的“偏移”按钮，选择最上端直线，将其向下偏移 3.373mm，结果如图 3-74 所示。

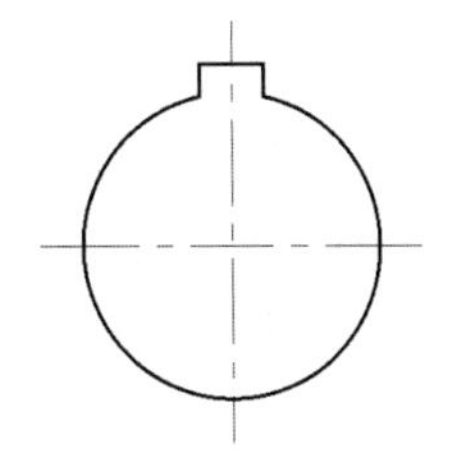

图 3-72 绘制中心线结果

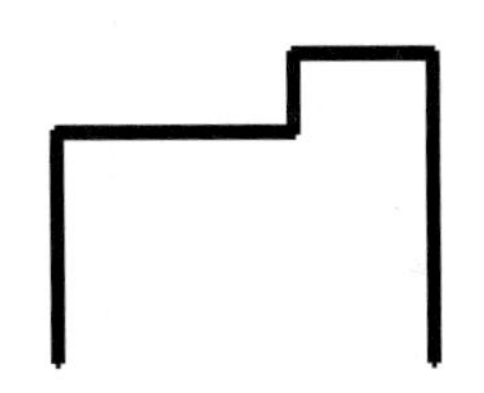

图 3-73 绘制直线结果 1

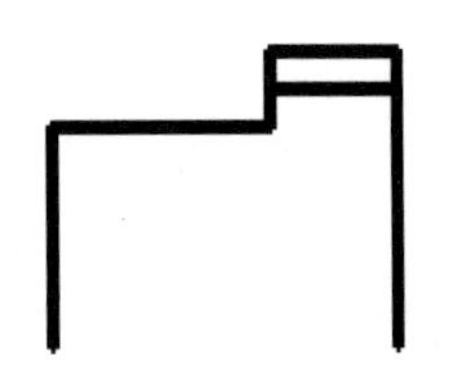

图 3-74 偏移直线结果

5. 绘制齿轮轴套主视图中心线

（1）将“中心线”图层设置为当前图层，单击“默认”选项卡的“绘图”面板中的“直线”按钮，命令行提示与操作如下：

```
命令: _line
指定第一个点: _from↙
基点:（捕捉主视图左边线端点）
<偏移>: @-5,0↙
指定下一点或 [放弃(u)]: @45,0↙
指定下一点或 [放弃(u)]: ↙
```

（2）单击“默认”选项卡的“绘图”面板中的“直线”按钮，命令行提示与操作如下：

```
命令: _line
指定第一个点: _from↙
基点:（捕捉主视图齿顶线端点 1，如图 3-75 所示）
<偏移>:@-3,-1.5↙
指定下一点或 [放弃(u)]: @19,0↙
指定下一点或 [放弃(u)]: ↙
```

6. 倒圆角操作

（1）在命令行中输入“FILLET”命令，或者选择菜单栏中的“修改”→“圆角”命令，或者单击“默认”选项卡的“修改”面板中的“圆角”按钮，对齿轮轴套主视图进行倒圆角操作，将圆角半径设置为 1mm。单击“默认”选项卡的“修改”面板中的“圆角”按钮的命令行提示与操作如下：

```
命令: _fillet
当前设置: 模式 = 修剪，半径 = 2.0000
选择第一个对象或 [放弃(U)/多段线(P)/半径(R)/修剪(T)/多个(M)]: R
指定圆角半径 <2.0000>: 1
选择第一个对象或 [放弃(U)/多段线(P)/半径(R)/修剪(T)/多个(M)]:
选择第二个对象，或按住 Shift 键选择对象以应用角点或 [半径(R)]:
```

（2）单击“默认”选项卡的“修改”面板中的“倒角”按钮，对齿轮轴套主视图进行倒角操作，将倒角距离设置为 1mm。倒圆角及倒角结果如图 3-76 所示。

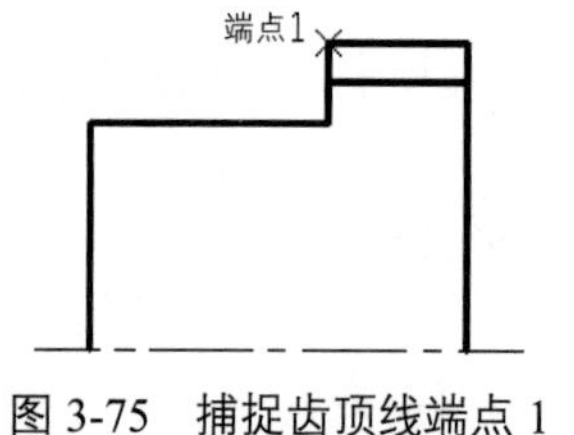

图 3-75　捕捉齿顶线端点 1

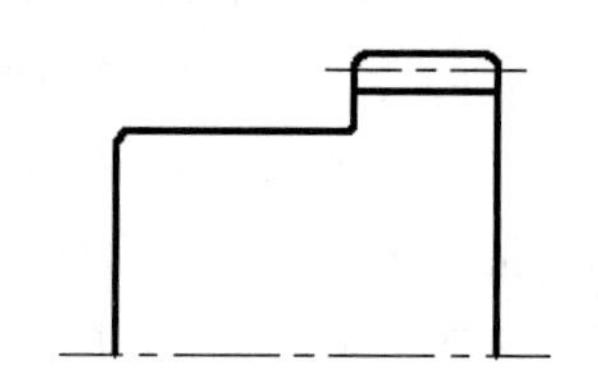
图 3-76　倒圆角及倒角结果

7. 完成齿轮轴套主视图

（1）单击“默认”选项卡的“修改”面板中的“镜像”按钮，选择主视图中除底部中心线以外的所有图形，以底部中心线为镜像线进行镜像操作。将“轮廓线”图层设置为当前图层，单击“默认”选项卡的“绘图”面板中的“直线”按钮，打开正交功能，捕捉局部视图点 1，拖动鼠标，捕捉主视图左边线最近点 2（见图 3-77），在该点到主视图右边线垂足之间绘制直线。

（2）参照相同的方法，捕捉局部视图端点 3，拖动鼠标，捕捉主视图左边线最近点 4（见图 3-78），在该点到主视图右边线垂足之间绘制直线。

（3）参照相同的方法，捕捉局部视图 $\phi28$ 圆的下象限点，拖动鼠标，捕捉主视图左边线最近点，在该点到主视图右边线垂足之间绘制直线，结果如图 3-79 所示。

8. 以填充图案的方式绘制剖面线

将“细实线”图层设置为当前图层，单击“默认”选项卡的“绘图”面板中的“图案填充”按钮，选择填充区域并进行图案填充，结果如图 3-80 所示。

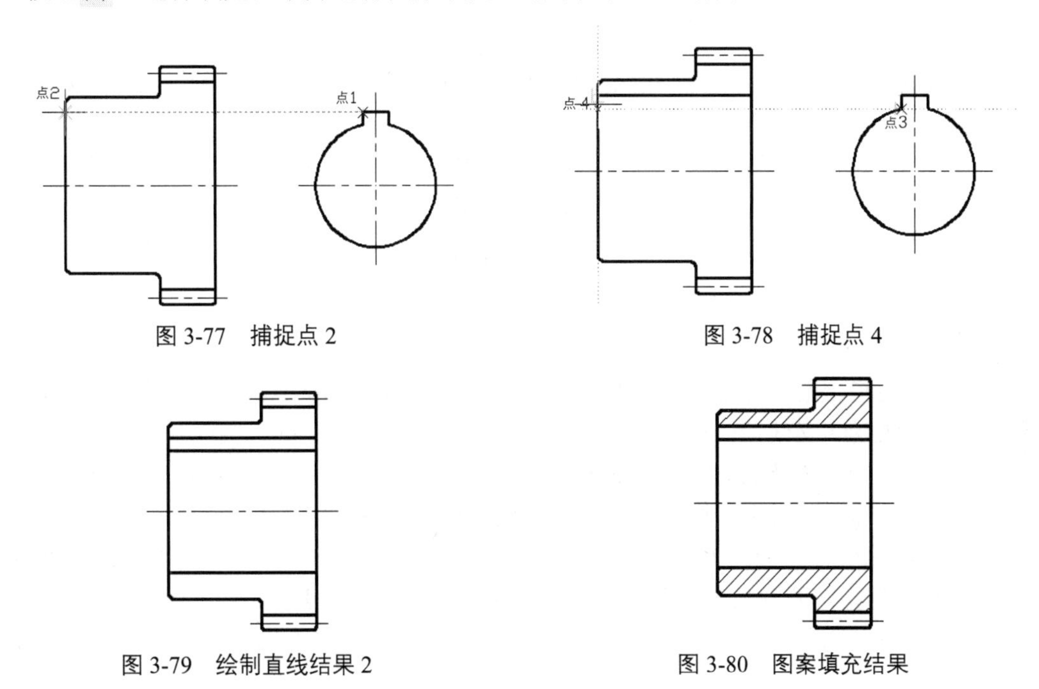

图 3-77　捕捉点 2

图 3-78　捕捉点 4

图 3-79　绘制直线结果 2

图 3-80　图案填充结果

知识点详解

1. 轴系类零件

（1）结构分析。

轴系类零件的基本形状是同轴回转体。轴上通常包括键槽、销孔、螺纹退刀槽、倒圆等结构。此类零件主要用于在车床或磨床上进行加工。

（2）主视图的选择。

轴系类零件的主视图根据其加工位置来选择，一般按照水平位置放置。这样既可把各段形体的相对位置表示清楚，又能反映轴上的轴肩、退刀槽等结构。

（3）其他视图的选择。

由于轴系类零件的主要结构是回转体，在通常情况下只需绘制一个主视图即可。当确定主视图后，由于轴上各段形体的直径尺寸在其数字前加注符号“ϕ”，因此无须绘制它们的左（或右）视图。对于零件上的键槽、孔等结构，一般可采用局部视图、局部剖视图、移出断面和局部放大图来表示。

2. 构造线

（1）在构造线的选项中，包含“指定点”、“水平”、“垂直”、“角度”、“二等分”和“偏移”6 种方式，如图 3-81 所示。

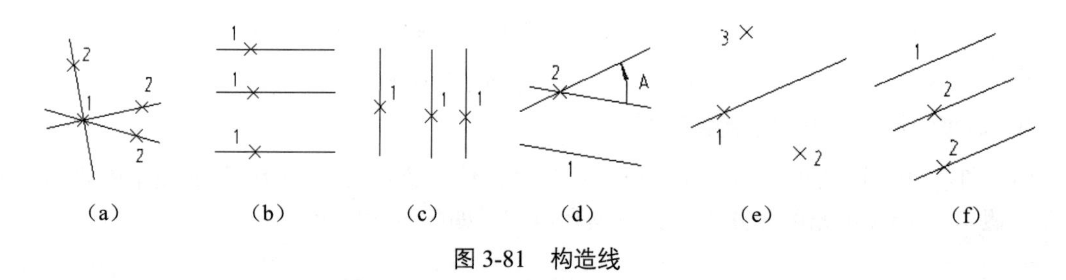

图 3-81　构造线

（2）构造线类似于手工绘图中的辅助作图线，使用特殊的线型来显示，在绘图输出时可以选择不输出，常用于辅助作图。

使用构造线作为辅助线来绘制机械图中的三视图是构造线的主要用途。构造线的应用保证了三视图之间“主俯视图长对正、主左视图高平齐、俯左视图宽相等”的对应关系。图 3-82 展示了使用构造线作为辅助线来绘制机械图中的三视图的示例，其中红色线为构造线，黑色线为三视图轮廓线。

3. 圆角

圆角是指用指定的半径连接两个对象形成的平滑圆弧。AutoCAD 允许使用圆角连接一对直线段、非圆弧的多义线段、样条曲线、双向无限长线、射线、圆、圆弧和真椭圆。用户可以随时在多段线的每个节点进行圆角处理。

在“圆角”命令的命令行提示中，部分选项的含义如下。

（1）多段线(P)：在一条二维多段线的两段线段的节点处插入圆滑的弧。当选择多段线后，AutoCAD 会根据指定的圆弧半径并使用圆弧连接多段线的各顶点。

（2）修剪(T)：决定在通过圆角连接方式链接两条边时，是否修剪这两条边，如图 3-83 所示。

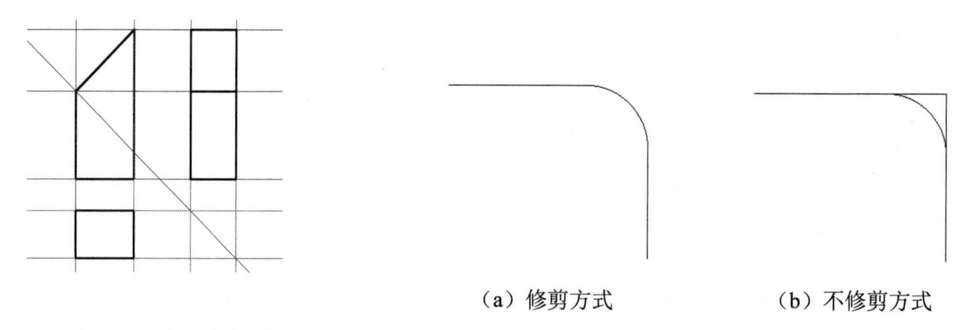

图 3-82　使用构造线辅助绘制三视图

图 3-83　圆角连接

（3）多个(M)：同时对多个对象进行倒圆角操作，无须重新调用命令。

（4）按住 Shift 键并选择两条直线，可以快速创建零距离倒角或零半径圆角。

任务八　绘制扳手

任务背景

在绘制机械图形时，有时可以巧妙地运用布尔运算工具进行绘图。布尔运算是数学中的一种逻辑运算，在 AutoCAD 绘图中广泛应用，能够显著提高绘图效率。

本任务首先利用二维基本绘图命令绘制子图部分，然后利用面域命令“REGION”和布尔运算的差集命令“SUBTRACT”完成扳手的绘制。扳手如图 3-84 所示。

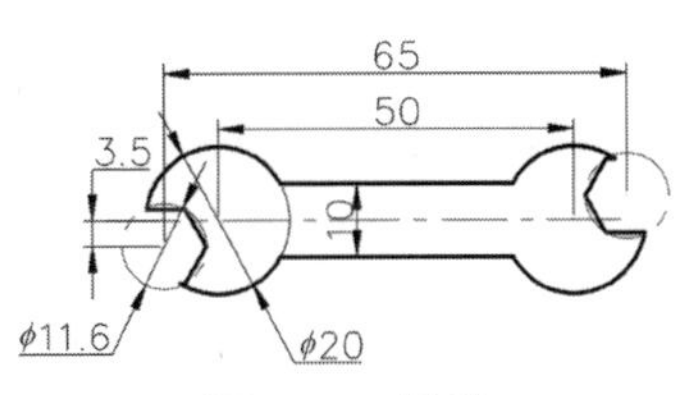

图 3-84 扳手

操作步骤

（1）单击“默认”选项卡的“绘图”面板中的“矩形”按钮，绘制矩形，两个角点的坐标为(50,50)和(100,40)，结果如图 3-85 所示。

（2）单击“默认”选项卡的“绘图”面板上的“圆”下拉菜单中的“圆心，半径”按钮，以圆心(50,45)、半径 10mm 绘制圆。参照相同的方法，以圆心(100,45)、半径 10mm 绘制另一个圆，结果如图 3-86 所示。

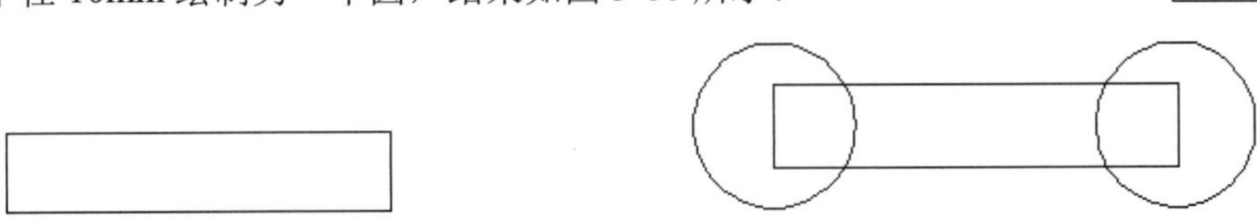

图 3-85 绘制矩形结果　　图 3-86 绘制圆结果

（3）单击“默认”选项卡的“绘图”面板中的“多边形”按钮，绘制正六边形，命令行提示与操作如下：

```
命令: _polygon
输入侧面数 <6>:↙
指定正多边形的中心点或 [边(E)]:42.5,41.5↙
输入选项 [内接于圆(I)/外切于圆(C)] <I>:↙
指定圆的半径:5.8↙
```

以多边形的中心(107.4,48.2)、半径 5.8mm 绘制另一个正六边形，结果如图 3-87 所示。

（4）在命令行中输入“REGION”命令，或者选择菜单栏中的“绘图”→“面域”命令，或者单击“默认”选项卡的“绘图”面板中的“面域”按钮，将所有图形转换为面域。单击“默认”选项卡的“绘图”面板中的“面域”按钮的命令行提示与操作如下：

```
命令: _region
选择对象:（依次选择矩形、多边形和圆）
找到 1 个
……
找到 1 个，总计 5 个
选择对象:↙
已提取 5 个环。
已创建 5 个面域。
```

（5）在命令行中输入“UNION”命令，或者选择菜单栏中的“修改”→“实体编辑”→“并集”命令，或者单击“三维工具”选项卡的“实体编辑”面板中的“并集”按钮，将矩形分别与两个圆进行并集运算。在命令行中输入“UNION”命令的提示与操作如下：

```
命令:UNION↙
选择对象:（选择矩形）找到 1 个
选择对象:（选择一个圆）找到 1 个，总计 2 个
选择对象:（选择另一个圆）找到 1 个，总计 3 个
选择对象: ↙
```

并集运算结果如图 3-88 所示。

（6）在命令行中输入“SUBTRACT”命令，或者选择菜单栏中的“修改”→“实体编辑”→

“差集”命令，或者单击“三维工具”选项卡的“实体编辑”面板中的“差集”按钮，以并集对象为主体对象，正多边形为参照体，进行差集运算。在命令行中输入“SUBTRACT”命令的提示与操作如下：

```
命令: SUBTRACT↙
选择要从中减去的实体、曲面和面域...
选择对象:（选择并集对象）找到 1 个
选择对象: ↙
选择要从中减去的实体、曲面和面域...
选择对象:（选择一个正多边形）
选择对象:（选择另一个正多边形）
选择对象: ↙
```

差集运算结果如图 3-89 所示。

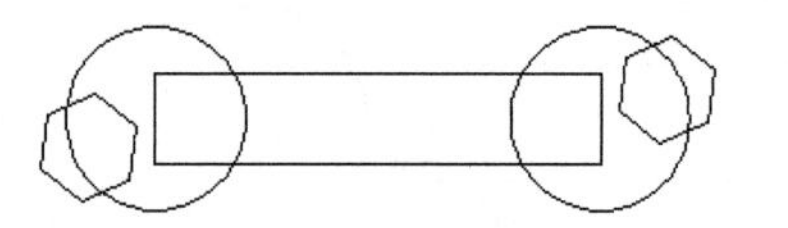

图 3-87　绘制正六边形结果

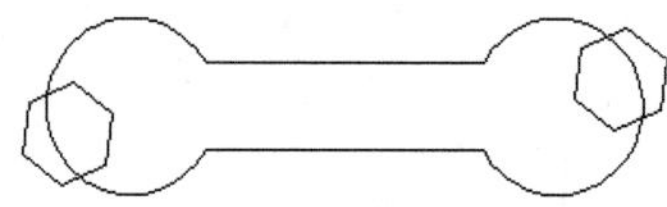

图 3-88　并集运算结果

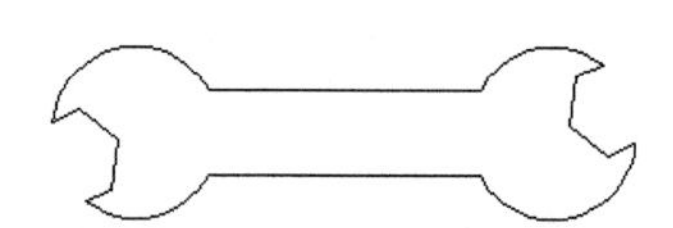

图 3-89　差集运算结果

知识点详解

1. 面域

面域是具有边界的平面区域，内部可以包含孔。面域是一个整体图形单元。在 AutoCAD 中，用户可以将由某些对象构成的封闭区域转换为面域，这些封闭区域可以是圆、椭圆、封闭的二维多段线和封闭的样条曲线等对象，也可以是由圆弧、直线、二维多段线和样条曲线等对象构成的封闭区域。

2. 布尔运算

布尔运算的对象只包括实体和共面的面域。普通的线条图形对象无法应用布尔运算。通常，布尔运算包括并集、交集和差集 3 种，它们的操作方法类似。布尔运算的结果如图 3-90 所示。

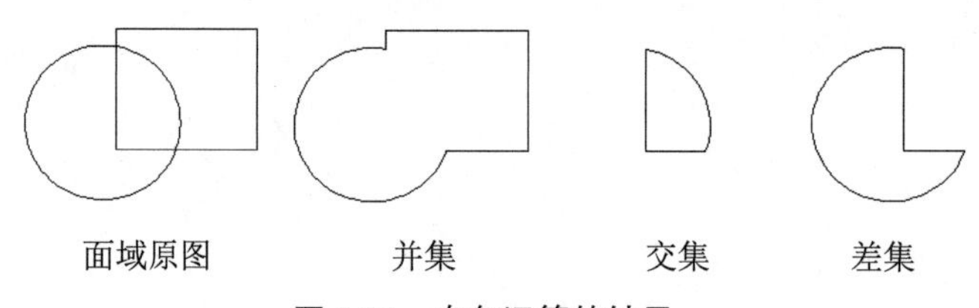

图 3-90　布尔运算的结果

任务九　模拟试题与上机实验

1. 选择题

（1）在使用“复制”命令时，正确的情况是（　　）。

A. 每复制一个对象就退出一次命令

B. 最多可复制 3 个对象

C. 在进行复制时，若选择放弃，则退出命令

D．可复制多个对象，直到选择退出才结束复制

（2）若已有一个绘制好的圆，则绘制一组同心圆可以使用（　　）命令来实现。

A．LENGTHEN（拉长）　　B．OFFSET（偏移）

C．EXTEND（延伸）　　D．MOVE（移动）

（3）不能对（　　）进行偏移。

A．构造线　　B．多义线

C．多段线　　D．样条曲线

（4）如果对图 3-91 中的正方形沿两个点进行打断，则打断之后的长度为（　　）。

A．150mm　　B．100mm

C．150mm 或 50mm　　D．随机

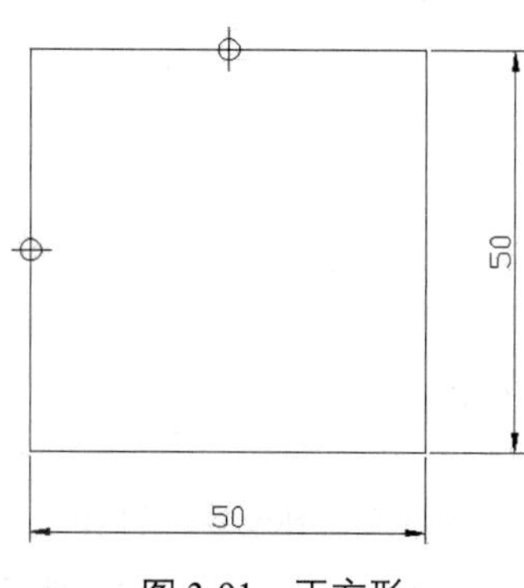

图 3-91　正方形

（5）关于分解命令（EXPLODE）的描述，正确的是（　　）。

A．将对象分解后，颜色、线型和线宽不会发生变化

B．将图案分解后，图案与边界的关联性仍然存在

C．将多行文字分解后，它将变为单行文字

D．将构造线分解后，可以得到两条射线

（6）若对两条平行的直线执行倒圆角操作，圆角半径为 20mm，则结果是（　　）。

A．不能执行倒圆角操作

B．根据半径 20mm 进行倒圆角

C．AutoCAD 提示错误

D．倒出半圆，其直径等于直线之间的距离

（7）在使用偏移命令时，下列说法正确的是（　　）。

A．偏移值可以小于 0，这是向反向偏移

B．可以框选对象，从而一次性偏移多个对象

C．一次只能偏移一个对象

D．在执行偏移命令时，原对象不会被删除

（8）使用 COPY 命令复制一个圆，基点为(0,0)，在提示指定第二个点时按 Enter 键，以第一个点作为位移参考点，下列说法正确的是（　　）。

A．没有复制图形

B．复制的图形圆心与(0,0)重合

C．复制的图形与原图形重合

D．操作无效

（9）对一个多段线对象中的所有角点进行圆角，可以使用圆角命令中的（　　）选项。

A．多段线(P)　　B．修剪(T)

C．多个(U)　　D．半径(R)

2．上机实验题

实验 1　绘制如图 3-92 所示的垫片

◆ 目的要求

本实验设计的图形是一个常见的机械零件。在绘制的过程中，除了需要使用“直线”和“圆”等基本绘图命令，还需要使用“修剪”和“环形阵列”等编辑命令。通过本实验的练习，读者可以进一步掌握“修剪”和“环形阵列”等编辑命令的使用方法。

◆ 操作提示

（1）设置新图层。

（2）绘制中心线和基本轮廓。

（3）进行阵列操作。

（4）进行剪切操作。

实验 2　绘制如图 3-93 所示的轴承座

◆ 目的要求

本实验设计的图形是一个常见的机械零件。在绘制的过程中，除了需要使用“直线”和“圆”等基本绘图命令，还需要使用“镜像”和“圆角”等编辑命令。通过本实验的练习，读者可以进一步掌握“镜像”和“圆角”等编辑命令的使用方法。

◆ 操作提示

（1）利用“图层”命令新建 3 个图层。

（2）利用“直线”命令绘制中心线。

（3）利用“直线”命令和“圆”命令绘制部分轮廓。

（4）利用“圆角”命令进行圆角处理。

（5）利用“直线”命令绘制螺孔线。

（6）利用“镜像”命令对左端局部结构进行镜像。

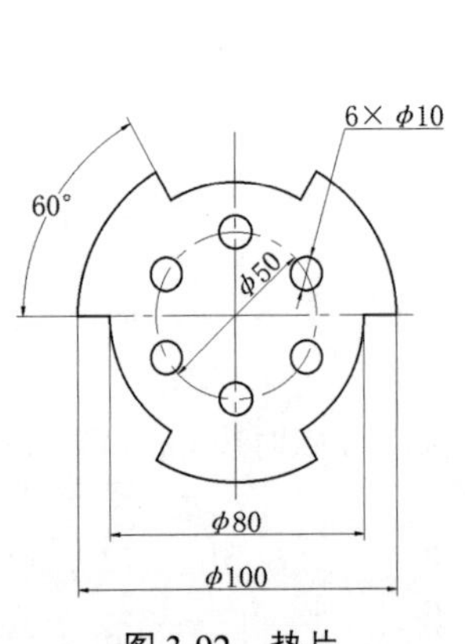

图 3-92　垫片

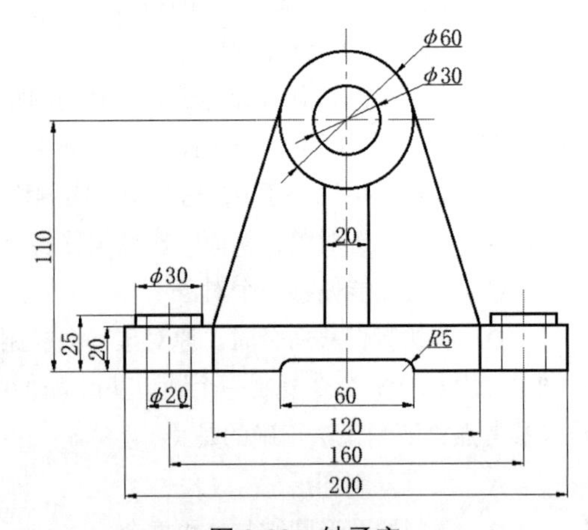

图 3-93　轴承座

实验 3　绘制如图 3-94 所示的挂轮架

◆ 目的要求

该挂轮架主要由直线、相切的圆及圆弧组成，因此利用“直线”命令、“圆”命令及“圆弧”命令，并配合“修剪”命令来绘制图形；挂轮架的上部是对称的结构，可以利用“镜像”命令对其进行操作；对于其中的圆角，均采用“圆角”命令来实现。通过本实验的练习，可以帮助读者进一步熟悉常见编辑命令的使用方法。

◆ 操作提示

（1）利用“图层”命令新建图层。

（2）利用“直线”、“圆”、“偏移”和“修剪”命令绘制中心线。

（3）利用“直线”、“圆”和“偏移”命令绘制挂轮架的中间部分图形。

（4）利用“圆弧”、“圆角”和“修剪”命令绘制挂轮架中间部分图形。

（5）利用“圆弧”、“圆”命令绘制挂轮架右部图形。

（6）利用“修剪”和“圆角”命令修剪与倒圆角。

（7）利用“偏移”和“圆”命令绘制 *R*30 的圆弧。为了找到 *R*30 圆弧的圆心，需要以 23mm 为距离向右偏移垂直对称中心线，并捕捉图 3-95 上边第 2 条水平中心线与垂直中心线的交点，将其作为圆心，绘制 *R*26 的辅助圆，以所偏移中心线与辅助圆交点为 *R*30 圆弧的圆心。

（8）利用“删除”、“修剪”、“镜像”和“圆角”等命令绘制把手图形。

（9）利用“打断”、“拉长”和“删除”命令对图形的中心线进行整理。

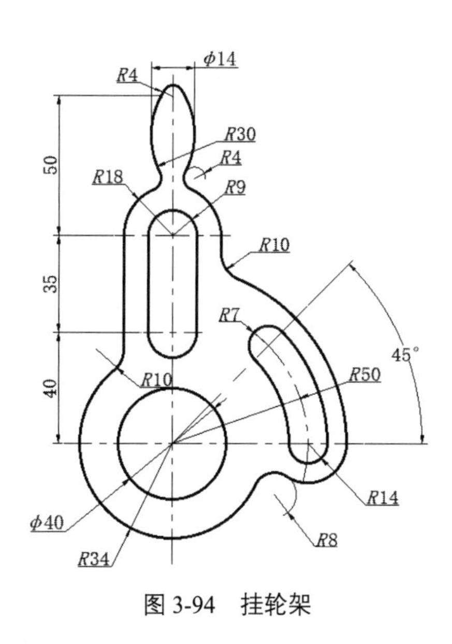

图 3-94　挂轮架

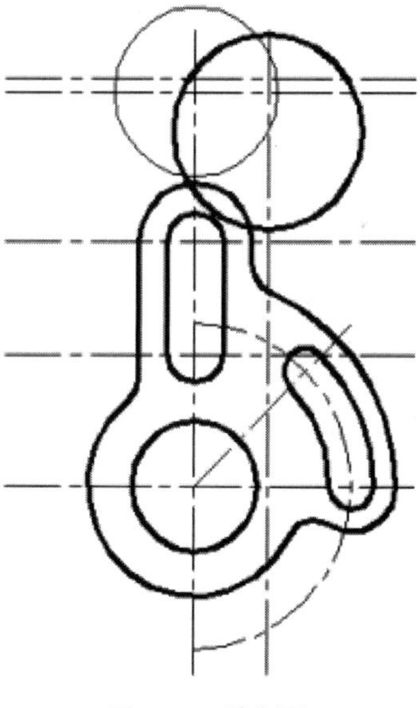

图 3-95　绘制圆

实验 4　绘制如图 3-96 所示的法兰盘

◆ 目的要求

如果仅利用简单的二维绘制命令来绘制本实验中的图形，将会非常复杂，而利用面域相关命令来绘制，会变得非常简单。本实验要求读者掌握面域相关命令。

◆ 操作提示

（1）设置图层。

（2）绘制中心线和各种圆。

（3）分别将大同心圆和 3 个小同心圆转换为面域。

（4）进行并集运算。

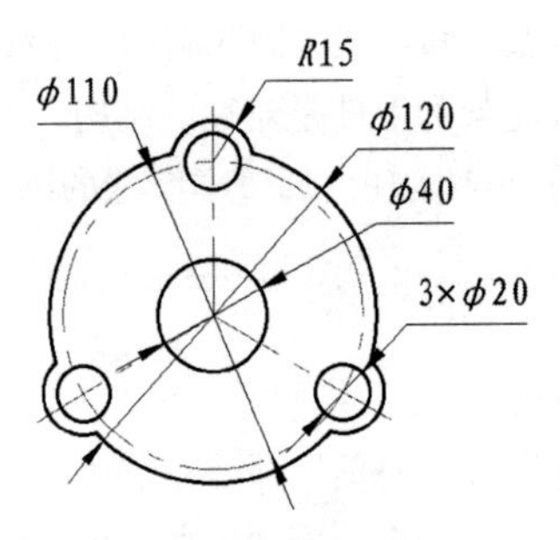

图 3-96 法兰盘

项目四　标注机械图形

学习情境

标注是机械图形设计中不可或缺的环节，通过必要的标注可以有效传递大量信息。标注一般包括文字标注和尺寸标注。在进行各种机械设计时，通常不仅需要绘制图形，还需要在图形中标注一些文字，如技术要求、注释说明等，从而更好地诠释图形对象。AutoCAD 提供了多种写入文字的方法。本项目将介绍文本的注释和编辑功能。在 AutoCAD 图形中，图表有许多应用，如明细表、参数表和标题栏等。AutoCAD 新增的图表功能，使得绘制图表变得更加便捷高效。尺寸标注作为绘图设计过程中至关重要的一个环节，在 AutoCAD 2024 中也提供了方便准确的标注尺寸功能。

素质目标

通过讲解 AutoCAD 中的文字标注、图表应用和尺寸标注技能，培养读者精益求精的工匠精神。同时，强化读者的规范意识和职业素养，提升其在工程实践中的综合应用能力。

能力目标

- 掌握文字标注方法
- 熟悉图表应用
- 掌握尺寸标注方法

课时安排

6 课时（讲授 2 课时，练习 4 课时）

任务一　标注技术要求

任务背景

技术要求是机械图形的重要组成部分，包含一些图形本身无法表达的重要信息，如表面粗糙度、尺寸公差、形状和位置公差、材料热处理和表面处理、细节尺寸等。本任务将通过标注技术要求，介绍 AutoCAD 文字标注的相关功能。

本任务将通过标注机械制图中常见的技术要求（见图 4-1），使学生熟练掌握文字相关功能，包括文字样式设置、文字标注、特殊字符输入等。

技术要求

1.热处理硬度为32～37HRC。

2.未标注倒角为C1。

图 4-1　技术要求标注

操作步骤

（1）设置文字样式。在命令行中输入“STYLE”（或“DDSTYLE”）命令，或者选择菜单栏中的“格式”→“文字样式”命令，或者单击“默认”选项卡的“注释”面板中的“文字样式”按钮，打开“文字样式”对话框，如图 4-2 所示；设置“字体名”为“仿宋”，“高度”为 10，“宽度因子”为 0.7，单击“置为当前”按钮，单击“关闭”按钮，完成文字样式的设置。

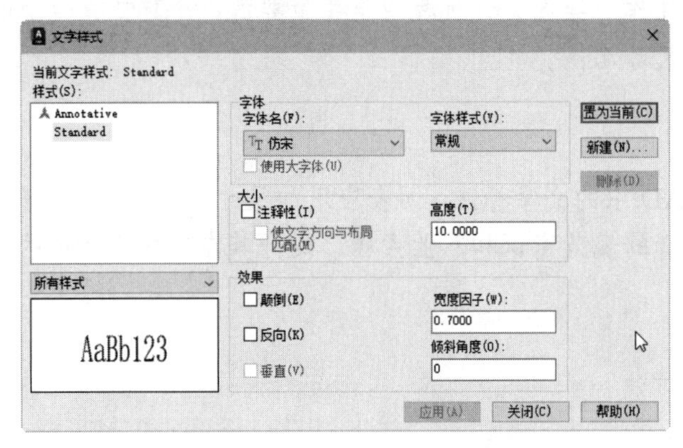

图 4-2　“文字样式”对话框

提示

由于机械制图标准规定文字的高宽比为 0.7，因此这里设置“宽度因子”为 0.7。

（2）在命令行中输入“MTEXT”命令，或者选择菜单栏中的“绘图”→“文字”→“多行文字”命令，或者单击“默认”选项卡的“注释”面板中的“多行文字”按钮，在空白处单击指定第一个角点，向右下角移动鼠标至合适位置，单击指定第二个角点，选择“文字编辑器”选项卡，输入技术要求文字，如图 4-3 所示。

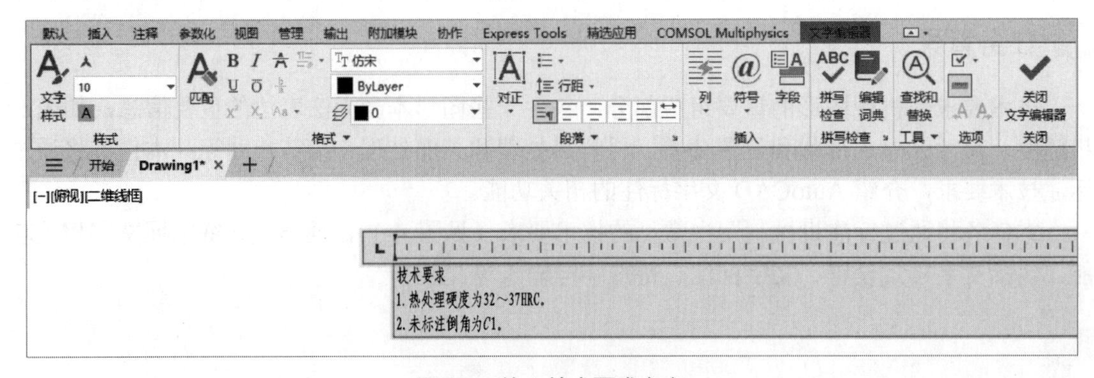

图 4-3　输入技术要求文字

知识点详解

1. 文字样式

“文字样式”对话框中部分选项的含义如下。

（1）“样式”选区：主要用于为新样式命名或对已有样式名进行相关操作。单击“新建”按钮，打开“新建文字样式”对话框（见图 4-4）。右击选中的文字样式，在打开的快捷菜单中选择“重命名”命令，将该样式名修改为所需名称，如图 4-5 所示。

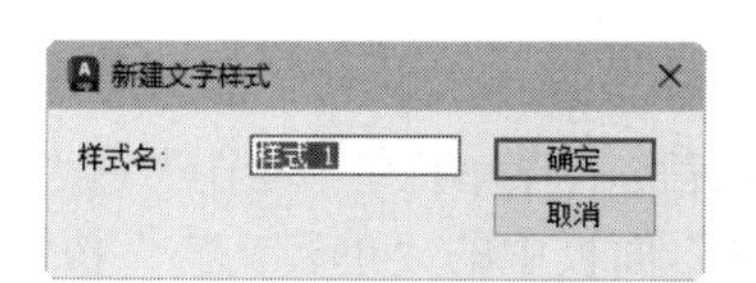

图 4-4 “新建文字样式”对话框

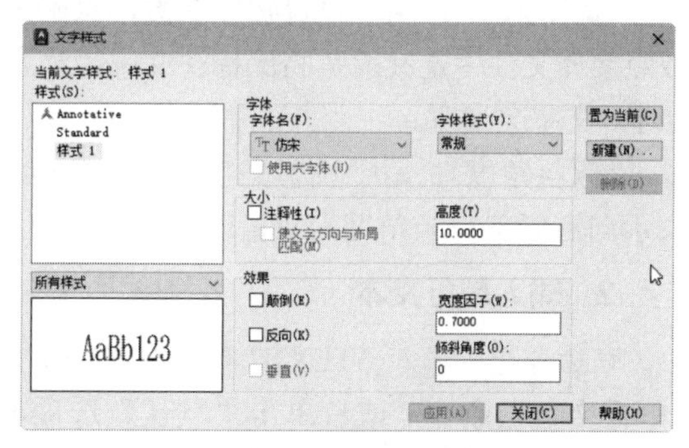

图 4-5 文字样式重命名

（2）“字体”选区：用于设置字体式样，如字体名、字体样式及字高等。在 AutoCAD 中，除了可以使固有的 SHX 字体，还可以使用 TrueType 字体（如宋体、楷体、Italic 等）。一种字体可以通过设置不同的效果来供多种文字样式使用。图 4-6 所示为同一种字体（宋体）的不同样式。

机械设计基础机械设计
机械设计基础机械设计
机械设计基础机械设计
机械设计基础
机械设计基础机械设计

图 4-6 同一种字体（宋体）的不同样式

如果在“高度”文本框中输入一个数值，则它将作为创建文字时的固定字高，在使用“TEXT”命令输入文字时，AutoCAD 将不再提示输入字高参数；如果在“高度”文本框中设置字高为 0，则 AutoCAD 会在每次创建文字时提示输入字高参数。因此，如果不想固定字高，则可以将“高度”设置为 0。

（3）“大小”选区。

①“注释性”复选框：若勾选该复选框，则指定文字为注释性文字。

②“使文字方向与布局匹配”复选框：若勾选该复选框，则指定图纸空间视口中的文字方向与布局方向匹配。如果取消勾选“注释性”复选框，则“使文字方向与布局匹配”复选框将变为禁用状态。

③“高度”文本框：用于设置文字高度。如果在该文本框中输入 0.2，则每次使用设置文字高度为 0.2 的文字样式输入文字时，文字默认高度为 0.2。

④“效果”选区：用于设置字体的特殊效果。

“颠倒”复选框：若勾选该复选框，则表示将文本文字倒置标注，如图 4-7（a）所示。

“反向”复选框：用于设置是否将文本文字反向标注，如图 4-7（b）所示。

“垂直”复选框：用于设置文本文字是水平标注还是垂直标注。当勾选该复选框时，文本文字为垂直标注，否则文本文字为水平标注，如图 4-8 所示。

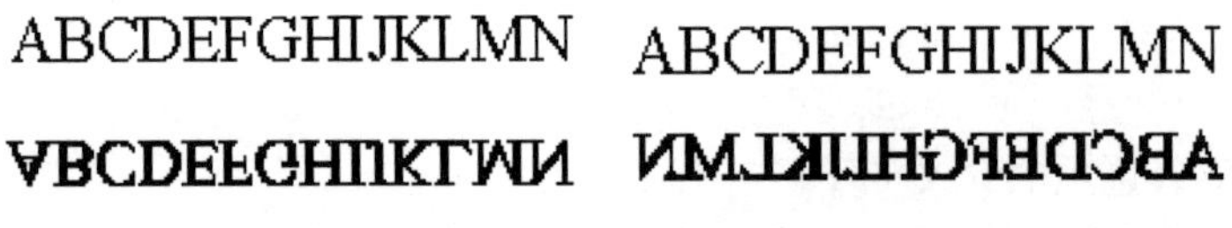

ABCDEFGHIJKLMN
ABCDEFGHIJKLMN

（a）　　　　（b）

图 4-7　文字倒置标注与反向标注

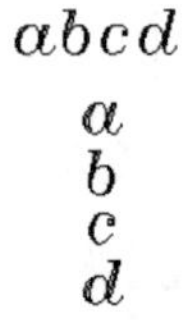

abcd
a
b
c
d

图 4-8　垂直标注文字

“宽度因子”：用于设置宽度系数，以确定文本字符的宽高比。当宽度系数为 1 时，表示将按照字体文件中定义的宽高比标注文字；当宽度系数小于 1 时，文字会变窄；当宽度系数大于 1 时，文字会变宽。

“倾斜角度”：用于设置文字的倾斜角度。当角度为 0 时，表示不倾斜；当角度为正值时，表示向右倾斜；当角度为负值时，表示向左倾斜。

2. 输入单行文本

在命令行中输入“TEXT”（或“DTEXT”）命令，或者选择菜单栏中“绘图”→“文字”→“单行文字”命令，或者单击“默认”选项卡的“注释”面板中的“单行文字”按钮A。单击“默认”选项卡的“注释”面板中的“单行文字”按钮A的命令行提示与操作如下：

```
命令: _text
当前文字样式: "Standard"  文字高度: 10.0000  注释性: 否  对正: 左
指定文字的起点 或 [对正(J)/样式(S)]:（适当指定一个点，此点为输入文字的左下角点）
指定文字的旋转角度 <0>:
```

在单行文本的命令行提示中，部分选项的含义如下。

（1）指定文字的起点：在此提示下，直接在绘图区中单击确定一个点，可以将该点作为文本的起始点，此时 AutoCAD 会提示：

```
指定高度 <0.2000>:（确定字符的高度）
指定文字的旋转角度 <0>:（确定文本行的倾斜角度）
```

在此提示下，输入一行文本并按 Enter 键，可以继续输入文本。待输入完全部文本后，在此提示下直接按 Enter 键，将退出 TEXT 命令。由此可知，TEXT 命令也可创建多行文本。但是，使用这种方法创建的多行文本一行是一个对象。因此，不能对该多行文本同时进行操作，但可以单独修改每行的文字样式、字高、旋转角度和对正方式等。

（2）对正(J)：在上面的提示下输入“J”，表示确定文本的对正方式。对正方式决定了文本的哪一部分与所选的插入点对正。执行此选项，AutoCAD 会提示：

```
输入选项[左(L)/居中(C)/右(R)/对齐(A)/中间(M)/布满(F)/左上(TL)/中上(TC)/右上(TR)/左中(ML)/正中(MC)/右中(MR)/左下(BL)/中下(BC)/右下(BR)]:
```

在此提示下选择一个选项作为文本的对正方式。当文本行水平排列时，AutoCAD 会为标注文本行定义如图 4-9 所示的顶线、中线、基线和底线。文本的对正方式如图 4-10 所示，其中大写字母对应上述提示中的各命令。

FGHIjklmn
底线
基线
中线
顶线

图 4-9　文本行的底线、基线、中线和顶线

MC
TC
TL
ML
BL
Xx Yy
TR
MR
R
BR
C
BC
M

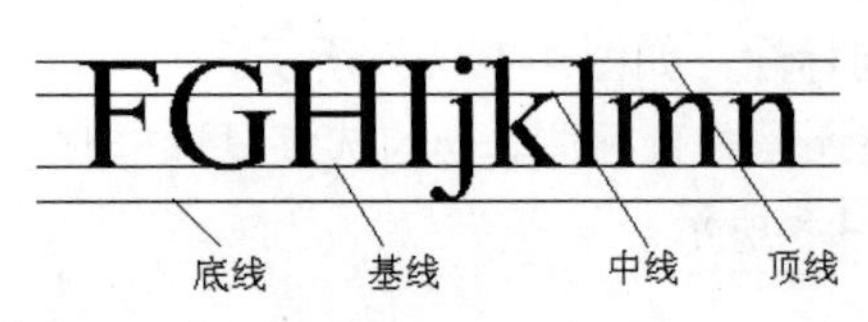

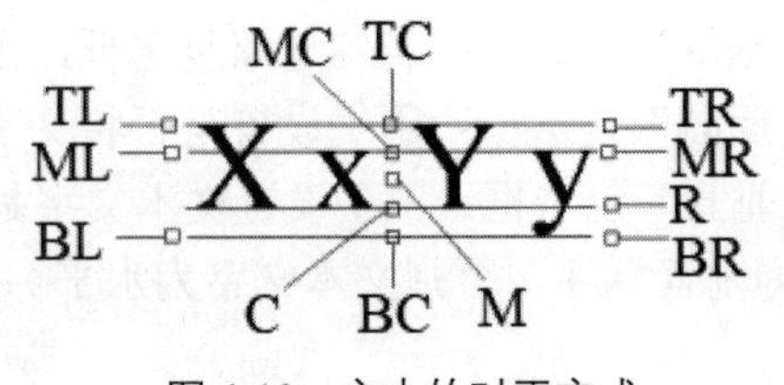

图 4-10　文本的对正方式

下面以“对正”选项为例进行简要说明。

在选择此选项后，AutoCAD 要求用户指定文本行基线起点和终点的位置，并提示：

```
指定文字基线的第一个端点:（指定文本行基线的起点位置）
指定文字基线的第二个端点:（指定文本行基线的终点位置）
```

执行结果：所输入的文本字符会均匀地分布在指定的两个点之间。如果两个点之间的连线不水平，则文本行会倾斜，倾斜角度由这两个点之间的连线与 X 轴的夹角确定。字高、字宽根据这两个点之间的距离、输入字符的数量及文字样式中设置的宽度系数自动确定。一旦指定了两个点后，每行输入的字符越多，字宽和字高就会越小。

其他选项与“对正”选项类似，这里不再赘述。

在实际绘图过程中，有时需要标注一些特殊字符，如直径符号、上画线或下画线、温度符号等。由于无法通过键盘来输入这些符号，因此 AutoCAD 提供了一些控制码，用于实现这些需求。在多行文字编辑器中输入表 4-1 中的控制码，可以实现对应的功能。

表 4-1 常用的控制码

控 制 码	功 能	控 制 码	功 能
%%O	上画线	\u+0278	电相位符号
%%U	下画线	\u+E101	流线
%%D	“度”符号	\u+2261	标识
%%P	正负符号	\u+E102	界碑线
%%C	直径符号	\u+2260	不相等符号
%%%	百分号%	\u+2126	欧姆符号
\u+2248	约等于符号	\u+03A9	欧米伽符号
\u+2220	角度符号	\u+214A	低界线
\u+E100	边界线符号	\u+2082	下标 2
\u+2104	中心线符号	\u+00B2	平方符号
\u+0394	差值符号		

其中，%%O 和%%U 分别表示上画线和下画线的开关。当第一次出现此符号时，开始绘制上画线和下画线；第二次出现此符号时，停止绘制上画线和下画线。例如，在“输入文字:”提示后输入“I want to %%U go to Beijing%%U”，会得到如图 4-11（a）所示的文本行；输入“50%%D+%%C75%%P12”，会得到如图 4-11（b）所示的文本行。

使用 TEXT 命令可以创建一个或若干个单行文本。也就是说，使用此命令可以标注多行文本。在“输入文字:”提示下输入一行文本后按 Enter 键，可以继续输入第二行文本。以此类推，直到输完所有文本，在此提示下直接按 Enter 键，可以结束文本输入命令。每次按 Enter 键就结束一个单行文本的输入。

（a） （b）

图 4-11 文本行

在使用 TEXT 命令创建文本时，在命令行中输入的文字会实时显示在屏幕上。另外，在创建过程中，可以随时改变文本的位置，只需将鼠标指针移动到新的位置并单击。这样当前行就会结束，随后输入的文本将出现在新的位置上。通过这种方法可以将多行文本标注到屏幕的任何位置。

3. 输入多行文本

在命令行输入“MTEXT”命令，或者选择菜单栏中“绘图”→“文字”→“多行文字”命令，或者单击“默认”选项卡的“注释”面板中的“多行文字”按钮A。单击“默认”选项卡的“注释”面板中的“多行文字”按钮A的命令行提示与操作如下：

```
命令: _mtext
当前文字样式: "Standard"  文字高度: 2.5  注释性: 否
指定第一角点:
指定对角点或 [高度(H)/对正(J)/行距(L)/旋转(R)/样式(S)/宽度(W)/栏(C)]:
```

在命令行提示中，部分选项的含义如下。

（1）指定第一角点：直接在屏幕上单击确定一个点作为矩形框的第一个角点。

（2）指定对角点：直接在屏幕上选择一个点作为矩形框的第二个角点，AutoCAD 将以这两个点为对角点形成一个矩形区域，其宽度为所要标注多行文本的宽度，第一个点为第一行文本顶线的起点。响应后，AutoCAD 将打开如图 4-12 所示的“文字编辑器”选项卡和多行文字编辑器。利用“文字编辑器”选项卡和多行文字编辑器可以输入多行文本并对其格式进行设置。关于对话框中各项的含义与编辑器的功能，稍后再详细介绍。

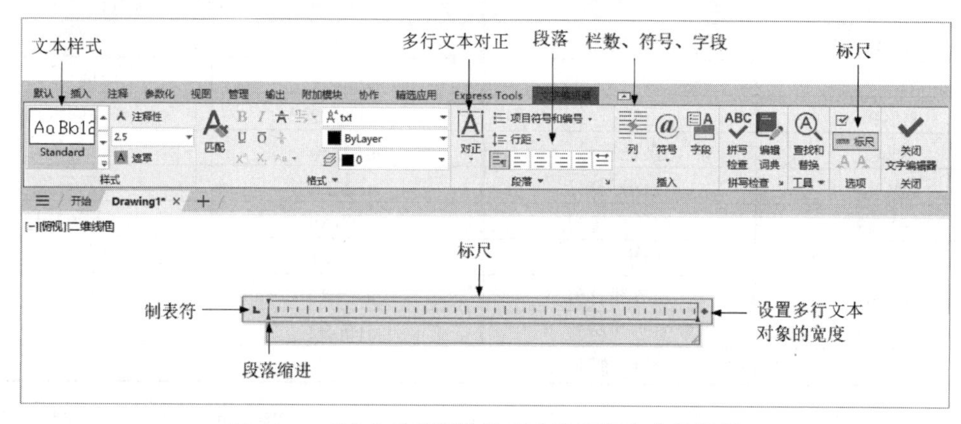

图 4-12 “文字编辑器”选项卡和多行文字编辑器

（3）高度(H)：用于指定多行文本的高度。若选择此选项，则 AutoCAD 会提示：

```
指定高度 <50>:
```

（4）对正(J)：用于设置所标注文本的对正方式。在选择此选项后，AutoCAD 会提示：

```
输入对正方式 [左上(TL)/中上(TC)/右上(TR)/左中(ML)/正中(MC)/右中(MR)/左下(BL)/中下(BC)/右下(BR)] <左上(TL)>:
```

这些对正方式与 TEXT 命令中的对正方式相同，此处不再赘述。选择一种对正方式后按 Enter 键，AutoCAD 将回到上一级提示。

（5）行距(L)：用于设置多行文本的行间距。这里所说的行间距是指相邻两文本行的基线之间的垂直距离。在选择此选项后，AutoCAD 会提示：

```
输入行距类型 [至少(A)/精确(E)] <至少(A)>:
```

在此提示下可以通过两种方式来确定行间距，即“至少”方式和“精确”方式。在“至少”方式下，AutoCAD 将根据每行文本中最大的字符自动调整行间距。在“精确”方式下，AutoCAD 将为多行文本赋予一个固定的行间距。用户可以通过直接输入一个确切的值来设置行间距，也可以通过输入“nx”来设置。其中，n 为一个具体数值，表示将行间距设置为单行文本高度的 n 倍。

（6）旋转(R)：用于设置文本行的倾斜角度。在选择此选项后，AutoCAD 会提示：

指定旋转角度 <0>: (输入倾斜角度)

输入角度值后按 Enter 键，AutoCAD 将回到“指定对角点或 [高度(H)/对正(J)/行距(L)/旋转(R)/样式(S)/宽度(W)/栏(C)]”提示。

（7）样式(S)：用于设置当前的文字样式。

（8）宽度(W)：用于设置多行文本的宽度。在屏幕上选择一个点，将其与前面确定的第一个角点组成的矩形框的宽度，作为多行文本的宽度，或者输入一个数值，精确设置多行文本的宽度。

在创建多行文本时，只要指定了文本行的起点和宽度，AutoCAD 就会打开如图 4-12 所示的“文字编辑器”选项卡和多行文字编辑器。用户可以在该编辑器中输入和编辑多行文本，以及设置字高、文字样式和倾斜角度等。

该编辑器的界面与 Microsoft 的 Word 编辑器类似。实际上，该编辑器的部分功能与 Word 编辑器类似。这样既增强了多行文本的编辑功能，又使用户更加熟悉和方便，效果非常好。

（9）栏(C)：指定多行文本对象的栏选项。

4. “文字编辑器”选项卡

“文字编辑器”选项卡用来控制文本的显示特性。用户可以在输入文本之前设置文本的特性，也可以在输入文本后改变其特性。要改变已有文本的特性，首先应选中要修改的文本。选择文本有以下 3 种方法。

（1）将鼠标指针定位到文本开始处，按住鼠标左键不释放，并将鼠标指针移动到文本的末尾。

（2）单击某个文本，即可选中该文本。

（3）3 击鼠标即可选全部内容。

下面介绍“文字编辑器”选项卡中部分选项的功能。

（1）“堆叠”按钮：该按钮为层叠/非层叠文本按钮，用于层叠或取消层叠所选的文本，即创建或取消创建分数形式。当文本中某处出现“/”、“^”或“#”这 3 种层叠符号之一时，可以层叠文本，方法是选中需要层叠的文字，并单击此按钮，符号左边文字将变为分子，符号右边文字将变为分母。AutoCAD 提供了 3 种分数形式，如当选中“abcd/efgh”后单击此按钮，将得到如图 4-13（a）所示的分数形式；当选中“abcd^efgh”后单击此按钮，将得到如图 4-13（b）所示的分数形式（此形式多用于标注极限偏差）；当选中“abcd # efgh”后单击此按钮，将得到如图 4-13（c）所示的分数形式。当选中已经层叠的文本对象后单击此按钮，文本将恢复到非层叠形式。

abcd
efgh
（a）

abcd
efgh
（b）

abcd/efgh
（c）

图 4-13　文本层叠

（2）“追踪”微调框：用于增大或减小所选字符之间的距离。其中，1.0 表示常规间距。将字符间距设置为大于 1.0 的值可以增大间距，将字符间距设置为小于 1.0 的值可以减小间距。该选项需单击“格式”下拉按钮后才显示。

（3）“宽度因子”微调框：用于扩展或收缩所选字符。其中，1.0 设置代表此字体中字母的常规宽度。用户可以增大或减小该宽度。该选项需单击“格式”下拉按钮后才显示。

（4）“对正”按钮：单击该按钮可以打开“多行文字对正”下拉列表，其中包含 9 个选项，“左上”选项为默认选项。

（5）“列”按钮：单击该按钮可以打开下拉列表，其中包含 5 个选项，即“不分栏”、“动态栏”、“静态栏”、“插入分栏符 Alt+Enter”和“分栏设置”。

（6）“符号”按钮@：用于输入各种符号。单击该按钮，可以打开符号下拉列表，如图 4-14①所示。用户可以从该下拉列表中选择符号，将其输入到文本中。

（7）“字段”按钮：用于插入一些常用或预设的字段。单击该按钮，可以打开“字段”对话框，如图 4-15 所示。用户可以从该对话框中选择字段，将其插入到标注文本中。

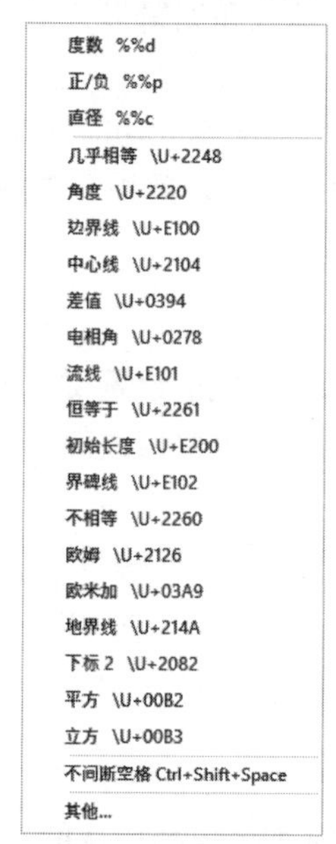

图 4-14　符号下拉列表

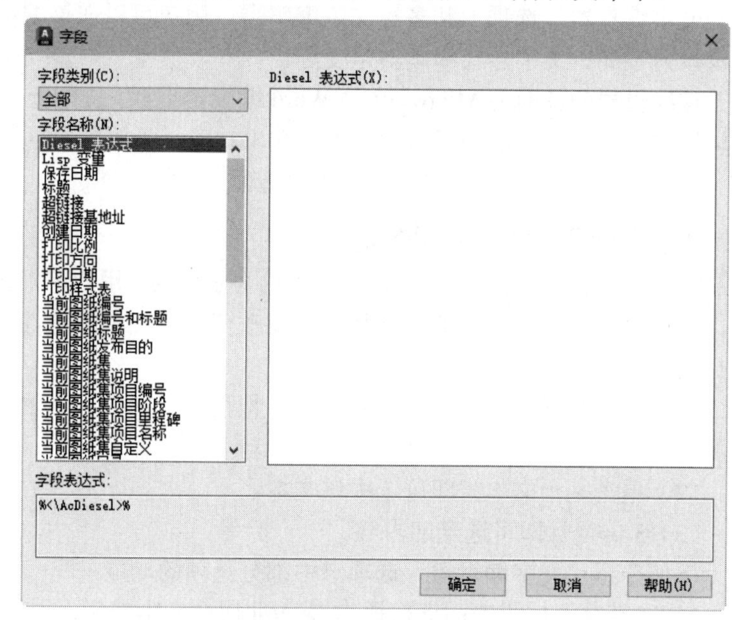

图 4-15　“字段”对话框

在多行文字输入区域右击，可以打开快捷菜单，如图 4-16 所示。

① 符号：在鼠标指针位置插入列出的符号或不间断空格。另外，用户也可以手动插入符号。

② 输入文字：打开“选择文件”对话框，如图 4-17 所示。该对话框用于选择任意 ASCII 或 RTF 格式的文件。输入的文字会保留原始字符格式和样式特性，但可以在多行文字编辑器中编辑和格式化输入的文字。在选择要输入的文本文件后，可以在多行文字编辑框中修改所选文字或全部文字，或者将在文字边界内将插入的文字附加到所选文字中。输入文字的文件必须小于 32KB。

③ 查找和替换：选择该命令可以打开“查找和替换”对话框，如图 4-18 所示。在该对话框中，可以进行替换操作，其操作方式与 Word 编辑器中的替换操作类似，此处不再赘述。

④ 改变大小写：改变所选文字的大小写状态，其中包含“大写”或“小写”命令。

⑤ 全部大写：将所有新输入的文字转换成大写文字。该功能不会影响已有的文字。要改变已有文字的大小写状态，需要先选择文字并右击，再在打开的快捷菜单中选择“改变大小写”命令。

⑥ 字符集：显示代码页菜单。在选择一个代码页后，可以将其应用到所选文字上。

① 本书中，“欧米加”的正确写法应为“欧米伽”。

⑦ 合并段落：将所选段落合并为一段，并使用空格替换每段的换行符。

⑧ 删除格式：清除所选文字的粗体、斜体或下画线格式。

⑨ 背景遮罩：使用设定的背景对标注的文字进行遮罩。选择该命令可以打开“背景遮罩”对话框，如图 4-19 所示。

图 4-16　快捷菜单

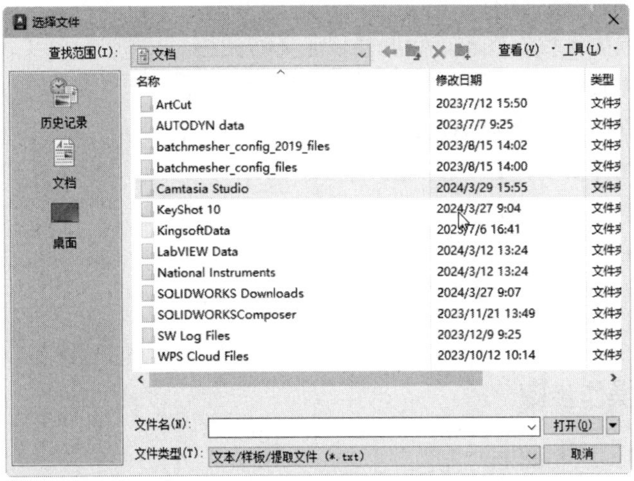

图 4-17　“选择文件”对话框

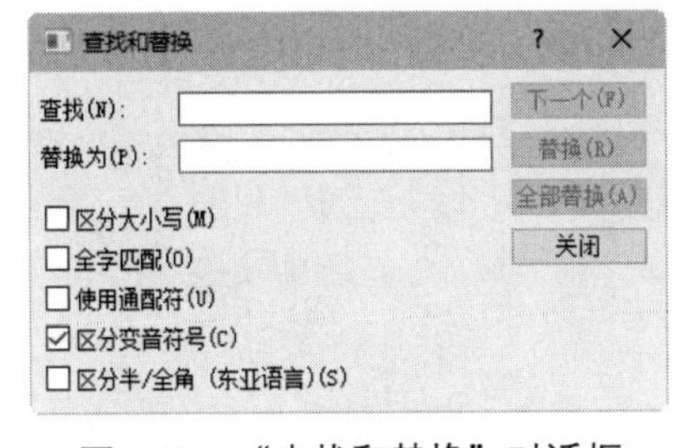

图 4-18　“查找和替换”对话框

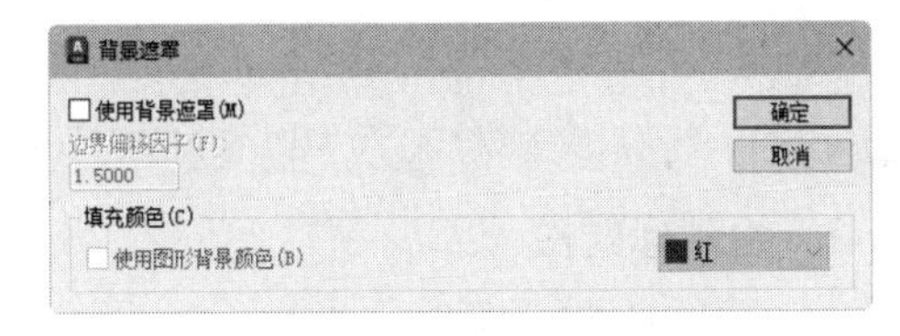

图 4-19　“背景遮罩”对话框

5. 国家标准 GB/T14691—2008、GB/T14665—2008 中对文字的规定

（1）当在图样中书写文字时，必须做到字体工整、笔画清楚、间隔均匀、排列整齐。

（2）汉字应为长仿宋体，并采用国家正式公布推行的简化字。汉字的高度不应小于 3.5mm，其字宽一般为 $h/\sqrt{2}$（表示字高）。

（3）字号（字体的高度）的公称尺寸系列为 1.8mm、2.5mm、3.5mm、5mm、7mm、10mm、14mm、20mm。如果需要书写更大的文字，则其字高应按 $\sqrt{2}$ 的比率递增。

（4）字母和数字分为 A 型和 B 型。A 型字体的笔画宽度 d 为字高 h 的十四分之一；B 型字体对应为十分之一。在同一图样上，只允许使用一种形式。

（5）字母和数字可以为斜体或直体。斜体字字头向右倾斜，与水平基准线成 75°角。

（6）用作指数、分数、极限偏差、注脚等的数字及字母，一般应采用小一号字体。

（7）图样中的数字符号、物理量符号、计量单位符号，以及其他符号、代号应分别符合相关规定。

任务二　绘制机械制图 A3 样板图

任务背景

样板图类似于一个标准的绘图模板，预先设置了绘制图形所需的基本内容和参数，并以.dwt 格式保存。例如，在 A3 图纸上，可以预先设置好图框、标题栏，定义好图层、文字样式、标注样式等，再将其保存为样板图。以后需要绘制 A3 幅面的图形时，只需打开此样板图，在其基础上进行绘图即可。

本任务将通过绘制机械制图 A3 样板图来介绍表格相关命令的操作方法，以及样板图的绘制方法。机械制图 A3 样板图如图 4-20 所示。

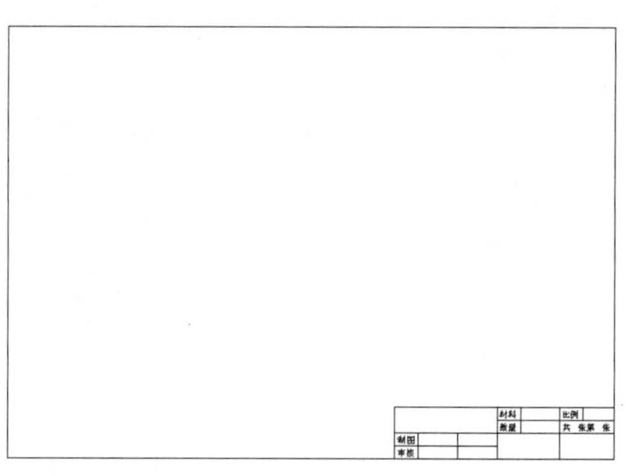

图 4-20　机械制图 A3 样板图

操作步骤

1. 绘制图框

单击“默认”选项卡的“绘图”面板中的“矩形”按钮，绘制一个矩形作为图框，指定矩形两个角点的坐标分别为(25,10)和(410,287)，结果如图 4-21 所示，命令行提示与操作如下：

```
命令: _rectang
指定第一个角点或 [倒角(C)/标高(E)/圆角(F)/厚度(T)/宽度(W)]: 25,10↙
指定另一个角点或 [面积(A)/尺寸(D)/旋转(R)]: 410,287↙
```

2. 绘制标题栏

由于标题栏的分隔线不整齐，因此可以先绘制一个 28×4（每个单元格的尺寸为 5×8）的标准表格，再在此基础上进行编辑，形成如图 4-22 所示的样式。

图 4-21　绘制图框结果

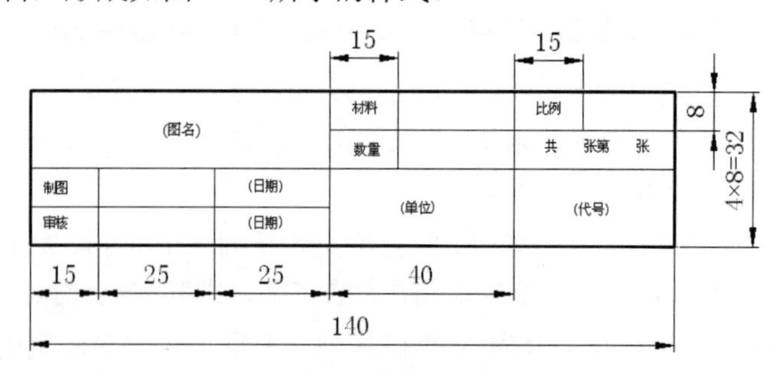

图 4-22　标题栏示意图

（1）在命令行中输入“TABLESTYLE”命令，或选择菜单栏中“格式”→“表格样式”命令，或者单击“默认”选项卡的“注释”面板中的“表格样式”按钮，打开“表格样式”对话框，如图 4-23 所示。

（2）单击“修改”按钮，打开“修改表格样式”对话框（见图 4-24），在“单元样式”下拉列表中选择“数据”选项，在“文字”选项卡中将“文字高度”设置为 4；选择“常规”

选项卡，将“页边距”选区中的“水平”和“垂直”选项都设置为1，如图4-25所示。

（3）回到“表格样式”对话框，单击“关闭”按钮。

（4）在命令行中输入“TABLE”命令，或者选择菜单栏中的“绘图”→“表格”命令，或者单击“默认”选项卡的“注释”面板中的“表格”按钮▦，打开“插入表格”对话框（见图4-26）；在“列和行设置”选区中，将“列数”设置为28，“列宽”设置为5，“数据行数”设置为2（包含标题行和表头行，共4行），将“行高”设置为1（8mm）；在“设置单元样式”选区中，将“第一行单元样式”、“第二行单元样式”和“所有其他行单元样式”都设置为“数据”。

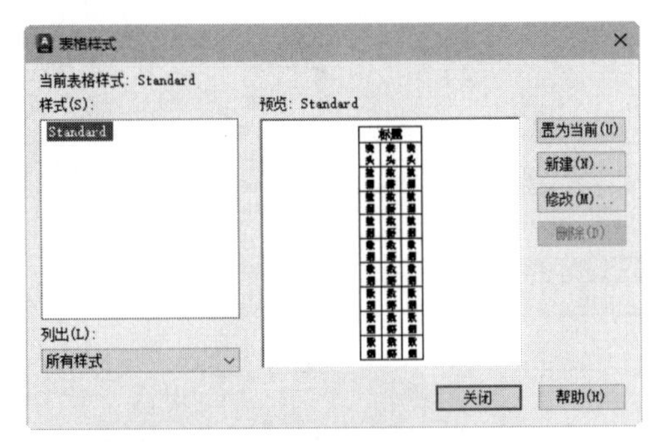

图4-23 “表格样式”对话框

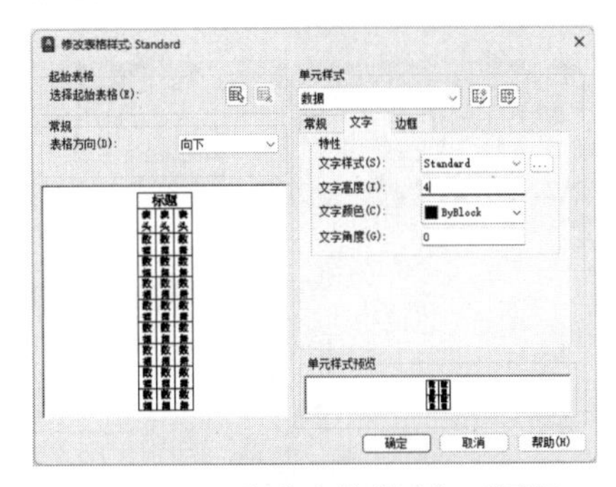

图4-24 “修改表格样式”对话框

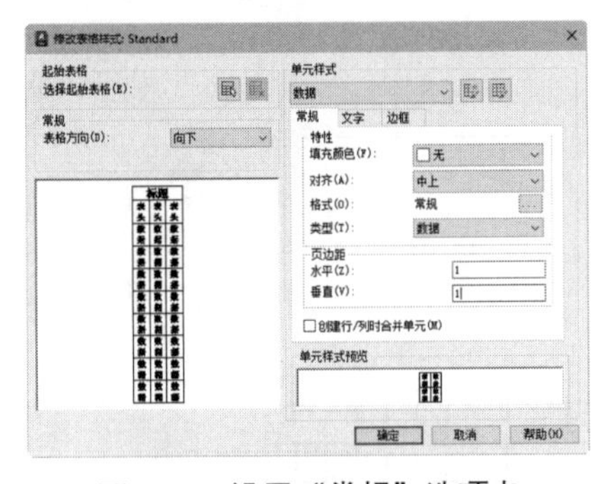

图4-25 设置“常规”选项卡

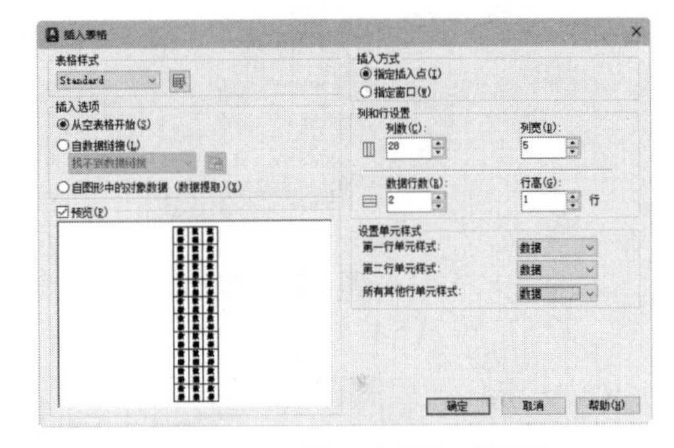

图4-26 “插入表格”对话框

（5）在图框右下角附近指定表格位置，即可生成表格，同时打开“文字编辑器”选项卡，如图4-27所示；直接按Enter键，不输入文字，生成的表格如图4-28所示。

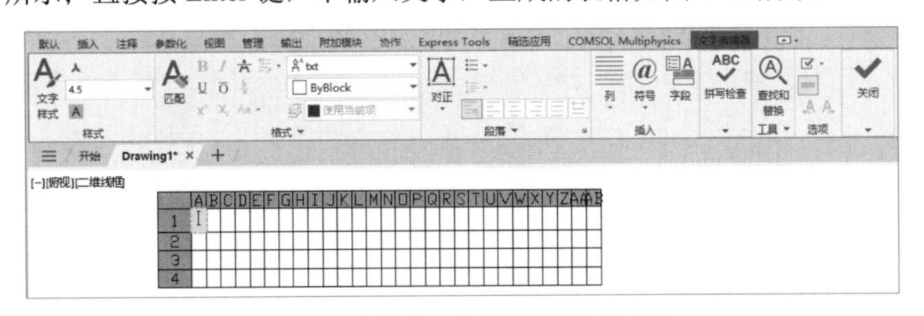

图4-27 表格和“文字编辑器”选项卡

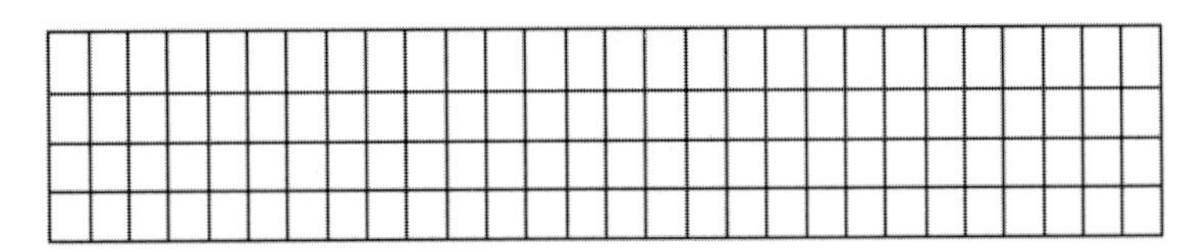

图4-28 生成的表格

（6）单击表格中的一个单元格，即可显示其编辑夹点，右击，在打开的快捷菜单中选择“特性”命令，如图 4-29 所示；打开“特性”选项板（见图 4-30），将“单元高度”设置为 8。这样该单元格所在行的高度均为 8。参照相同的方法，将其他行的高度都设置为 8，如图 4-31 所示。

（7）选择 A1 单元格，按住 Shift 键，同时选择右边的 12 个单元格及下面的 13 个单元格，右击，在打开的快捷菜单中选择“合并”→“全部”命令（见图 4-32），即可合并这些单元格，如图 4-33 所示。

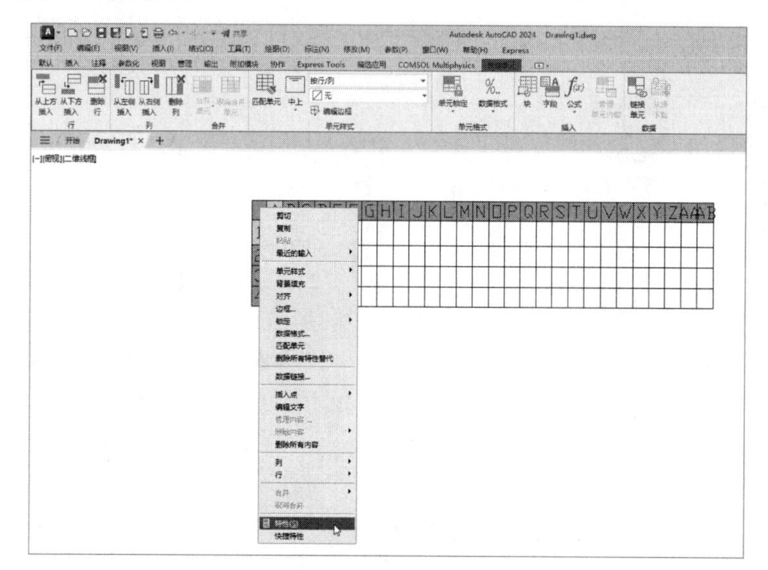

图 4-29 选择“特性”命令

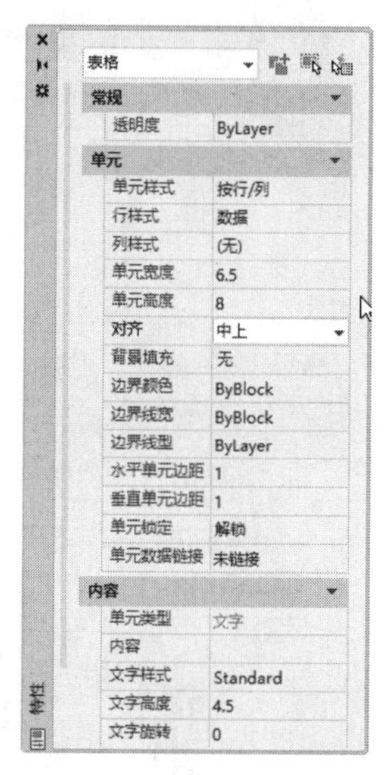

图 4-30 “特性”选项板

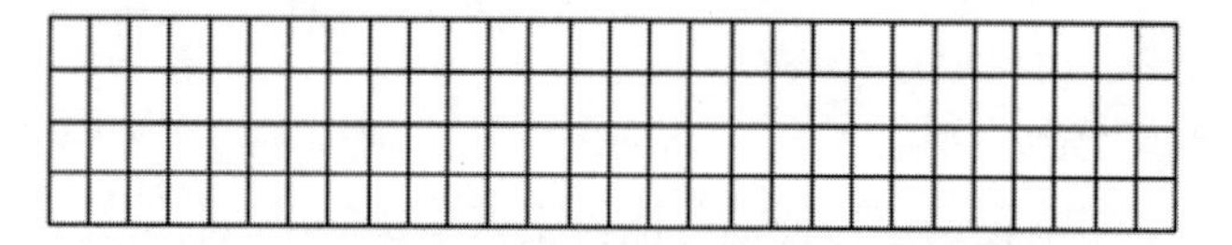

图 4-31 修改表格的高度

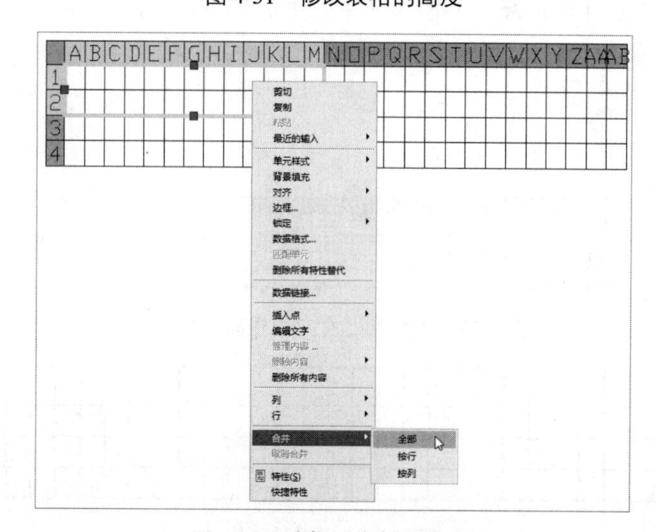

图 4-32 选择“全部”命令

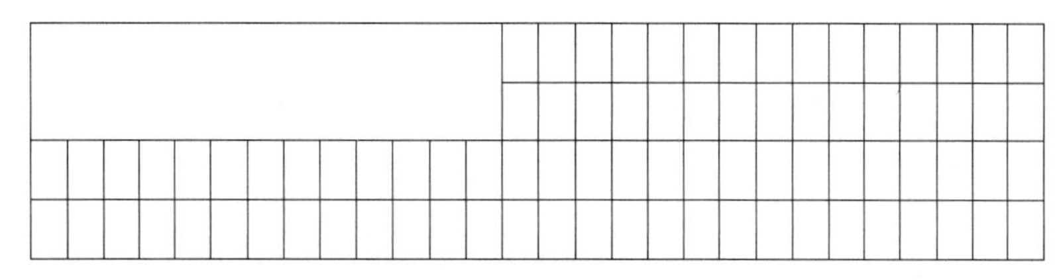

图 4-33　合并单元格

参照相同的方法，合并其他单元格，结果如图 4-34 所示。

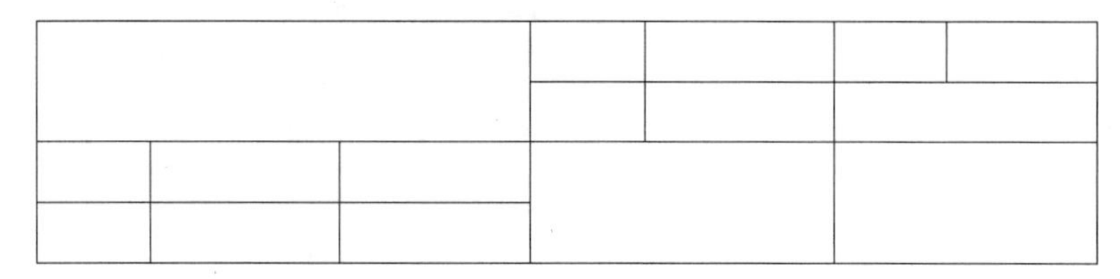

图 4-34　合并单元格结果

（8）在单元格中 3 击鼠标左键，打开“文字编辑器”选项卡，在单元格中输入文字，将字体设置为仿宋，如图 4-35 所示。

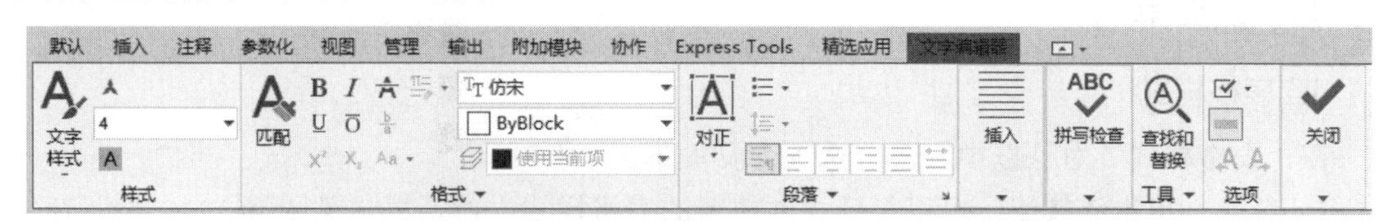

图 4-35　输入文字并设置字体

参照相同的方法，输入其他单元格中的文字，结果如图 4-36 所示。

			材料		比例	
			数量		共　张第　张	
制图						
审核						

图 4-36　输入文字结果

3. 移动标题栏

单击“默认”选项卡的“修改”面板中的“移动”按钮，将刚才生成的标题栏移动到图框的右下角，命令行提示与操作如下：

```
命令: _move
选择对象: （选择刚才绘制的表格）找到 1 个
选择对象: ↙
指定基点或 [位移(D)] <位移>: （捕捉表格的右下角点）
指定第二个点或 <使用第一个点作为位移>:（捕捉图框的右下角点）
```

这样即可将表格准确放置在图框的右下角，如图 4-37 所示。

4．保存样板图

选择菜单栏中的“文件”→“另存为”命令，打开“图形另存为”对话框（见图 4-38），将图形保存为.dwt 格式文件即可。

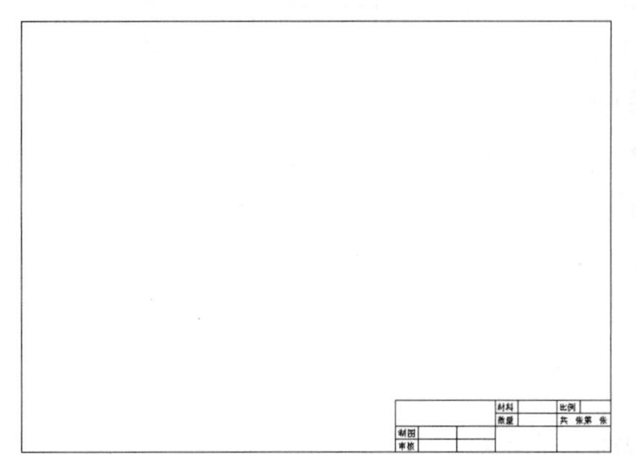

图 4-37　移动表格

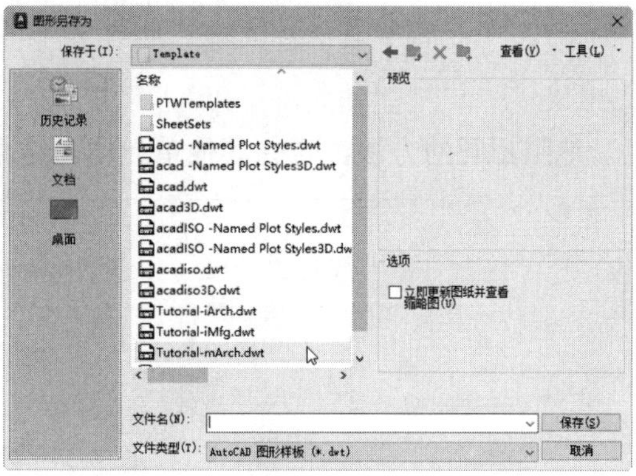

图 4-38　“图形另存为”对话框

知识点详解

1．表格样式

在“表格样式”对话框中，部分选项含义如下。

1）新建。单击该按钮，可以打开“创建新的表格样式”对话框（见图 4-39），输入新的表格样式名，单击“继续”按钮，打开“新建表格样式”对话框（见图 4-40），从中可以定义新的表格样式。

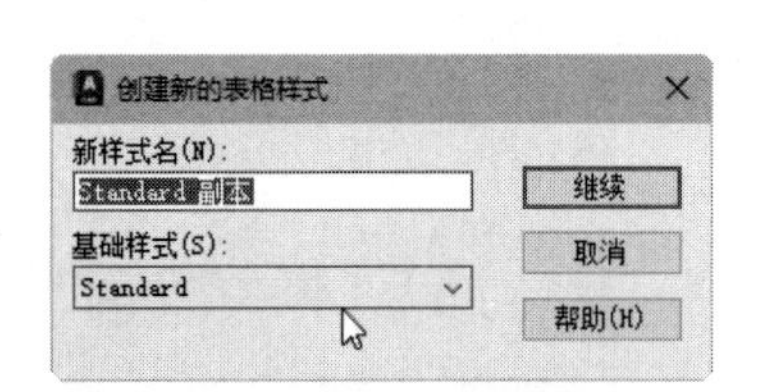

图 4-39　“创建新的表格样式”对话框

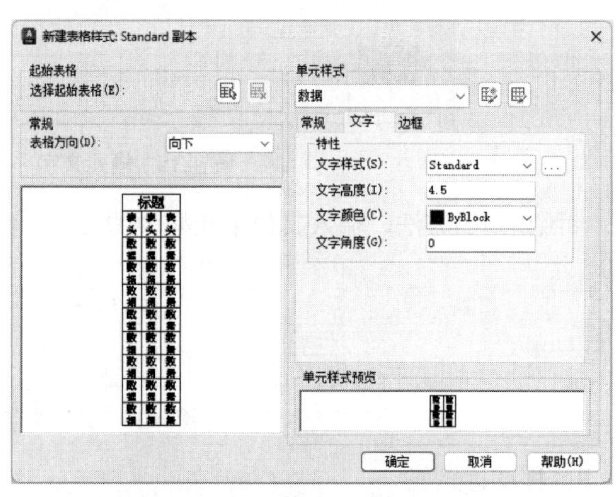

图 4-40　“新建表格样式”对话框

“新建表格样式”对话框中有 3 个选项卡：“常规”、“文字”和“边框”。这 3 个选项卡分别用于控制表格中数据、表头和标题的相关参数。表格样式如图 4-41 所示。

（1）“常规”选项卡。

①“特性”选区。

填充颜色：用于指定填充颜色。

对齐：为单元内容指定一种对齐方式。

格式：用于设置表格中各行的数据类型和格式。

类型：将单元样式指定为标签或数据，适用于在包含起始表格的表格样式中插入默认文字时使用，以及在工具选项板上创建表格工具的情况。

②“页边距”选区。

水平：用于设置单元中的文字或图块与左右单元边界之间的距离。

垂直：用于设置单元中的文字或图块与上下单元边界之间的距离。

③“创建行/列时合并单元”复选框：若勾选该复选框，则将使用当前单元样式创建的所有新行或列合并到同一个单元中。

标题		
表头	表头	表头
数据	数据	数据
数据	数据	数据
数据	数据	数据
数据	数据	数据
数据	数据	数据
数据	数据	数据
数据	数据	数据
数据	数据	数据

图 4-41　表格样式

（2）“文字”选项卡。

① 文字样式：用于设置文字的样式。

② 文字高度：用于设置文字的高度。

③ 文字颜色：用于设置文字的颜色。

④ 文字角度：用于设置文字的角度。

（3）“边框”选项卡。

① 线宽：主要用于显示边界的线宽。

② 线型：用于将所选线型应用于指定边框。

③ 颜色：用于将指定颜色应用于显示的边界。

④ 双线：用于将所选边框设置为双线型。

2）修改。对当前表格样式进行修改，方法与新建表格样式相同。

2. 创建表格

在如图 4-42 所示的“插入表格”对话框中，部分选项的含义如下。

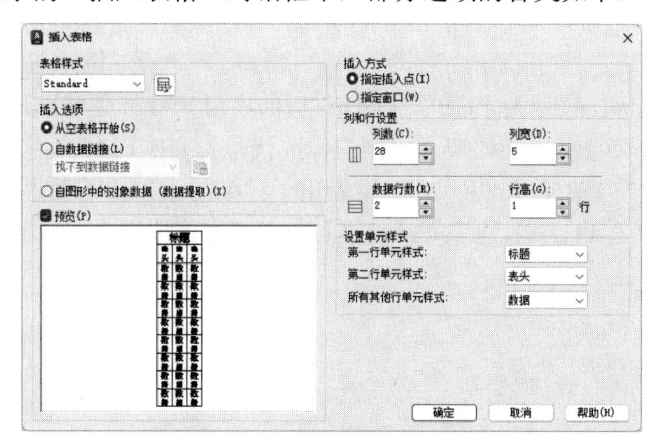

图 4-42　“插入表格”对话框

（1）“表格样式”选区：用于新建或修改表格样式，可以在“表格样式”下拉列表中选择一种表格样式，也可以通过单击“启动‘表格样式’对话框”按钮来新建或修改表格样式。

（2）“插入选项”选区。

①“从空表格开始”单选按钮：用于创建可以手动填充数据的空表格。

②“自数据连接”单选按钮：通过启动数据连接管理器来创建表格。

③“自图形中的对象数据”单选按钮：通过启动“数据提取”向导来创建表格。

(3)“插入方式”选区。

①“指定插入点”单选按钮。

该单选按钮用于指定表格的左上角的位置。该位置可以使用定点设备，也可以在命令行中输入坐标值。如果表格样式将表格的方向设置为由下而上读取，则插入点位于表格的左下角。

②“指定窗口”单选按钮。

该单选按钮用于指定表格的大小和位置。可以使用定点设备，也可以在命令行中输入坐标值。当选中该当选按钮时，行数、列数、列宽和行高取决于窗口的大小及列和行设置。

(4)“列和行设置”选区：用于指定列和数据行的数目及列宽与行高。

(5)“设置单元样式”选区：用于指定“第一行单元样式”、“第二行单元样式”和“所有其他行单元样式”分别为标题、表头或数据样式。

注意

行高是指文字高度与垂直边距的和。列宽设置必须不小于文字宽度与水平边距的和。如果列宽小于此值，则实际列宽以文字宽度与水平边距的和为准。

在“插入表格”对话框中进行相应设置后，单击“确定”按钮，即可在指定的插入点处或窗口中自动插入一个空表格，并显示多行文字编辑器。用户可以逐行或逐列地输入相应文字或数据。

3. 国家标准中对图纸格式的规定

(1) 幅面。为了加强我国与世界各国的技术交流，依据国际标准化组织（International Standards Organization，ISO）制定的国际标准，我国制定了国家标准《机械制图》，并在 1993 年以来相继发布了图纸幅面和格式、比例、字体、投影法、表面粗糙度符号和代号及其注法等新标准。这些标准从 1994 年 7 月 1 日开始实施，并陆续进行了修订更新，最新一次修订是在 2008 年。

国家标准简称国标，代号为“GB”，“GB/”后的字母为标准类型，其后的数字为标准号，由顺序号和发布的年代号组成，如表示比例的标准代号为 GB/T14690—2008。

图纸幅面和格式在 GB/T14689—2008 中做出了详细的规定，下面进行简要介绍。

图幅代号分为 A0、A1、A2、A3、A4 这 5 种，必要时可按规定加长幅面，如图 4-43 所示。

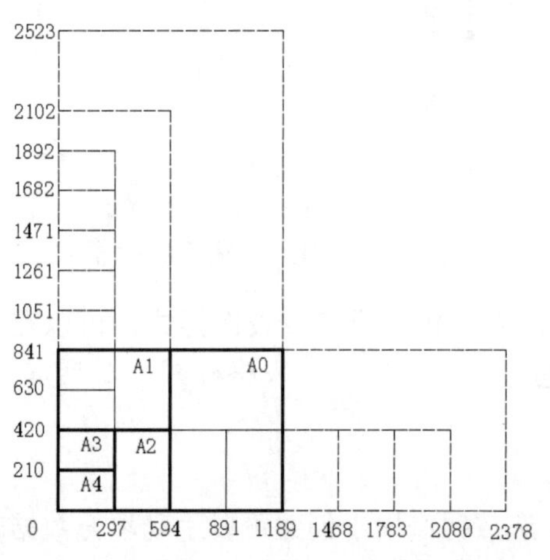

图 4-43　幅面尺寸

（2）图框。在绘图时，应优先采用表 4-2 中规定的基本幅面。在图纸上必须使用粗实线绘制图框，其格式分不留装订边（见图 4-44）和留装订边（见图 4-45）两种，尺寸如表 4-2 所示。注意：同一产品的图样只能采用同一种格式。

表 4-2 尺寸

幅 面 代 号	A0	A1	A2	A3	A4
幅面尺寸 $B \times L$	841×1189	594×841	420×594	297×420	210×297
e	20		10		
c	10		5		
a	25				

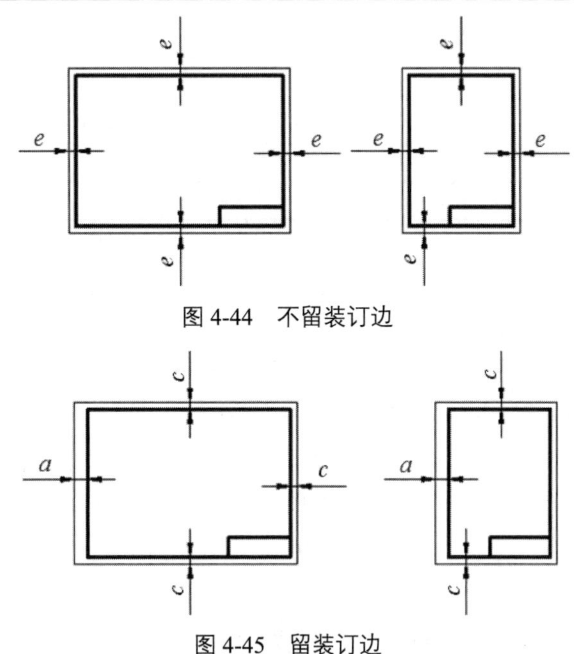

图 4-44 不留装订边

图 4-45 留装订边

（3）标题栏。GB/T10609.1—2008 规定每张图纸上都必须画出标题栏，标题栏的位置位于图纸的右下角，与看图方向保持一致。

标题栏的格式和尺寸由 GB/Tl0609.1—2008 规定，装配图中明细栏由 GB/Tl0609.2—2009 规定，如图 4-46 所示。

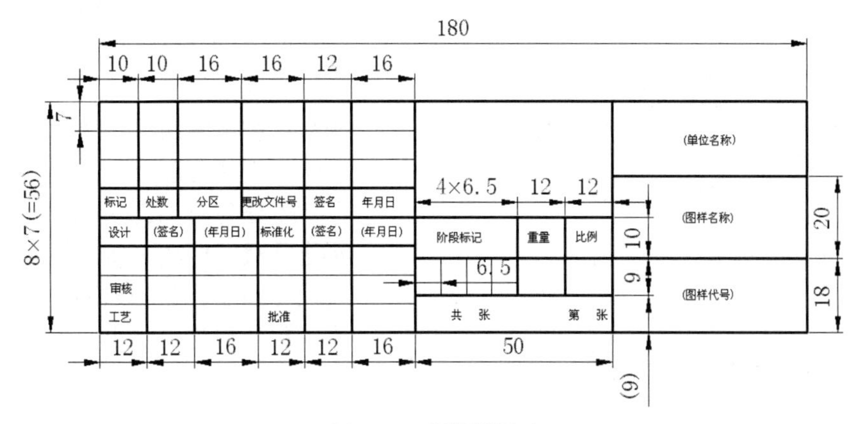

图 4-46 标题栏尺寸

在学习过程中，有时为了方便，需要对零件图标题栏和装配图标题栏、明细栏内容进行简化，使用如图 4-47 所示的格式。

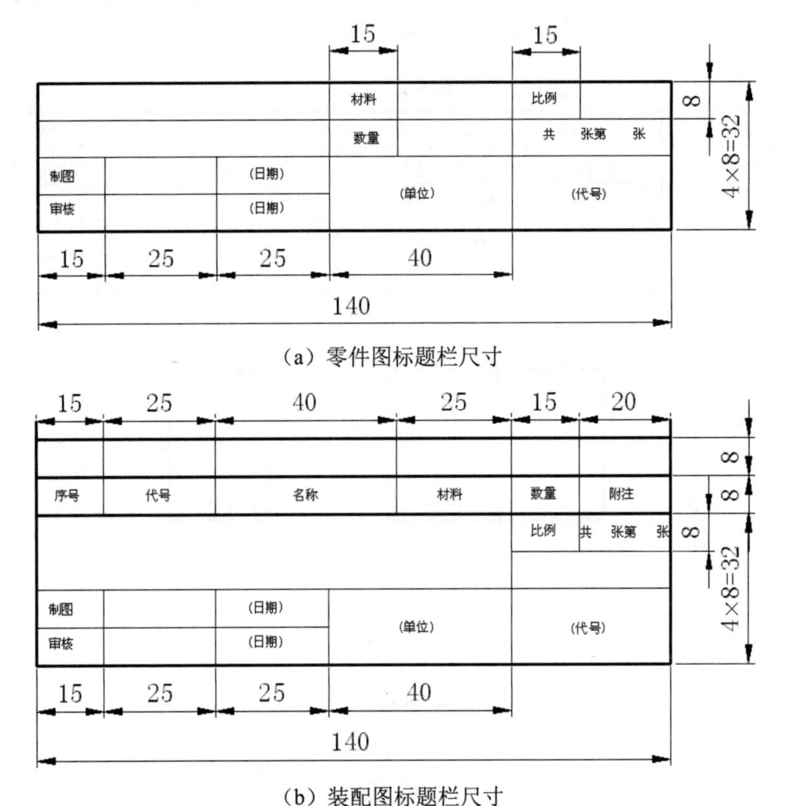

（a）零件图标题栏尺寸

（b）装配图标题栏尺寸

图 4-47　简化标题栏尺寸

任务三　标注曲柄尺寸

任务背景

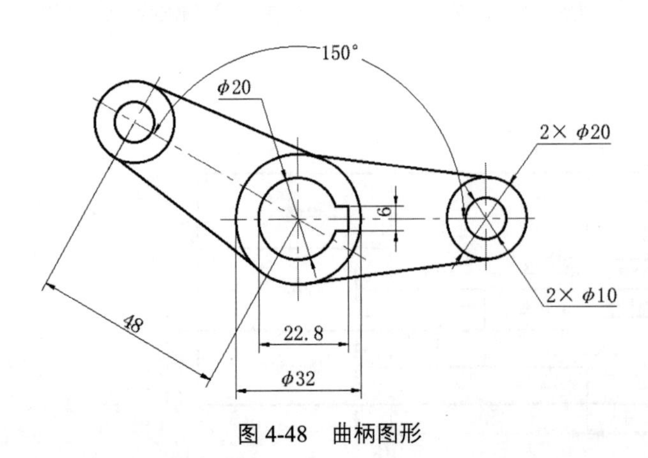

图 4-48　曲柄图形

由于图形的主要作用是表达物体的形状，而物体各部分的真实大小和各部分之间的确切位置只能通过尺寸标注来表达，因此如果没有正确地标注尺寸，那么绘制出的图纸对加工制造和设计安装来说没任何意义。

本任务对如图 4-48 所示的曲柄图形进行尺寸标注。曲柄图形中共包含 4 种尺寸标注类型：线性尺寸、对齐尺寸、直径尺寸和角度尺寸。

操作步骤

1. 打开文件

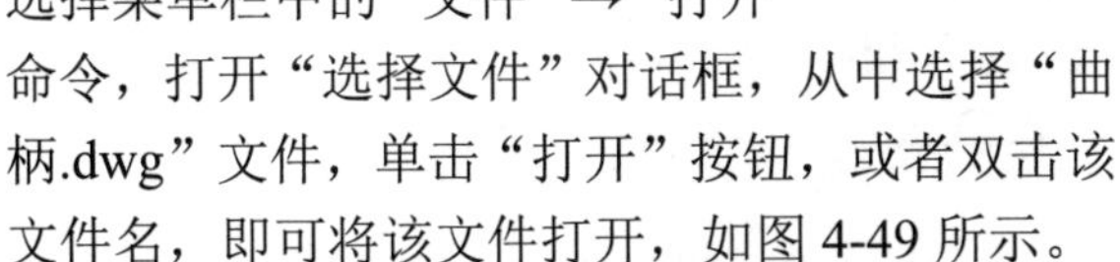

打开图形文件“曲柄.dwg”。选择菜单栏中的“文件”→“打开”命令，打开“选择文件”对话框，从中选择“曲柄.dwg”文件，单击“打开”按钮，或者双击该文件名，即可将该文件打开，如图 4-49 所示。

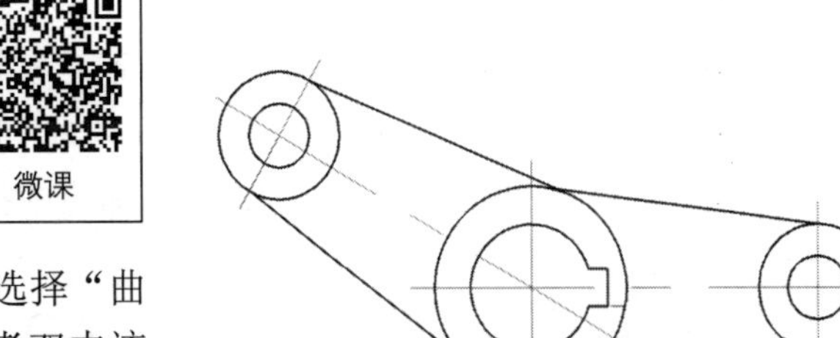

图 4-49 曲柄文件

2. 设置绘图环境

（1）通过单击“默认”选项卡的“图层”面板中的“图层特性”按钮，创建一个新图层“BZ”，并将其设置为当前图层。

（2）在命令行中输入“DIMSTYLE”命令，或者单击菜单栏中的“格式”→“标注样式”命令，或者单击“默认”选项卡的“注释”面板中的“标注样式”按钮，打开“标注样式管理器”对话框，分别设置线性、角度、直径标注样式；单击“新建”按钮，在打开的“创建新标注样式”对话框的“新样式名”中，输入“机械制图”，单击“继续”按钮，打开“新建标注样式”对话框，分别按图 4-50～图 4-53 进行设置；在设置完后，单击“标注样式管理器”对话框中的“置为当前”按钮，将“机械制图”标注样式设置为当前标注样式。

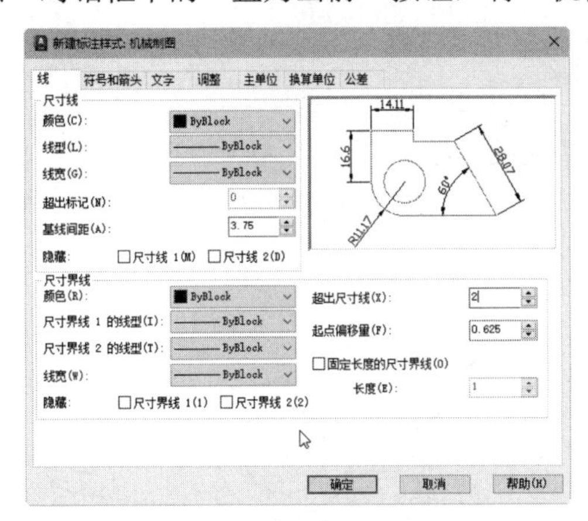

图 4-50 设置“线”选项卡

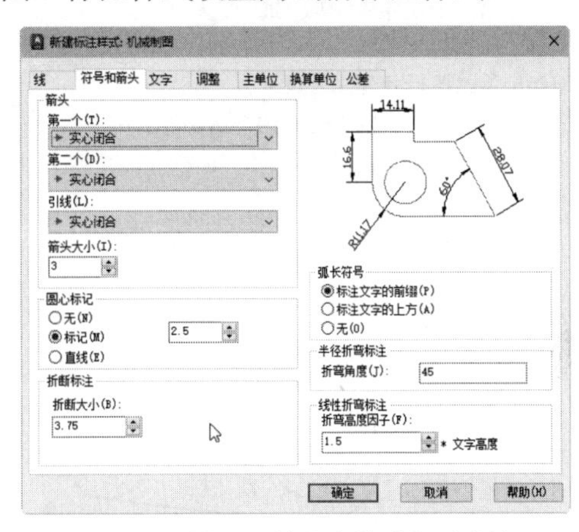

图 4-51 设置“符号和箭头”选项卡

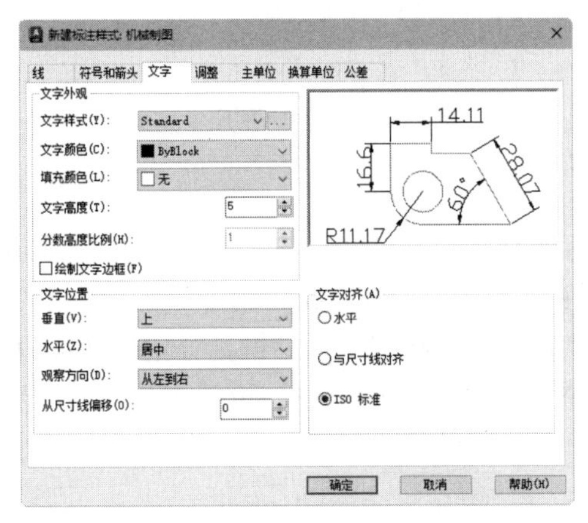

图 4-52 设置“文字”选项卡

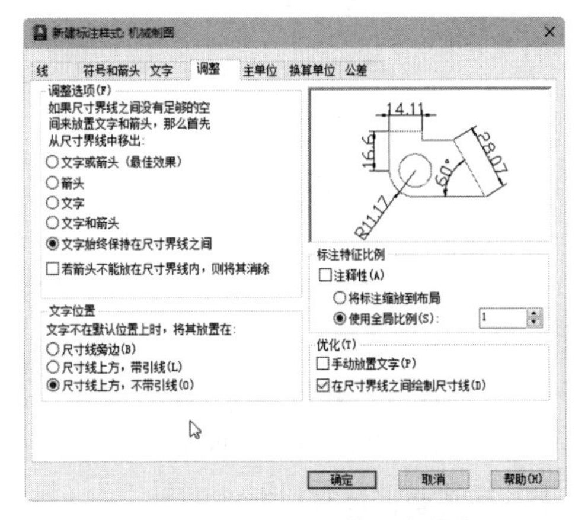

图 4-53 设置“调整”选项卡

3．标注线性尺寸

在命令行中输入“DIMLINEAR”命令，或者选择菜单栏中的“标注”→“线性标注”命令，或者单击“默认”选项卡的“注释”面板中的“线性”按钮，标注图 4-48 中的线性尺寸 22.8。在命令行中输入“DIMLINEAR”命令的提示与操作如下：

```
命令: DIMLINEAR↙
指定第一个尺寸界线原点或 <选择对象>:
int ↙于（捕捉中间 ϕ20 的圆与水平中心线的交点，作为第一条尺寸界线的起点）
指定第二条尺寸界线原点:
int↙于（捕捉键槽右边与水平中心线的交点，作为第二条尺寸界线的起点）
指定尺寸线位置或[多行文字(M)/文字(T)/角度(A)/水平(H)/垂直(V)/旋转(R)]:（指定尺寸线位置。拖动鼠标，将出现动态的尺寸标注，在适当的位置单击，确定尺寸线的位置）
标注文字 =22.8
```

按 Enter 键继续进行线性标注，标注图 4-48 中的尺寸 ϕ32 和 6，结果如图 4-54 所示。

4．标注对齐尺寸

在命令行中输入“DIMALIGNED”命令，或者选择菜单栏中的“标注”→“对齐标注”命令，或者单击“默认”选项卡的“注释”面板中的“对齐”按钮，标注图 4-48 中的对齐尺寸 48。在命令行中输入“DIMLIGNED”命令的提示与操作如下：

```
命令: DIMALIGNED↙
指定第一个尺寸界线原点或 <选择对象>:
int↙于（捕捉倾斜部分中心线的交点，作为第二条尺寸界线的起点）
指定第二条尺寸界线原点:
int↙于（捕捉中间中心线的交点，作为第二条尺寸界线的起点）
指定尺寸线位置或[多行文字(M)/文字(T)/角度(A)]:（指定尺寸线的位置）
标注文字 =48
```

标注对齐尺寸结果如图 4-55 所示。

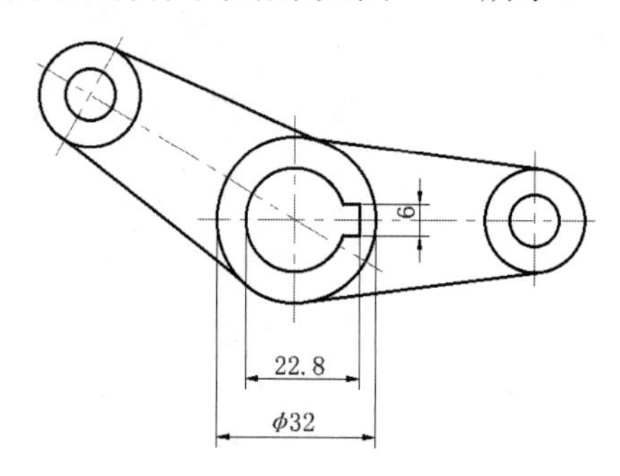

图 4-54　标注线性尺寸结果

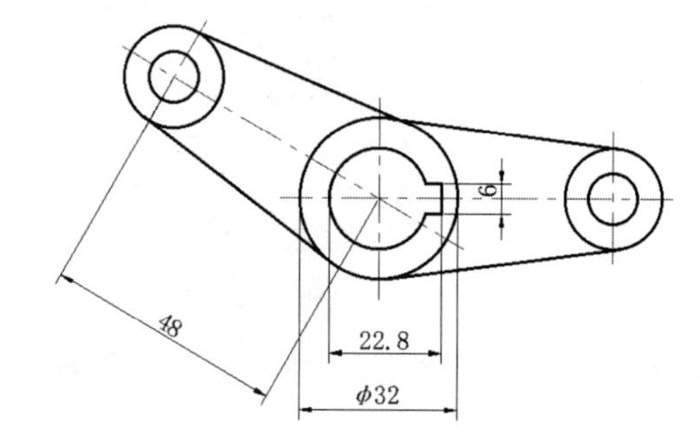

图 4-55　标注对齐尺寸结果

5．设置标注样式

单击“默认”选项卡的“注释”面板中的“标注样式”按钮，在“标注样式管理器”对话框中，单击“新建”按钮，打开“创建新标注样式”对话框，在“用于”下拉列表中选择“直径标注”选项，单击“继续”按钮，打开“新建标注样式”对话框，分别按图 4-56 和图 4-57 进行设置，其他选项卡的设置采用默认设置。参照相同的方法，设置“角度”标注样式，用于标注角度，如图 4-58 所示。

6．标注直径尺寸

在命令行中输入“DIMDIAMETER”命令，或者选择菜单栏中的“标注”→“直径标注”

命令，或者单击“默认”选项卡的“注释”面板中的“直径”按钮⃠，标注图 4-48 中的直径尺寸 2×ϕ10。在命令行中输入“DIMDIAMETER”命令的提示与操作如下：

命令: DIMDIAMETER↙

选择圆弧或圆:（选择右边 ϕ10 的小圆）

标注文字 =10

指定尺寸线位置或 [多行文字(M)/文字(T)/角度(A)]:M↙ （按 Enter 键，打开多行文字编辑器，其中“<>”表示测量值，即 ϕ10，在前面输入 2×，即“2×<>”）

指定尺寸线位置或 [多行文字(M)/文字(T)/角度(A)]:（指定尺寸线的位置）

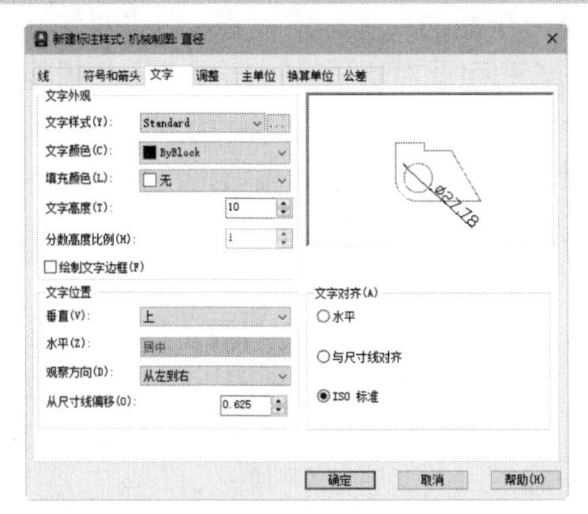

图 4-56 设置“直径”标注样式的“文字”选项卡

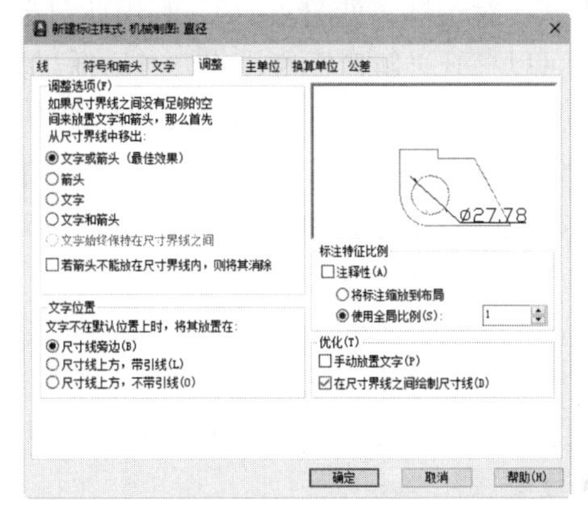

图 4-57 设置“直径”标注样式的“调整”选项卡

按 Enter 键继续进行直径标注，标注图 4-48 中的直径尺寸 2×ϕ20 和 ϕ20，结果如图 4-59 所示。

图 4-58 设置“角度”标注样式的“文字”选项卡

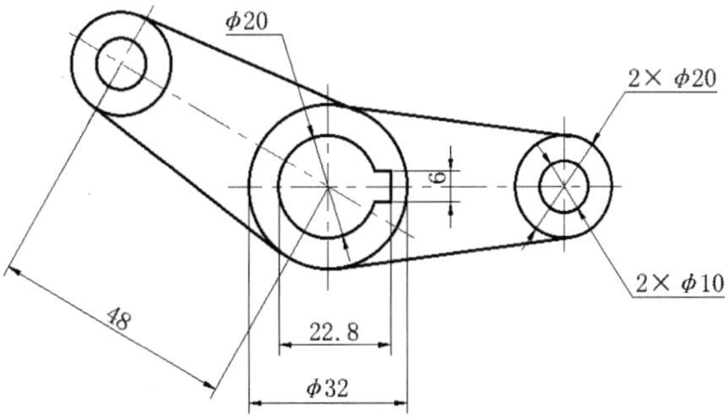

图 4-59 标注直径尺寸结果

7. 标注角度尺寸

在命令行中输入“DIMANGULAR”命令，或者选择菜单栏中的“标注”→“角度标注”命令，或者单击“默认”选项卡的“注释”面板中的“角度”按钮，标注图 4-48 中的角度尺寸 150°。在命令行中输入“DIMANGULAR”命令的提示与操作如下：

命令: DIMANGULAR↙

选择圆弧、圆、直线或 <指定顶点>:（选择需要标注为 150°角的一条边）

选择第二条直线:（选择需要标注为 150°角的另一条边）

指定标注弧线位置或 [多行文字(M)/文字(T)/角度(A)/象限点(Q)]:（指定尺寸线的位置）

标注文字 =150

最终结果如图 4-48 所示。

知识点详解

1. 设置尺寸样式

在“标注样式管理器”对话框（见图 4-60）中，部分选项的含义如下。

（1）“置为当前”按钮：单击此按钮，即可将在“样式”列表中选中的样式设置为当前样式。

（2）“新建”按钮：用于定义一个新的尺寸标注样式。单击此按钮，可以打开“创建新标注样式”对话框（见图 4-61）。利用此对话框可创建一个新的尺寸标注样式，单击“继续”按钮，可以打开“新建标注样式”对话框（见图 4-62）。利用此对话框可对新样式的各项特性进行设置。该对话框中部分的含义和功能将在后面介绍。

（3）“修改”按钮：用于修改一个已存在的尺寸标注样式。单击此按钮，可以打开“修改标注样式”对话框。该对话框中的选项与“新建标注样式”对话框中的选项完全相同，用户可以对已有标注样式进行修改。

（4）“替代”按钮：可以临时覆盖尺寸标注样式。单击此按钮，可以打开“替代当前样式”对话框。该对话框中的选项与“新建标注样式”对话框中的选项完全相同，用户可更改其中的设置，从而覆盖原来的设置，但这种修改仅对指定的尺寸标注起作用，不影响当前尺寸变量的设置。

（5）“比较”按钮：用于比较两个尺寸标注样式参数的区别或浏览一个尺寸标注样式的参数设置。单击此按钮，可以打开“比较标注样式”对话框，如图 4-63 所示。用户可以先将比较结果复制到剪切板上，再将其粘贴到其他的 Windows 应用软件上。

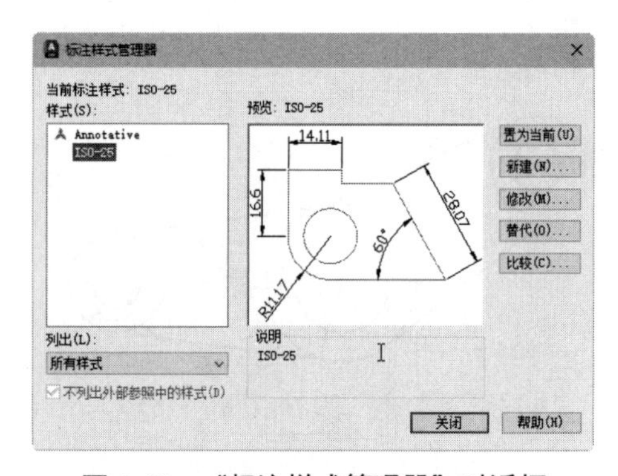

图 4-60 “标注样式管理器”对话框

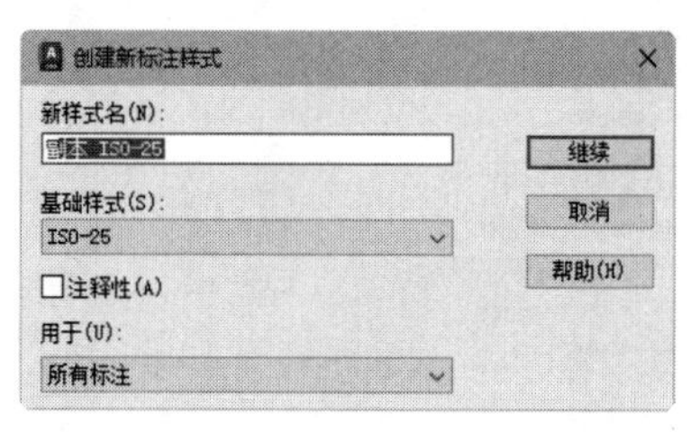

图 4-61 “创建新标注样式”对话框

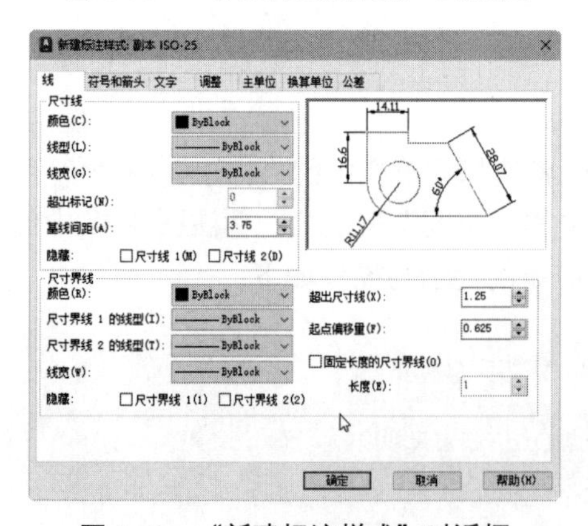

图 4-62 “新建标注样式”对话框

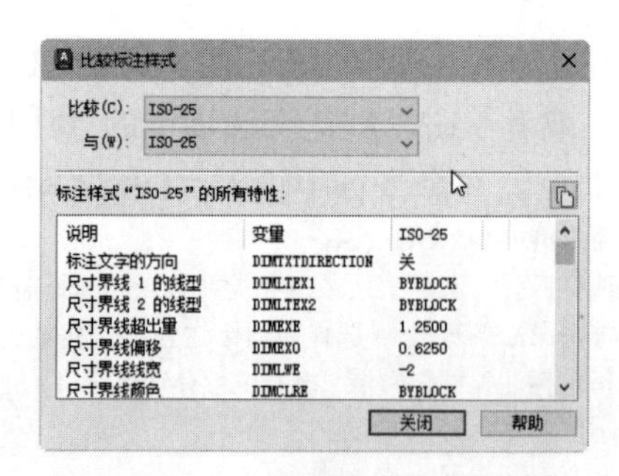

图 4-63 “比较标注样式”对话框

“新建标注样式”对话框中包含 7 个选项卡，各个选项卡的含义如下。

（1）“线”选项卡：用于设置尺寸线和尺寸界线的各个选项，包括尺寸线的颜色、线型、线宽、超出标记、基线间距、隐藏，以及尺寸界线的颜色、线宽、超出尺寸线、起点偏移距离、隐藏等。

（2）“符号和箭头”选项卡：用于设置箭头、圆心标记、弧长符号和半径标注折弯的各个选项（见图 4-64），包括箭头的形状、引线、大小，圆心标记的类型大小，弧长符号的位置，半径折弯标注的折弯角度，线性折弯标注的折弯高度因子，以及折断标注的折断大小等。

（3）“文字”选项卡：用于设置文字的外观、位置、对齐方式等各个选项（见图 4-65），包括文字外观的样式、颜色、填充颜色、文字高度、分数高度比例、是否绘制文字边框，文字位置的垂直、水平和从尺寸线偏移距离等。文字对齐方式分为水平、与尺寸线对齐、ISO 标准 3 种方式。图 4-66 所示为尺寸文本在垂直方向放置的 5 种情形，图 4-67 所示为尺寸文本在水平方向放置的 5 种情形。

（4）“调整”选项卡：用于设置调整选项、文字位置、标注特征比例、调整等各个选项（见图 4-68），包括调整选项选择、文字不在默认位置时的放置位置、标注特征比例选择及调整尺寸要素位置等。图 4-69 所示为文字不在默认位置时放置位置的 3 种情形。

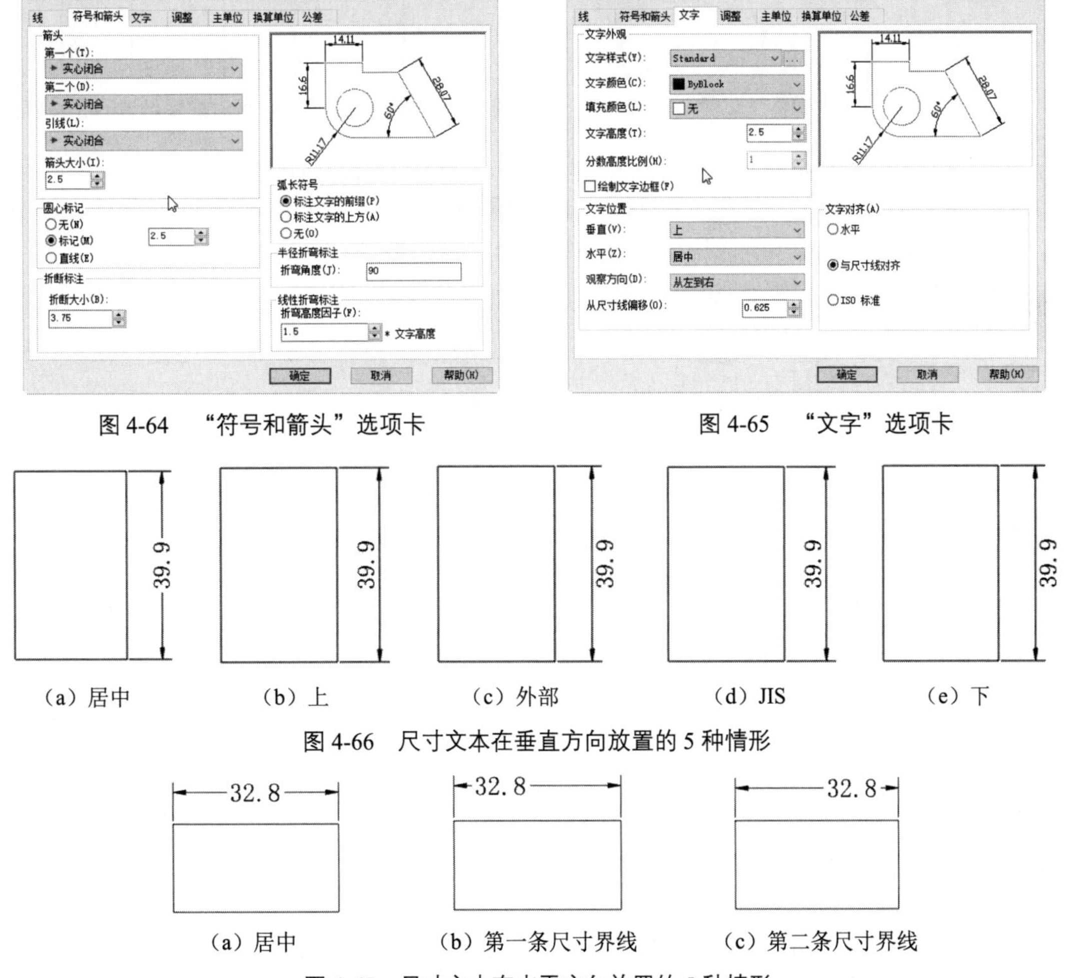

图 4-64 “符号和箭头”选项卡

图 4-65 “文字”选项卡

（a）居中 （b）上 （c）外部 （d）JIS （e）下

图 4-66 尺寸文本在垂直方向放置的 5 种情形

（a）居中 （b）第一条尺寸界线 （c）第二条尺寸界线

图 4-67 尺寸文本在水平方向放置的 5 种情形

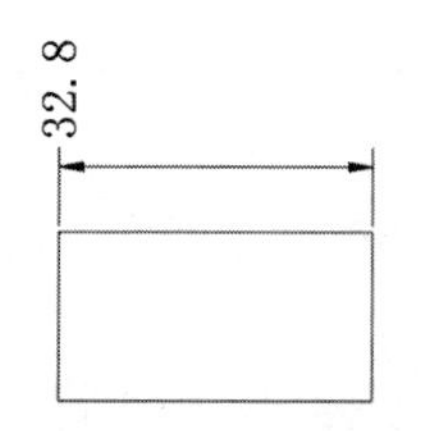

（d）第一条尺寸界线上方

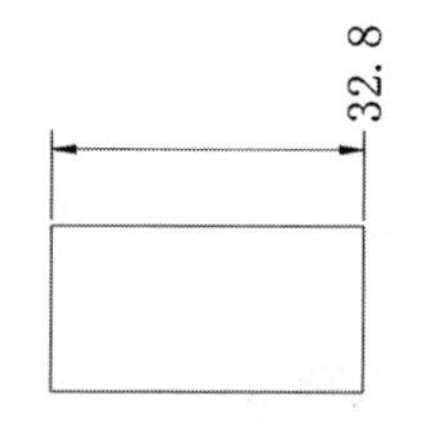

（e）第二条尺寸界线上方

图 4-67　尺寸文本在水平方向放置的 5 种情形（续）

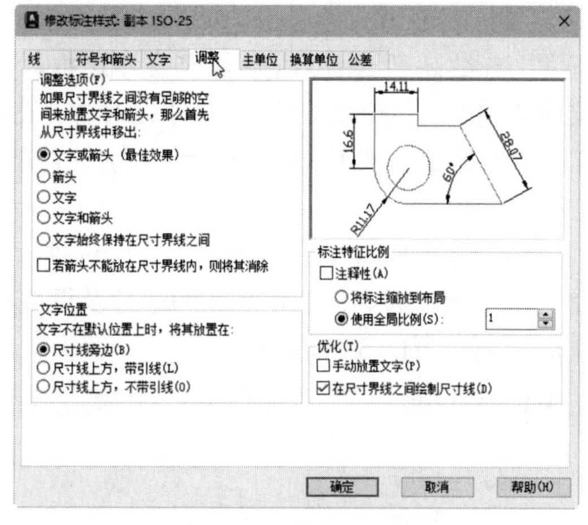

图 4-68　“调整”选项卡

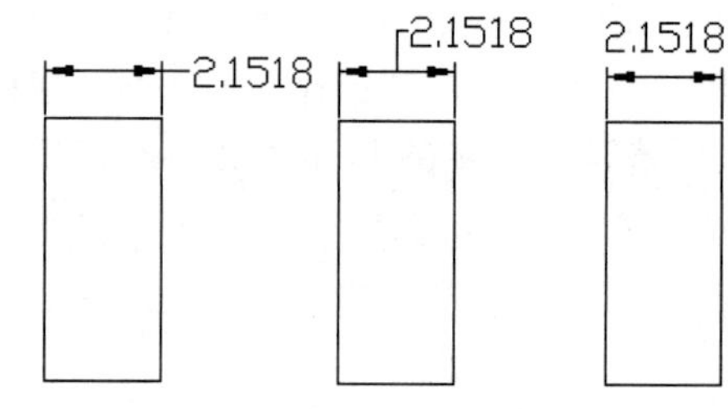

图 4-69　文字不在默认位置时放置位置的 3 种情形

（5）“主单位”选项卡：用于设置尺寸标注的主单位和精度，以及给尺寸文本添加固定的前缀或后缀。该选项卡主要包含两个选区，分别用于设置线性标注和角度标注，如图 4-70 所示。

（6）“换算单位”选项卡：用于设置换算单位，如图 4-71 所示。

图 4-70　“主单位”选项卡

图 4-71　“换算单位”选项卡

（7）“公差”选项卡：用于设置尺寸公差，如图 4-72 所示。其中，“方式”下拉列表包含 AutoCAD 提供的 5 种标注公差的形式。这 5 种形式分别是“无”、“对称”、“极限偏差”、“极限尺寸”和“基本尺寸”，其中“无”表示不标注公差［见图 4-67（a)］，这是通常标注情形，其余 4 种标注情况如图 4-73 所示。在“精度”、“上偏差”、“下偏差”、“高度比例”文本框和“垂直位置”下拉列表中，用户可以输入或选择相应的参数值。

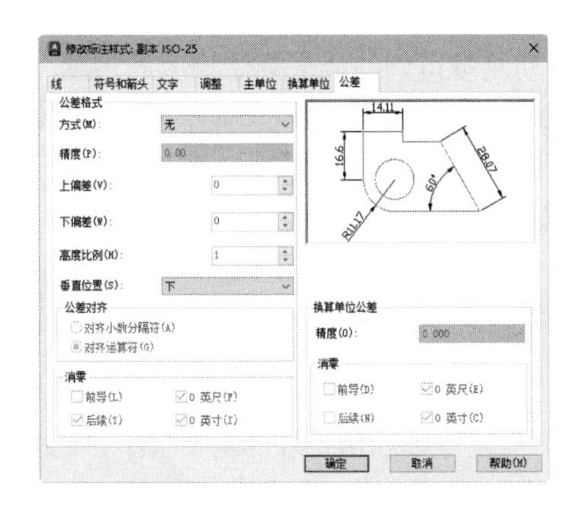

图 4-72 “公差”选项卡

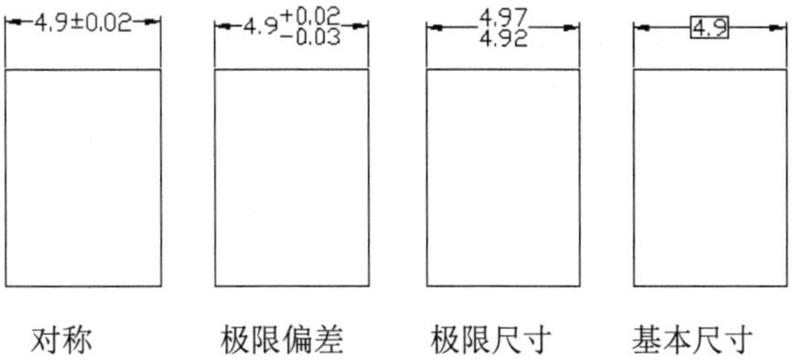

4.9±0.02　　4.9+0.02 −0.03　　4.97 4.92　　4.9

对称　　极限偏差　　极限尺寸　　基本尺寸

图 4-73 其余 4 种公差标注的形式

注意

AutoCAD 会自动在上偏差数值前加上“+”，在下偏差数值前加上“−”。如果上偏差是负值或下偏差是正值，则都需要在输入的偏差值前加负号。例如，如果下偏差是+0.005，则需要在“下偏差”文本框中输入−0.005。

2. 线性标注

在线性标注命令的命令行提示中，部分选项的含义如下。

（1）指定尺寸线位置：用于确定尺寸线的位置。用户可以通过移动鼠标来选择合适的尺寸线位置，随后按 Enter 键或单击，AutoCAD 会自动测量所标注线段的长度并标注相应的尺寸。

（2）多行文字(M)：通过多行文字编辑器来确定尺寸文本。

（3）文字(T)：用于在命令行提示下输入或编辑尺寸文本。在选择此选项后，AutoCAD 会提示：

```
输入标注文字 <默认值>：
```

其中的默认值是 AutoCAD 自动测量得到的被标注线段的长度，直接按 Enter 键即可采用此长度值，或者输入其他数值。当尺寸文本中包含默认值时，可使用尖括号“< >”来表示默认值。

（4）角度(A)：用于确定尺寸文本的倾斜角度。

（5）水平(H)：水平标注尺寸，无论标注什么方向的线段，尺寸线均为水平放置。

（6）垂直(V)：垂直标注尺寸，无论被标注线段沿什么方向，尺寸线总保持垂直。

（7）旋转(R)：输入尺寸线旋转的角度值，以旋转标注尺寸。

3. 对齐标注

“对齐标注”标注的尺寸线与所标注轮廓线平行，标注的是起点到终点之间的距离尺寸。其命令行中的选项与线性标注命令的选项相同，读者可以参考线性标注选项说明，在这里就不一一介绍了。

4. 角度标注

在角度标注命令的命令行提示中，部分选项的含义如下。

（1）选择圆弧（标注圆弧的中心角）：当用户选择一段圆弧后，AutoCAD 会提示：

```
指定标注弧线位置或 [多行文字(M)/文字(T)/角度(A)/象限点(Q)]：（确定尺寸线的位置或选取某一项）
```

在此提示下确定尺寸线的位置，AutoCAD 会按照自动测量得到的值来标注相应的角度，在此之前用户可以选择“多行文字(M)”、“文字(T)”、“角度(A)”或“象限点(Q)”选项，通过多行文字编辑器或命令行来输入或定制尺寸文本及指定尺寸文本的倾斜角度。

（2）选择圆（标注圆上某段弧的中心角）：当用户通过单击圆上的一个点来选择该圆后，AutoCAD 会提示选择第二个点：

```
指定角的第二个端点:（选择另一个点。该点可以位于圆上，也可以不位于圆上）
指定标注弧线位置或 [多行文字(M)/文字(T)/角度(A) /象限点(Q)]:
```

在指定尺寸线的位置后，AutoCAD 会标出一个角度。该角度以圆心为顶点，两条尺寸界线通过所选择的两点，第二个点可以不必位于圆周上。用户还可以利用“多行文字(M)”、“文字(T)”、“角度(A)”或“象限点(Q)”选项来编辑尺寸文本和指定尺寸文本的倾斜角度，如图 4-74 所示。

（3）选择直线（标注两条直线间的夹角）：当用户选择一条直线后，AutoCAD 会提示选择另一条直线：

```
选择第二条直线：（选择另一条直线）
指定标注弧线位置或 [多行文字(M)/文字(T)/角度(A) /象限点(Q)]:
```

在此提示下指定尺寸线的位置后，AutoCAD 会标出这两条直线之间的夹角。该角以两条直线的交点为顶点，以两条直线为尺寸界线，所标注角度取决于尺寸线的位置，如图 4-75 所示。用户还可以利用“多行文字(M)”、“文字(T)”、“角度(A)”或“象限点(Q)”选项来编辑尺寸文本和指定尺寸文本的倾斜角度。

AutoCAD 还可以根据指定的 3 点来标注角度，如图 4-76 所示。

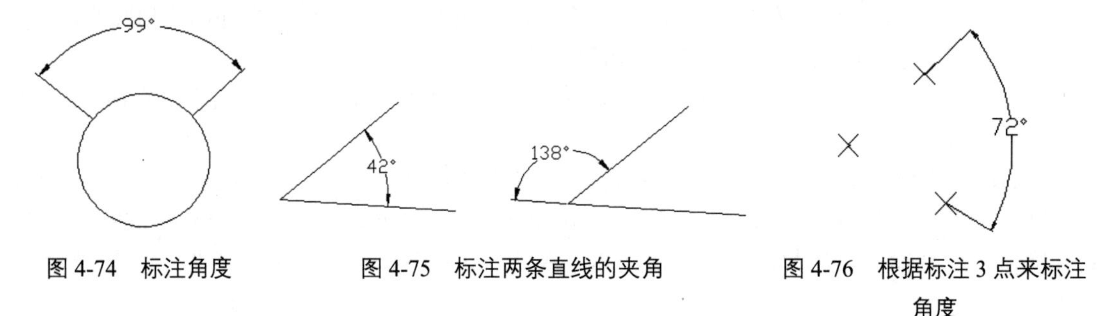

图 4-74　标注角度　　图 4-75　标注两条直线的夹角　　图 4-76　根据标注 3 点来标注角度

任务四　标注齿轮轴套尺寸

任务背景

AutoCAD 提供了引线标注功能。利用该功能，不仅可以标注特定的尺寸，如圆角、倒角等，还可以实现在图中添加多行旁注、说明。在引线标注中，引线可以是折线，也可以是曲线，引线端部可以有箭头，也可以没有箭头。

本任务对如图 4-77 所示的齿轮轴套进行尺寸标注。在此任务中，我们着重讲解带引线的尺寸标注。

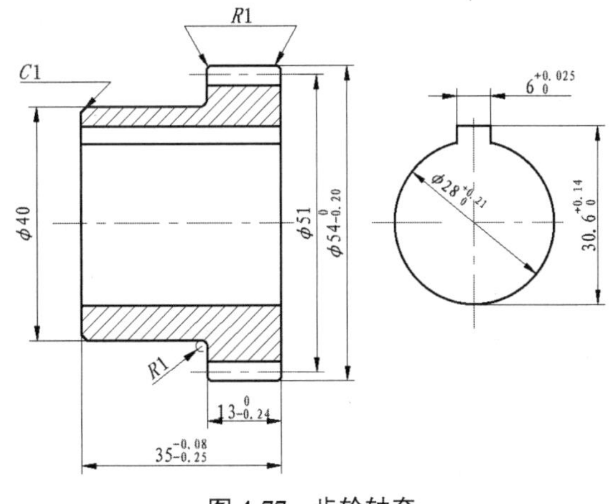

图 4-77 齿轮轴套

微课

操作步骤

1. 打开文件

单击快速访问工具栏中的“打开”按钮，在打开的“选择文件”对话框中选择前面保存的图形文件“齿轮轴套.dwg”，单击“确定”按钮，即可打开该文件，如图 4-78 所示。

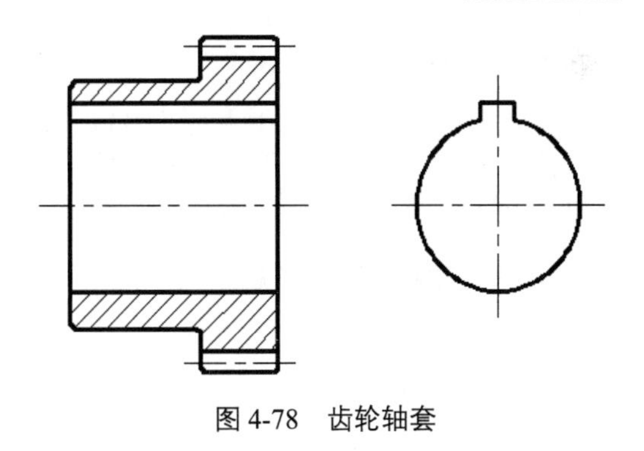

图 4-78 齿轮轴套

2. 设置图层

单击“默认”选项卡的“图层”面板中的“图层特性”按钮，打开“图层特性管理器”选项板。参照前面的方法，创建一个新图层“bz”，将线宽设置为 0.15mm，其他选项设置采用默认设置，用于标注尺寸，并将其设置为当前图层。

3. 设置文字样式

单击“默认”选项卡的“注释”面板中的“文字样式”按钮，打开“文字样式”对话框，将字体设置为仿宋，创建一个新的文字样式图层“SZ”，并将其置为当前标注样式。

4. 设置尺寸标注样式

（1）单击“默认”选项卡的“注释”面板中的“标注样式”按钮，设置标注样式。参照前面的方法，在打开的“标注样式管理器”对话框中单击“新建”按钮，创建新的标注样式“机械制图”，用于标注机械图样中的线性尺寸。

（2）单击“继续”按钮，对打开的“新建标注样式：机械制图”对话框中的选项卡进行设置，设置均与任务三中图 4-50～图 4-53 的设置相同。

（3）参照前面的方法，选择“机械制图”标注样式，单击“新建”按钮，基于“机械制图”标注样式创建分别用于标注半径及标注直径的标注样式。其中，“直径”标注样式的“调整”选项卡中的选项设置如图 4-79 所示，“半径”标注样式的“调整”选项卡中的选项设置如图 4-80 所示，其他选项卡中的选项设置采用默认设置。

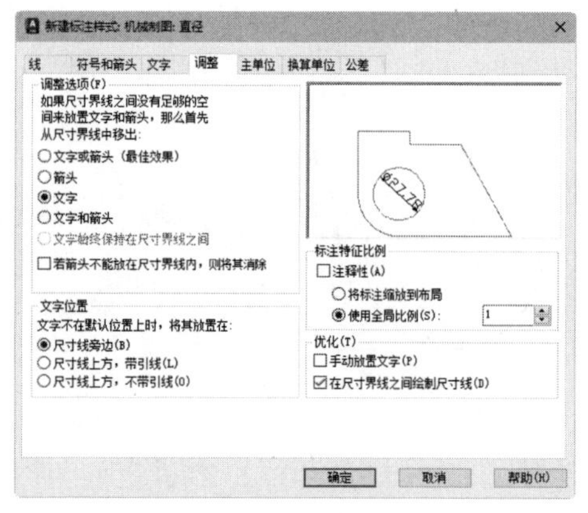

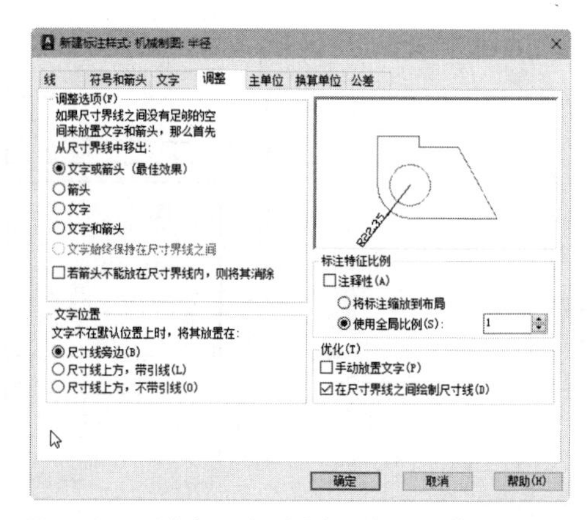

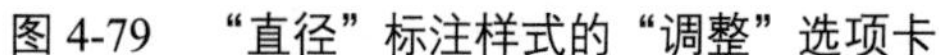

图 4-79　“直径”标注样式的“调整”选项卡　　图 4-80　“半径”标注样式的“调整”选项卡

在“标注样式管理器”对话框中，选择“机械制图”标注样式，单击“置为当前”按钮，将其设置为当前标注样式。

5. 标注齿轮轴套主视图中的线性尺寸及基线尺寸

（1）单击“注释”选项卡的“标注”面板中的“线性”按钮，标注齿轮轴套主视图中的线性尺寸 $\phi40$ 、$\phi51$ 及 $\phi54$ 。

（2）单击“注释”选项卡的“标注”面板中的“线性”按钮，标注齿轮轴套主视图中的线性尺寸 13；单击“注释”选项卡的“标注”面板中的“基线”按钮，标注基线尺寸 35，结果如图 4-81 所示。

6. 标注齿轮轴套主视图中的半径尺寸

单击“注释”选项卡的“标注”面板中的“半径”按钮，标注齿轮轴套主视图中的圆角，结果如图 4-82 所示。

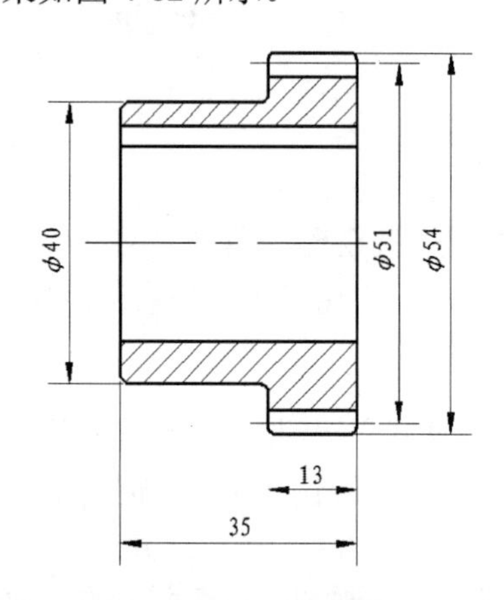

图 4-81　标注线性尺寸及基线尺寸结果

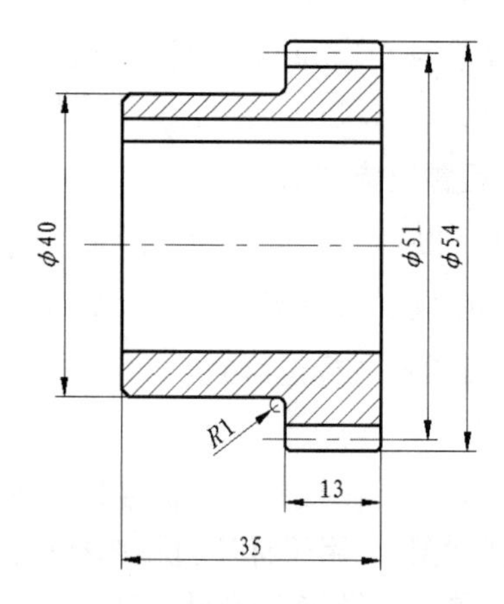

图 4-82　标注半径尺寸 *R*1 结果

7. 标注圆角尺寸

（1）在命令行中输入“LEADER”，使用引线标注齿轮轴套主视图上部的圆角半径，命令行提示与操作如下：

```
命令: LEADER↙
指定引线起点:（捕捉齿轮轴套主视图上部圆角上的一个点）
指定下一点:（拖动鼠标，并在适当位置处单击）
```

指定下一点或[注释(A)/格式(F)/放弃(U)] <注释>:<正交 开>（打开正交功能，向右拖动鼠标，并在适当位置处单击）
指定下一点或[注释(A)/格式(F)/放弃(U)] <注释>:↙
输入注释文字的第一行或<选项>:R1 ↙
输入注释文字的下一行:↙

标注圆角尺寸结果如图 4-83 所示。

（2）重复执行引线标注操作，命令行提示与操作如下：

命令: LEADER↙
指定引线起点:（捕捉齿轮轴套主视图上部右端圆角上的一个点）
指定下一点:（利用对象追踪功能捕捉上一个引线标注的端点，拖动鼠标，并在适当位置处单击）
指定下一点或[注释(A)/格式(F)/放弃(U)] <注释>:（捕捉上一个引线标注的端点）
指定下一点或[注释(A)/格式(F)/放弃(U)]<注释>:↙
输入注释文字的第一行或<选项>:↙
输入注释选项[公差(T)/副本(C)/块(B)/无(N)/多行文字(M)] <多行文字>:N

无注释的引线标注如图 4-84 所示。

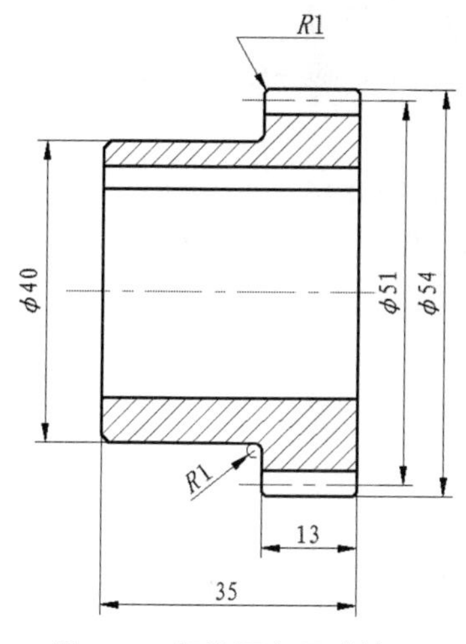

图 4-83 标注圆角尺寸结果

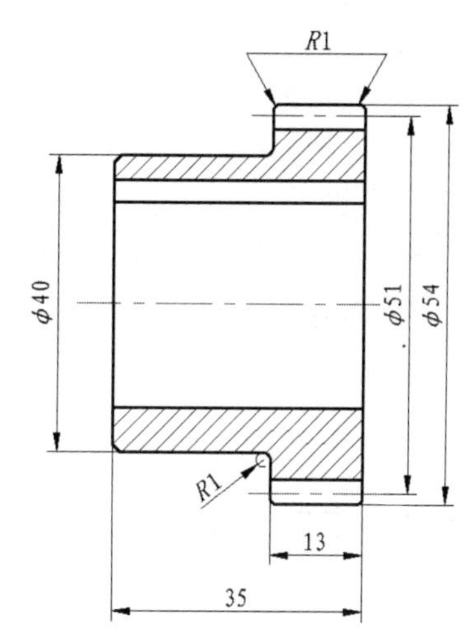

图 4-84 无注释的引线标注

8. 标注倒角尺寸

在命令行中输入“QLEADER”命令，标注齿轮轴套主视图的倒角尺寸，命令行提示与操作如下：

命令:QLEADER
指定第一个引线点或[设置(s)] <设置>:↙（打开“引线设置”对话框，分别设置其中的选项，如图 4-85 和图 4-86 所示；在设置完后，单击“确定”按钮）

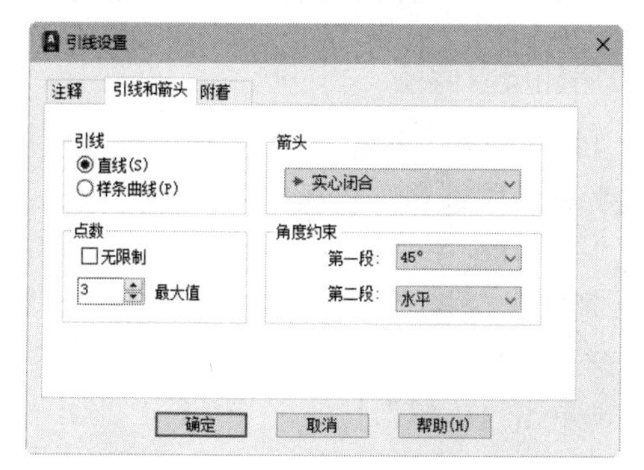

图 4-85 “引线和箭头”选项卡

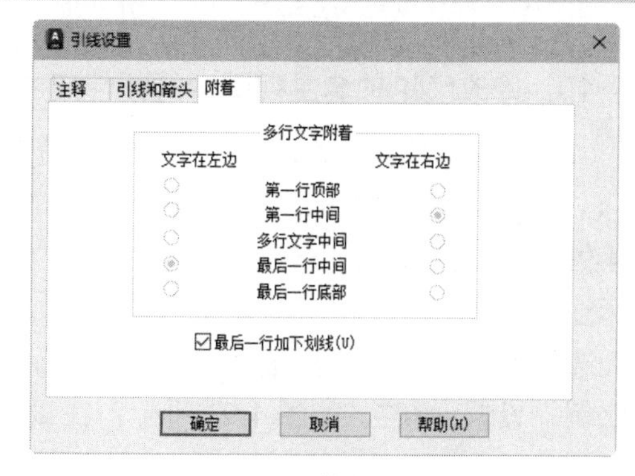

图 4-86 “附着”选项卡

```
指定第一个引线点或[设置(S)] <设置>:（捕捉齿轮轴套主视图中上端倒角的端点）
指定下一点:（拖动鼠标，并在适当位置处单击）
指定下一点:（拖动鼠标，并在适当位置处单击）
指定文字宽度<0>:↙
输入注释文字的第一行: C1 ↙
输入注释文字的下一行:↙
```

标注倒角尺寸结果如图 4-87 所示。

9. 标注齿轮轴套局部视图中的尺寸偏差

（1）单击“注释”选项卡的“标注”面板中的“线性”按钮，标注线性尺寸 6，上偏差为+0.025，下偏差为 0，命令行提示与操作如下：

```
命令: _dimlinear
指定第一个尺寸界线原点或<选择对象>:↙
选择标注对象:（选择齿轮轴套局部视图上端水平线）
指定尺寸线位置或[多行文字(M)/文字(T)/角度(A)/水平(H)/垂直(V)/旋转(R)]: T
输入标注文字 <6>:6\H0.7X;\S+0.025^ 0↙
指定尺寸线位置或[多行文字(M)/文字(T)/角度(A)/水平(H)/垂直(V)/旋转(R)]:（拖动鼠标，并在适当位置处单击）
```

标注尺寸偏差结果如图 4-88 所示。

（2）参照前面的方法，标注线性尺寸 30.6，其上偏差为+0.14，下偏差为 0。

（3）参照前面的方法，单击“注释”选项卡的“标注”面板中的“直径”按钮，输入标注文字“%%c28\H0.7X;\S+0.21^ 0”，结果如图 4-89 所示。

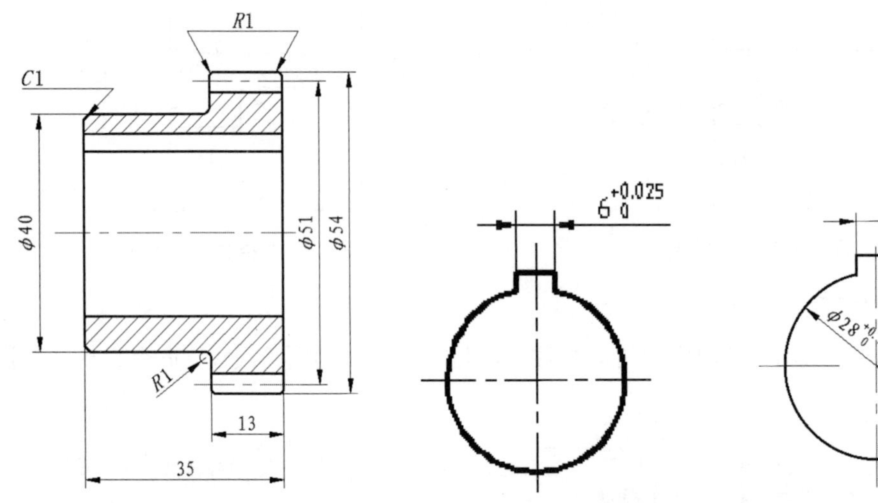

图 4-87 标注倒角尺寸结果　　图 4-88 标注尺寸偏差结果　　图 4-89 局部视图中的尺寸偏差

10. 修改齿轮轴套主视图中的线性尺寸并为其添加尺寸偏差

（1）单击“默认”选项卡的“注释”面板中的“标注样式”按钮，用于修改线性尺寸 13 及 35，在打开的“标注样式管理器”的“样式”列表中选择“机械制图”标注样式（见图 4-90），单击“替代”按钮，打开“替代当前样式”对话框；选择“主单位”选项卡，将“线性标注”选区中的“精度”设置为 0.00，如图 4-91 所示；选择“公差”选项卡，在“公差格式”选区中将“方式”设置为“极限偏差”，“上偏差”设置为 0，“下偏差”设置为 0.24，“高度比例”设置为 0.7，如图 4-92 所示；在设置完后，单击“确定”按钮。

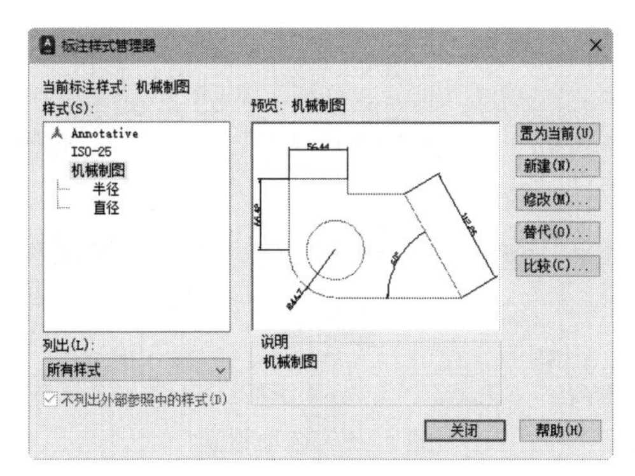

图 4-90 选择“机械图样”标注样式

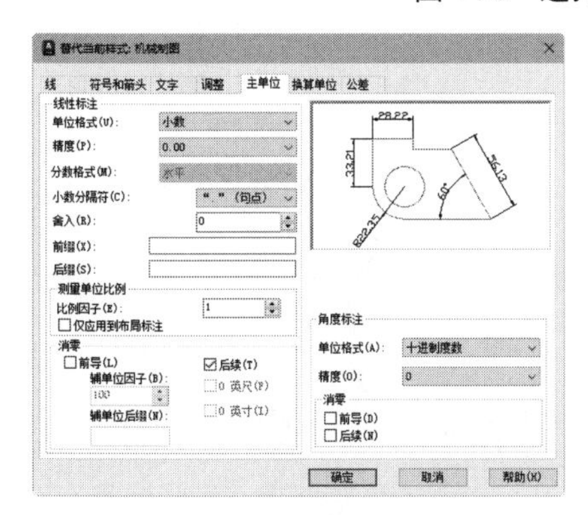

图 4-91 设置“精度”选项

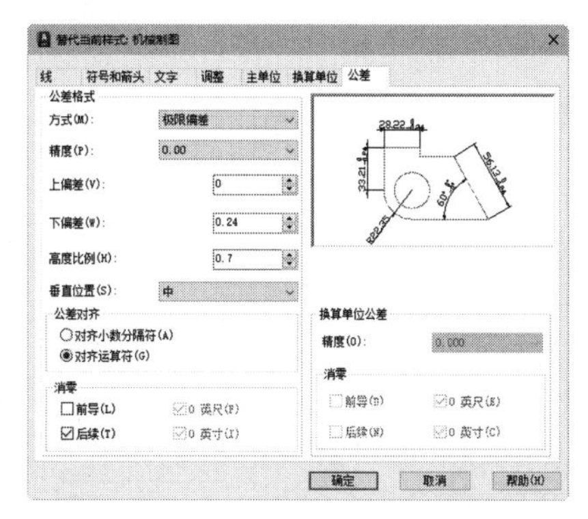

图 4-92 设置“公差”选项卡

（2）单击“注释”选项卡的“标注”面板中的“标注更新”按钮，选择线性尺寸 13，即可为该尺寸添加尺寸偏差。

（3）参照前面的方法，继续设置替代样式。设置“公差”选项卡中的“上偏差”为 0.08，“下偏差”为 0.25；单击“注释”选项卡的“标注”面板中的“标注更新”按钮，选择线性尺寸 35，即可为该尺寸添加尺寸偏差，结果如图 4-93 所示。

11．修改齿轮轴套主视图中的线性尺寸 ϕ54 并为其添加尺寸偏差（见图 4-94）

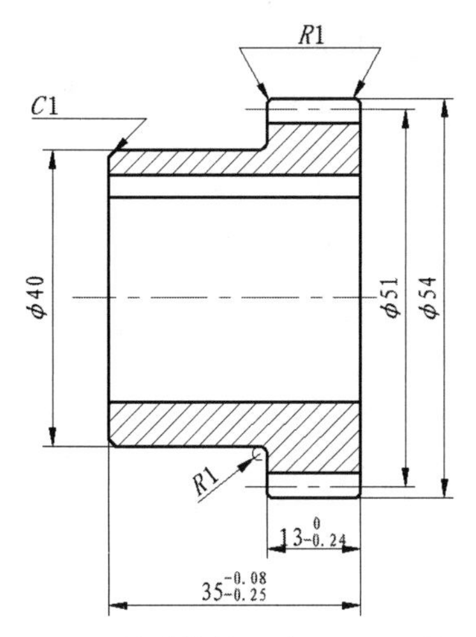

图 4-93 修改线性尺寸 13 及 35 结果

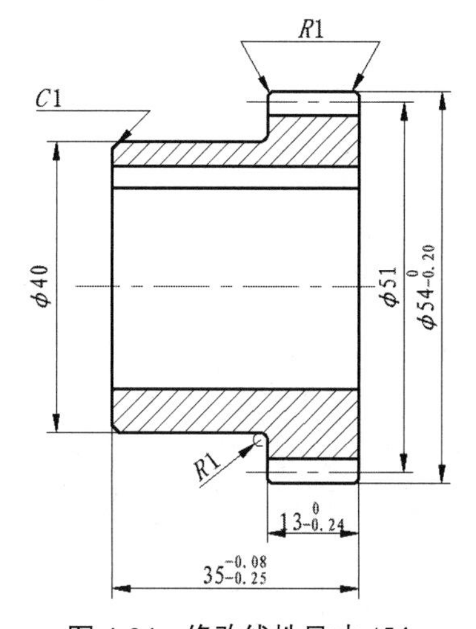

图 4-94 修改线性尺寸 ϕ54

单击“标注”工具栏中的“编辑标注”按钮，对线性尺寸 ϕ54 进行编辑，命令行提示与操作如下：

命令: _dimedit

输入标注编辑类型[默认(H)/新建(N)/旋转(R)/倾斜(O)] <默认>:N（打开“文字编辑器”选项卡，选项设置如图 4-95 所示）

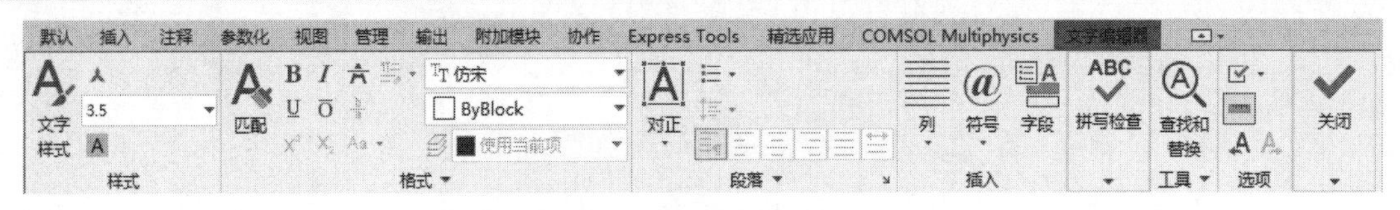

图 4-95　选项设置

修改线性尺寸 ϕ54 结果如图 4-96 所示。

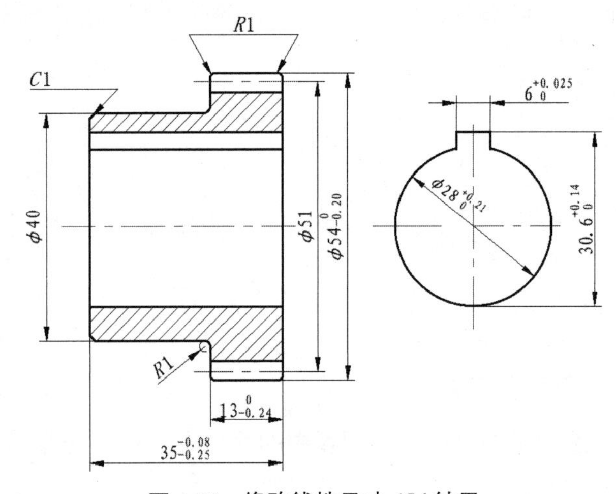

图 4-96　修改线性尺寸 ϕ54 结果

知识点详解

1. 引线标注

在 LEADER 命令的命令行提示中，部分选项的含义如下。

（1）指定下一点：直接输入一个点，AutoCAD 会根据前面的点绘制折线，作为引线。

（2）<注释>：用于输入注释文本，默认选项。在上面提示下直接按 Enter 键，AutoCAD 会提示：

输入注释文字的第一行或 <选项>:

① 输入注释文字：在此提示下输入第一行文本后按 Enter 键，可以继续输入第二行文本，如此反复执行，直到输入全部注释文本，随后在此提示下直接按 Enter 键，AutoCAD 会在引线终端标注出所输入的多行文本，并结束 LEADER 命令。

② 直接按 Enter 键：如果在上面的提示下直接按 Enter 键，AutoCAD 会提示：

输入注释选项 [公差(T)/副本(C)/块(B)/无(N)/多行文字(M)] <多行文字>:

在此提示下可以选择一个注释选项或直接按 Enter 键选择“多行文字”选项。其中，部分选项的含义如下。

a 公差(T)：标注形位公差。

b 副本(C)：将已由 LEADER 命令创建的注释复制到当前引线的末端。在选择该选项后，AutoCAD 会提示：

选择要复制的对象：

在此提示下选择一个已创建的注释文本，AutoCAD 会将它复制到当前引线的末端。

c 块(B)：用于插入图块，将已经定义好的图块插入引线的末端。在选择该选项后，AutoCAD 会提示：

输入块名或 [?]：

在此提示下输入一个已定义好的图块名，AutoCAD 会将该图块插入引线的末端。另外，输入“？”可以显示当前已有图块。

d 无(N)：不进行注释，没有注释文本。

e <多行文字>：使用多行文字编辑器标注注释文本并定制文本格式，默认选项。

（3）格式(F)：用于确定引线的形式。在选择该选项后，AutoCAD 会提示：

输入引线格式选项 [样条曲线(S)/直线(ST)/箭头(A)/无(N)] <退出>：
选择指引线形式，或直接按 Enter 键回到上一级提示。

① 样条曲线(S)：用于设置引线为样条曲线。

② 直线(ST)：用于设置引线为折线。

③ 箭头(A)：在引线的起始位置画箭头。

④ 无(N)：在引线的起始位置不画箭头。

⑤ <退出>：此项为默认选项。在选择该选项后，将退出“格式”选项，返回“指定下一点或 [注释(A)/格式(F)/放弃(U)] <注释>:”提示，并且引线的形式按默认方式设置。

2. 快速引线标注

在 QLEADER 命令的命令行提示中，部分选项的含义如下。

（1）指定第一个引线点：确定一个点作为引线的第一点，AutoCAD 会提示：

指定下一点：（输入引线的第二个点）
指定下一点：（输入引线的第三个点）

AutoCAD 会提示用户输入的点的数目由“引线设置”对话框确定。在输入完引线的点后，AutoCAD 会提示：

指定文字宽度 <0>：（输入多行文本的宽度）
输入注释文字的第一行 <多行文字(M)>：

此时，有两种命令输入选择，其含义如下。

① 输入注释文字的第一行：在命令行输入第一行文本，AutoCAD 会继续提示：

输入注释文字的下一行：（输入另一行文本）
输入注释文字的下一行：（输入另一行文本或按 Enter 键）

② <多行文字(M)>：打开多行文字编辑器，用于编辑多行文字。

在输入全部注释文本后，在此提示下直接按 Enter 键，AutoCAD 将结束 QLEADER 命令并将多行文本标注在引线的末端附近。

（2）<设置>：在上面提示下直接按 Enter 键或键入“S”，AutoCAD 将打开“引线设置”对话框，用于对引线标注进行设置。该对话框中包含“注释”、“引线和箭头”和“附着”3 个选项卡，下面分别对其进行介绍。

①“注释”选项卡（见图 4-97）：用于设置引线标注中注释文本的类型、多行文本的格式并确定是否多次使用注释文本。

② “引线和箭头”选项卡（见图 4-98）：用于设置引线标注中指引线和箭头的形式。

其中，“点数”选区用于设置在执行 QLEADER 命令时，AutoCAD 提示用户输入点的数目。例如，设置点数为 3，在执行 QLEADER 命令时，当用户在提示下指定 3 个点后，AutoCAD 会自动提示用户输入注释文本。注意：设置的点数应比用户希望的引线的段数多 1 个。如果勾选“无限制”复选框，则 AutoCAD 会一直提示用户输入点，直到连续按 Enter 键两次为止。“角度约束”选区用于设置第一段和第二段引线的角度约束。

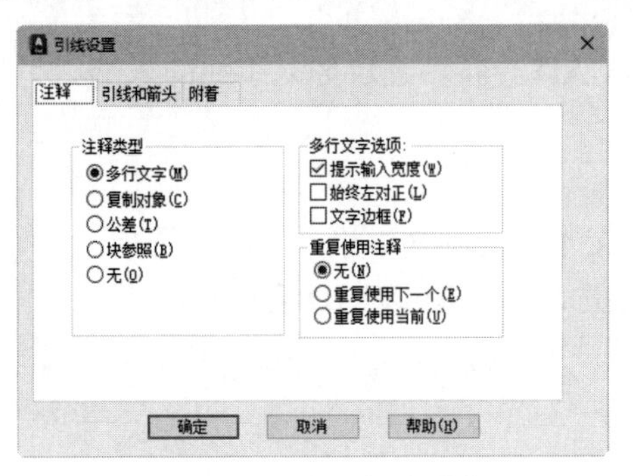

图 4-97　“注释”选项卡

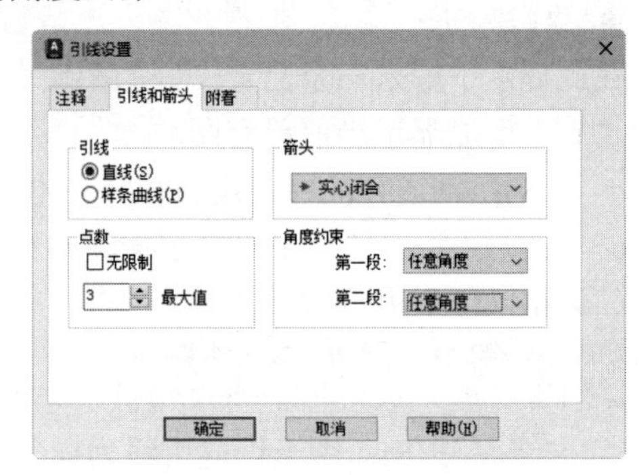

图 4-98　“引线和箭头”选项卡

（3）“附着”选项卡（见图 4-99）：用于设置注释文本和引线的相对位置。如果最后一段引线指向右边，则 AutoCAD 会自动将注释文本放在右侧；如果最后一段引线指向左边，则 AutoCAD 会自动将注释文本放在左侧。利用该选项卡左侧和右侧的单选按钮，可以分别设置位于左侧和右侧的注释文本与最后一段引线的相对位置。二者可以相同，也可以不相同。

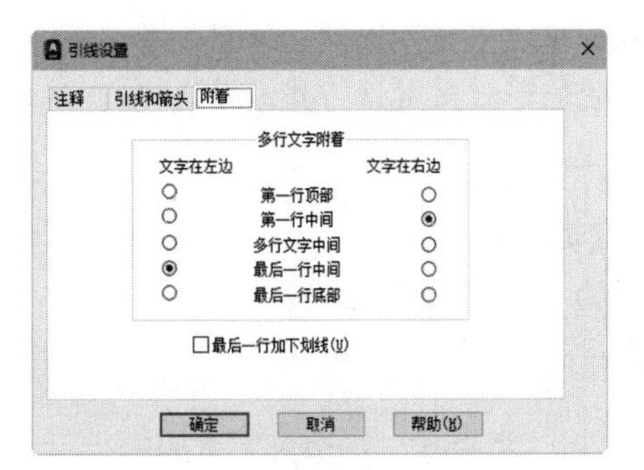

图 4-99　“附着”选项卡

3. 零件图的尺寸标注

（1）零件图上标注尺寸的要求。

在零件图上标注的尺寸对加工和检验零件至关重要。标注尺寸需要做到正确、完整、清晰和合理。正确意味着按照国家标准规定的尺寸注法进行标注；完整要求标注既不能遗漏，也不能多余；清晰要求标注清晰易读；合理意味着标注的尺寸既要满足设计要求，又要便于加工和测量。为了确保零件尺寸标注符合实际生产需求，需要具备丰富的生产经验和相关专业知识。这里仅对尺寸标注的合理性做初步介绍。

（2）尺寸基准。

尺寸基准是指零件在机器中或在进行加工或测量时，用于确定其位置的一些面、线或点。零件常用的尺寸基准形式分为回转面的轴线、重要的加工面、底面、端面、对称平面等。根据基准的作用不同，基准可分为设计基准和工艺基准两类。

① 设计基准。

用于确定零件在部件中准确位置的基准被称为设计基准。设计尺寸是根据设计要求直接标注出的尺寸。

② 工艺基准。

工艺基准是在进行加工或测量时，确定零件相对机床、工装或量具位置的面、线或点。

在如图 4-100 所示的齿轮轴中，端面 I 是确定齿轮轴位置的面，即设计基准；端面 II 是在加工右端螺纹轴时使用的基准，即工艺基准。

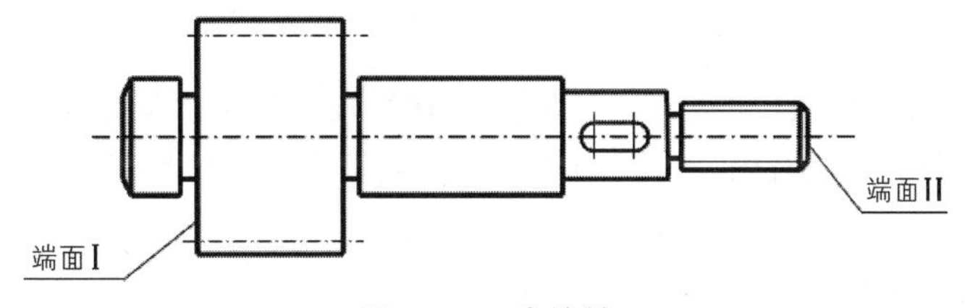

图 4-100 齿轮轴

零件都有长、宽、高 3 个方向的尺寸，每个方向至少应有一个基准。其中，决定每个方向主要尺寸的设计基准被称为主要基准。为了加工和测量方便而附加的基准被称为辅助基准。如图 4-100 所示，齿轮的端面 I 是确定齿轮轴在泵体中轴向位置的重要结合面，因此它是轴向尺寸的主要基准，端面 II 是轴向辅助基准。齿轮轴为回转体，因此轴线是径向尺寸的基准。

选择基准的一般原则如下。

- 设计基准反映了零件设计的要求，一般必须将它作为主要基准。零件的重要尺寸应当按照设计基准进行标注，以确保零件在机器中的工作性能。
- 工艺基准反映了零件加工、测量方面的要求，必须综合考虑。否则若标注尺寸不考虑加工的便捷性，则零件的形状和尺寸精度将无法得到保证。
- 在选择尺寸基准时，最好能将设计基准和工艺基准统一起来。这样既能满足设计要求，又能满足工艺要求。如果两者不能统一，则应优先确保设计要求。

（3）标注尺寸的注意事项。

① 不要标注成封闭的尺寸链。

如果同一方向上的一组尺寸依次相连，形成一个封闭的回路，其中每个尺寸都可以通过算术运算和其他尺寸计算得出，这组尺寸就形成了封闭的尺寸链。例如，在图 4-101（a）中，b 是 c、e 和 d 之和，而每个尺寸在加工后都会存在误差，因此 b 的误差会受到 c、e 和 d 这 3 个尺寸误差的影响，可能达不到设计要求。为此，应选一个次要尺寸（如 e）留出不标注，这样所有尺寸的误差都可以积累到这一部分，以保证主要尺寸的精度；在图 4-101（b）中，没有标注 e，避免了形成封闭的尺寸链。

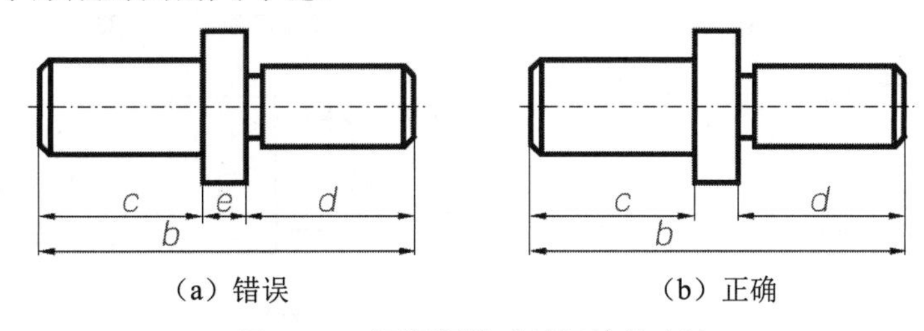

（a）错误　　（b）正确

图 4-101 不要标注成封闭的尺寸链

② 主要尺寸应直接注明。

主要尺寸是指直接影响零件在机器或部件中工作性能和准确位置的尺寸，如零件之间的配合尺寸、重要的安装定位尺寸等。在图 4-102 中，设计要求安装在两个轴承座孔中的轴的高度相等，因此轴承孔的中心高应从设计基准底面直接标注尺寸 b[见图 4-102（a）]，而不应像图 4-102（b）中的标注一样，需要通过计算 c 和 d 间接得到主要尺寸 b，这样会造成尺寸误差的积累，无法满足设计要求。直接注明主要尺寸，并同时提出尺寸公差、形状和位置公差的要求，以确保符合设计要求。

③ 尽量符合加工顺序。

长度方向的尺寸标注符合加工顺序，如图 4-103（a）所示。从如图 4-103（b）所示的轴在车床上的加工顺序中可以看出，应在图中直接注明每个加工顺序的所需尺寸。图 4-103（b）中的尺寸 51 是设计要求的主要尺寸。

④ 应考虑便于测量。

在图 4-104 中，若各段无特殊要求，则应按图 4-104（b）进行标注。这样便于测量和检验。

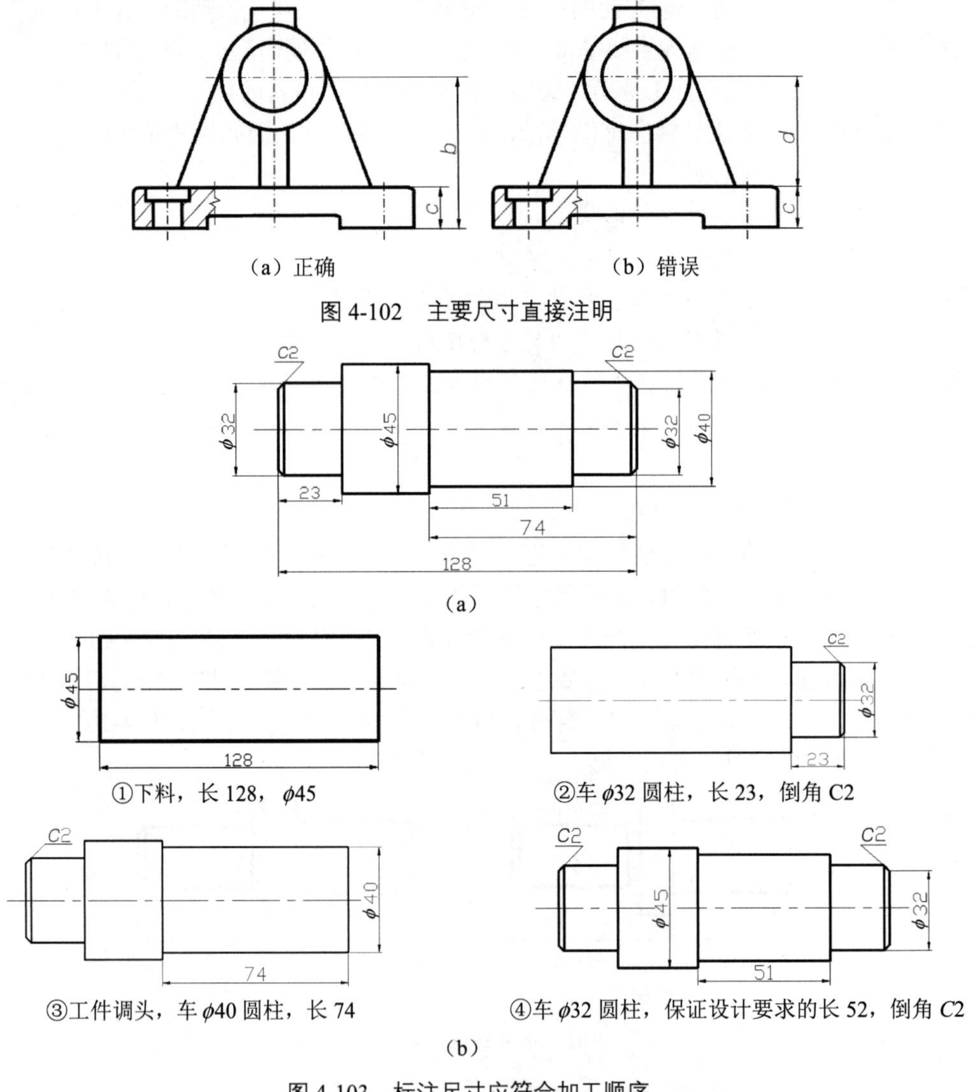

（a）正确　　（b）错误

图 4-102　主要尺寸直接注明

（a）

①下料，长 128，$\phi 45$

②车 $\phi 32$ 圆柱，长 23，倒角 C2

③工件调头，车 $\phi 40$ 圆柱，长 74

④车 $\phi 32$ 圆柱，保证设计要求的长 52，倒角 $C2$

（b）

图 4-103　标注尺寸应符合加工顺序

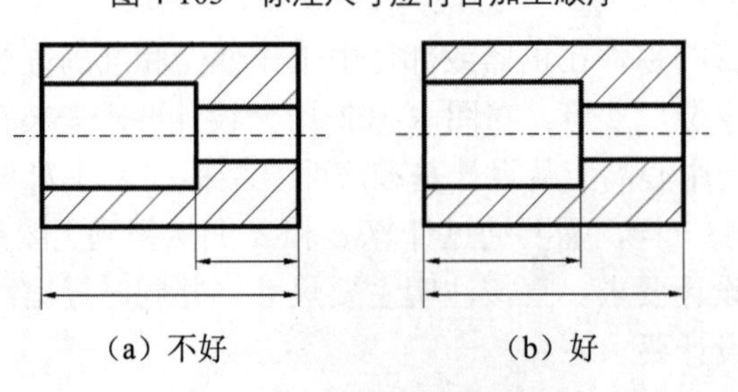

（a）不好　　（b）好

图 4-104　应考虑便于测量

任务五 模拟试题与上机实验

1. 选择题

（1）在设置文字样式时，若设置了文字的高度，则其效果是（　　）。

A. 在输入单行文字时，可以改变文字的高度

B. 输入单行文字时，不可以改变文字的高度

C. 在输入多行文字时，不可以改变文字的高度

D. 无论是在输入单行文字时，还是在输入多行文字时，都可以改变文字的高度

（2）若将尺寸标注对象，如尺寸线、尺寸界线、箭头和文字作为单一的对象，则必须将（　　）尺寸标注变量设置为 ON。

A. DIMASZ　　B. DIMASO　　C. DIMON　　D. DIMEXO

（3）在下列尺寸标注中，共用一条基线的是（　　）。

A. 基线标注　　B. 连续标注　　C. 公差标注　　D. 引线标注

（4）将图和已标注的尺寸同时放大 2 倍，其结果是（　　）。

A. 尺寸值是原尺寸的 2 倍

B. 尺寸值不变，字高是原尺寸 2 倍

C. 尺寸箭头是原尺寸的 2 倍

D. 原尺寸不变

（5）尺寸公差中的上、下偏差可以在线性标注的（　　）选项中堆叠起来。

A. 多行文字　　B. 文字　　C. 角度　　D. 水平

（6）将标注样式比例因子设置为 2，绘制长度为 100mm 的直线，标注后显示尺寸为（　　）。

A. 200mm　　B. 100mm　　C. 10mm　　D. 1000mm

（7）在修改标注样式时，只有在设置（　　）后，“文字”选项卡中的“分数高度比例”选项才有效。

A. 绘制文字边框　　B. 使用全局比例　　C. 选用公差标注　　D. 显示换算单位

（8）（　　）不是表格的单元格式数据类型。

A. 百分比　　B. 时间　　C. 货币　　D. 点

（9）使用公制样板文件创建文件，在“文字样式”对话框中将“高度”设为 0，并使用该样式输入文字，AutoCAD 将会（　　）。

A. 使用的默认字体高度 2.5，并且可以重新设置新的字高

B. 使用的默认字体高度 25，并且可以重新设置新的字高

C. 使用的默认字体高度 2，并且可以重新设置新的字高

D. 不能重新设置新的字高

2. 上机实验题

实验 1　标注如图 4-105 所示的技术要求。

◆ 目的要求

在零件图或装配图的技术要求中，经常需要进行文字标注，正确地进行文字标注是 AutoCAD 绘图中必不可少的一项工作。通过本实验的练习，读者应掌握文字标注的一般方法，特别是特殊字体的标注方法。

◆ 操作提示

（1）设置文字标注的样式。

（2）利用“多行文字”命令进行标注。

（3）利用快捷菜单输入特殊字符。

1. 当无标准齿轮时，允许检查下列 3 项来代替检查径向综合公差和一齿径向综合公差。

a. 齿圈径向跳动公差 F_r 为 0.056。

b. 齿形公差 ff 为 0.016。

c. 基节极限偏差 $\pm f_{pb}$ 为 0.018。

2. 未标注倒角为 C1。

图 4-105　技术要求

实验 2　绘制如图 4-106 所示的变速箱组装图明细表。

◆ 目的要求

明细表是工程制图中常用的表格。本实验通过绘制明细表，要求读者掌握表格相关命令的使用方法，体会表格功能的便捷性。

◆ 操作提示

（1）设置表格样式。

（2）插入空表格，并调整列宽。

（3）重新输入文字和数据。

14	端盖	1	HT150	
13	端盖	1	HT150	
12	定距环	1	Q235A	
11	大齿轮	1	40	
10	键 16×70	1	Q275	GB/T 1095-2003
9	轴	1	45	
8	轴承	2		30208
7	端盖	1	HT200	
6	轴承	2		30211
5	轴	1	45	
4	键8×50	1	Q275	GB/T 1095-2003
3	端盖	1	HT200	
2	调整垫片	2组	08F	
1	减速器箱体	1	HT200	
序号	名　称	数量	材　料	备　注

图 4-106　变速箱组装图明细表

实验 3　标注如图 4-107 所示的挂轮架

◆ 目的要求

图 4-107 中的尺寸分为普通线性尺寸、直径尺寸、半径尺寸和角度尺寸。通过本实验，要求读者掌握图形标注的一般方法与需要注意的事项。

◆ 操作提示

（1）设置当前标注样式，并标注普通线性尺寸、直径尺寸和半径尺寸。

（2）转换当前标注样式，并标注角度尺寸。

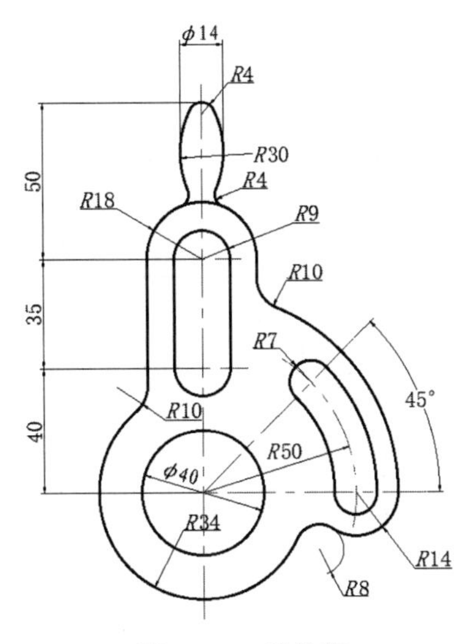

图 4-107 挂轮架

实验 4 绘制并标注如图 4-108 所示的止动垫圈

◆ 目的要求

图 4-108 中的尺寸为带公差线性尺寸。通过本实验，要求读者掌握带公差线性尺寸的标注方法。

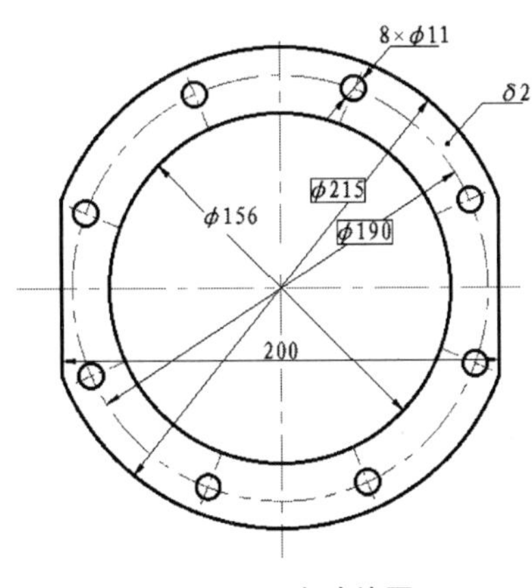

图 4-108 止动垫圈

◆ 操作提示

（1）绘制图形轮廓。

（2）设置当前标注样式，并标注基本尺寸。

（3）利用“引线标注”命令标注垫片厚度。

实验 5 绘制并标注如图 4-109 所示的泵轴

◆ 目的要求

通过本实验，要求读者掌握重点公差标注的一般方法与需要注意的事项。

◆ 操作提示

（1）设置图层。

（2）绘制图形。

（3）利用“尺寸标注”“引线标注”“几何公差”等命令完成尺寸的标注。

（4）利用二维绘图和编辑命令及“单行文字”命令，为图形添加粗糙度和剖切符号。

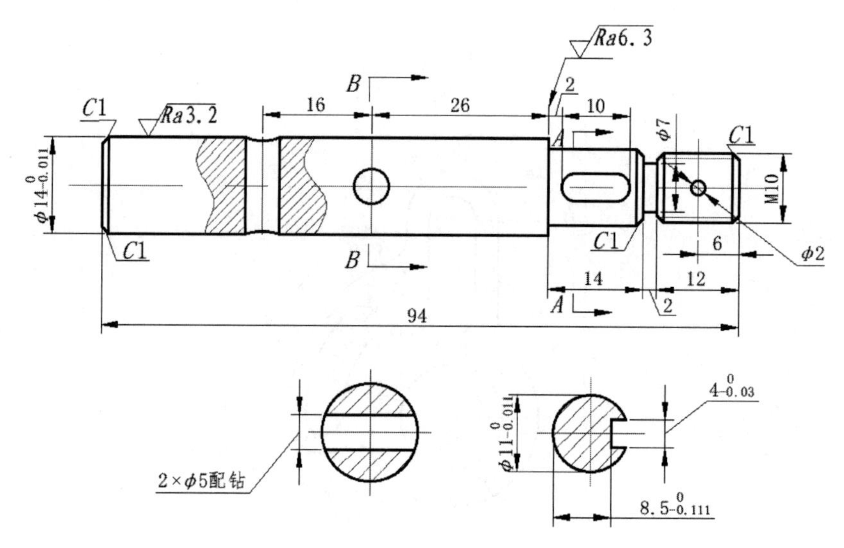
Ra6.3
B
B
2
16
26
10
C1
Ra3.2
A
A
φ7
C1
M10
C1
C1
6
φ2
14
12
2
94
4-0.03
2×φ5配钻
8.5-0.111

图 4-109 泵轴

项目五　灵活运用辅助绘图工具

学习情境

在电气设计绘图过程中，经常会遇到一些重复出现的图形。如果每次都重新绘制这些图形，不仅会造成大量的重复工作，而且会占用大量的磁盘空间来存储这些图形及其信息。我们可以利用图块、设计中心和工具选项板进行模块化作图。这不仅可以避免大量的重复工作，提高绘图速度和工作效率，而且能够显著节省磁盘空间。本项目将学习这些知识。

素质目标

通过讲解 AutoCAD 中的图块操作、设计中心应用和工具选项板，培养读者熟练掌握软件的操作技巧，提升绘图效率和质量。同时，培养读者自主学习的能力和习惯，为今后的学习和工作奠定坚实的基础。

能力目标

- 熟悉图块的相关操作
- 灵活应用设计中心
- 了解工具选项板

课时安排

6 课时（讲授 3 课时，练习 3 课时）

任务一　标注花键轴表面粗糙度

任务背景

在机械制图的过程中，如果遇到需要重复绘制的单元，尤其是需要在不同图形中重复使用的单元，为了提高绘图效率并避免重复劳动，AutoCAD 提供了图块功能。

图块也被称为块，它是由一组图形对象组成的集合。一组对象一旦被定义为图块，它们将成为一个整体。此时，选择图块中任意一个图形对象即可选中构成图块的所有对象。AutoCAD 将一个图块作为一个对象进行编辑和修改等操作，用户可以根据绘图需要将图块插入到图中任意指定的位置，并且在插入时还可以指定不同的缩放比例和旋转角度。如果需要对组成图块的单个图形对象进行修改，则可以利用“分解”命令把图块分解为若干个对象。图块还可以被重新定义。一旦图块被重新定义，整个图中基于该图块的对象都将随之改变。

在本任务中，首先利用直线命令绘制粗糙度符号，然后利用写图块命令创建图块，最后利用插入图块命令及多行文字命令添加表面粗糙度，结果如图 5-1 所示。

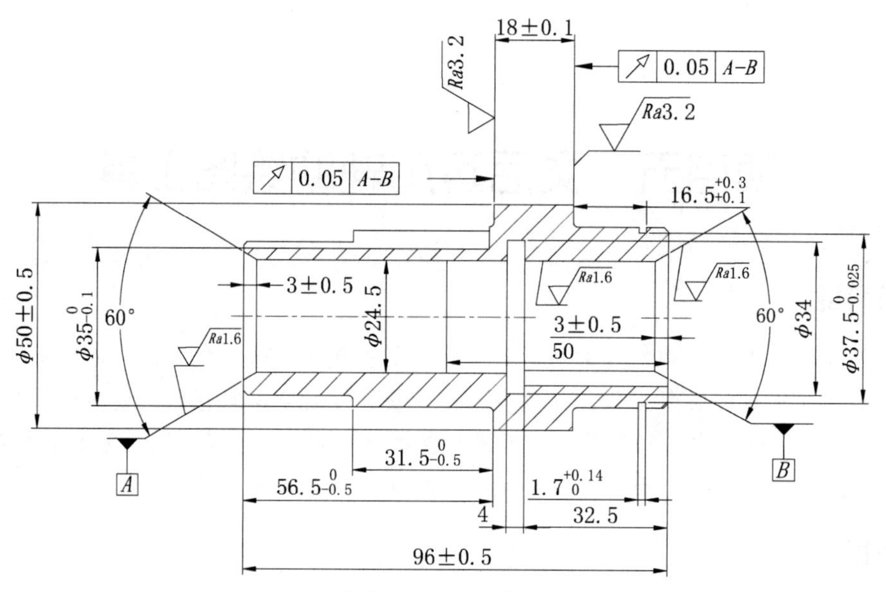

图 5-1　标注花键轴表面粗糙度结果

操作步骤

微课

（1）打开“源文件\项目五\花键轴”图形，如图 5-2 所示。

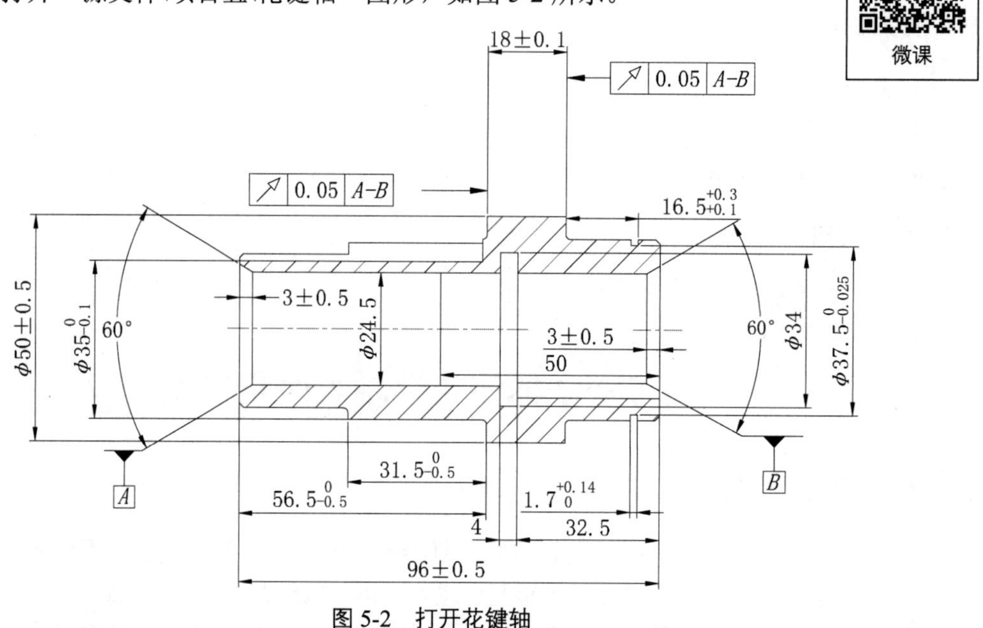

图 5-2　打开花键轴

（2）单击“默认”选项卡的“绘图”面板中的“直线”按钮，绘制粗糙度符号，结果如图 5-3 所示。

（3）单击“默认”选项卡的“注释”面板中的“多行文字”按钮**A**，在粗糙度符号下方输入文字 *Ra*，结果如图 5-4 所示。

（4）在命令行中输入“ATTDEF”命令，或选择菜单栏中的“绘图”→“块”→“定义属性”命令，或者单击“默认”选项卡的“块”面板中的“定义属性”按钮，打开“属性定义”对话框，按照图 5-5 进行设置，单击“确定”按钮。

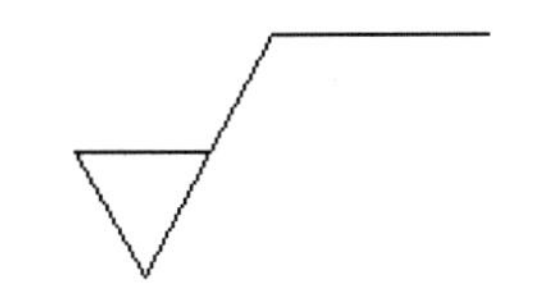

图 5-3 绘制粗糙度符号结果

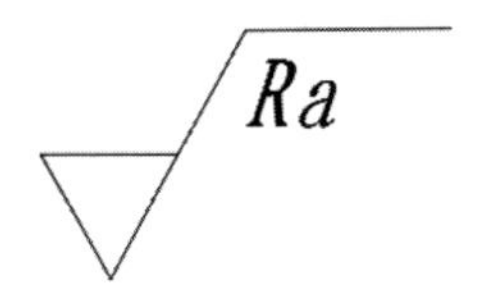

图 5-4 输入文字结果

（5）在命令行中输入“WBLOCK”命令，或者单击“插入”选项卡的“块定义”面板中的“保写块”按钮，打开“写块”对话框，如图 5-6 所示；单击“拾取点”按钮，选择图形的下尖点，将其作为基点；单击“选择对象”按钮，选择图 5-4，将其作为对象；输入图块名称并指定保存图块路径，单击“确定”按钮。

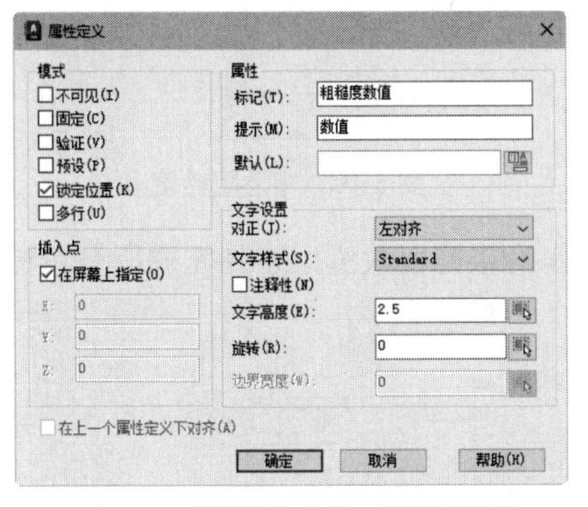

图 5-5 “属性定义”对话框设置

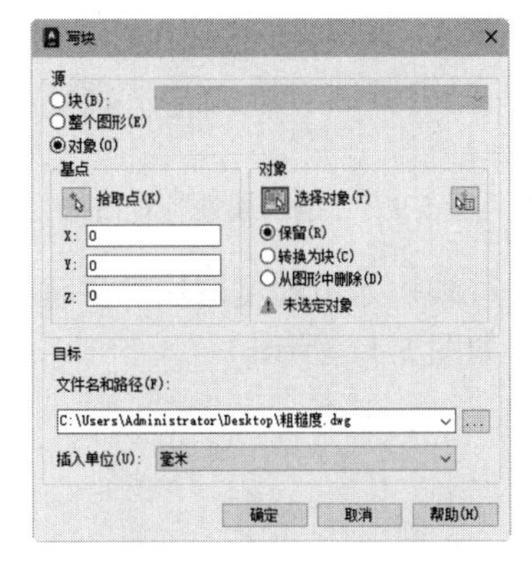

图 5-6 “写块”对话框

（6）单击“默认”选项卡的“块”面板中的“插入”按钮，打开“插入”下拉菜单（见图 5-7），选择“库中的块”命令，打开“块”选项板，如图 5-8 所示；单击“浏览块库”按钮，打开“选择文件”对话框，找到保存的粗糙度图块；在“选项”选区中，设置比例和旋转角度，在绘图区指定插入点，将该图块插入绘图区的任意位置。这时，会打开“编辑属性”对话框（见图 5-9），在该对话框中输入粗糙度数值 3.2，完成一个粗糙度的标注，如图 5-10 所示。

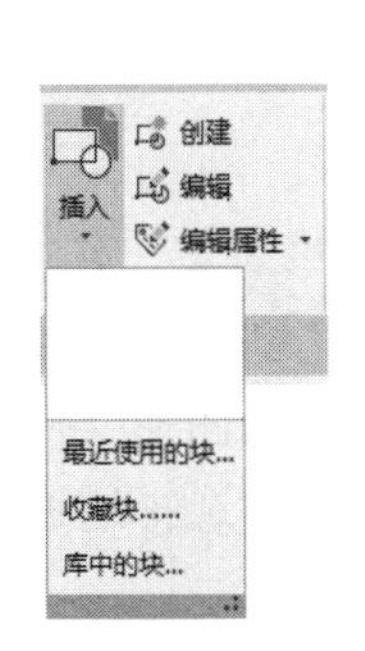

图 5-7 “插入”下拉菜单

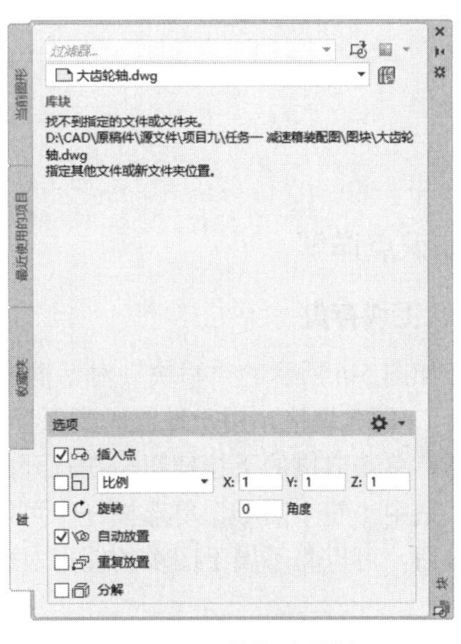

图 5-8 “块”选项板

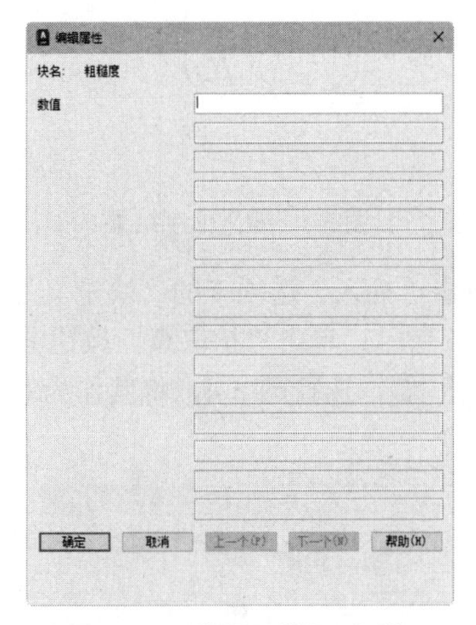

图 5-9 “编辑属性”对话框

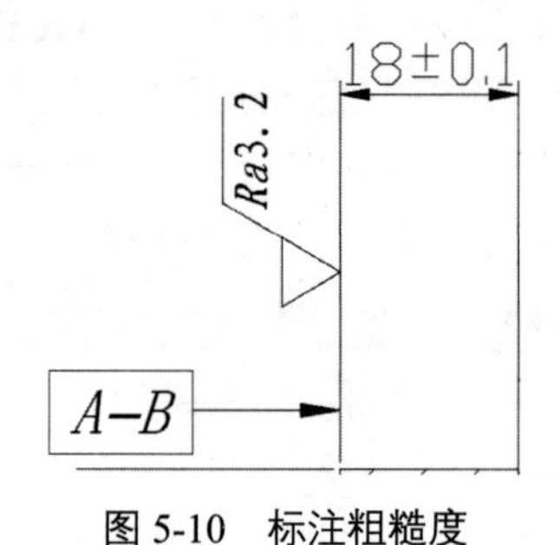

图 5-10 标注粗糙度

（7）继续插入粗糙度图块，并输入不同属性值作为粗糙度数值，直到完成所有粗糙度标注，结果如图 5-11 所示。

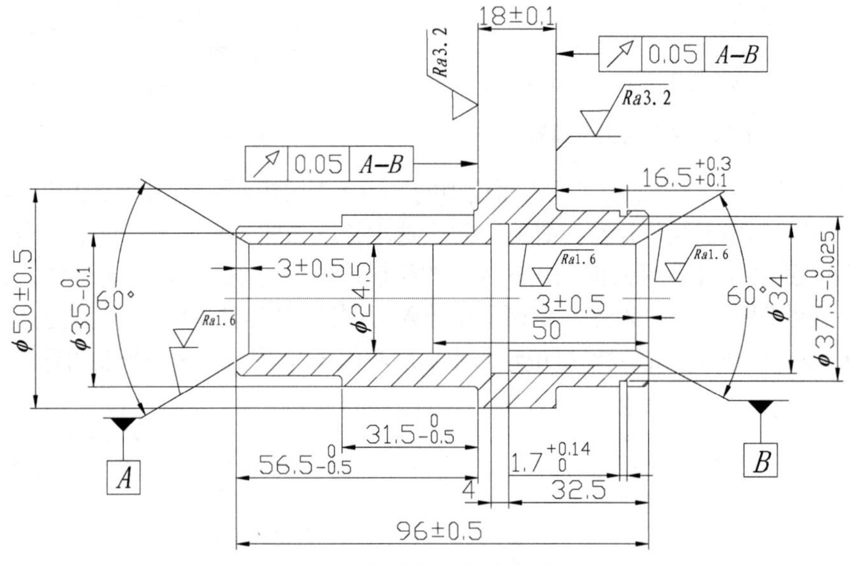

图 5-11 标注所有粗糙度结果

知识点详解

1. 图块存盘

在如图 5-6 所示的“写块”对话框中，部分选项的含义如下。

（1）“源”选区：用于设置需要保存为图形文件的图块或图形对象。其中，选中“块”单选按钮，单击右侧的下拉按钮，在打开的下拉列表框中选择一个图块，可以将其保存为图形文件；选中“整个图形”单选按钮，可以将当前的整个图形保存为图形文件；选中“对象”单选按钮，可以将不属于图块的图形对象保存为图形文件。对象的选择通过“对象”选区来完成。

（2）“目标”选区：用于指定图形文件的名字、保存路径和插入单位等。

2. 图块的插入

在如图 5-8 所示的“块”选项板中，各选项卡的含义如下。

（1）“当前图形”选项卡：显示当前图形中可用图块的预览或列表。

（2）“最近使用的项目”选项卡：显示当前和上一个任务中最近插入或创建的图块定义的预览或列表。这些图块可能来自各种图形。

（3）“收藏夹”选项卡：显示从“块”选项板的其他选项卡中复制的收藏块定义的预览或列表。

（4）“库”选项卡：显示从单个指定图形中插入的块定义的预览或列表。块定义可以存储在任何图形文件中。在将图形文件作为图块插入时，会将其所有图块定义输入到当前图形中。

在如图 5-8 所示的“块”选项板的下方，部分选项的含义如下。

（1）“插入点”复选框：用于指定图块的插入点。如果勾选该复选框，则在插入图块时使用定点设备或手动输入坐标，即可指定插入点；如果取消勾选该复选框，则使用之前指定的坐标。

（2）“比例”复选框：用于指定插入图块的缩放比例。图块在被插入当前图形时，可以以任意比例放大或缩小。图 5-12（a）所示为被插入的图块，图 5-12（b）所示为当比例系数为 1.5 时，插入该图块的结果，图 5-12（c）所示为当比例系数为 0.5 时，插入该图块的结果。*X* 轴方向和 *Y* 轴方向的比例系数可以取不同值。图 5-12（d）所示为当 *X* 轴方向的比例系数为 1，*Y* 轴方向的比例系数为 1.5 时，插入该图块的结果。另外，比例系数还可以是负数。当比例系数为负数时，表示插入镜像后的图块，如图 5-13 所示。

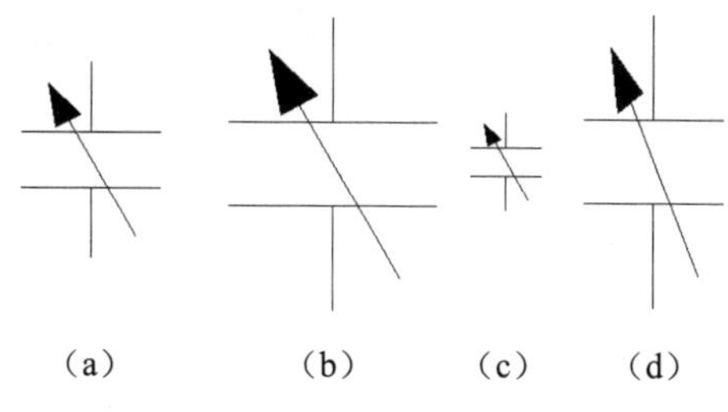

图 5-12　取不同比例系数插入图块的效果

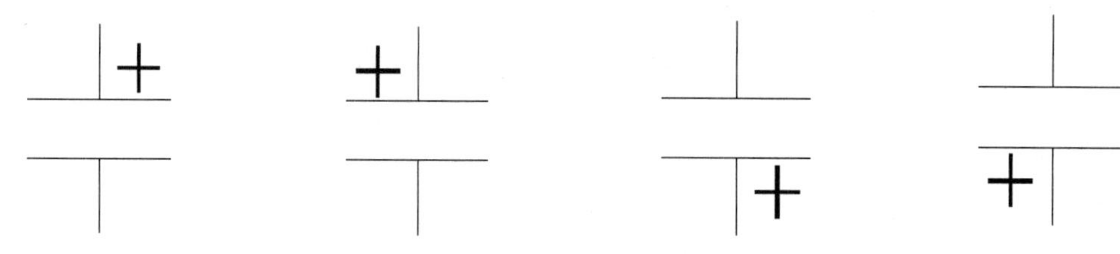

图 5-13　取比例系数为负值时插入图块的效果

（3）“旋转”复选框：用于指定插入图块时的旋转角度。图块在被插入到当前图形中时，可以绕其基点旋转一定的角度。这个角度可以是正数（表示沿逆时针方向旋转），也可以是负数（表示沿顺时针方向旋转）。图 5-14（b）展示的是图 5-14（a）旋转 45° 的插入效果，图 5-14（c）展示的是图 5-14（a）旋转-45° 的插入效果。

（4）“自动放置”复选框：根据之前在图形中放置图块的位置提供放置建议。图块放置引擎通过学习现有图块实例在图形中的放置方式，推断相同图块的下一次放置位置。当从“块”

选项板中将图块插入到图形中时，该引擎会提供接近之前放置该图块的类似于几何图形的放置建议。

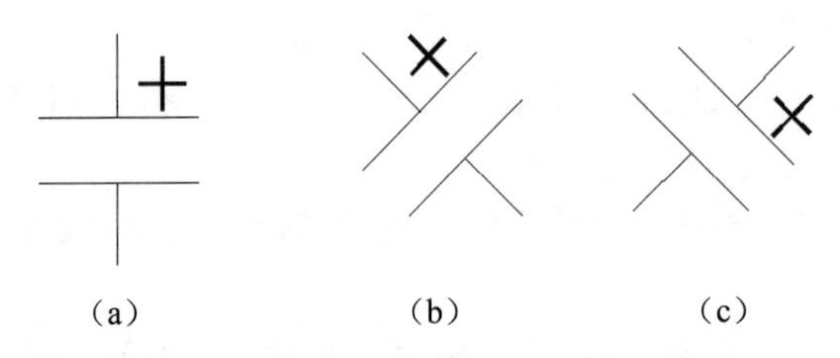

（a）　　（b）　　（c）

图 5-14　以不同旋转角度插入图块的效果

（5）“重复放置”复选框：用于控制是否自动重复插入图块。如果勾选该复选框，则自动提示其他插入点，直到按 Esc 键取消命令；如果取消勾选该复选框，则插入一次指定的图块。

（6）“分解”复选框：用于在插入图块时控制是否自动将其分解为其部件对象。作为图块将在插入时遭分解的指示，将自动阻止光标处图块的预览。如果勾选该复选框，则图块中的构件对象将解除关联并恢复为原有特性。如果取消勾选该复选框，将在不分解图块的情况下插入指定图块。

3. 属性定义

在如图 5-5 所示的“属性定义”对话框中，部分选项的含义如下。

（1）“模式”选区：用于设置属性的模式。

①“不可见”复选框：若勾选此复选框，则属性为不可见显示方式，即在插入图块并输入属性值后，属性值不会在图中显示。

②“固定”复选框：若勾选此复选框，则属性值为常量，即在定义属性时给定属性值，在插入图块时系统不再提示输入属性值。

③“验证”复选框：若勾选此复选框，则当插入图块时，系统将重新显示属性值，让用户验证该值是否正确。

④“预设”复选框：若勾选此复选框，则当插入图块时，系统会自动将预先设置好的默认值赋予属性，而不再提示用户输入属性值。

⑤“锁定位置”复选框：若勾选此复选框，则当插入图块时，系统将锁定图块参照中属性的位置。在解锁后，属性可以相对于使用夹点编辑的图块的其他部分移动，并且可以调整多行属性的大小。

⑥“多行”复选框：用于设置属性值可以包含多行文字。

（2）“属性”选区：用于设置属性值。

①“标记”文本框：用于设置属性标签。属性标签可由除空格和感叹号以外的所有字符组成。AutoCAD 可以自动把小写字母转换为大写字母。

②“提示”文本框：用于设置属性提示。属性提示是插入图块时 AutoCAD 要求输入属性值的提示。如果不在此文本框内输入文本，则将属性标签作为提示。如果在“模式”选区勾选“固定”复选框，即设置属性为常量，则不需要设置属性提示。

③“默认”文本框：用于设置默认的属性值。用户可以将使用次数较多的属性值作为默认值，也可不设置默认值。

（3）“插入点”选区：用于设置属性文本的位置。用户可以在插入时在图形中确定属性文本的位置，也可以直接在 X、Y、Z 文本框中输入属性文本的位置坐标。

（4）“文字设置”选区：用于设置属性文本的对齐方式、文字样式、文字高度和旋转角度。

（5）“在上一个属性定义下对齐”复选框：若勾选此复选框，则表示将属性标签直接放在前一个属性的下面，而且该属性将继承前一个属性的文本样式、字高和旋转角度等特性。

4. 表面粗糙度符号

表面粗糙度是指加工表面上的较小间距和微小峰谷的不平度。两个波峰或两个波谷之间的距离（波距）很小（在 1mm 以下），它属于微观几何形状误差，如图 5-15 所示。

（1）评定参数。

① 轮廓算术平均偏差——*Ra*。

② 轮廓最大高度——*Ry*。

既然表面粗糙度符号用于表明材料或工件的表面情况、表面加工方法及粗糙程度等属性，那么应该有一套标准化的标示规定。表面粗糙度的有关规定如图 5-16 所示。

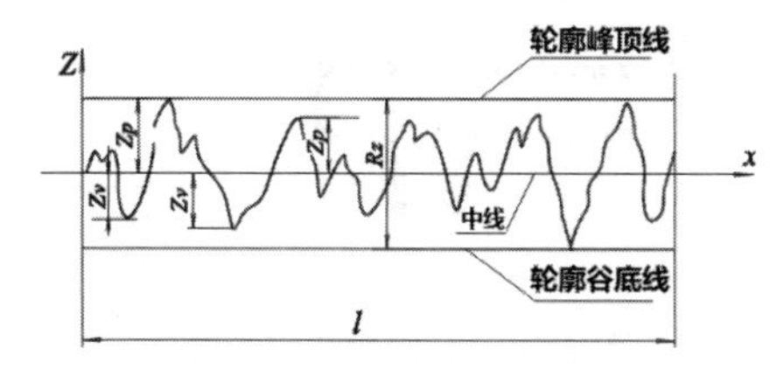

图 5-15 微观几何形状误差

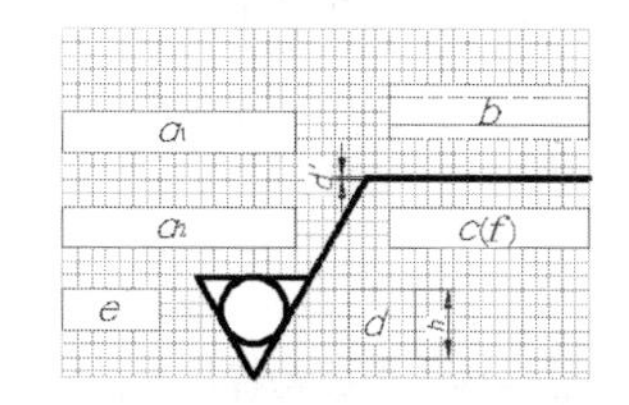

图 5-16 表面粗糙度的有关规定

其中，*h* 为字体高度，*d'*=1/10*h*；a_1、a_2 为表面粗糙度高度参数的允许值，单位为 mm；*b* 为加工方法、镀涂或其他表面处理；*d* 为加工纹理方向符号；*e* 为加工余量，单位为 mm；*f* 为表面粗糙度间距参数值或轮廓支撑长度率。

零件的表面粗糙度是评定零件表面质量的一项技术指标。零件表面粗糙度要求越高（表面粗糙度参数值越小），其加工成本也就越高。因此，应在满足零件表面功能的前提下，合理选用表面粗糙度参数。

（2）表面粗糙度符号的标注方法。

① 表面粗糙度符号应标注在可见的轮廓线、尺寸线、尺寸界线或其延长线上。对于镀涂表面，表面粗糙度符号可以标注在表示线上。符号的尖端必须从材料外指向表面，如图 5-17 和图 5-18 所示。表面粗糙度代号中数字及符号的方向必须按图 5-17 和图 5-18 的规定标注。

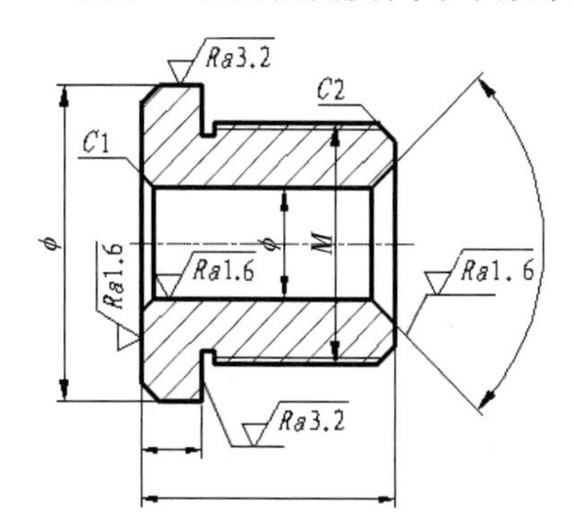

图 5-17 表面粗糙度标注 1

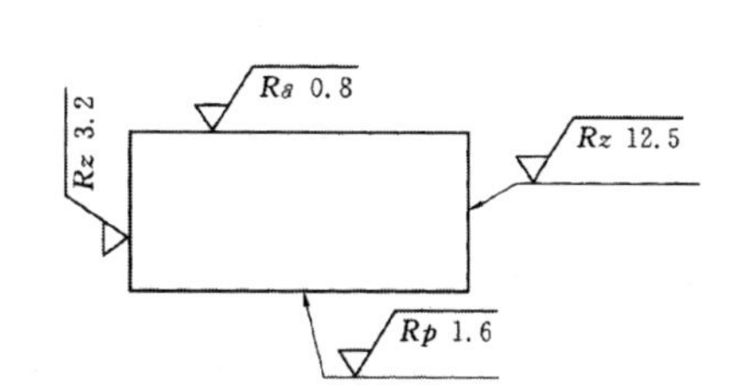

图 5-18 表面粗糙度标注 2

② 在同一图样上，每个表面一般只标注一次符号，并尽可能靠近相关尺寸线。当空间狭小或不便进行标注时，可以引出标注，如图 5-19 所示。

③ 当使用统一标注和简化标注方法来表达表面粗糙度要求时，其代号和文字说明均应是图形上所注代号和文字的 1.4 倍，如图 5-19 和图 5-20 所示。

④ 当零件的大部分表面具有相同的表面粗糙度要求时，其代号可在图样的右下角统一标注，如图 5-19 所示。

⑤ 当零件的所有表面具有相同的表面粗糙度要求时，其代号可以在图样的右下角统一标注，如图 5-20 所示。

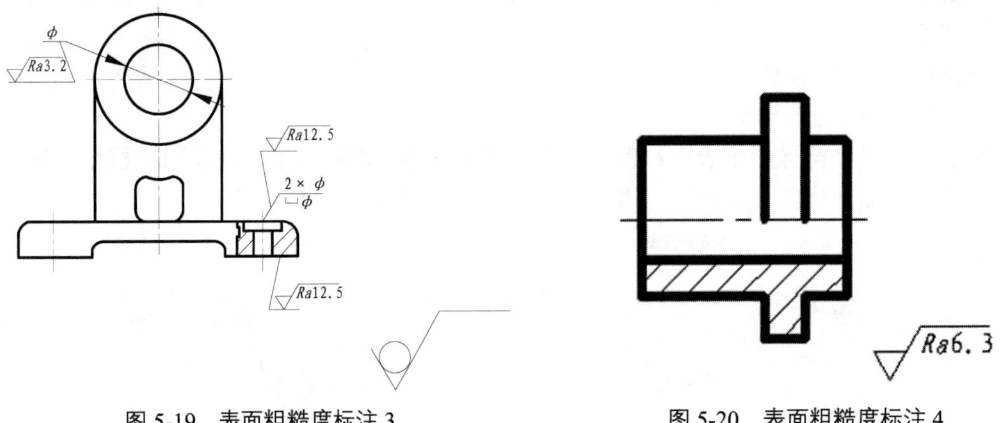

图 5-19 表面粗糙度标注 3　　图 5-20 表面粗糙度标注 4

任务二 绘制球阀装配平面图

任务背景

在机械制图的过程中，为了进一步提高绘图的效率，以及对绘图过程进行智能化管理和控制，AutoCAD 提供了设计中心辅助绘图工具。

利用 AutoCAD 提供的设计中心窗口，可以很容易地组织设计内容，并将它们拖动到自己的图形中。在如图 5-21 所示的设计中心窗口中，左侧为资源管理器，右侧为内容显示区（其中上方为文件显示框，中间窗口为图形预览显示框，下方窗口为说明文本显示框）。

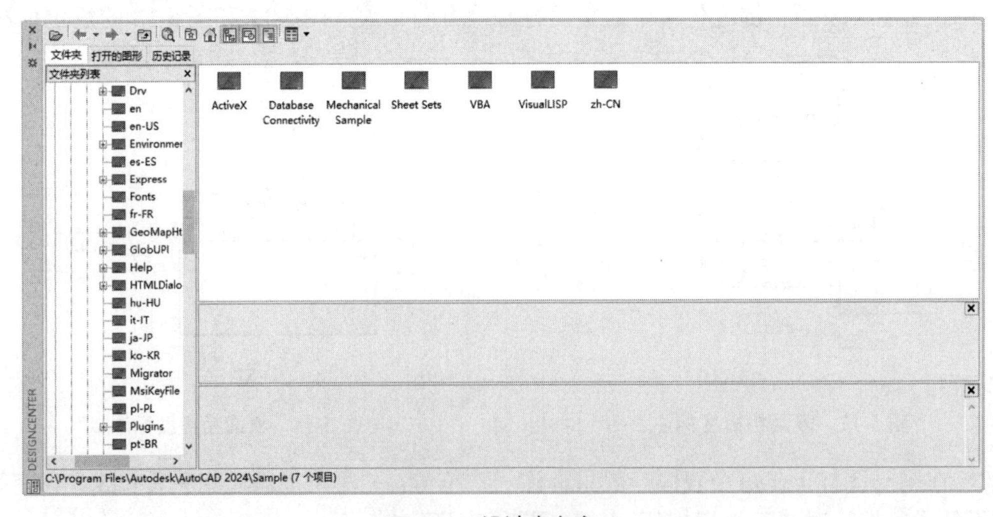

图 5-21 设计中心窗口

球阀装配平面图由阀体、阀盖、密封圈、阀芯、压紧套、阀杆和扳手等零件图组成。

装配图是零部件加工和装配过程中重要的技术文件。在设计过程中，需要通过剖视和放大等表达方式，还需要标注装配尺寸，绘制和填写明细表等。因此，通过球阀装配平面图的绘制，可以提高读者的综合设计能力。本任务先将零件图制作为图块，并将其插入到装配图中，再修改零件图的视图。本节不介绍制作图块的步骤，读者可以参考相关资料。球阀装配平面图如图 5-22 所示。

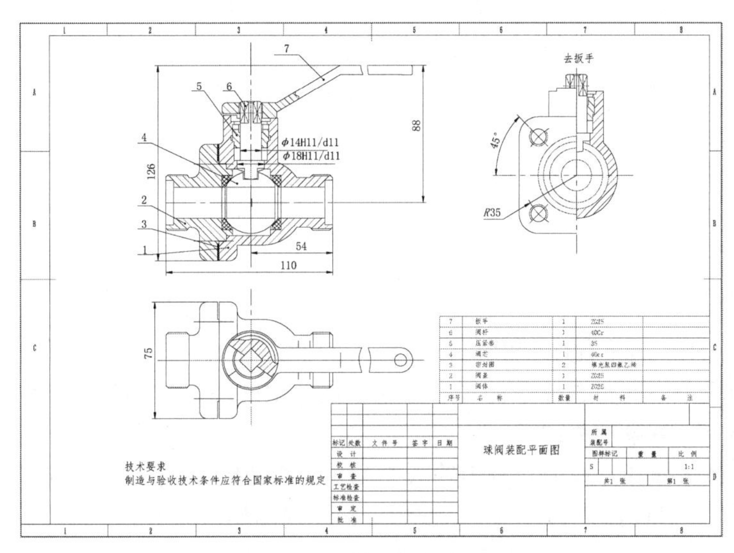

图 5-22 球阀装配平面图

操作步骤

1. 设置绘图环境

（1）新建文件。单击快速访问工具栏中的“新建”按钮，打开“选择样板”对话框，选择 A2-2 样板图文件，将其作为模板（见图 5-23），将文件命名为“球阀装配图.dwg”并保存。

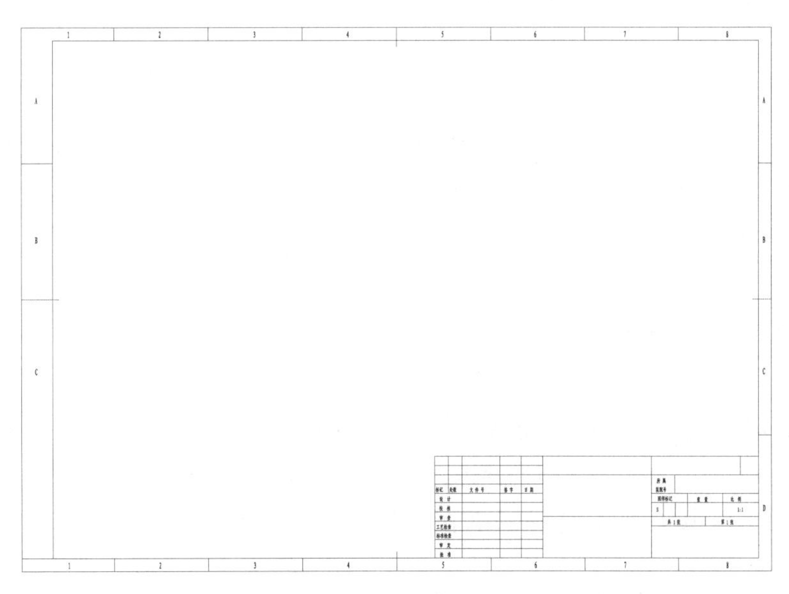

图 5-23 球阀装配平面图模板

（2）新建图层。通过单击“默认”选项卡的“图层”面板中的“图层特性”按钮，打开“图层特性管理器”选项板，新建图层并设置每个图层，如图 5-24 所示。

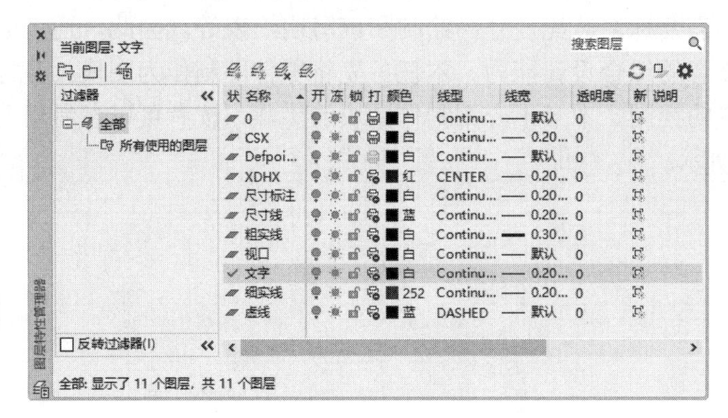

图 5-24　图层设置

2. 组装装配图

在绘制零件图时，为了便于装配，用户可以分别将零件的主视图及其他视图定义成图块，但是在定义的图块中不能包含零件的尺寸标注和定位中心线，并且图块的基点应位于与其零件有装配关系或定位关系的关键点。

（1）插入阀体平面图。在命令行中输入“ADCENTER”命令，或者选择菜单栏中的“工具”→“选项板”→“设计中心”命令，或者单击“视图”选项卡的“选项板”面板中的“设计中心”按钮，打开设计中心窗口（见图 5-25），其中包含“文件夹”、“打开的图形”和“历史记录”3 个选项卡。用户可以根据需要选择相应的选项卡。

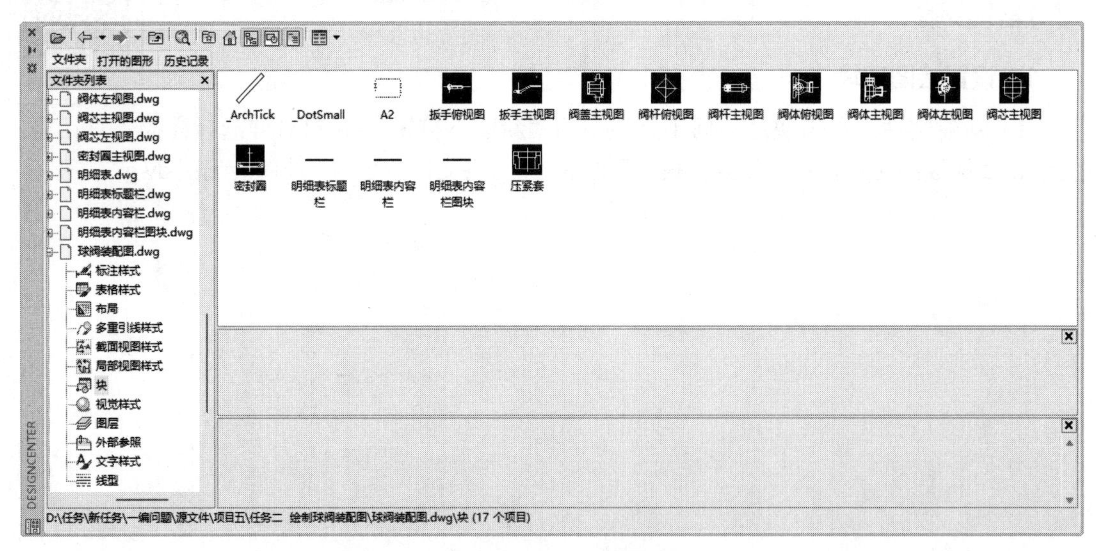

图 5-25　设计中心窗口

（2）选择“文件夹”选项卡，将显示计算机中的所有文件，找到需要插入的阀体零件图文件并双击；双击该文件中的“块”选项，右侧的文件显示框中将显示图形中的所有图块，如图 5-25 所示；在其中选择“阀体主视图”图块并双击，打开“插入”对话框，如图 5-26 所示。

（3）按照图 5-26 进行设置，其中插入的图形比例为 1，旋转角度为 0°，单击“确定”按钮，此时命令行会提示“指定插入点或[比例(S)/X/Y/Z/旋转®/预览比例(PS)/PX/PY/PZ/预览旋转(PR)]:”。

（4）在命令行中输入(100,200)，将“阀体主视图”图块插入到球阀装配平面图中，插入后轴右端中心线处的坐标为(100,200)，结果如图 5-27 所示。

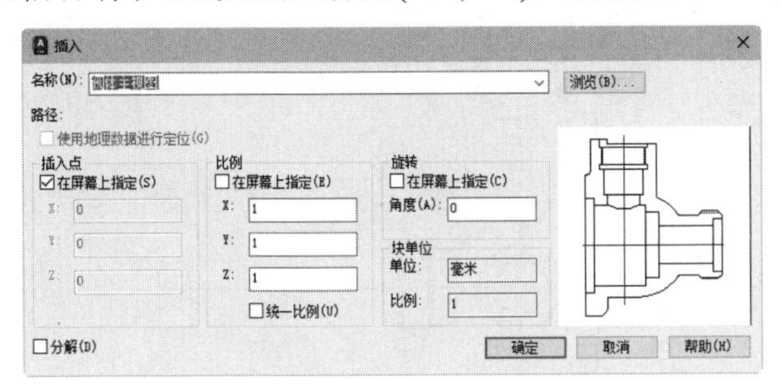

图 5-26 “插入”对话框

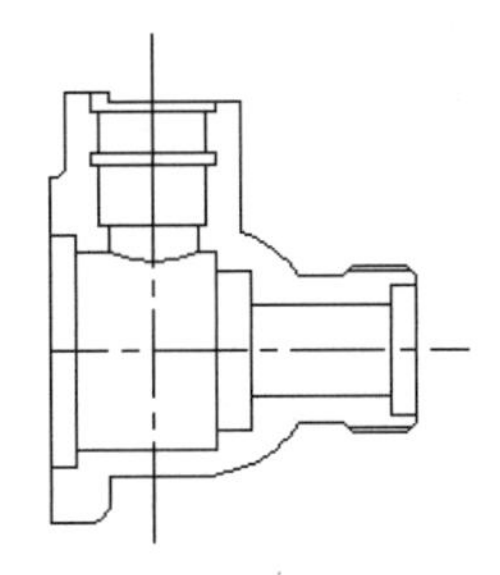

图 5-27 插入图块结果

（5）插入“阀体俯视图”图块，设置插入的图形比例为 1，旋转角度为 0°，插入点坐标为(100,100)；插入“阀体左视图”图块，设置插入的图形比例为 1，旋转角度为 0°，插入点坐标为(300,200)。阀体三视图如图 5-28 所示。

（6）插入“阀盖主视图”图块，设置插入的图形比例为 1，旋转角度为 0°，插入点坐标为(84,200)。由于阀盖的外形轮廓与阀体左视图的外形轮廓相同，因此不需要插入“阀盖左视图”图块。因为阀盖是一个对称结构，其主视图与俯视图相同，所以将“阀盖主视图”图块插入“阀体装配图”的俯视图即可，结果如图 5-29 所示。

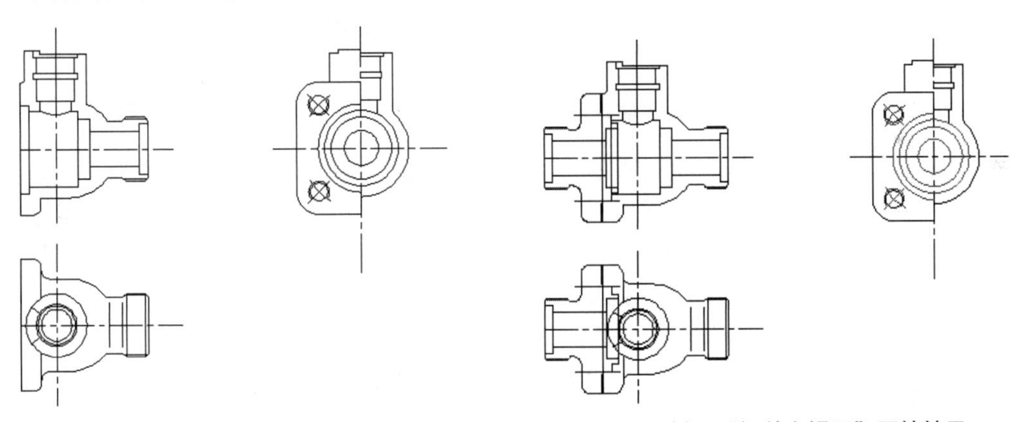

图 5-28 阀体三视图　　图 5-29 插入“阀盖主视图”图块结果

（7）分解并修改俯视图中的阀盖俯视图，结果如图 5-30 所示。

（8）插入“密封圈主视图”图块，设置插入的图形比例为 1，旋转角度为 90°，插入点坐标为(120,200)。由于该装配图中有两个密封圈，因此需要再插入一个“密封圈主视图”图块，设置插入的图形比例为 1，旋转角度为-90°，插入点坐标为(77,200)，结果如图 5-31 所示。

（9）插入“阀芯主视图”图块，设置插入的图形比例为 1，旋转角度为 0°，插入点坐标为(100,200)，结果如图 5-32 所示。

（10）插入“阀杆主视图”图块，设置插入的图形比例为 1，旋转角度为-90°，插入点坐标为(100,227)；插入“阀杆俯视图”图块，设置插入的图形比例为 1，旋转角度为 0°，插入点坐标为(100,100)。由于阀杆左视图与主视图相同，因此插入“阀杆主视图”图块的左视图，设置插入的图形比例为 1，旋转角度为-90°，插入点坐标为(300,227)，并对左视图图块进行分解和删除，结果如图 5-33 所示。

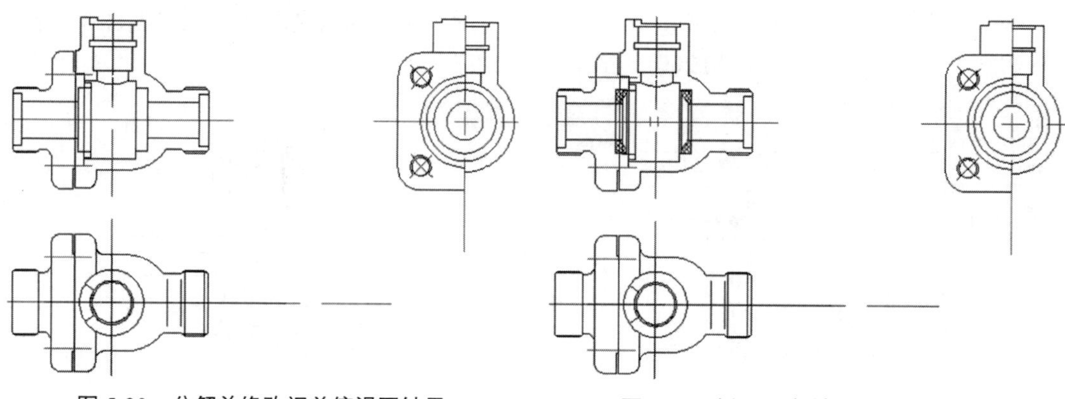

图 5-30　分解并修改阀盖俯视图结果　　　图 5-31　插入“密封圈主视图”图块

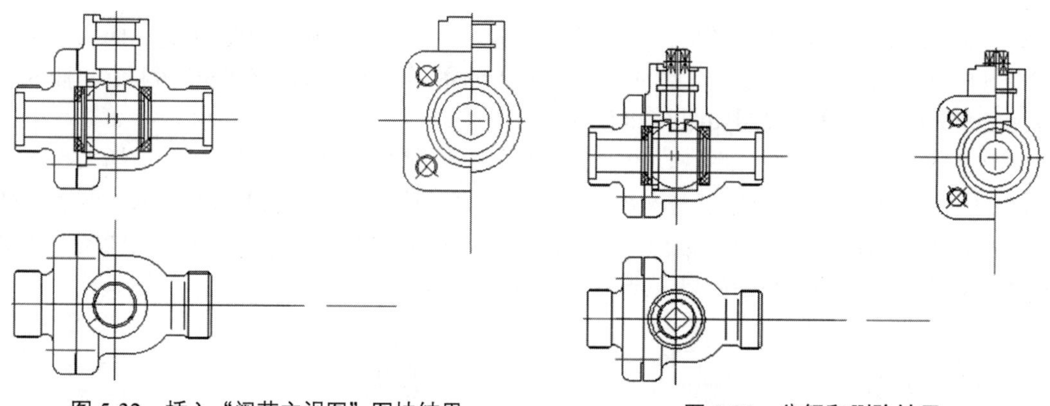

图 5-32　插入“阀芯主视图”图块结果　　　图 5-33　分解和删除结果

（11）插入“压紧套主视图”图块，设置插入的图形比例为 1，旋转角度为 0°，插入点坐标为(100,235)。由于压紧套左视图与主视图相同，因此可在阀体左视图中继续插入“压紧套主视图”图块，设置插入的图形比例为 1，旋转角度为 0°，插入点坐标为(300,235)，结果如图 5-34 所示。

微课

（12）分解并修改主视图和左视图中的压紧套图块，结果如图 5-35 所示。

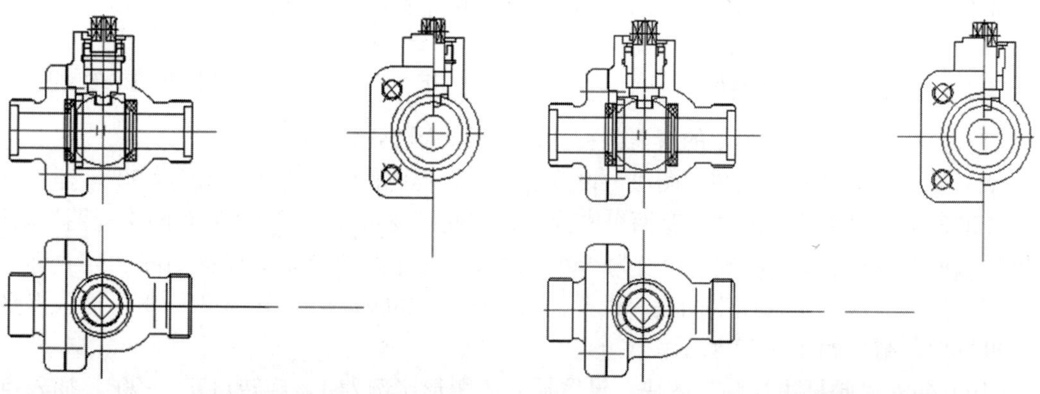

图 5-34　插入“压紧套主视图”图块结果　　　图 5-35　分解并修改视图后的图块 1

（13）插入“扳手主视图”图块，设置插入的图形比例为 1，旋转角度为 0°，插入点坐标为(100,254)；插入“扳手俯视图”图块，设置插入的图形比例为 1，旋转角度为 0°，插入点坐标为(100,100)，结果如图 5-36 所示。

（14）分解并修改主视图和俯视图中的扳手图块，结果如图 5-37 所示。

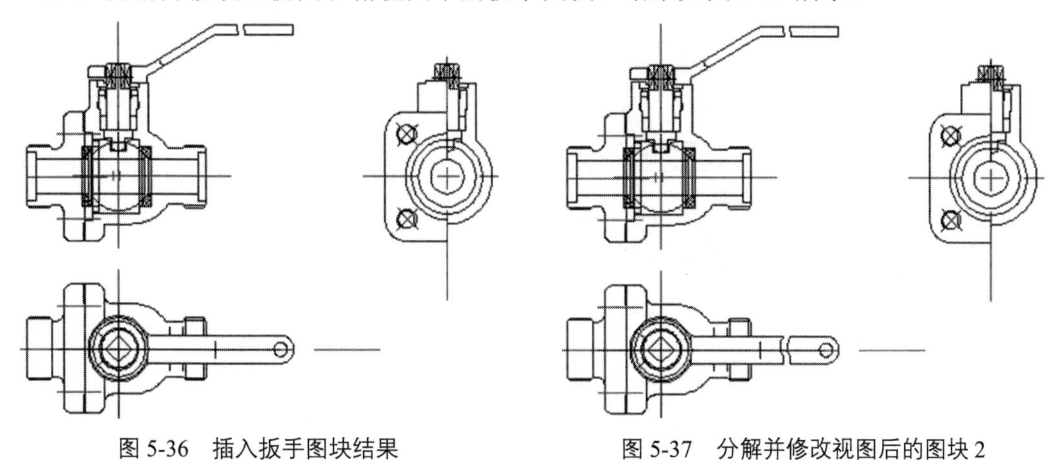

图 5-36　插入扳手图块结果　　　图 5-37　分解并修改视图后的图块 2

3. 填充剖面线

（1）修改视图。综合运用各种命令，修改图 5-37 中的图形，并绘制填充剖面线的边界线，结果如图 5-38 所示。

（2）绘制剖面线。单击“默认”选项卡的“绘图”面板中的“图案填充”按钮，选择需要的剖面线样式，进行剖面线的填充。

（3）如果对填充后的效果不满意，则可以双击图形中的剖面线，打开“图案填充编辑”对话框，在其中进行二次编辑。

（4）单击“默认”选项卡的“绘图”面板中的“图案填充”按钮，将视图中需要填充的区域进行填充。

（5）单击“默认”选项卡的“修改”面板中的“修剪”按钮，修剪多余线段，结果如图 5-39 所示。

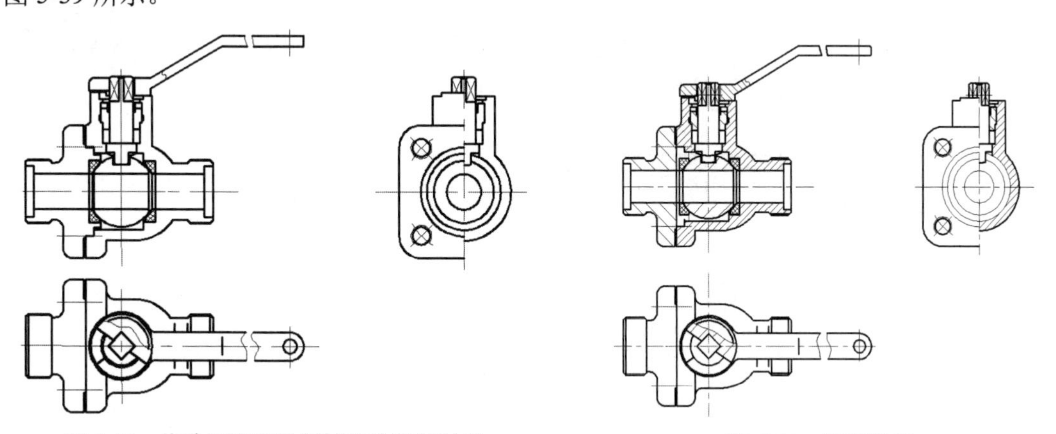

图 5-38　修改图形和绘制填充边界线结果　　　图 5-39　修剪结果

微课

4. 标注球阀装配平面图

（1）标注尺寸。在装配图中，不需要标注每个零件的尺寸，只需标注规格尺寸、装配尺寸、外形尺寸、安装尺寸及其他重要尺寸。在本任务中，只需标注一些装配尺寸，并且均采用线性标注，方法比较简单，因此此处不再赘述。图 5-40 所示为标注尺寸后的球阀装配平面图。

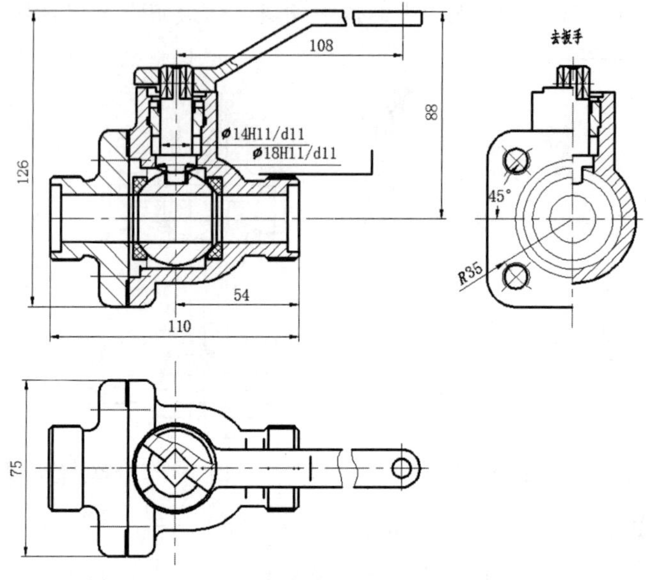

图 5-40 标注尺寸后的球阀装配平面图

（2）标注零件序号。标注零件序号采用引线标注方式（使用 QLEADER 命令）。在标注引线时，为了保证引线中的文字位于同一水平线，可以在合适的位置绘制一条辅助线。

（3）单击“默认”选项卡的“注释”面板中的“多行文字”按钮A，在左视图上方标注“去扳手”3 个字，表示左视图上省略了扳手零件部分轮廓线。

（4）在标注完后，将绘图区的所有图形移动到图框的合适位置。图 5-41 所示为标注零件序号后的球阀装配平面图。

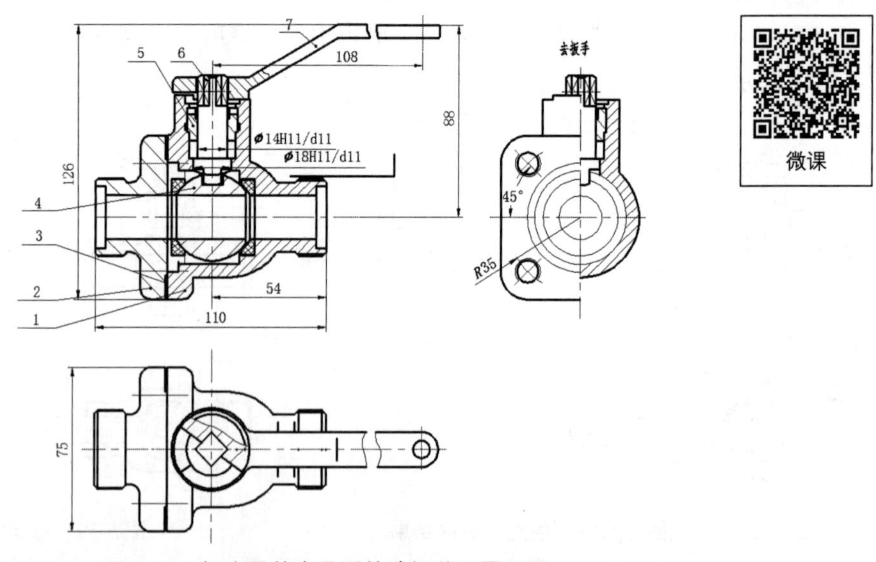

图 5-41 标注零件序号后的球阀装配平面图

5. 绘制和填写明细表

（1）绘制表格线。单击“默认”选项卡的“绘图”面板中的“矩形”按钮□，绘制矩形

{(40,10),(220,17)}；单击“默认”选项卡的“修改”面板中的“分解”按钮，分解刚才绘制的矩形；单击“默认”选项卡的“修改”面板中的“偏移”按钮，按照图 5-42 对左边的垂直直线进行偏移。

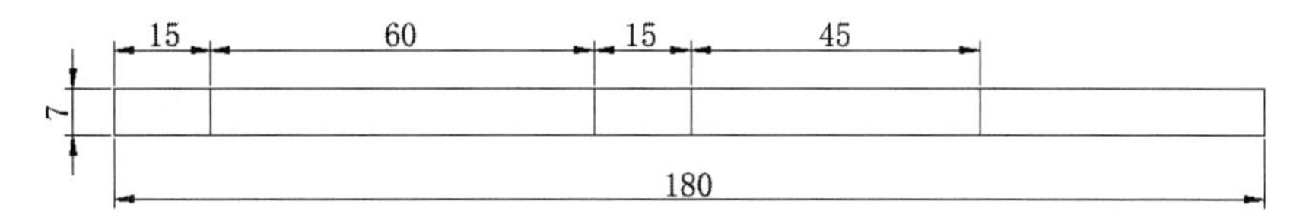

图 5-42　表格线

（2）设置文字标注格式。单击“默认”选项卡的“注释”面板中的“文字样式”按钮，新建“明细表”文字样式，将文字高度设置为 3，并将其设置为当前使用的文字样式。

（3）填写明细表标题栏。单击“默认”选项卡的“注释”面板中的“多行文字”按钮，依次填写明细表标题栏中的各个项，结果如图 5-43 所示。

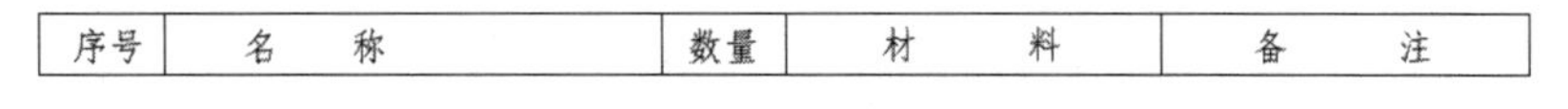

序号	名　称	数量	材　料	备　注

图 5-43　填写明细表标题栏结果

（4）创建“明细表标题栏”图块。单击“默认”选项卡的“块”面板中的“创建”按钮，打开“块定义”对话框（见图 5-44），创建“明细表标题栏”图块。

（5）保存“明细表标题栏”图块。在命令行中输入“WBLOCK”命令后按 Enter 键，打开“写块”对话框（见图 5-45），在“源”选区中选中“块”单选按钮，从右侧的下拉列表中选择“明细表标题栏”选项，在“目标”选区中选择文件名和路径，单击“确定”按钮，完成图块的保存。

图 5-44　“块定义”对话框

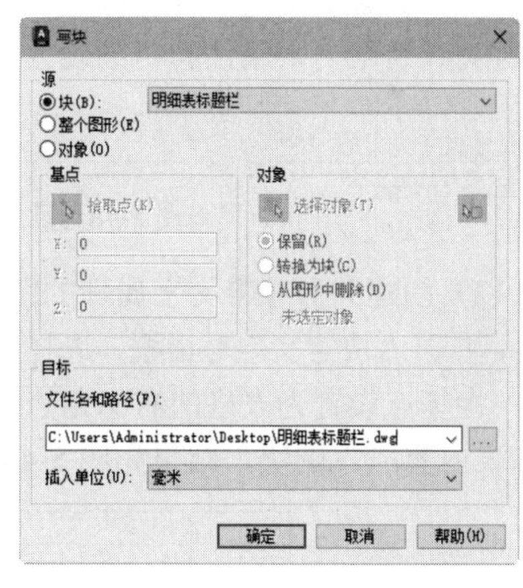

图 5-45　“写块”对话框

（6）绘制内容栏表格。复制“明细表标题栏”图块并对其进行分解和删除，绘制内容栏表格，如图 5-46 所示。

（7）创建“明细表内容栏”图块。单击“默认”选项卡的“块”面板中的“创建”按钮，打开“块定义”对话框，创建“明细表内容栏”图块，将基点设置为表格的右下角点。

（8）保存“明细表内容栏”图块。在命令行中输入“WBLOCK”命令后按 Enter 键，打开“写块”对话框，在“源”选区中选中“块”单选按钮，从右侧的下拉列表框中选择“明细表内容栏”选项，在“目标”选区中选择文件名和路径，单击“确定”按钮，完成图块的保存。

（9）打开“属性定义”对话框。在命令行中输入“ATIDEF”命令，或者单击“默认”选项卡的“块”面板中的“定义属性”按钮，打开“属性定义”对话框，如图 5-47 所示。

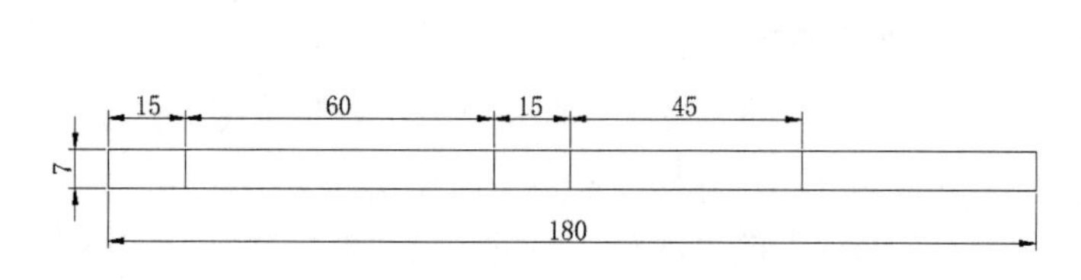

图 5-46　绘制明细表内容栏表格

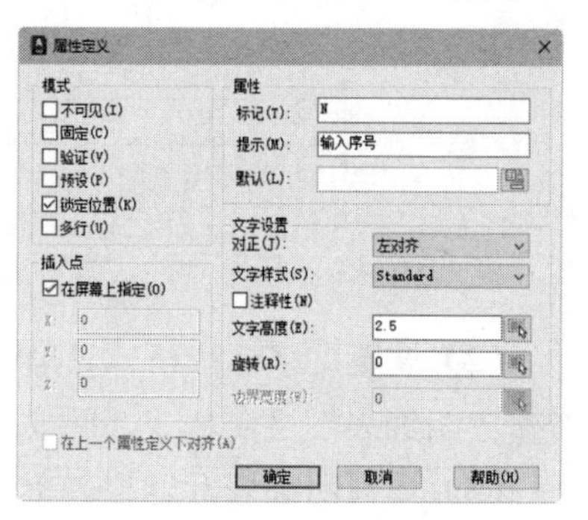

图 5-47　“属性定义”对话框

（10）定义“序号”文字属性。在“属性”选区的“标记”文本框中输入“N”，在“提示”文本框中输入“输入序号:”，在“插入点”选区中勾选“在屏幕上指定”复选框，单击“确定”按钮，在明细表内容栏的第一栏中插入内容，完成“序号”文字属性的定义。

（11）定义其他 4 个文字属性。参照相同的方法，打开“属性定义”对话框，依次定义明细表内容栏的其他 4 个文字属性：①“NAME”文字属性，将“提示”设置为“输入名称:”，并勾选“在屏幕上指定”复选框；②“Q”文字属性，将“提示”设置为“输入数量:”，并勾选“在屏幕上指定”复选框；③“MATERAL”文字属性，将“提示”设置为“输入材料:”，并勾选“在屏幕上指定”复选框；④“NOTE”文字属性，将“提示”设置为“输入备注:”，并勾选“在屏幕上指定”复选框。

定义好 5 个文字属性的明细表内容栏如图 5-48 所示。

N	NAME	Q	MATERAL	NOTE

图 5-48　定义好 5 个文字属性的明细表内容栏

（12）创建并保存带文字属性的图块。单击“默认”选项卡的“块”面板中的“创建”按钮，打开“块定义”对话框，选择明细表内容栏及其 5 个文字属性，创建“明细表内容栏”图块，将基点设置为表格的右下角点。利用“WBLOCK”命令，打开“写块”对话框，保存“明细表内容栏”图块，结果如图 5-49 所示。

7	扳手	1	ZG25	
6	阀杆	1	40Cr	
5	压紧套	1	35	
4	阀芯	1	40cr	
3	密封圈	2	填充聚四氟乙烯	
2	阀盖	1	ZG25	
1	阀体	1	ZG25	
序号	名　称	数量	材　料	备　注

图 5-49　保存结果

6．填写技术要求

将“文字”图层设置为当前图层，单击“默认”选项卡的“注释”面板中的“多行文字”按钮A，并填写技术要求。

7. 填写标题栏

将“文字”图层设置为当前图层，单击“默认”选项卡的“注释”面板中的“多行文字”按钮A，并填写标题栏中相应的内容，结果如图 5-50 所示。

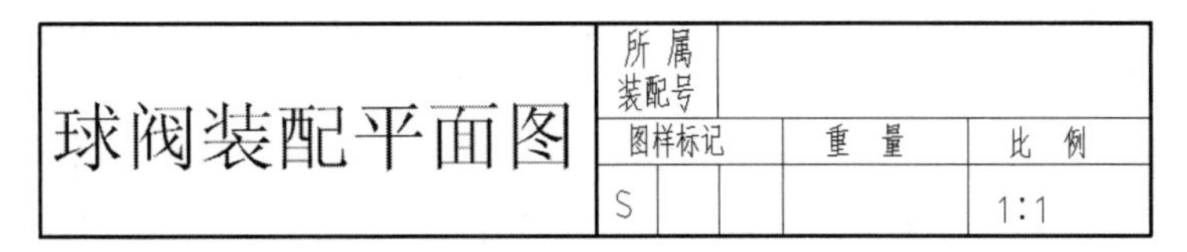

图 5-50 填写标题栏结果

知识点详解

1. 在设计中心窗口中插入图块

AutoCAD 的设计中心窗口提供了两种插入图块的方式：利用鼠标指定比例和旋转方式，以及精确指定坐标、缩放比例和旋转角度方式。

（1）利用鼠标指定缩放比例和旋转方式插入图块。

在利用此方式插入图块时，AutoCAD 将根据鼠标拉出的线段的长度与角度来确定缩放比例与旋转角度。插入图块的步骤如下。

① 在文件夹列表或查找结果列表中选择需要插入的图块，按住鼠标左键不释放，并将其拖动到打开的图形中。

释放鼠标左键，即可将被选择的对象插入当前打开的图形。利用当前设置的捕捉方式，可以将对象插入任何存在的图形。

② 双击要插入的图块，在弹出的“插入”对话框中将插入点、缩放比例和旋转角度都指定在屏幕上。单击指定一个点作为插入点，并移动鼠标（此时鼠标指针的位置与插入点之间的距离就是缩放比例），在合适位置单击，以确定缩放比例。参照相同的方法，移动鼠标（此时鼠标指针的位置与插入点连线和水平线角度就是旋转角度）并在合适位置单击，以确定旋转角度，即可将所选对象按照鼠标指定的比例和角度插入到图形中。

（2）利用精确指定坐标、缩放比例和旋转角度方式插入图块。

利用该方法，可以设置插入图块的参数，具体方法如下。

① 从文件夹列表中找到包含所需图块的图形文件，在右侧的内容显示区中选择要插入的对象，双击该对象打开“插入”对话框。

② 在“插入”对话框中输入插入点的坐标。

③ 在“插入”对话框中输入缩放比例和旋转角度。

单击“确定”按钮，即可根据指定的参数将所选对象插入到图形中。

2. 利用设计中心窗口复制图形

（1）在图形之间复制图块。

利用 AutoCAD 的设计中心窗口可以浏览和加载需要复制的图块，并将图块复制到剪贴板中，随后利用剪贴板可以将图块粘贴到图形中，具体方法如下。

① 在设计中心窗口右侧的内容显示区中选择需要复制的图块并右击，在打开的快捷菜单中选择“复制”命令。

② 将图块复制到剪贴板中，并通过“粘贴”命令将其粘贴到当前图形中。

（2）在图形之间复制图层。

利用 AutoCAD 的设计中心窗口，可以将一个图形中的图层复制到其他图形中。例如，如果已经绘制了一个包含设计所需的所有图层的图形，则在绘制其他新的图形时，可以先新建一个图形，再通过 AutoCAD 的设计中心窗口将已有的图层复制到新的图形中。这样可以节省时间，并保证图形的一致性。

① 将图层拖动到已打开的图形中：确保已打开需要复制图层的目标图形文件，并且该文件是当前图形文件；在控制板或查找结果列表中选择一个或多个需要复制的图层，并将该图层拖动到打开的图形文件中，即可将其复制到该图形中。

② 复制或粘贴图层到打开的图形中：在设计中心窗口右侧的内容显示区中选择一个或多个需要复制的图层并右击，打开的快捷菜单中选择“复制到粘贴板”命令。如果需要粘贴图层，则确保已打开粘贴到的目标图形文件，并且该文件当前图形文件；在当前文件中右击，在打开的快捷菜单中选择“粘贴”命令。

任务三　建立紧固件工具选项板

任务背景

使用工具选项板，可以将常用的图块、几何图形、外部参照、填充图案及命令等组织为选项卡形式，方便快捷地应用到当前图形中。此外，工具选项板还可以包含第三方开发人员提供的自定义工具。

紧固件包括螺母、螺栓、螺钉等，在绘图中被广泛使用。为了提高绘图效率，可以建立紧固件选项卡，以便在需要时直接调用这些图形。本任务将通过定义图块来实现紧固件选项板的建立，如图 5-51 所示。

图 5-51　紧固件工具选项板

操作步骤

（1）单击“视图”选项卡的“选项板”面板中的“设计中心”按钮，打开图形文件“源文件\项目五\紧固件”，如图 5-52 所示。在设计中心窗口中右击文件名，从打开的快捷菜单中选择“创建工具选项板”命令，即可在工具选项板中创建新选项板。该选项板的名称为图形文件名，并且其中已经定义了各个图块的图标，如图 5-53 所示。

图 5-52 打开图形文件

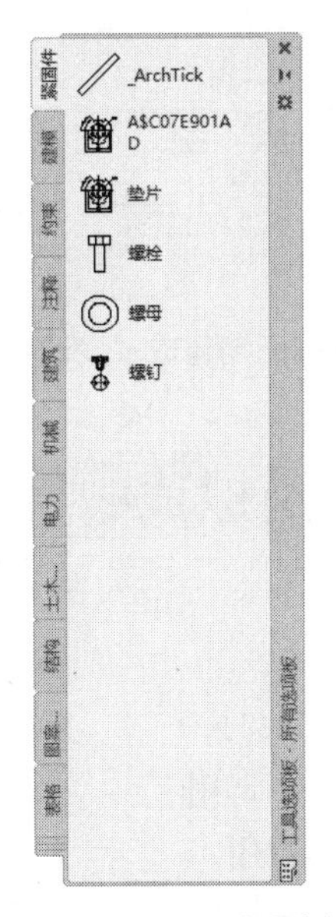

图 5-53 工具选项板

（2）如果在绘制图形时，需要插入如图 5-53 所示工具选项板中某个图标表示的图形，则打开该选项板，将对应的图标拖到图形中，即可将该图标表示的图形插入到当前图形中。

知识点详解

有两种方法可以向工具选项板中添加内容。

（1）将图形、图块和图案填充从设计中心窗口拖动到工具选项板中。

例如，在“CAD 图库”文件夹上右击，在打开的快捷菜单中选择“创建工具选项板”命令，如图 5-54（a）所示；设计中心窗口中储存的图元即可显示在工具选项板中新建的“CAD 图库”选项卡上，如图 5-54（b）所示。这样可以将设计中心窗口与工具选项板结合起来，建立一个方便快捷的工具选项板。在将工具选项板中的图形拖动到另一个图形中时，图形将作为图块插入。

（2）利用“剪切”、“复制”和“粘贴”命令将一个工具选项板中的工具移动或复制到另一个工具选项板中。

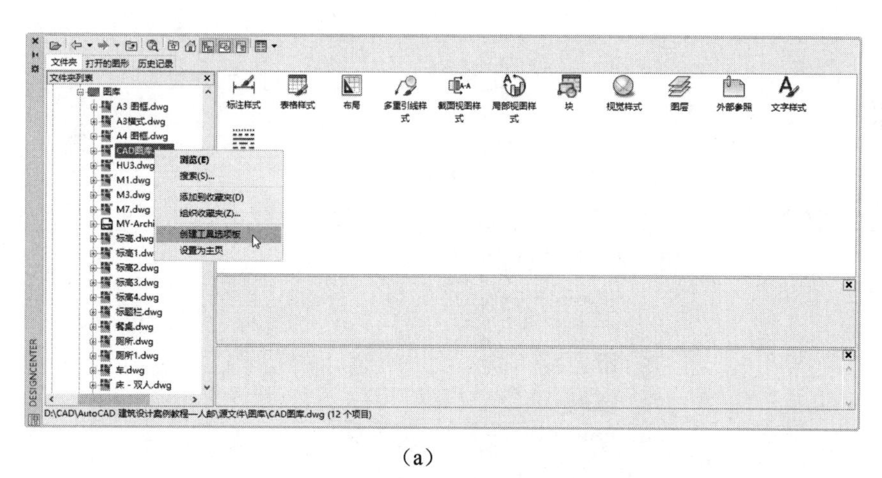

（a）　　（b）

图 5-54　将储存图元创建成“设计中心”工具选项板

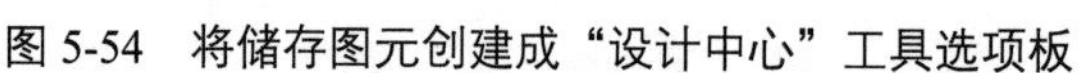

任务四　模拟试题与上机实验

1．选择题

（1）在使用 BLOCK 命令定义的内部图块时，（　　）是正确的。

A．只能在定义它的图形文件内自由调用

B．只能在另一个图形文件内自由调用

C．既能在定义它的图形文件内自由调用，也能在另一个图形文件内自由调用

D．既不能在定义它的图形文件内自由调用，也不能在另一个图形文件内自由调用

（2）在 AutoCAD 的设计中心窗口的（　　）选项卡中，可以查看当前图形中的图形信息。

A．“文件夹”　　B．“打开的图形”

C．“历史记录”　　D．“联机设计中心”

（3）在设计中心窗口中，无法完成的操作是（　　）。

A．根据特定的条件快速查找图形文件

B．打开所选的图形文件

C．通过鼠标将某个图形中的图块添加到当前图形中

D．删除图形文件中未使用的命名对象，如块定义、标注样式、图层、线型和文字样式等

（4）（　　）方法能插入已创建的图块。

A．从 Windows 资从源管理器中将图形文件图标拖动到 AutoCAD 绘图区域

B．从设计中心窗口中插入图块

C．利用粘贴命令“pasteclip”插入图块

D．利用插入命令“insert”插入图块

（5）下列关于图块的说法，正确的是（　　）。

A．图块只能在当前文档中使用

B．只有使用 Wblock 命令写到盘上的图块才可以被插入到另一个图形文件中

C．任何一个图形文件都可以作为图块插入到另一个图形中

D．使用 Block 命令定义的图块可以直接通过 Insert 命令插入到任何图形文件中

2．上机实验题

实验 1　绘制如图 5-55 所示的图形

◆ 操作提示

（1）打开工具选项板，在工具选项板的“机械”选项卡中选择“滚珠轴承”图块，将其插入到新的空白图形中，并通过快捷菜单进行缩放。

（2）利用“图案填充”命令对图形剖面进行填充。

实验 2　绘制如图 5-56 所示的盘美组装图

◆ 操作提示

（1）建立一个新的工具选项板标签。

（2）在设计中心窗口中查找已经绘制好的常用机械零件图。

（3）将这些零件图拖动到新建立的工具选项板标签中。

（4）打开一个新图形文件界面。

（5）将需要的图形文件模块从工具选项板上拖动到当前图形中，并进行适当的放缩、移动、旋转等操作。

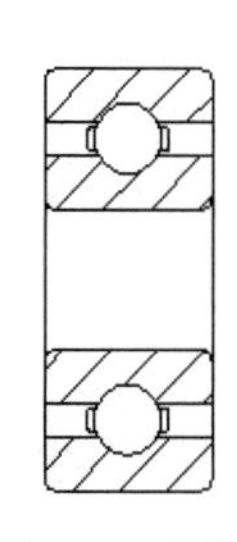

图 5-55　图形

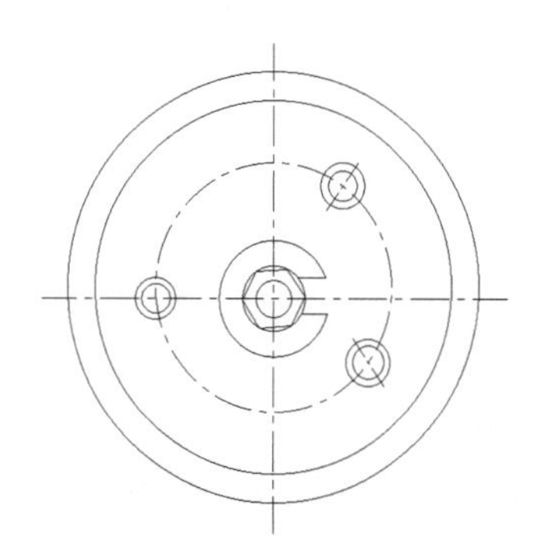

图 5-56　盘盖组装图

项目六　设计轴系类零件

学习情境

在前面的项目中，读者通过任务系统地学习了使用 AutoCAD 绘制机械图形所需的各种命令和技巧。在掌握这些绘图命令后，接下来需要利用这些知识来绘制具体的机械零件图。轴系类零件是在机械中比较常见且经典的零件，本项目通过几个任务指导读者如何绘制轴系类零件图。

素质目标

通过深入讲解 AutoCAD 软件，使读者熟练掌握绘制轴系类零件图的具体方法，能够灵活运用各种 AutoCAD 命令完成复杂的绘图任务。通过优化绘图流程和技巧，提高读者的绘图速度和效率。在绘图过程中，读者需要仔细观察轴系类零件的结构和尺寸，分析其特点和要求，从而培养细致观察和分析问题的能力。

能力目标

- 掌握绘制轴系类零件图的具体方法
- 灵活应用各种 AutoCAD 命令
- 提高绘图的速度和效率

课时安排

6 课时（讲授 2 课时，练习 4 课时）

任务一　设计传动轴

任务背景

轴类零件是机械零件中的一种典型机件，通常由一系列同轴回转体的零件组成，并且表面布满各种键槽。在机械零件图中，主要需要绘制轴的主视图，而局部细节则通过局部剖视图、局部放大视图等方式来表现。

传动轴的主视图具有对称性，因此在绘制过程中可以以轴的中心线为相对位置的基准。在绘制完轴的上半部分后，可以使用镜像命令快速完成整个轴轮廓图的绘制，如图 6-1 所示。

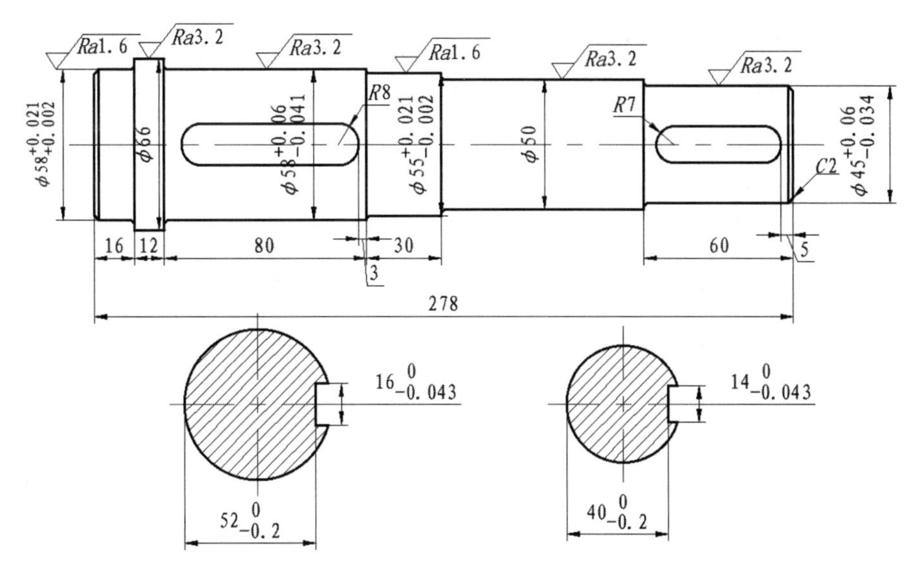

图 6-1 传动轴

📖 操作步骤

1. 配置绘图环境

（1）新建文件。打开 AutoCAD 2024，以“A3.dwt”样板文件为模板，新建文件；将新文件命名为“传动轴.dwg”并保存。

（2）新建图层。单击“默认”选项卡的“图层”面板中的“图层特性”按钮，打开“图层特性管理器”选项板，新建图层，如图 6-2 所示。

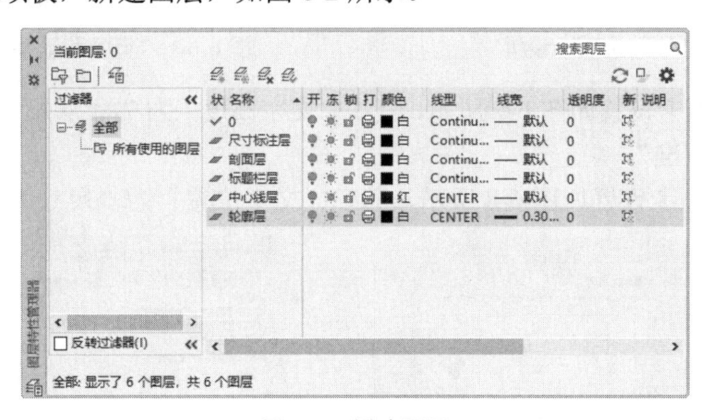

图 6-2 新建图层

（3）设置尺寸标注风格。

① 单击“默认”选项卡的“注释”面板中的“标注样式”按钮，打开“标注样式管理器”对话框，如图 6-3 所示；单击“新建”按钮，打开“创建新标注样式”对话框，如图 6-4 所示；将“样式名称”设置为“机械制图标注”，“基础样式”设置为“ISO-25”，“用于”设置为“所有标注”。

② 单击“继续”按钮，打开“新建标注样式”对话框，其中包含 7 个选项卡，用于对新建的“机械制图标注”样式的风格进行设置。“线”选项卡设置如图 6-5 所示，其中“基线间距”为 13，“超出尺寸线”为 2.5。

③ 在“符号和箭头”选项卡中，将“箭头大小”设置为 5，如图 6-6 所示。

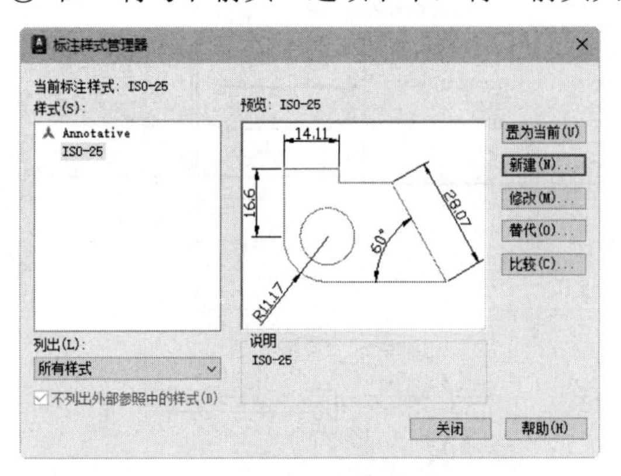

图 6-3 “标注样式管理器”对话框

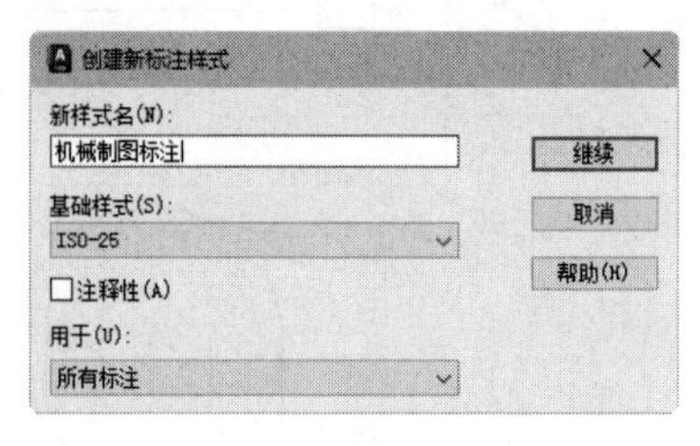

图 6-4 “创建新标注样式”对话框

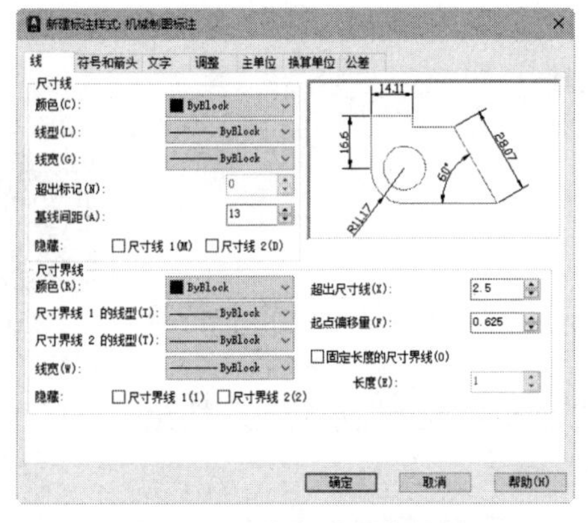

图 6-5 “线”选项卡设置

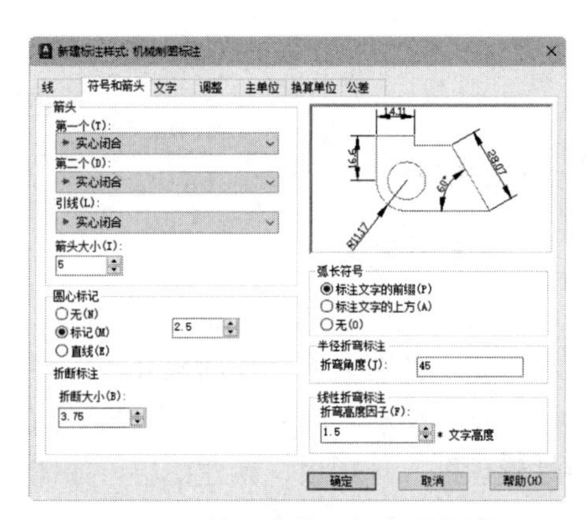

图 6-6 “符号和箭头”选项卡设置

④“文字”选项卡设置如图 6-7 所示，其中“文字高度”为 7，“从尺寸线偏移”为 2，“文字对齐”为“ISO 标准”。

⑤“调整”选项卡设置如图 6-8 所示，其中“文字位置”为“尺寸线上方，带引线”。

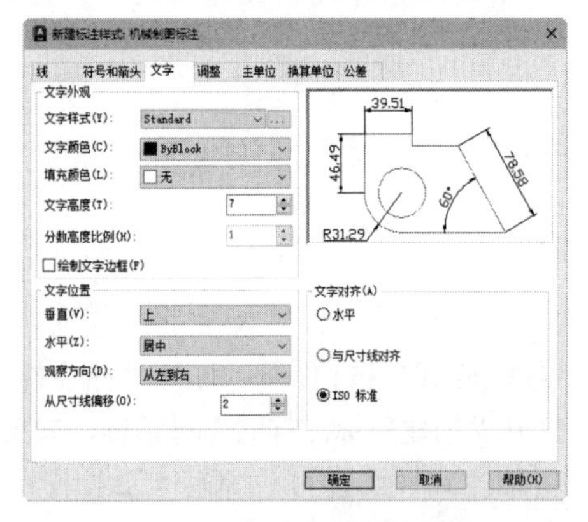

图 6-7 “文字”选项卡设置

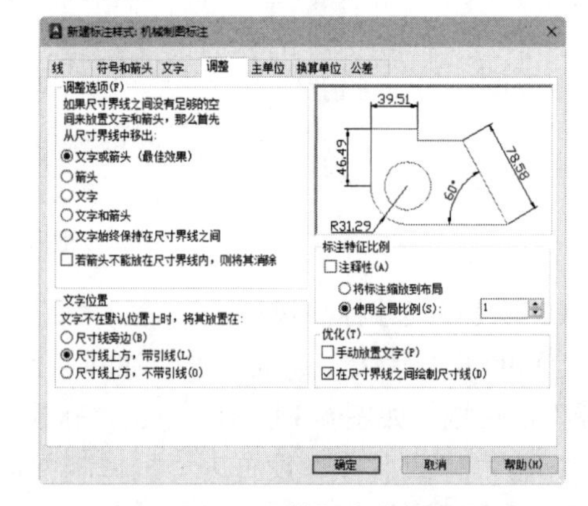

图 6-8 “调整”选项卡设置

⑥“主单位”选项卡设置如图 6-9 所示，其中“舍入”为 0，“小数分隔符”为句点。

⑦“换算单位”选项卡不需要设置；“公差”选项卡暂时不需要设置，后面使用时再进行设置。

⑧ 在设置完后，回到“标注样式管理器”对话框，单击“置为当前”按钮，将“机械制图标注”样式设置为当前使用的标注样式。

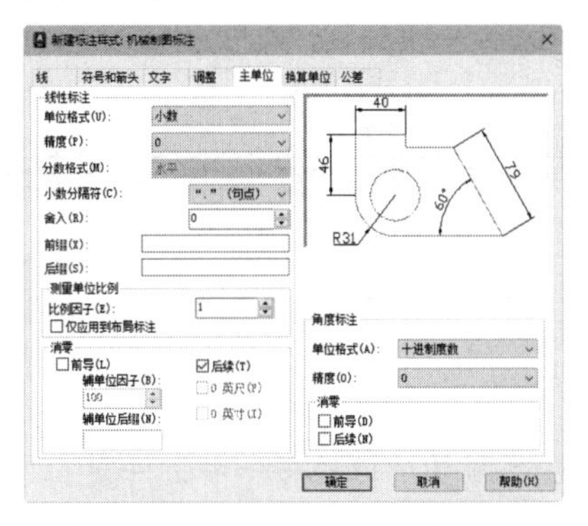

图 6-9 “主单位”选项卡设置

注意

由于普通尺寸标注无须包含公差，因此无须设置公差，只有在需要标注尺寸公差时才进行设置。若一开始就设置了公差，则所有的尺寸标注都将自动包含公差信息。

2. 绘制主视图

（1）绘制主视图中心线。将“中心线层”图层设置为当前图层。单击“默认”选项卡的“绘图”面板中的“直线”按钮╱，绘制中心线{(60,200), (360,200)}，如图 6-10 所示。

图 6-10 绘制中心线

（2）绘制边界线。将“轮廓层”图层设置为当前图层。单击“默认”选项卡的“绘图”面板中的“直线”按钮╱，绘制边界线{(70,200), (70,240)}，如图 6-11 所示的直线 1。

（3）偏移边界线。单击“默认”选项卡的“修改”面板中的“偏移”按钮⋐，以直线 1 为起点，以前一次偏移线为基准依次向右绘制直线 2 至直线 7，偏移距离分别为 16mm、12mm、80mm、30mm、80mm 和 60mm，如图 6-11 所示。

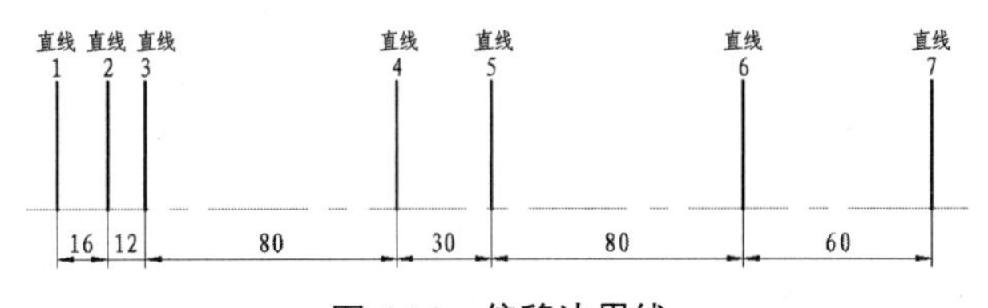

图 6-11 偏移边界线

（4）偏移中心线。单击“默认”选项卡的“修改”面板中的“偏移”按钮⋐，偏移中心线，均以中心线为基准向上偏移，偏移距离分别为 22.5mm、25mm、27.5mm、29mm 和 33mm，如图 6-12 所示。

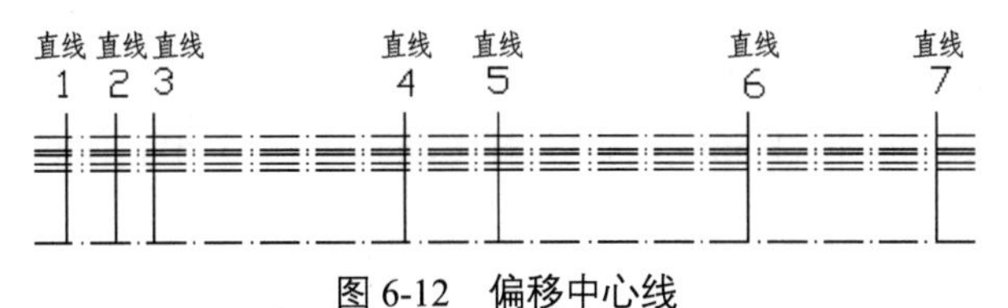

图 6-12 偏移中心线

（5）更改图形对象的图层属性。选中 5 条偏移中心线，单击“图层”面板中的“图层”下拉按钮，在打开的下拉列表中选择“轮廓层”命令，将其图层属性设置为“轮廓层”，更改后的效果如图 6-13 所示。

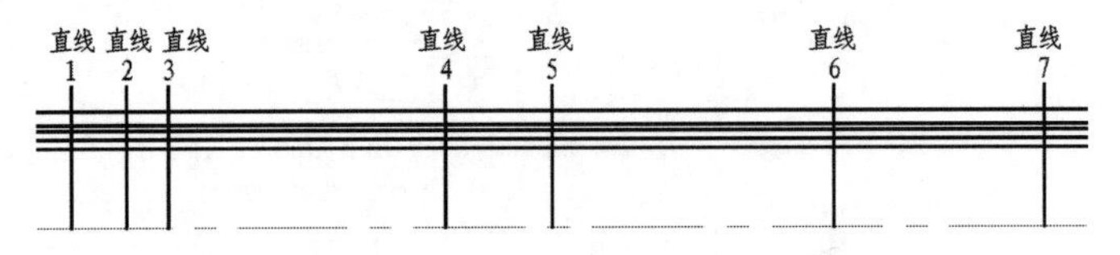

图 6-13　更改图层属性后的效果

注意

在 AutoCAD 2024 中，更改图层属性的另一种方法是在图形对象上右击，在打开的快捷菜单中选择“特性”命令，打开“特性”对话框，在该对话框中更改其图层属性。

（6）修剪边界线。单击“默认”选项卡的“修改”面板中的“修剪”按钮，以 5 条偏移中心线为剪切边，对 7 条边界线进行修剪，结果如图 6-14 所示。

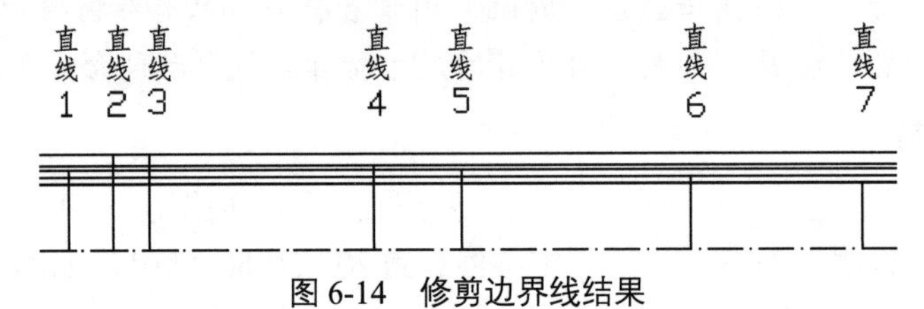

图 6-14　修剪边界线结果

（7）修剪偏移中心线。参照相同的方法，单击“默认”选项卡的“修改”面板中的“修剪”按钮，以 7 条边界线为剪切边，对 5 条偏移中心线进行修剪，结果如图 6-15 所示。

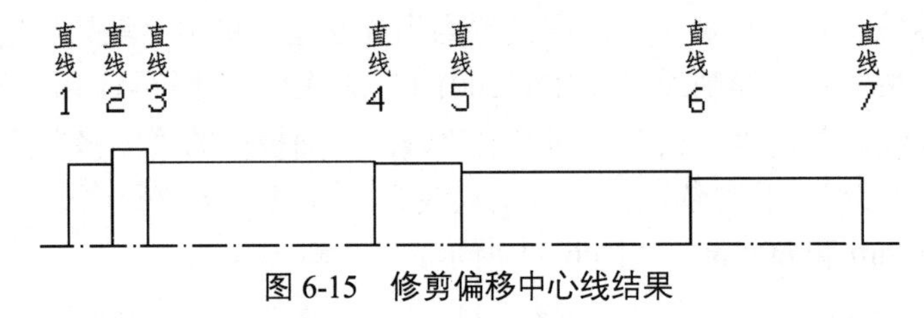

图 6-15　修剪偏移中心线结果

（8）端面倒直角。单击“默认”选项卡的“修改”面板中的“倒角”按钮，采用修剪、角度、距离模式，倒角大小 *C*2，对左右端面的两条直线进行倒直角。

（9）补全端面线。单击“默认”选项卡的“绘图”面板中的“直线”按钮，利用对象捕捉功能补全左右两侧的端面线，结果如图 6-16 所示。

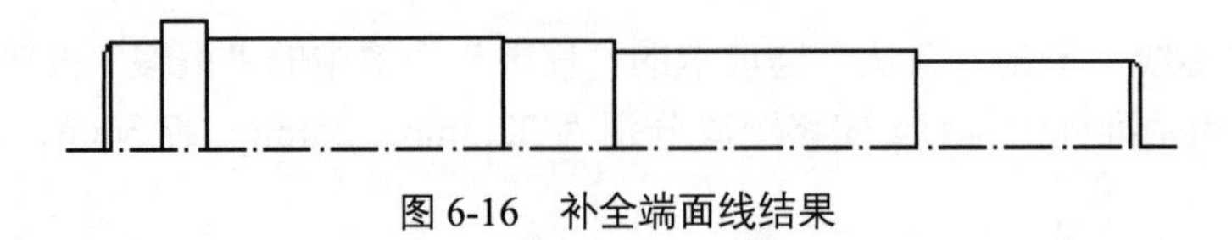

图 6-16　补全端面线结果

（10）台阶面倒圆角。单击“默认”选项卡的“修改”面板中的“圆角”按钮，采用不修剪、半径模式，圆角半径 1.5mm，依次对传动轴中的 5 个台阶面进行倒圆角，结果如图 6-17 所示。

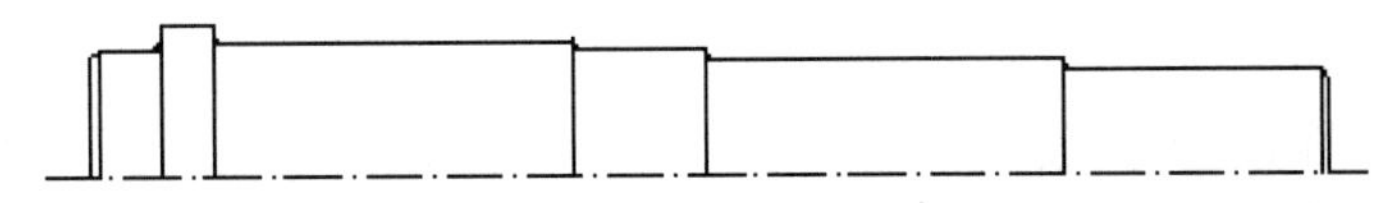

图 6-17 台阶面倒圆角结果

（11）修剪圆角边。由于采用了不修剪模式下的倒圆角操作，每处圆角边都存在多余的边，因此单击“默认”选项卡的“修改”面板中的“修剪”按钮，将其剪掉，结果如图 6-18（b）所示。

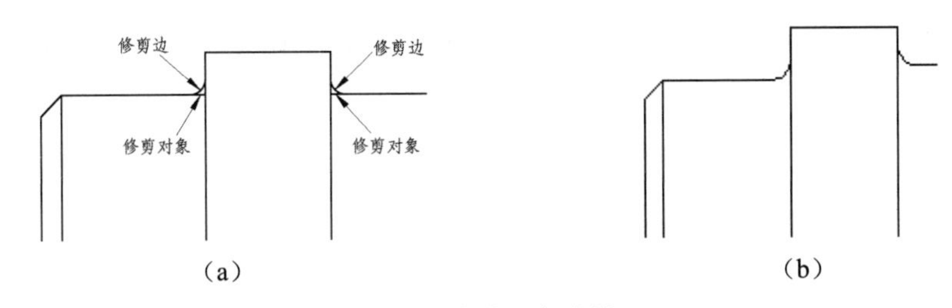

图 6-18 修剪圆角边结果

（12）绘制键槽轮廓线。单击“默认”选项卡的“修改”面板中的“偏移”按钮，结果如图 6-19 所示。

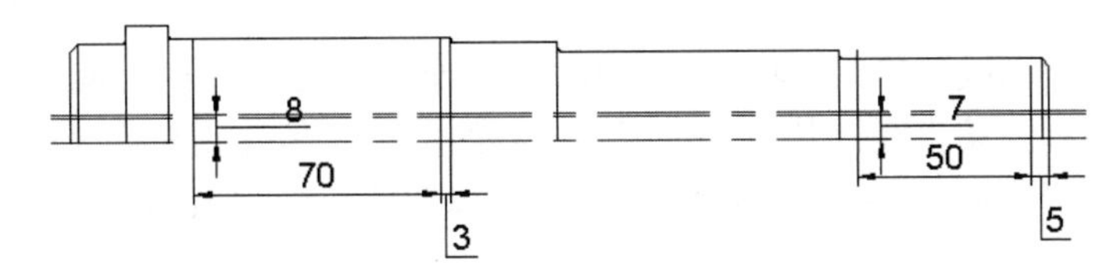

图 6-19 绘制键槽轮廓线结果 1

（13）更改偏移中心线的图层属性。将偏移的两条中心线从“中心线层”图层转换为“轮廓层”图层。

（14）键槽倒圆角。单击“默认”选项卡的“修改”面板中的“圆角”按钮，采用修剪、半径模式，左侧键槽圆角半径 8mm，右侧键槽圆角半径 7mm，对键槽进行倒圆角，结果如图 6-20 所示。

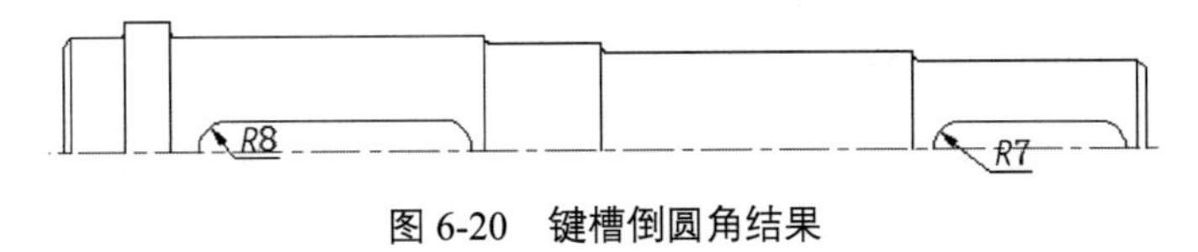

图 6-20 键槽倒圆角结果

（15）镜像成形。单击“默认”选项卡的“修改”面板中的“镜像”按钮，完成传动轴下半部分的绘制。至此，传动轴的主视图绘制完成，如图 6-21 所示。

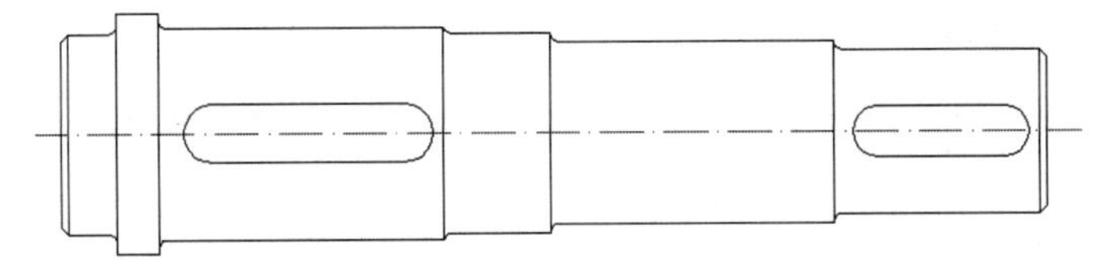

图 6-21 传动轴主视图

3. 绘制键槽剖面图

微课

（1）绘制剖面图中心线。将“中心线层”图层设置为当前图层。单击“默认”选项卡的“绘图”面板中的“直线”按钮，绘制两组十字交叉直线，即直线{(100,100), (170,100)}和直线{(135,65),(135,135)}，直线{(250,100),(310,100)}和直线{(280,70),(280,130)}，结果如图 6-22 所示。

（2）绘制剖面圆。先切换图层，将“轮廓层”图层设置为当前图层，单击“默认”选项卡的“绘图”面板中的“圆”按钮，绘制两个圆，其中一圆的圆心为(135,100)，半径为 29mm，另一圆的圆心为(280,100)，半径为 22.5mm，结果如图 6-23 所示。

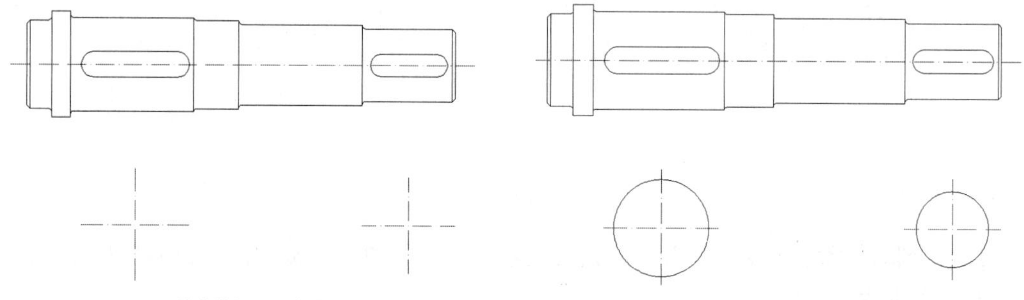

图 6-22 绘制剖面图中心线结果　　　　图 6-23 绘制剖面圆结果

（3）绘制键槽轮廓线。单击“默认”选项卡的“修改”面板中的“偏移”按钮，分别在左右两个圆上绘制 3 条直线。其中，左侧圆中心线的上下偏移距离为 8mm，右偏移距离为 23mm；右侧圆中心线的上下偏移距离为 7mm，右偏移距离为 7.5mm。绘制键槽轮廓线结果如图 6-24 所示。注意：需要更改中心线的偏移线的图层属性。

（4）绘制键槽。单击“默认”选项卡的“修改”面板中的“修剪”按钮，通过修剪 3 条偏移直线形成键槽，结果如图 6-25 所示。

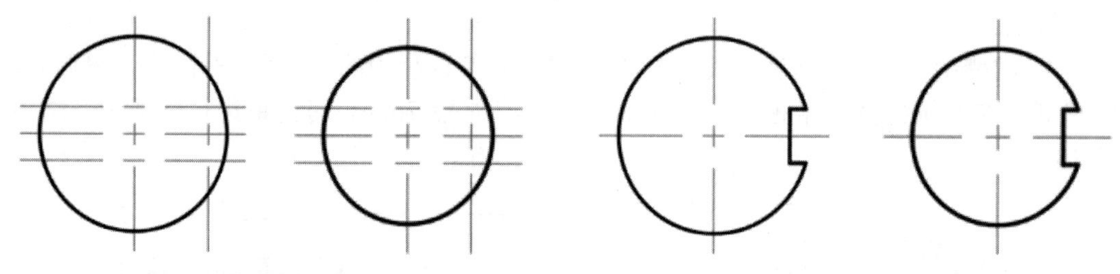

图 6-24 绘制键槽轮廓线结果 2　　　　图 6-25 绘制键槽结果

（5）绘制剖面线。将“剖面层”图层设置为当前图层。单击“默认”选项卡的“绘图”面板中的“图案填充”按钮，打开“图案填充创建”选项卡（见图 6-26），选择“ANSI31”图案；将“角度”设置为 0°，“比例”设置为 1；选择填充区域（见图 6-27），完成剖面线的绘制，结果如图 6-28 所示。

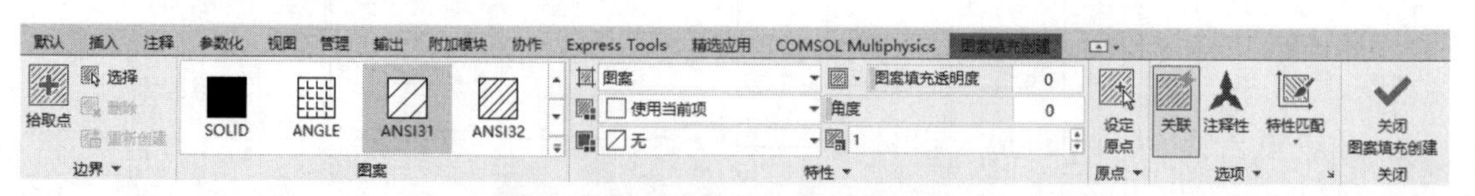

图 6-26 “图案填充创建”选项卡

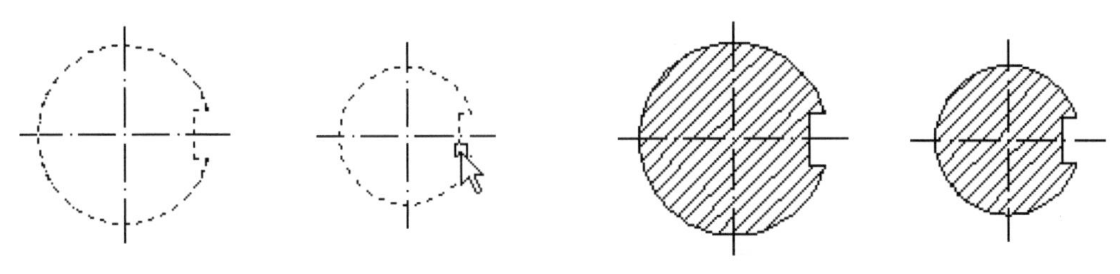

图 6-27 选择填充区域　　　　图 6-28 绘制剖面线结果

4. 无公差尺寸标注

（1）快速标注。将“尺寸标注层”图层设置为当前图层。单击“注释”选项卡的“标注”面板中的“快速标注”按钮，此时十字光标由“十字”变为“小方块”形状，如图 6-29 所示；选择传动轴左侧的 5 条直线，结果如图 6-30 所示。

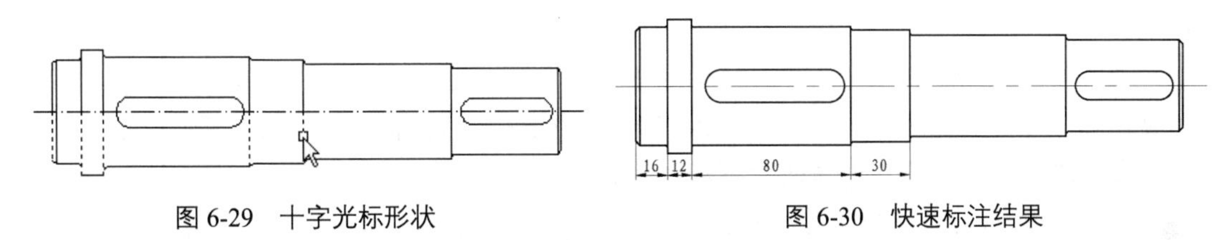

图 6-29 十字光标形状　　　　图 6-30 快速标注结果

（2）线性标注。单击“默认”选项卡的“注释”面板中的“线性”按钮，标注传动轴主视图的其他无公差尺寸，即 3、5、60、278、ϕ50、ϕ66；单击“默认”选项卡的“注释”面板中的“半径”按钮，标注半径，即 *R*7、*R*8；在命令行中输入“QLEADER”命令，标注倒角尺寸为 *C*2，结果如图 6-31 所示。

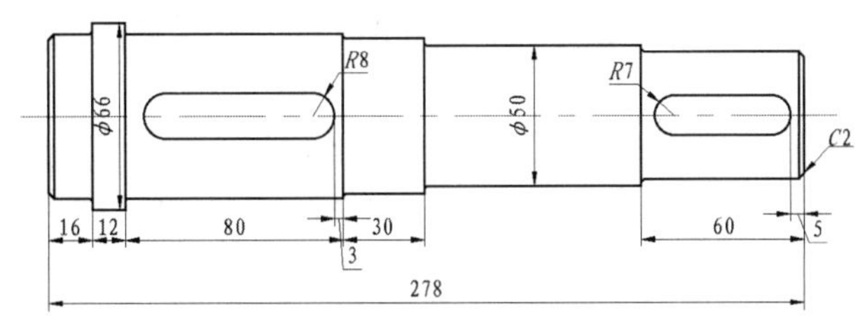

图 6-31 线性标注结果

注意

快速标注是比较常用的标注命令，它支持连续选择一组直线，从而实现连续标注。它比一般的线性标注更适用于传动轴零件类的标注工作。在标注轴径时，应使用特殊符号表示法“%%C”来表示“ϕ”。例如，使用“%%C50”来表示“ϕ50”。

5. 带公差尺寸标注

（1）设置带公差标注样式。单击“默认”选项卡的“注释”面板中的“标注样式”按钮，打开“标注样式管理器”对话框，单击“新建”按钮，打开“创建新标注样式”对话框；将“新样式名”设置为“机械制图标注（带公差）”，“基础样式”设置为“机械制图标注”，如图 6-32 所示；单击“继续”按钮，打开“新建标注样式”对话框，选择“公差”选项卡，按照图 6-33 进行设置；将“机械制图标注（带公差）”样式设置为当前使用的标注样式。

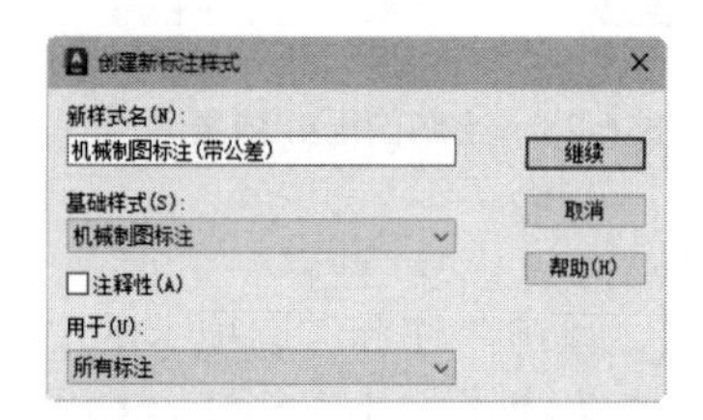

图 6-32　新建标注样式

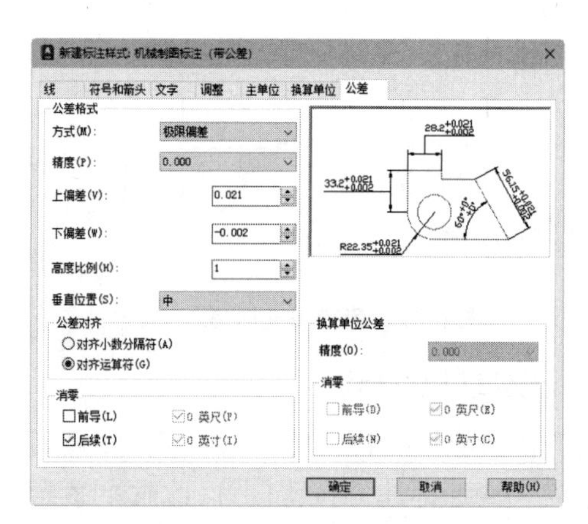

图 6-33　“公差”选项卡设置

注意

由于需要标注公差，因此必须创建公差标注样式。在 AutoCAD 2024 中，用户可以定义多种标注样式，每种形式的标注都与特定的标注样式相关联。一旦保存修改后的标注样式，所有使用该样式的尺寸标注都会相应更新。

在填写下偏差数值时，默认为负值。如果下偏差的值为正数，则必须在数值前加上负号。

（2）线性标注。单击“默认”选项卡的“注释”面板中的“线性”按钮，标注轴径带公差的尺寸，结果如图 6-34 所示。

（3）替代标注样式。单击“默认”选项卡的“注释”面板中的“标注样式”按钮，打开“标注样式管理器”对话框，单击“替代”按钮，打开“替代当前样式”对话框，如图 6-35 所示；在“公差”选项卡中重新设置公差值，单击“确定”按钮；单击“标注样式管理器”对话框中的“关闭”按钮。

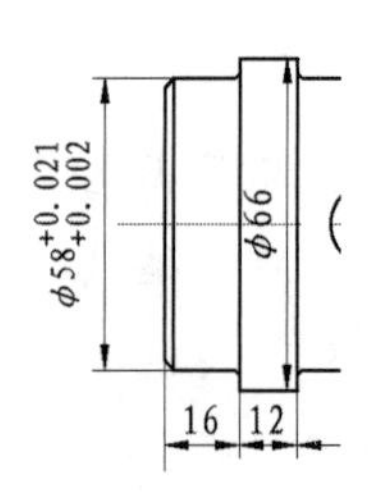

图 6-34　标注轴径带公差的尺寸

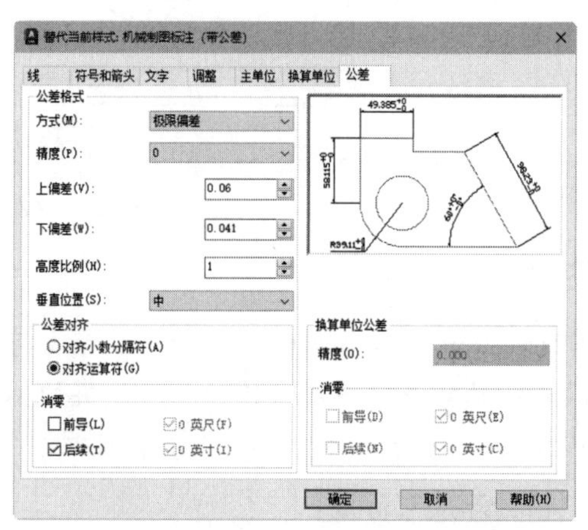

图 6-35　“替代当前样式”对话框

（4）标注尺寸公差。参照上面的方法，设置不同的替代公差值标注尺寸公差。主视图极限偏差标注结果如图 6-36 所示。

（5）标注粗糙度。单击“默认”选项卡的“块”面板中的“插入”按钮，插入项目五的任务一中创建的粗糙度图块，单击“默认”选项卡的“注释”面板中的“多行文字”按钮A，标注粗糙度，结果如图 6-37 所示。

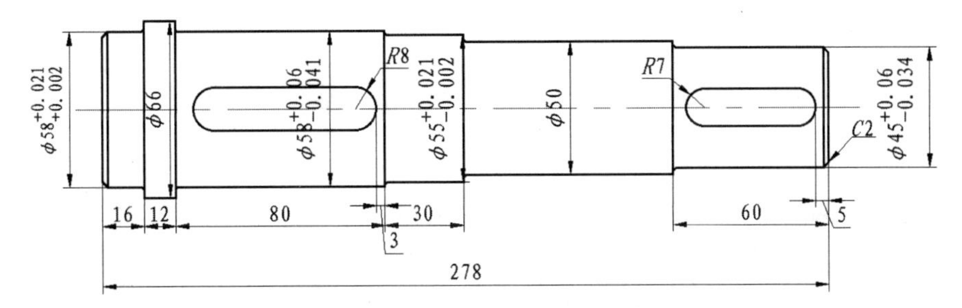

图 6-36 主视图极限偏差标注结果

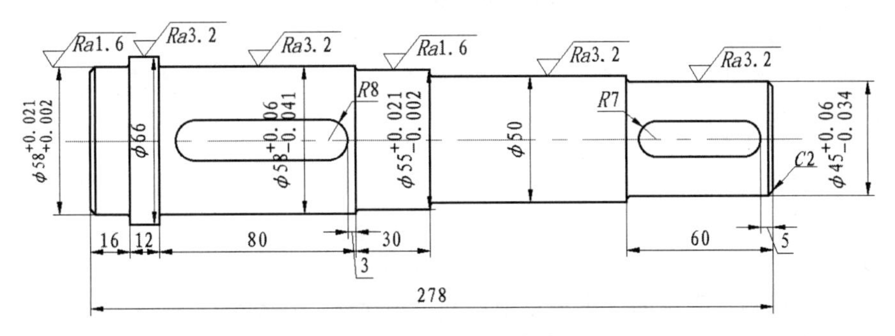

图 6-37 标注粗糙度结果

（6）标注剖面图的公差尺寸。参照相同的方法，标注剖面图的公差尺寸，结果如图 6-38 所示。

（7）填写技术要求。单击“默认”选项卡的“注释”面板中的“多行文字”按钮A，创建技术要求，结果如图 6-38 所示。

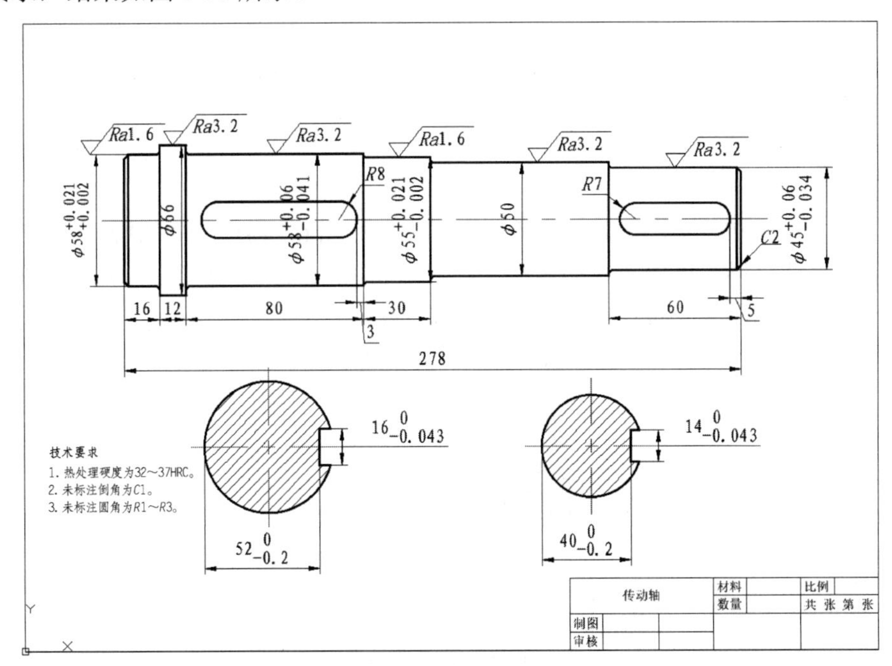

图 6-38 标注剖面图的公差尺寸结果

将“标题栏层”设置为当前图层，在标题栏中填写“传动轴”。传动轴设计的最终效果图如图 6-38 所示。

知识点详解

零件图是设计者用来表达零件设计意图的一种技术文件。

1. 零件图中的内容

零件图是表达零件结构、大小和技术要求的工程图样，是工人加工制造零件的依据。一幅完整的零件图应包括以下内容。

（1）一组视图：表达零件的形状与结构。

（2）一组尺寸：标出零件上结构的大小、结构之间的位置关系。

（3）技术要求：标出在加工、检验零件时的技术指标。

（4）标题栏：注明零件的名称、材料、设计者、审核者、制造厂家等信息。

2. 零件图的绘制过程

零件图的绘制过程包括绘制草图和绘制工作图。一般，AutoCAD 用于绘制工作图。绘制零件图包括以下几步。

（1）设置绘图环境。绘图环境的设置一般包括以下两方面。

① 选择比例：根据零件的大小和复杂程度选择比例，尽量采用 1∶1。

② 选择图纸幅面：根据图形、标注尺寸、技术要求所需图纸幅面，选择标准幅面。

（2）确定绘图顺序，选择尺寸转换为坐标值的方式。

（3）标注尺寸，标注技术要求，填写标题栏。在标注尺寸前，需要关闭“剖面层”图层，以避免在标注尺寸时剖面线影响端点的捕捉。

（4）校核与审核。

任务二　设计滚动轴承

任务背景

滚动轴承的种类有很多，但其结构大致相同。以如图 6-39 所示的深沟球轴承为例，大多数滚动轴承都是由外圈、内圈、滚动体和保持架 4 部分组成的，通常外圈被安装在机座的孔内，固定不动，而内圈被安装在轴上，随轴一起转动。

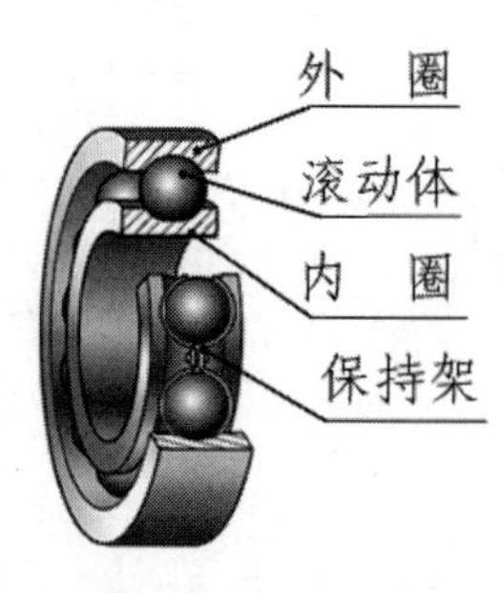

图 6-39　深沟球轴承

滚动轴承的绘制过程分为两个阶段，先绘制主视图，再绘制剖面左视图。绘制的滚动轴承如图 6-40 所示。

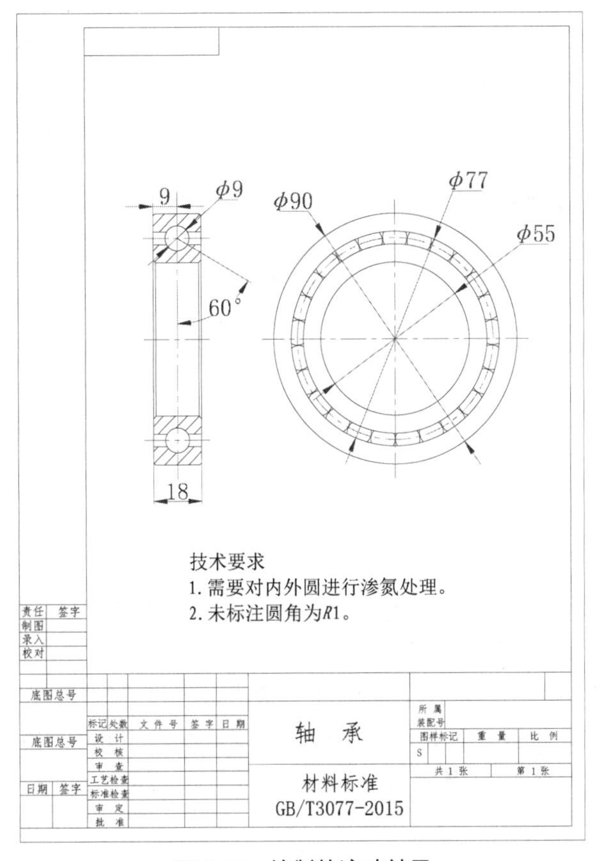

图 6-40 绘制的滚动轴承

操作步骤

1. 配置环境

（1）单击快速访问工具栏中的“新建”按钮，打开“选择样板”对话框，选择 A4 竖向样板图，其中样板图左下端点坐标为(0,0)。

（2）单击“默认”选项卡的“图层”面板中的“图层特性”按钮，打开“图层特性管理器”选项板，创建 5 个图层，如图 6-41 所示。

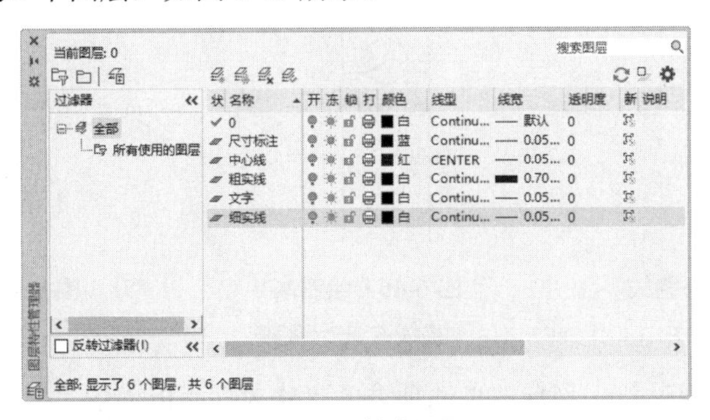

图 6-41 创建图层

2. 绘制滚动轴承主视图

（1）绘制中心线。将“中心线”图层设置为当前图层，单击“默认”选项卡的“绘图”

面板中的“直线”按钮，绘制直线，其端点坐标为{(40,180),(200,180)}，结果如图 6-42 所示。

（2）绘制轮廓线。将“粗实线”图层设置为当前图层，单击“默认”选项卡的“绘图”面板中的“直线”按钮，分别按坐标(50,180)、(50,225)、(@18,0)、(@0,−45)绘制外形轮廓线，结果如图 6-43 所示。

（3）偏移直线。单击“默认”选项卡的“修改”面板中的“偏移”按钮，偏移直线，偏移距离如图 6-44 所示，将偏移后的直线放置在“中心线”图层中，如图 6-44 所示。

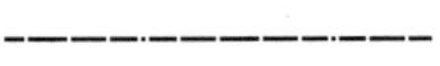

图 6-42　绘制中心线结果

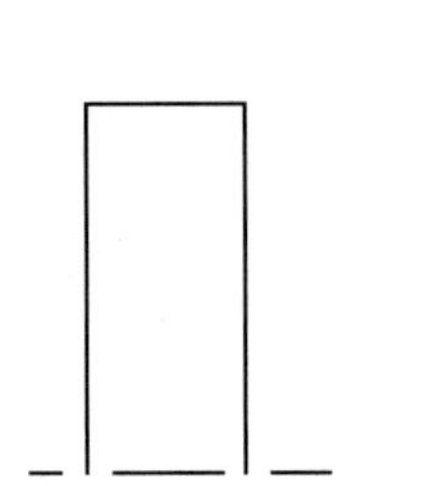

图 6-43　绘制轮廓线结果

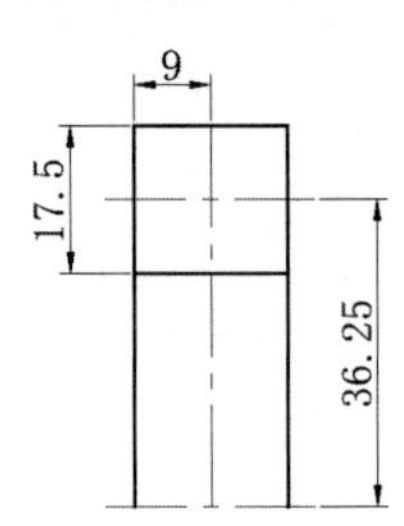

图 6-44　偏移直线和更改图层属性

（4）绘制滚珠。单击“默认”选项卡的“绘图”面板中的“圆”按钮，绘制圆，圆心坐标为(59,216.25)，半径为 4.5mm，如图 6-45 所示。

（5）绘制斜线。单击“默认”选项卡的“绘图”面板中的“直线”按钮，采用极坐标下直线长度、角度模式，设置直线起点为圆心，直线长度为 30mm，角度为−30°，即“指定下一点或[放弃(U)]: @30<−30”，绘制斜线，如图 6-45 所示。

（6）绘制水平直线。单击“默认”选项卡的“绘图”面板中的“直线”按钮，通过圆与斜线的交点绘制一条水平直线；单击“默认”选项卡的“修改”面板中的“修剪”按钮，对水平直线进行修剪，如图 6-46 所示。

（7）倒圆角和倒直角。单击“默认”选项卡的“修改”面板中的“圆角”按钮，将圆角半径设置为 1mm，对外侧两个直角采用修剪模式进行倒圆角；单击“默认”选项卡的“修改”面板中的“倒角”按钮，对内侧两个直角采用不修剪模式进行倒直角，倒角距离为 1mm，如图 6-47（a）所示。

（8）修剪图形。单击“默认”选项卡的“修改”面板中的“修剪”按钮，对内侧两个倒角进行修剪，如图 6-47（b）所示。

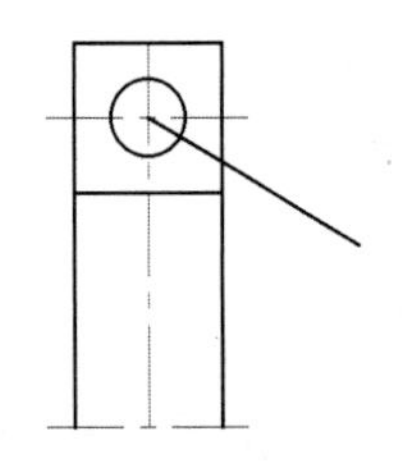

图 6-45　绘制滚珠与斜线

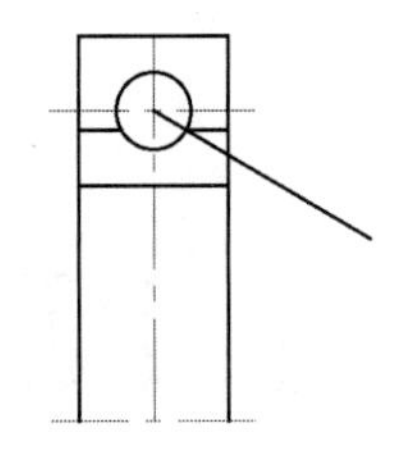

图 6-46　绘制水平直线并进行修剪

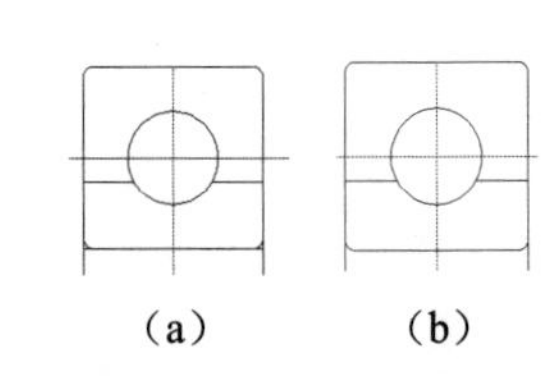

图 6-47　倒角和修剪倒角

（9）镜像图形。通过单击“默认”选项卡的“修改”面板中的“镜像”按钮进行两次镜像，先镜像第（6）步中绘制的水平直线，得到滚动轴承主视图的上半部分，再镜像上半部分，结果如图 6-48 所示。

（10）补充轮廓线。删除绘制的斜线，单击“默认”选项卡的“绘图”面板中的“直线”

按钮，绘制左右轮廓线，如图 6-49 所示。

（11）绘制滚动轴承主视图。单击“默认”选项卡的“绘图”面板中的“图案填充”按钮，完成滚动轴承主视图的绘制，如图 6-50 所示。

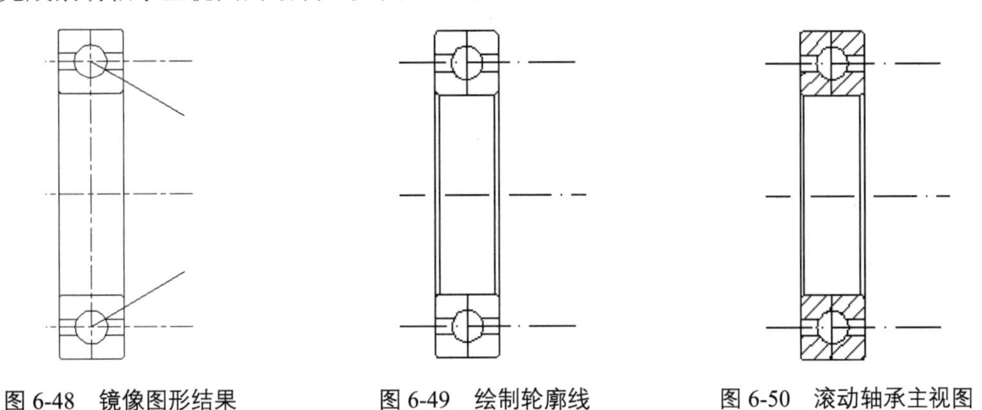

图 6-48 镜像图形结果　　图 6-49 绘制轮廓线　　图 6-50 滚动轴承主视图

3．绘制滚动轴承左视图

（1）绘制左视图定位中心线。将“中心线”图层设置为当前图层，单击“默认”选项卡的“绘图”面板中的“直线”按钮，绘制直线{(140,130),(140,230)}。参照相同的方法，绘制其他两条定位中心线，结果如图 6-51 所示。

提示

滚动轴承左视图主要由同心圆和一系列滚珠圆组成。左视图是在主剖视图的基础上生成的，因此需要借助主视图的位置信息进行绘制，即先从主视图中引出相应的辅助线，再进行必要的修剪和添加操作。

（2）绘制辅助水平线。将“粗实线”图层设置为当前图层，单击“默认”选项卡的“绘图”面板中的“直线”按钮，捕捉特征点，利用正交功能从主视图中引出 4 条水平直线，结果如图 6-52 所示。

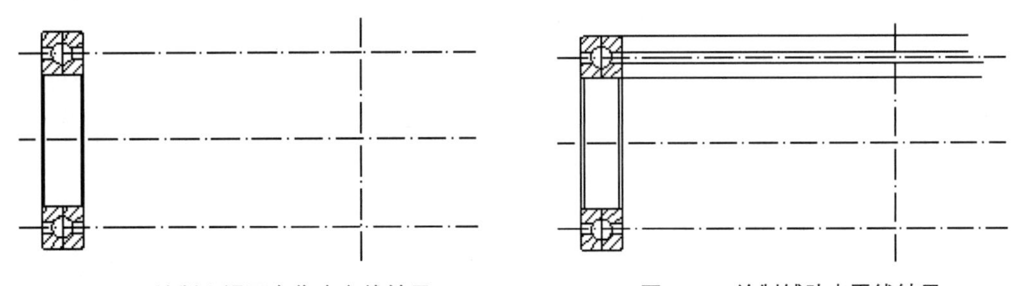

图 6-51 绘制左视图定位中心线结果　　图 6-52 绘制辅助水平线结果

（3）绘制 5 个圆。单击“默认”选项卡的“绘图”面板中的“圆”按钮，将圆心设置为(140,180)，依次捕捉辅助水平线与中心线（第（1）步中绘制的定位中心线）的交点（注意：应将中间的圆的图层设置为“中心线”图层），并删除辅助水平线，结果如图 6-53 所示。

（4）绘制滚珠。单击“默认”选项卡的“绘图”面板中的“圆”按钮，将圆心设置为中心线与圆弧中心线的交点，半径设置为 4.5mm，并进行修剪，结果如图 6-54 所示。

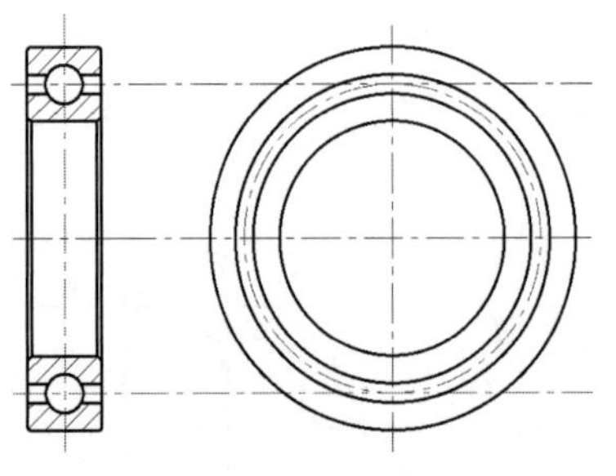
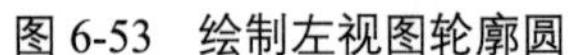
图 6-53　绘制左视图轮廓圆

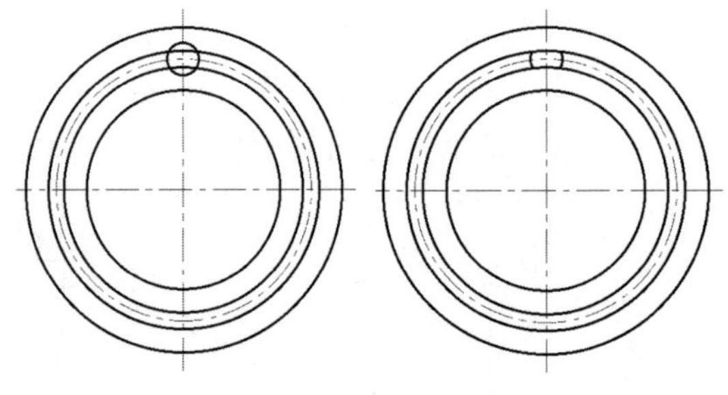
图 6-54　绘制滚珠结果

（5）环形阵列。单击“默认”选项卡的“修改”面板中的“环形阵列”按钮，选择图 6-54 中所绘制的滚珠轮廓线为阵列对象，以中心线交点为阵列中心，将阵列数目设置为 25，结果如图 6-55 所示。

4. 标注尺寸

（1）设置标注样式。将“尺寸标注”图层设置为当前图层，单击“默认”选项卡的“注释”面板中的“标注样式”按钮，在打开的“标注样式管理器”对话框中，将“机械制图”设置为当前使用的标注样式。

（2）标注滚动轴承宽度和圆环宽度。单击“注释”选项卡的“标注”面板中的“线性”按钮，标注滚动轴承宽度和圆环宽度为 18mm，如图 6-56 所示。

（3）标注滚珠直径。单击“注释”选项卡的“标注”面板中的“直径”按钮，标注滚珠直径为 9mm，如图 6-56 所示。

（4）标注角度。单击“注释”选项卡的“标注”面板中的“角度”按钮，标注角度为 60°；单击“默认”选项卡的“修改”面板中的“打断”按钮，修剪过长的中心线，如图 6-56 所示。

（5）单击“注释”选项卡的“标注”面板中的“直径”按钮，标注滚动轴承左视图中从内到外第 1 个，第 4 个和第 5 个圆的直径 $\phi 55$ 、$\phi 77$ 和 $\phi 90$ ，如图 6-56 所示。

（6）将“文字”图层设置为当前图层，在空白处创建技术要求，在标题栏中填写“轴承”。滚动轴承的最终效果如图 6-40 所示。

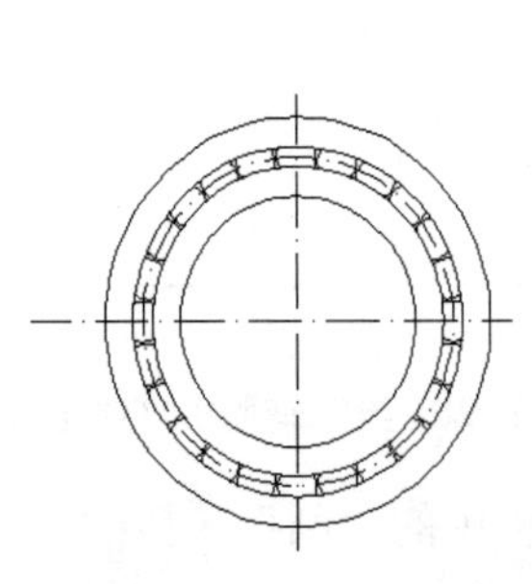
图 6-55　环形阵列结果

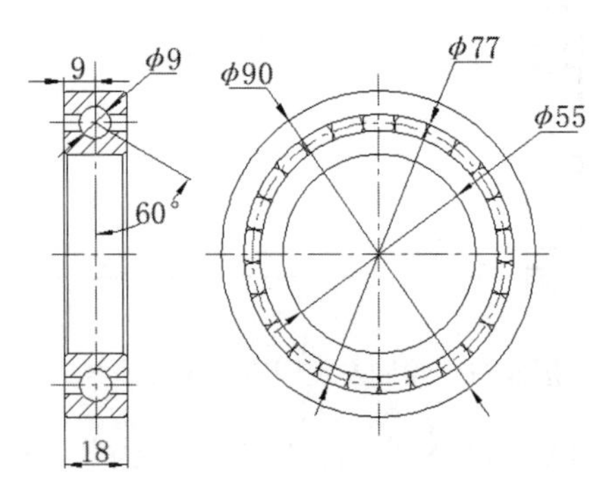

图 6-56　标注尺寸

知识点详解

滚动轴承属于标准件，一般不需要单独绘制零件图。在装配图中，滚动轴承根据其代号及国家标准中的外径 D、内径 d 和宽度 B 或 T 等主要尺寸进行绘制。当需要详细地表达滚动轴承的主要结构时，可采用规定画法；当只需要简单地表达滚动轴承的主要结构特征时，可采用特征画法。表 6-1 所示为 3 种常用滚动轴承的规定画法及特征画法。

当不需要确切地表达滚动轴承的外形轮廓、载荷特性、结构特性时，可采用通用画法，即在矩形线框的中央绘制正立十字形符号（十字形符号不能与线框相连），如图 6-57 所示。

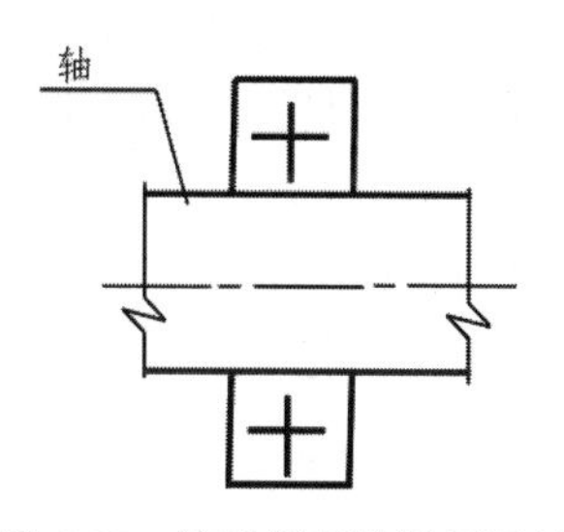

图 6-57 滚动轴承的通用画法

表 6-1 3 种常用滚动轴承的规定画法及特征画法

名　称	结构形式	规定画法	特征画法
深沟球轴承	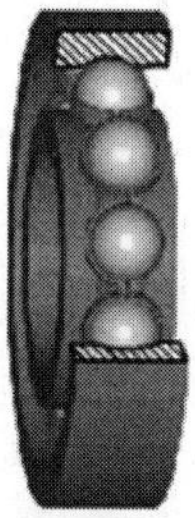	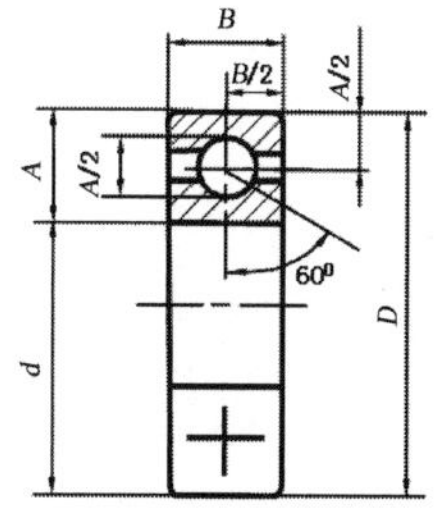	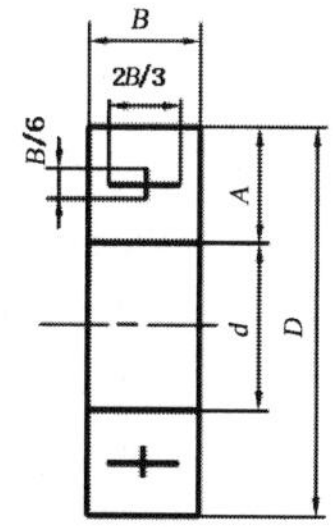
圆锥滚子轴承		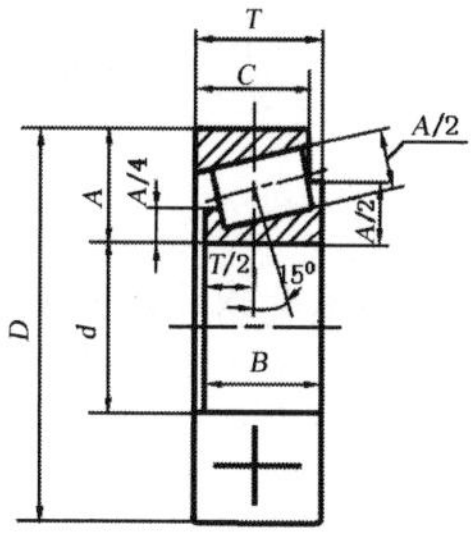	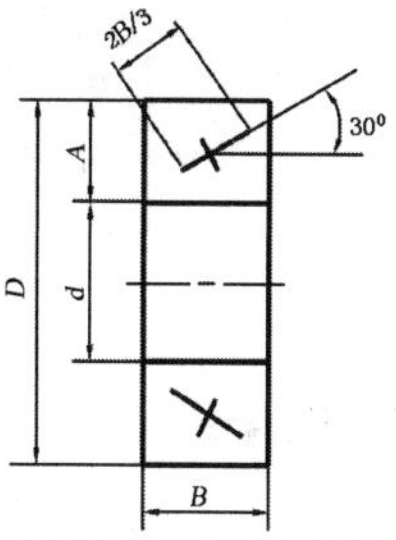
平底推力球轴承		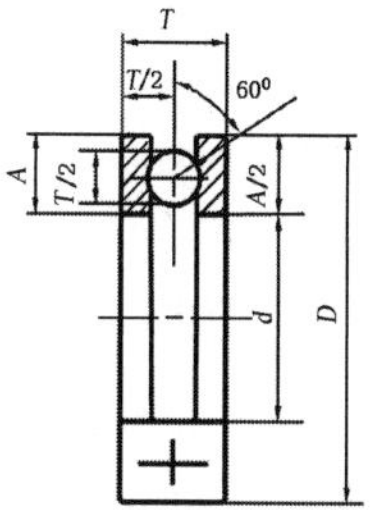	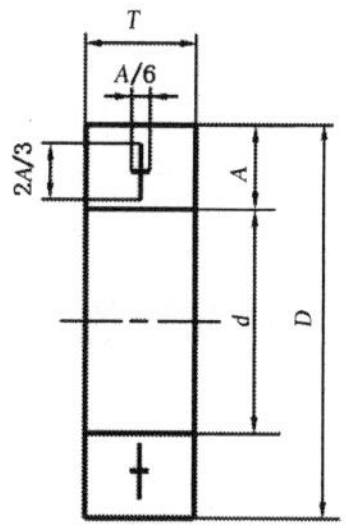

任务三 设计轴承座

任务背景

在绘制轴承座之前，首先应该对轴承座进行系统分析。根据国家标准，需要确定零件图的图幅，零件图中所要表示的内容，零件各部分的线型、线宽、公差、公差标注样式及粗糙度等，以及使用几个视图才能清楚地表达该零件。

根据国家标准和工程分析，想要将轴承座表达清楚，需要一个主视图及一个左视图和一个局部放大视图。为了将图形表达得更加清楚，我们选择将绘图的比例设置为 1∶1，图幅设置为 A2。另外，还需要填写技术要求等。图 6-58 所示为轴承座零件图。下面将介绍轴承座零件图的绘制方法和步骤。

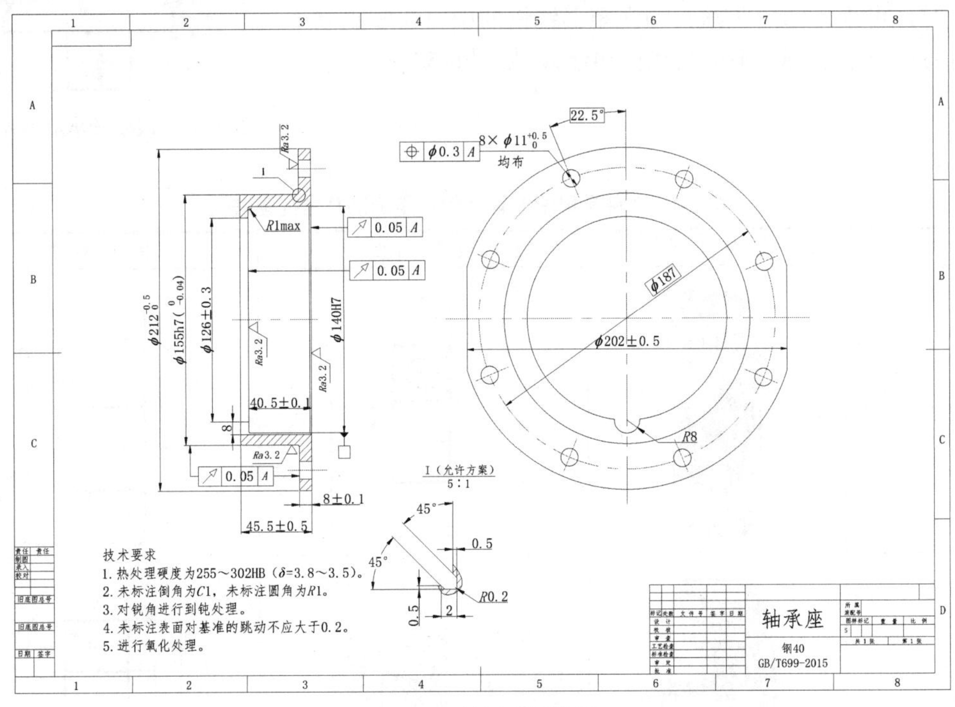

图 6-58　轴承座零件图

操作步骤

1. 调入样板图

单击快速访问工具栏中的“新建”按钮，打开“选择样板”对话框（见图 6-59），在该对话框中选择需要的样板图。

在“选择样板”对话框中，选择已经绘制好的样板图后，单击“打开”按钮，返回绘图区域，同时选择的样板图也会显示在绘图区域内，如图 6-60 所示。其中，样板图左下端点坐标为(0,0)。

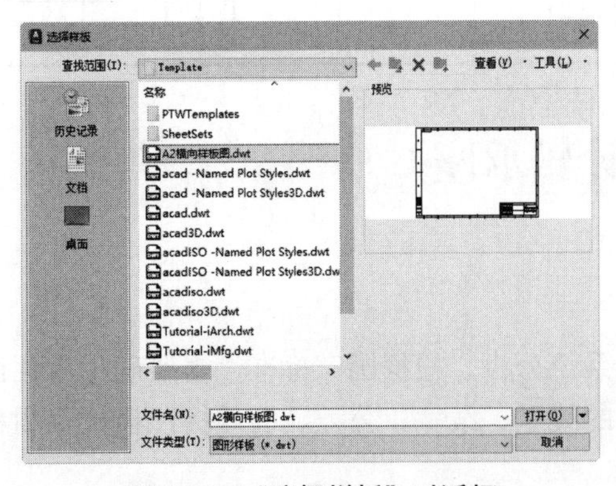

图 6-59　“选择样板”对话框

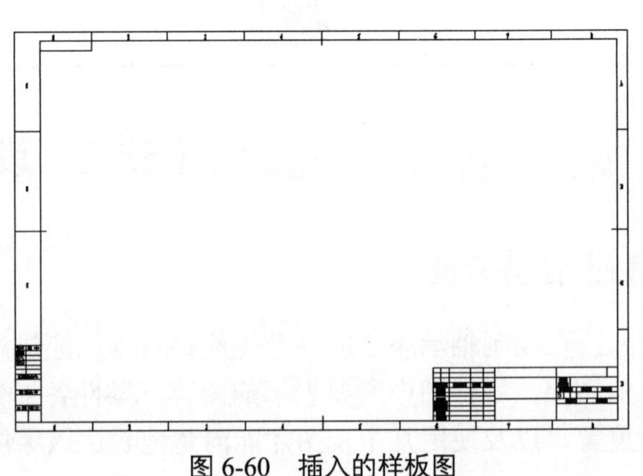

图 6-60　插入的样板图

2. 创建图层

根据国家标准和工程分析，轴承零件图中主要使用粗实线、细实线、中心线和剖面线等。单击“默认”选项卡的“图层”面板中的“图层特性”按钮，打开“图层特性管理器”选项板，参照前面介绍的方法，在其中创建所需图层，如图 6-61 所示。

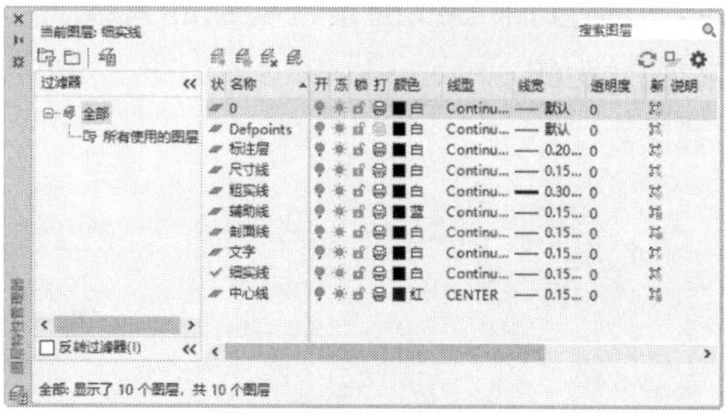

图 6-61 创建图层

3. 设置标注样式

单击“默认”选项卡的“注释”面板中的“标注样式”按钮，打开“标注样式管理器”对话框，如图 6-62 所示。该对话框将显示当前的标注样式，包括半径、角度、线性和引线的标注样式。单击“修改”按钮，打开“修改标注样式”对话框（见图 6-63），在其中设置需要的标注样式。

4. 绘制主视图

（1）绘制中心线。将“中心线”图层设置为当前图层。根据轴承座的尺寸，单击“默认”选项卡的“绘图”面板中的“直线”按钮，以坐标{(140,230),(@55,0)}、{(175,323.5),(@25,0)}，绘制两条中心线，结果如图 6-64 所示。

（2）绘制主视图轮廓线。

根据分析可以知道，该主视图的轮廓线主要由直线组成，并且需要填充剖面线。在绘制主视图轮廓线的过程中，需要使用直线、圆角、倒角及剖面线等命令。

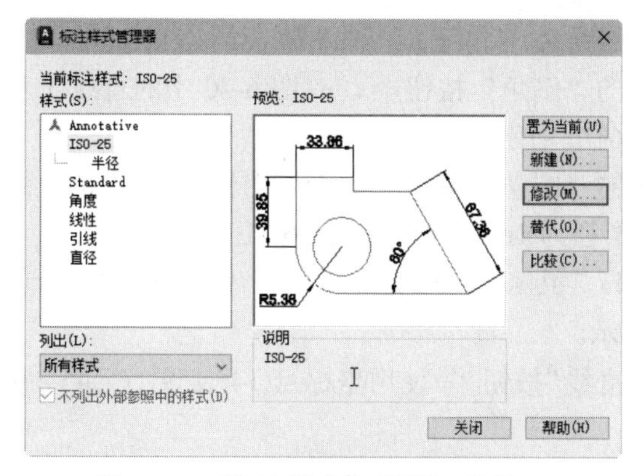

图 6-62 “标注样式管理器”对话框 1

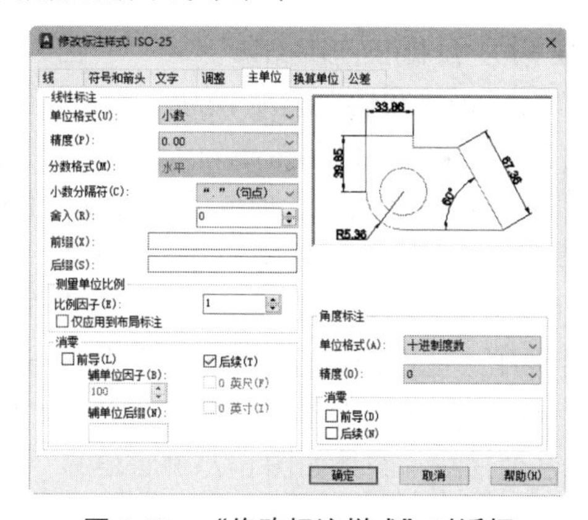

图 6-63 “修改标注样式”对话框

① 将“粗实线”图层设置为当前图层，单击“默认”选项卡的“绘图”面板中的“直线”按钮，使用坐标(145,230)、(@0,77.5)、(@37.5,0)、(@0,28.5)和(@8,0)，在对象捕捉模式下选择与中心线垂直的交点，绘制外轮廓线，结果如图 6-65 所示。

② 单击“默认”选项卡的“绘图”面板中的“直线”按钮，使用坐标点{(150,230),(@0,70),(@40.5,0)}绘制内轮廓线，结果如图 6-66 所示。

③ 单击“默认”选项卡的“绘图”面板中的“直线”按钮，使用坐标点{(145,293),(@5,0)}、{(182.5,318),(@8,0)}、{(182.5,329),(@8,0)}绘制孔外形线，结果如图 6-67 所示。

④ 单击“默认”选项卡的“修改”面板中的“倒角”按钮，对图 6-67 中的直线 1 和直线 2 进行倒角，倒角距离为 1mm，结果如图 6-68 所示。

⑤ 单击“默认”选项卡的“绘图”面板中的“直线”按钮╱，以图 6-68 中的点 *a* 为起点，绘制到中心线的垂直交点的直线。参照同样的方法，以 *b* 为起点，绘制另一条直线，结果如图 6-69 所示。

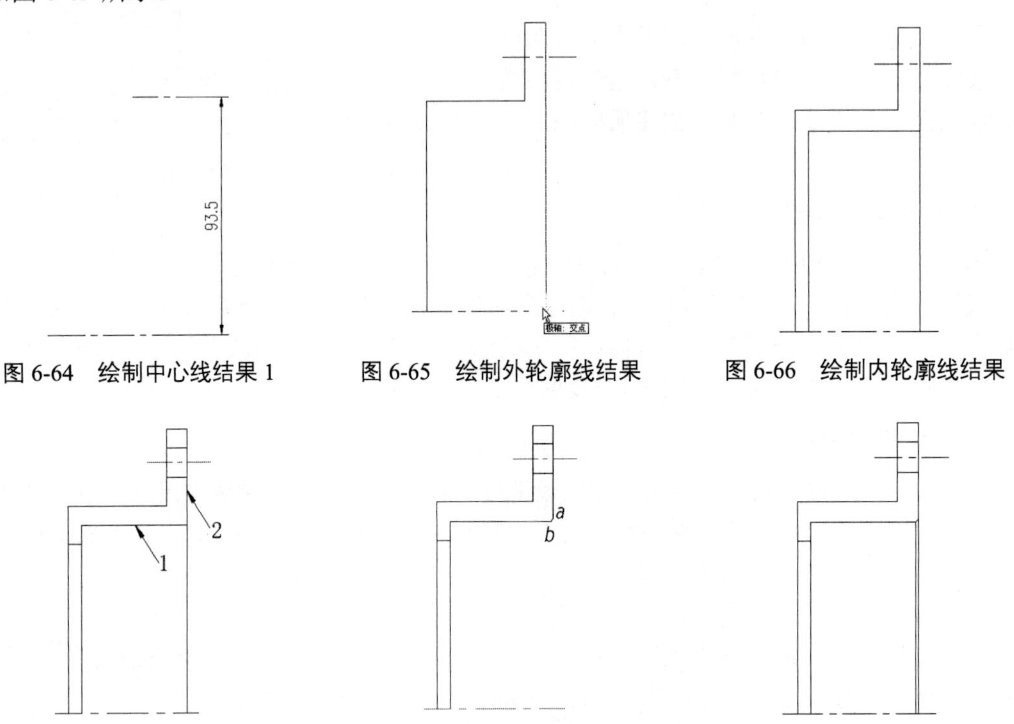

图 6-64　绘制中心线结果 1　　图 6-65　绘制外轮廓线结果　　图 6-66　绘制内轮廓线结果

图 6-67　绘制孔外形线结果　　图 6-68　倒角结果 1　　图 6-69　绘制直线结果 1

⑥ 单击“默认”选项卡的“修改”面板中的“倒角”按钮，对图 6-70 中的直线 1 和直线 2 进行倒角，倒角距离为 1mm，结果如图 6-70 所示。

⑦ 单击“默认”选项卡的“修改”面板中的“圆角”按钮，分别对图 6-70 中的直线 1、直线 2、直线 4 和直线 5 进行倒圆角，圆角半径为 1mm，结果如图 6-71 所示。

⑧ 单击“默认”选项卡的“修改”面板中的“镜像”按钮，以水平中心线为镜像轴，对图 6-71 中的图形进行镜像，结果如图 6-72 所示。

⑨ 单击“默认”选项卡的“绘图”面板中的“直线”按钮╱，使用坐标点(145,159)、(@45.5,0)绘制注油槽线，结果如图 6-73 所示。

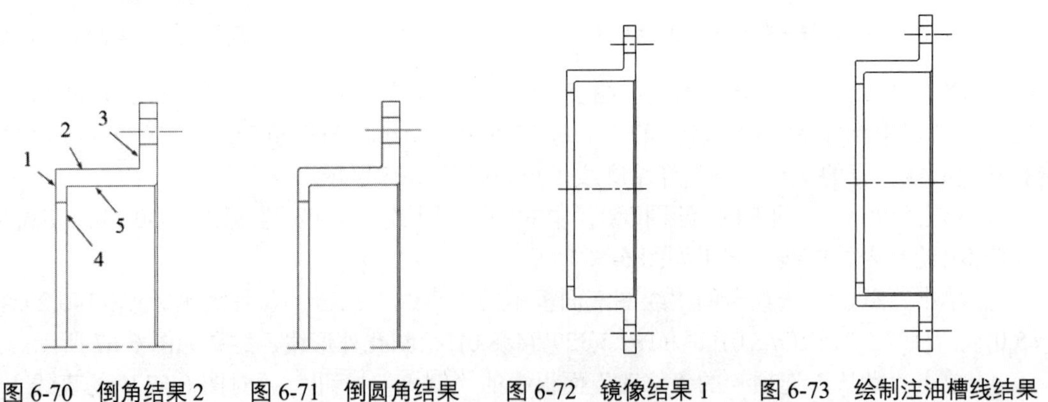

图 6-70　倒角结果 2　　图 6-71　倒圆角结果　　图 6-72　镜像结果 1　　图 6-73　绘制注油槽线结果

（3）绘制剖面线。

由于主视图为剖视图，因此需要在该视图上绘制剖面线。将“剖面线”图层设置为当前图层，绘制剖面线的过程如下。

单击“默认”选项卡的“绘图”面板中的“图案填充”按钮，打开“图案填充创建”选项卡，单击“选项”面板中的按钮，打开“图案填充和渐变色”对话框；在该对话框中，选择所需的剖面线样式，并设置剖面线的角度和显示比例。图 6-74 所示为设置后的“图案填充和渐变色”对话框。在设置完剖面线的类型后，单击“添加：拾取点”按钮，返回绘图区，使用鼠标在所需添加剖面线的区域内选择任意一点；在选择完后，返回“图案填充创建”选项卡中单击“关闭图案填充创建”按钮，剖面线绘制完成。

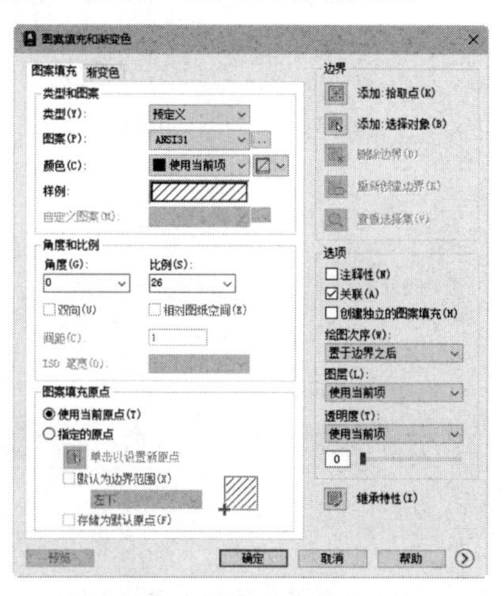

图 6-74 设置后的“图案填充和渐变色”对话框 1

如果对填充效果不满意，则可以选择菜单栏中的“修改”→“对象”→“图案填充”命令，选择绘制的剖面线，打开“图案填充编辑”对话框（见图 6-75），在其中重新设置填充的样式。在设置完后，单击“确定”按钮，剖面线会以刚刚设置好的参数显示。重复此过程，直到满意为止。图 6-76 所示为填充剖面线后的主视图。

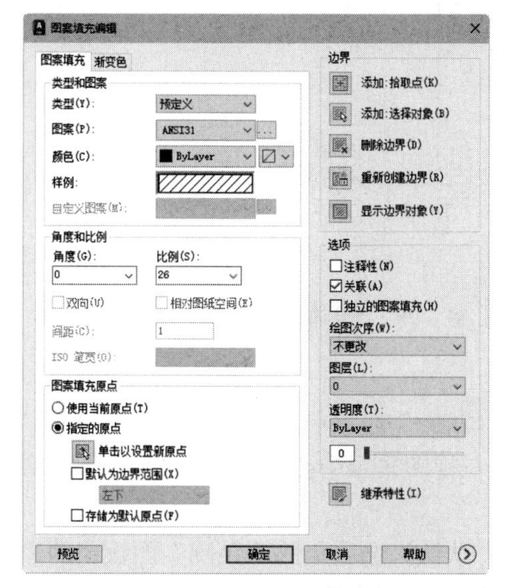

图 6-75 “图案填充编辑”对话框

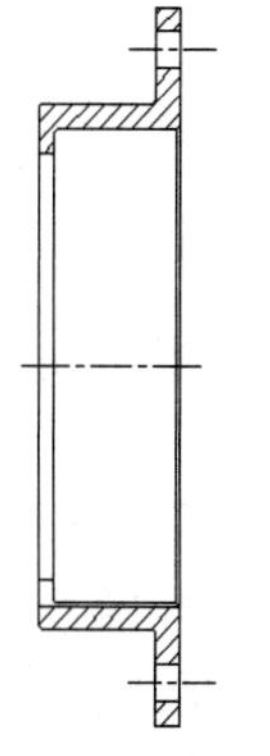

图 6-76 填充剖面线后的主视图

5. 绘制左视图

（1）绘制中心线和辅助线。

① 将“中心线”图层设置为当前图层，单击“默认”选项卡的“绘图”面板中的“直线”按钮，使用坐标点{(275,230),(505,230)}绘制水平中心线，使用坐标点{(390,115),(390,345)}绘制垂直中心线，结果如图 6-77 所示。

② 将“辅助线”图层设置为当前图层，单击“默认”选项卡的“绘图”面板中的“直线”按钮，绘制辅助线，命令行提示与操作如下：

```
命令: _line
指定第一个点:（在对象捕捉模式下使用鼠标选择图 6-78（a）中的点 A）
指定下一点或[放弃(U)]: @230,0↙
指定下一点或 [放弃(U)]: ↙
命令: _line
指定第一个点:（在对象捕捉模式下使用鼠标选择图 6-78（a）中的点 B）
指定下一点或[放弃(U)]: @220,0↙
指定下一点或 [放弃(U)]: ↙
命令: _line
指定第一个点:（在对象捕捉模式下使用鼠标选择图 6-78（a）中的点 C）
指定下一点或[放弃(U)]: @270,0↙
指定下一点或 [放弃(U)]: ↙
命令: _line
指定第一个点:（在对象捕捉模式下使用鼠标选择图 6-78（a）中的点 D）
指定下一点或[放弃(U)]: @265,0↙
指定下一点或 [放弃(U)]: ↙
命令: _line
指定第一个点:（在对象捕捉模式下使用鼠标选择图 6-78（a）中的点 E）
指定下一点或[放弃(U)]: @225,0↙
指定下一点或 [放弃(U)]: ↙
```

绘制辅助线结果如图 6-78（b）所示。

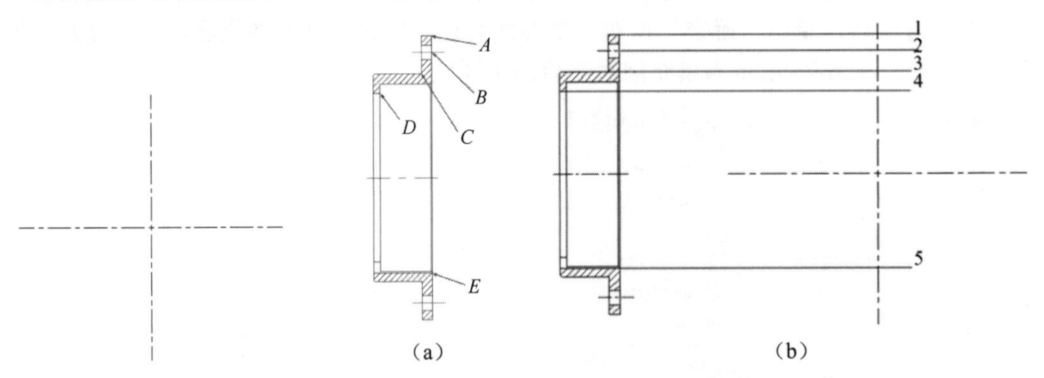

图 6-77　绘制中心线结果 2

图 6-78　绘制辅助线

（2）绘制左视图的轮廓线。

① 将“粗实线”图层设置为当前图层，单击“默认”选项卡的“绘图”面板中的“圆”按钮，以左视图两中心线的交点为圆心，分别以左视图垂直中心线与辅助线 1、辅助线 3、辅助线 4 的交点为半径绘制圆。

② 将“中心线”图层设置为当前图层，单击“默认”选项卡的“绘图”面板中的“圆”按钮，以左视图两中心线的交点为圆心，以左视图垂直中心线与辅助线 2 的交点为半径绘

制圆，结果如图 6-79 所示。

③ 将“粗实线”图层设置为当前图层，单击“默认”选项卡的“绘图”面板中的“直线”按钮，使用坐标点{(289,230),(@0,50)}绘制直线，结果如图 6-80 所示。

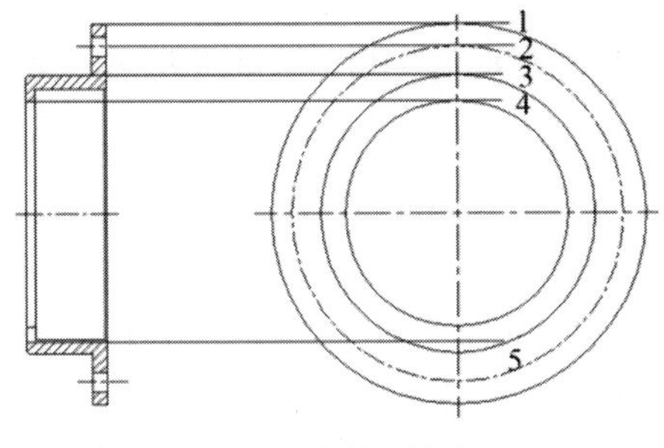

图 6-79 绘制圆结果 1

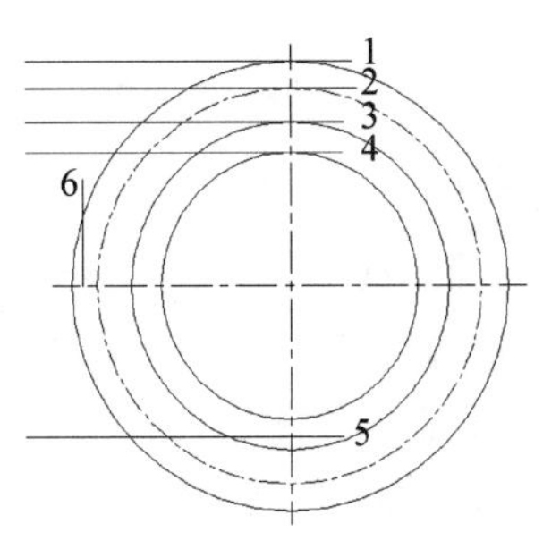

图 6-80 绘制直线结果 2

④ 单击“默认”选项卡的“修改”面板中的“修剪”按钮，以左视图中与辅助线 1 相交的圆为剪切边，对图 6-80 中的直线 6 处进行修剪，结果如图 6-81 所示。

⑤ 单击“默认”选项卡的“修改”面板中的“镜像”按钮，先以水平中心线为镜像轴，对图 6-81 中修剪后的直线 6 进行镜像，再以垂直中心线为镜像轴，对图 6-81 中修剪后的直线 6 进行镜像，结果如图 6-82 所示。

⑥ 单击“默认”选项卡的“修改”面板中的“修剪”按钮，以图 6-82 中的直线 6 为剪切边，对图 6-82 中的圆弧 *a* 处进行修剪。参照相同的方法，对图 6-82 中的圆弧 *b* 处进行修剪，结果如图 6-83 所示。

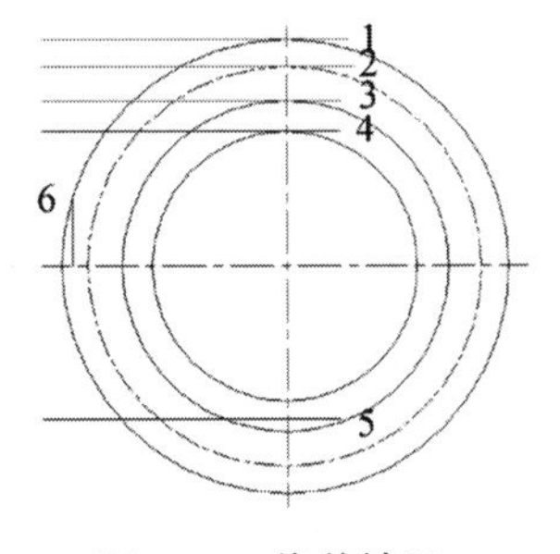

图 6-81 修剪结果 1

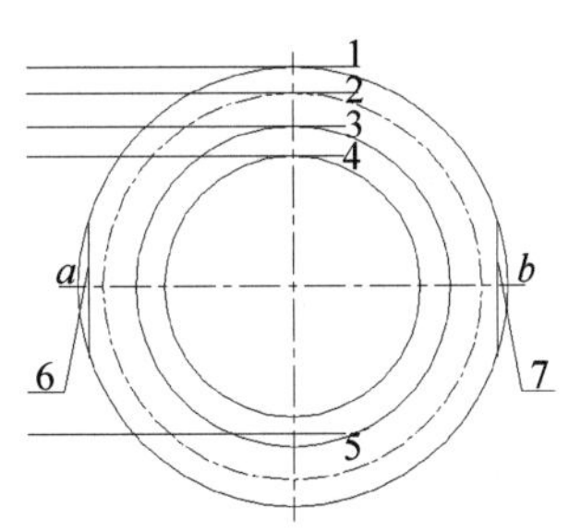

图 6-82 镜像结果 2

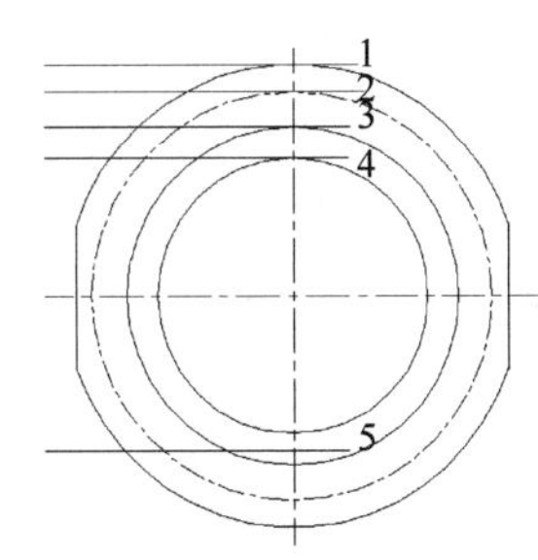

图 6-83 修剪结果 2

（3）绘制左视图的注油槽。

① 将“粗实线”图层设置为当前图层，单击“默认”选项卡的“绘图”面板中的“圆”按钮，以图 6-84（a）中的点 *A* 为圆心，使用鼠标捕捉点 *B*，绘制圆，结果如图 6-84（b）所示。

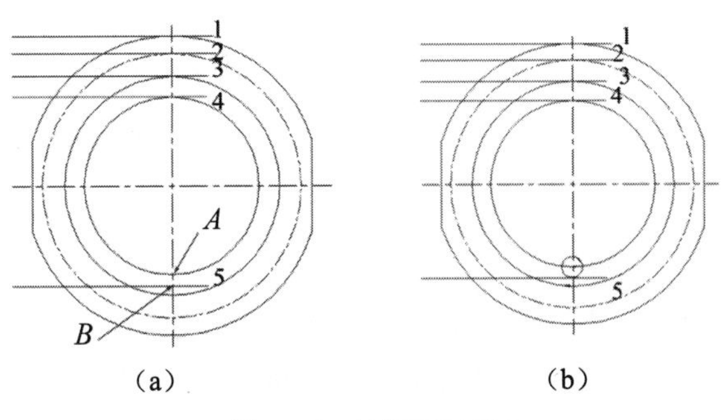

图 6-84 绘制圆结果 2

② 修剪对象。单击“默认”选项卡的“修改”面板中的“修剪”按钮，修剪图形，结果如图 6-85 所示。

提示

在修剪直线时，由于直线 6 和直线 7 是由两条直线形成的，因此需要分别选择它们，否则不能进行修剪。

③ 删除辅助线。删除图 6-85 中的 5 条辅助线，结果如图 6-86 所示。

（4）绘制边缘孔。

① 将“中心线”图层设置为当前图层，单击“默认”选项卡的“绘图”面板中的“直线”按钮，使用坐标点{(360,305),(@22<112.5)}绘制边缘孔中心线。

② 将“粗实线”图层设置为当前图层，单击“默认”选项卡的“绘图”面板中的“圆”按钮，以第①步中绘制的中心线和以辅助线 2 为基准绘制的圆的交点为圆心，绘制直径为 11mm 的圆，结果如图 6-87 所示。

③ 绘制轴承座端部其他的孔和中心线。单击“默认”选项卡的“修改”面板中的“环形阵列”按钮，使用窗口选择方式选择图 6-87 中的中心线和圆孔，使用鼠标点选左视图中两中心线的交点，将阵列数目设置为 8，结果如图 6-88 所示。

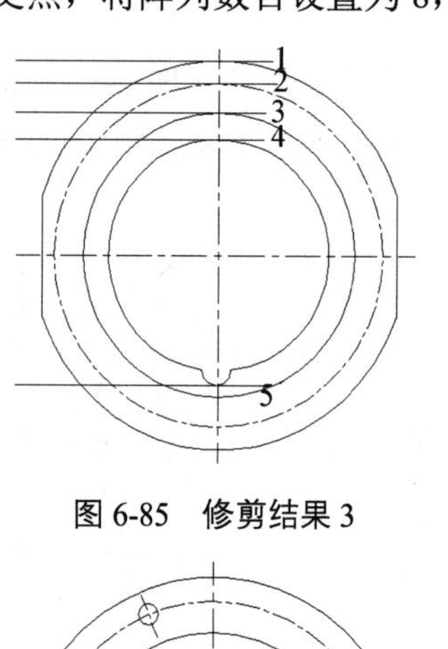

图 6-85　修剪结果 3

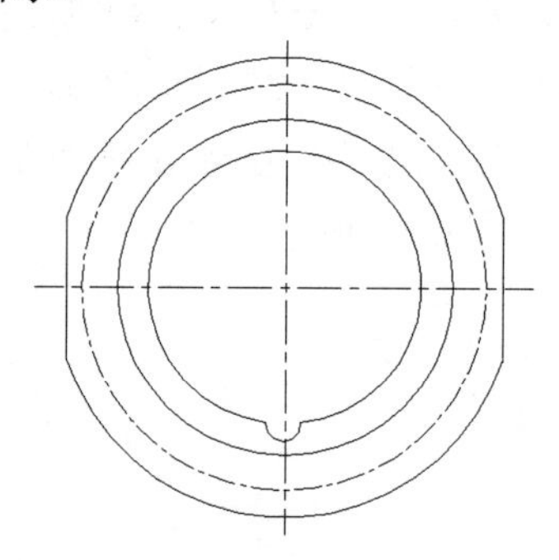

图 6-86　删除辅助线结果

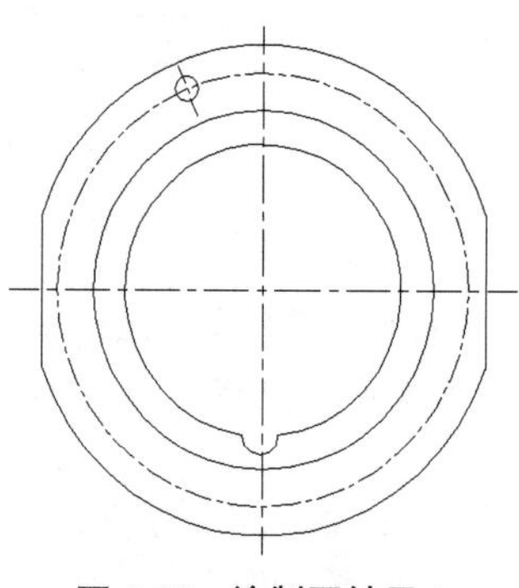

图 6-87　绘制圆结果 3

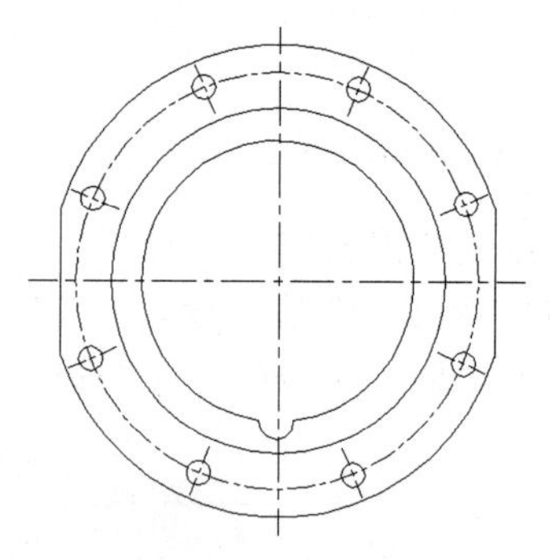

图 6-88　阵列结果

6. 绘制局部视图

（1）绘制局部视图的轮廓线。

① 将“粗实线”图层设置为当前图层，单击“默认”选项卡的“绘图”面板中的“直线”按钮，使用坐标点(270,65)、(272,65)、(274.5,62.5)、(282,62.5)、(282,70)、(279.5,72.5)、(279.5,78)绘制直线。

② 单击“默认”选项卡的“绘图”面板中的“样条曲线拟合”按钮，绘制多段线，命令行提示与操作如下：

```
命令: _SPLINE
当前设置: 方式=拟合    节点=弦
指定第一个点或 [方式(M)/节点(K)/对象(O)]: M
输入样条曲线创建方式 [拟合(F)/控制点(CV)] <拟合>: F
当前设置: 方式=拟合    节点=弦
指定第一个点或[方式(M)/节点(K)/对象(O)]: 270,65↙
输入下一个点或[起点切向(T)/公差(L)]: 273,60↙
输入下一个点或[端点相切(T)/公差(L)/放弃(U)]: 280,60↙
输入下一个点或[端点相切(T)/公差(L)/放弃(U)/闭合(C)]: 285,65↙
输入下一个点或[端点相切(T)/公差(L)/放弃(U)/闭合(C)]: 282,75↙
输入下一个点或[端点相切(T)/公差(L)/放弃(U)/闭合(C)]: 279.5,78↙
输入下一个点或[端点相切(T)/公差(L)/放弃(U)/闭合(C)]:↙
```

绘制局部视图的轮廓线结果如图 6-89 所示。

（2）填充剖面线。

首先将“剖面线”图层设置为当前图层，然后单击“默认”选项卡的“绘图”面板中的“图案填充”按钮，打开“图案填充创建”选项卡，单击“选项”面板中的“图案填充设置”按钮，打开“图案填充和渐变色”对话框。在该对话框中，选择所需的剖面线样式，并设置剖面线的角度和显示比例。图 6-90 所示为设置后的“图案填充和渐变色”对话框。在设置完剖面线的类型后，单击“添加：拾取点”按钮，返回绘图区，使用鼠标在所需添加剖面线的区域内选择任意一点；在选择完后，在“图案填充创建”选项卡中单击“关闭图案填充创建”按钮，剖面线绘制完，结果如图 6-91 所示。

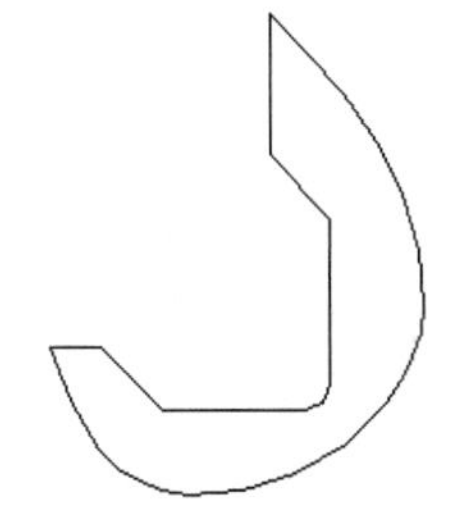

图 6-89 绘制局部视图的轮廓线结果

图 6-90 设置后的“图案填充和渐变色”对话框 2

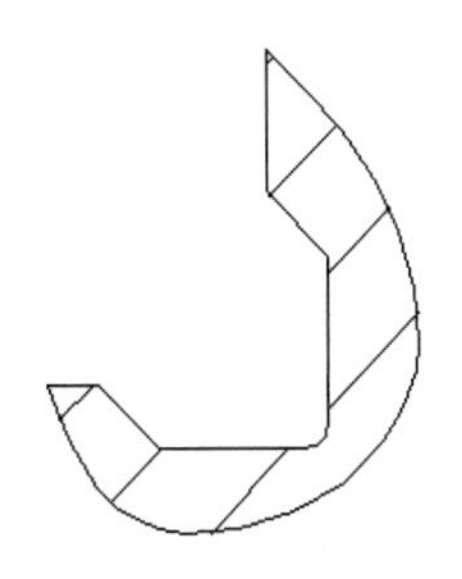

图 6-91 填充剖面线

（3）添加注释文字。

因为第（1）步和第（2）步中绘制的局部视图为局部放大视图，所以应添加必要的文字说明。该视图的注释文字主要在标注线图层中实现。首先使用直线命令绘制一条直线，然后填写文字注释。直线上方的文字样式设置：样式为 TXT，对正方式为“正中”，字高为 5，旋转角度为 0°，宽度比例为 0.7，输入的文字内容为“*I*(允许方案)”。直线下方的文字样式设置为：样式为 STANDARD，对正方式为“正中”，字高为 5，旋转角度为 0°，宽度比例为 0.7，输入的文字内容为“5∶1”。将添加的文字移动到在“文字”图层中，结果如图 6-92 所示。

I（允许方案）
5 : 1

图 6-92　添加注释文字结果

7. 标注轴承座

（1）带公差的线性标注。

下面以标注“202±0.5”为例，介绍带公差的线性标注方法。首先将“尺寸线”图层设置为当前图层，然后单击“默认”选项卡的“注释”面板中的“标注样式”按钮，打开“标注样式管理器”对话框，如图 6-93 所示；选择“样式”选区中的“线性”样式，单击“修改”按钮，打开“修改标注样式”对话框；在“公差”选项卡中，选择“方式”下拉列表中的“对称”选项，在“上偏差”数字框中输入“0.5”，如图 6-94 所示；在设置完后，单击“确定”按钮，并进行标注。

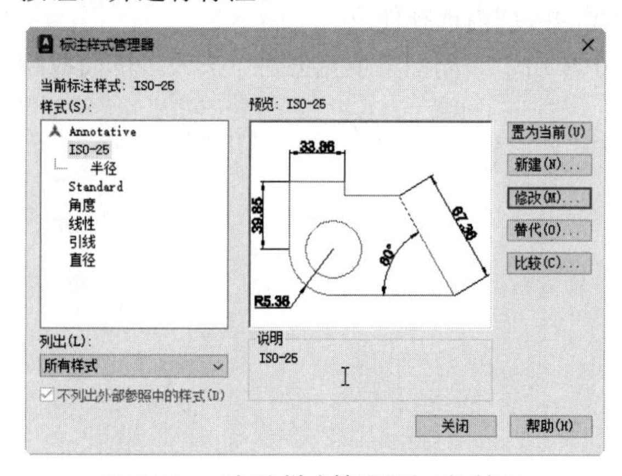

图 6-93　“标注样式管理器”对话框 2

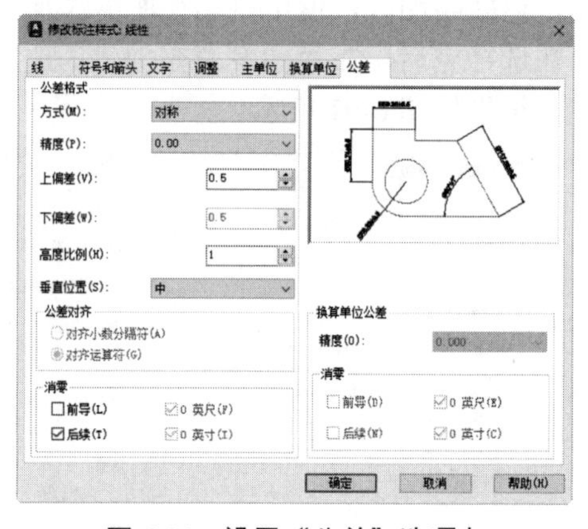

图 6-94　设置“公差”选项卡

单击“注释”选项卡的“标注”面板中的“线性”按钮，标注“202±0.5”，结果如图 6-95 所示。

（2）隐藏公差的线性标注。

首先将“尺寸线”图层设置为当前图层，然后单击“默认”选项卡的“注释”面板中的“标注样式”按钮，打开“标注样式管理器”对话框，如图 6-93 所示；选择“样式”选区中的“线性”样式，单击“替代”按钮，打开“替代当前样式”对话框；在“主单位”选项卡中，在“前缀”文本框中输入“%%C”，在“后缀”文本框中输入“H7”，如图 6-96 所示；选择“公差”选项卡，选择“方式”下拉列表中的“无”选项；在设置完后，单击“确定”按钮。

单击“注释”选项卡的“标注”面板中的“线性”按钮，标注隐藏公差的线性尺寸，结果如图 6-97 所示。

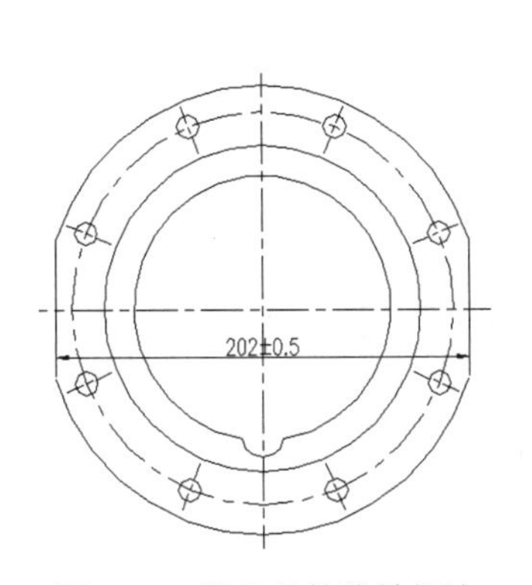

图 6-95 带公差的线性标注结果

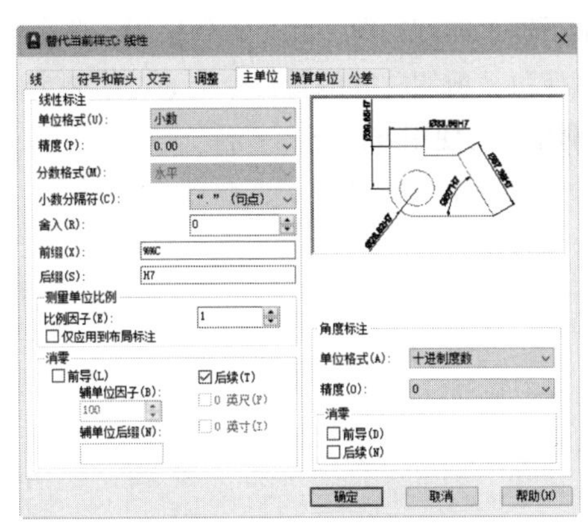

图 6-96 设置“主单位”选项卡

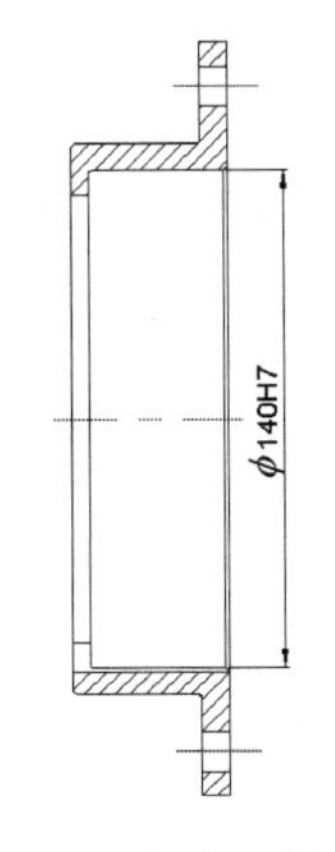

图 6-97 标注隐藏公差线性尺寸结果

8. 填写标题栏

标题栏是反映图形属性的重要信息来源，零件图的很多信息都可以在标题栏中找到，如零部件的材料、设计者及修改信息等。填写标题栏的过程类似于标注文字的过程，这里不再赘述，具体步骤可以参照其他相关实例。图 6-98 所示为轴承座标题栏。

标记	处数	文件号	签字	日期	轴承座	所属装配号		
设计						图样标记	重量	比例
校核						S		
审查						共 1 张		第 1 张
工艺检查					钢40 GB/T699-2015			
标准检查								
审定								
批准								

图 6-98 轴承座标题栏

任务四 上机实验

实验 1 绘制如图 6-99 所示的垫圈零件图

◆ 目的要求

垫圈是比较简单的机械零件。本实验的目的是帮助读者掌握绘制零件图的基本方法和思路。

◆ 操作提示

（1）设置图层，并插入图框。

（2）绘制轴线。

（3）绘制轮廓。

（4）填充图案。

（5）标注图形。

（6）填写标题栏。

实验 2　绘制如图 6-100 所示的圆锥滚子轴承

◆ 目的要求

本实验需要绘制圆锥滚子轴承的剖视图，除了需要使用一些基本的绘图命令，还需要使用“图案填充”命令及“旋转”、“镜像”、“剪切”等编辑命令。通过绘制本实验中的图形，使读者进一步熟悉“图案填充”命令及常见编辑命令的使用方法。

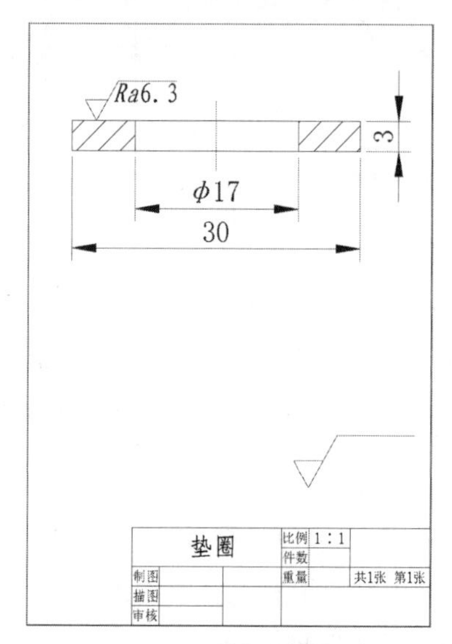

图 6-99　垫圈零件图

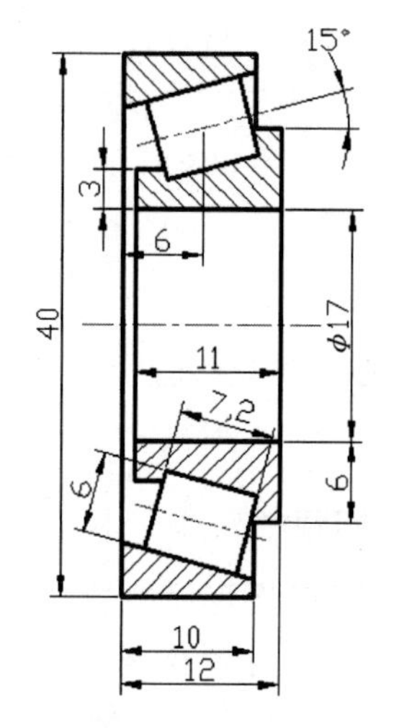

图 6-100　圆锥滚子轴承

◆ 操作提示

（1）新建图层。

（2）绘制中心线及滚子所在的矩形。

（3）旋转滚子所在的矩形。

（4）绘制半个轴承轮廓线。

（5）对绘制的图形进行剪切。

（6）镜像图形。

（7）分别对轴承外圈和内圈进行图案填充。

实验 3　绘制如图 6-101 所示的轴零件图

◆ 目的要求

轴是一种最常见的机械零件。本实验的目的是帮助读者掌握轴类零件的设计方法。

◆ 操作提示

（1）设置图层，并插入图框。

（2）绘制中心线网格。

（3）绘制主视图轮廓。

（4）绘制放大图。

（5）标注图形尺寸。

（6）标注粗糙度。

（7）填写技术要求。

（8）填写标题栏。

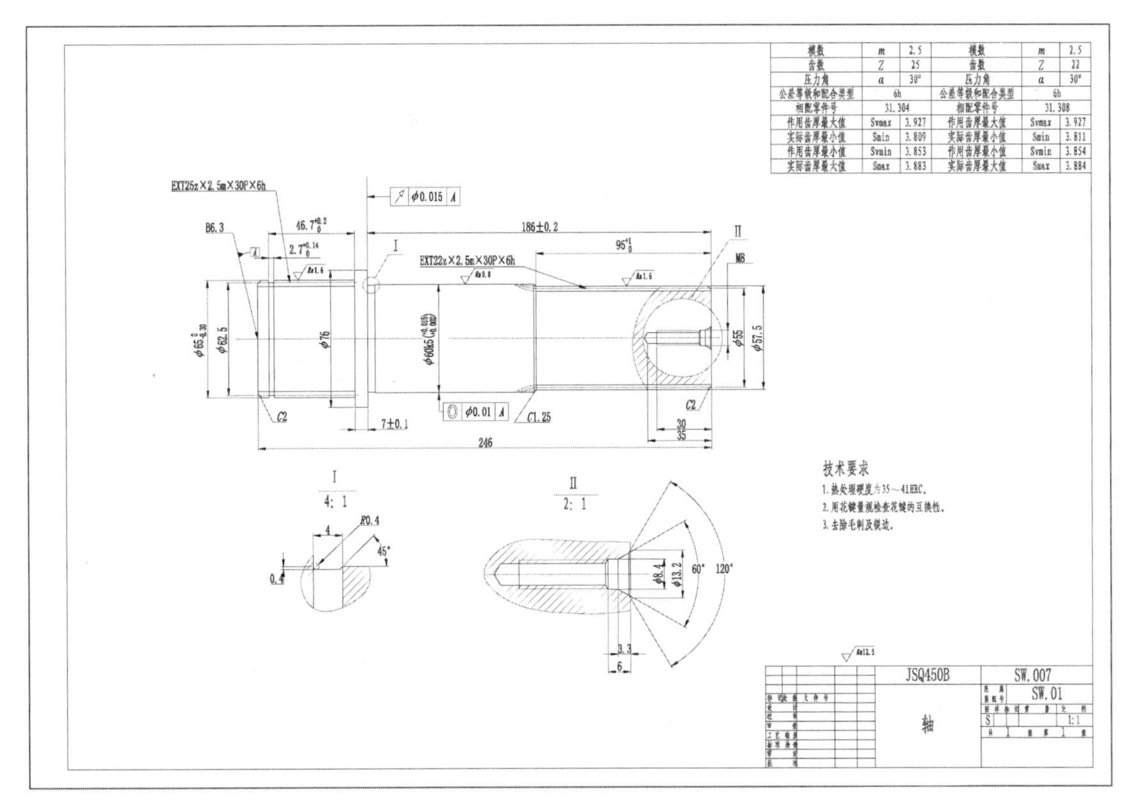

模数 m 2.5 | 模数 m 2.5
齿数 Z 25 | 齿数 Z 22
压力角 α 30° | 压力角 α 30°
公差等级和配合类型 6h | 公差等级和配合类型 6h
相配零件号 31.304 | 相配零件号 31.308
作用齿厚最大值 Svmax 3.927 | 作用齿厚最大值 Svmax 3.927
实际齿厚最小值 Smin 3.809 | 实际齿厚最小值 Smin 3.811
作用齿厚最小值 Svmin 3.853 | 作用齿厚最小值 Svmin 3.854
实际齿厚最大值 Smax 3.883 | 实际齿厚最大值 Smax 3.884
EXT25z×2.5m×30P×6h
EXT22z×2.5m×30P×6h
B6.3
186±0.2
7±0.1
246
M8
C2
C1.25
技术要求
1. 热处理硬度为35～41HRC。
2. 用花键量规检查花键的互换性。
3. 去除毛刺及锐边。
I
4:1
II
2:1
JSQ450B
SW.007
SW.01
轴
1:1

图 6-101 轴零件图

项目七　设计齿轮类零件

学习情境

在前面的项目中，读者通过任务系统地学习了 AutoCAD 绘制机械图形所需的各种命令和技巧。在掌握这些绘图命令后，即可利用这些命令来绘制具体的机械零件图。齿轮类零件是机械中比较常见也比较重要的零件，本项目通过几个任务来具体帮助读者掌握齿轮类零件图的绘制方法。

素质目标

通过深入讲解 AutoCAD 软件，使读者熟练掌握绘制齿轮类零件图的具体方法，能够灵活应用各种 AutoCAD 命令，高效准确地完成机械绘图任务。在此过程中，培养读者在有限时间内完成高质量绘图任务的能力，使其具备精益求精、追求卓越的职业品质。

能力目标

- 掌握齿轮类零件图的具体绘制方法
- 灵活应用各种 AutoCAD 命令
- 提高机械绘图的速度和效率

课时安排

10 课时（讲授 4 课时，练习 6 课时）

任务一　设计圆柱齿轮

任务背景

圆柱齿轮传动用于平行轴之间传递动力和运动，是一种常见的齿轮传动方式。它的功率和速度适用范围广泛，功率范围从小于千分之一瓦到 10 万千瓦，速度从极低到 300 米/秒。这种传动工作可靠，寿命长，传动效率高（可达 0.99 以上），结构紧凑，运行维护简单。然而，加工高精度的齿轮需要是使用专用或高精度的机床和刀具，因此制造工艺复杂且成本较高；而低精度齿轮则常常伴有噪音和振动问题，并没有过载保护功能。

圆柱齿轮零件是机械产品中经常使用的一种典型零件，它的主视剖面图呈对称形状，侧视图则由一组同心圆构成，如图 7-1 所示。由于圆柱齿轮的 1∶1 全尺寸平面图大于 A3 图幅，因此为了便于绘制，需要先隐藏“标题栏层”和“图框层”图层，即在图形窗口中隐藏标题栏和图框。按照 1∶1 全尺寸绘制圆柱齿轮的主视图和侧视图的方法与前面项目中介绍的方法类似，只需在绘制过程中充分利用多视图互相投影对应关系即可。

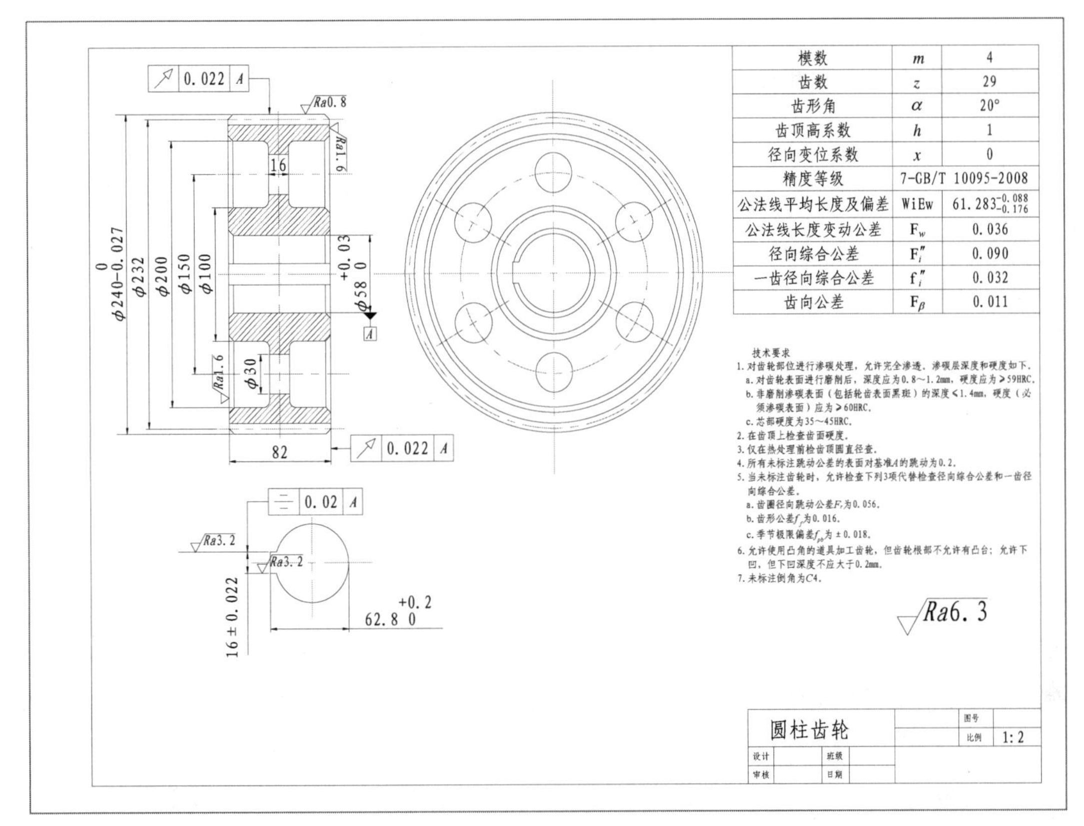

图 7-1 圆柱齿轮

操作步骤

1. 配置绘图环境

新建文件。启动 AutoCAD 2024，以“A3 横向样板”文件为模板，新建文件。

2. 新建图层

单击“默认”选项卡的“图层”面板中的“图层特性”按钮，打开“图层特性管理器”选项板，新建图层，如图 7-2 所示。

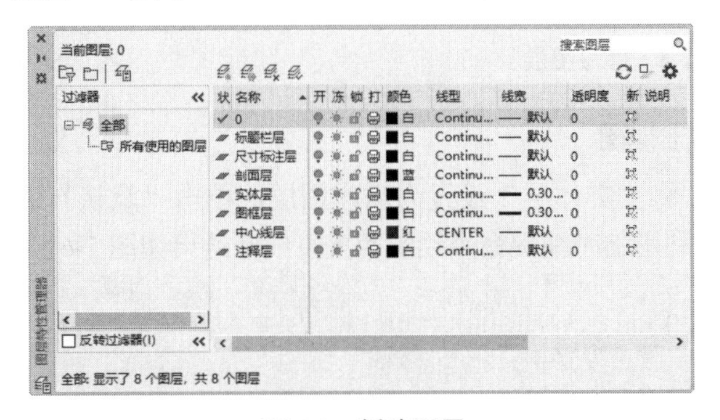

图 7-2 新建图层

3. 绘制中心线与隐藏图层

（1）绘制中心线。将“中心线层”图层设置为当前图层。单击“默认”选项卡的“绘图”

面板中的“直线”按钮，绘制直线{(25, 170), 410, 170)}、直线{(75, 47),(75, 292)}和直线{(270,47),(270,292)}，结果如图 7-3 所示。

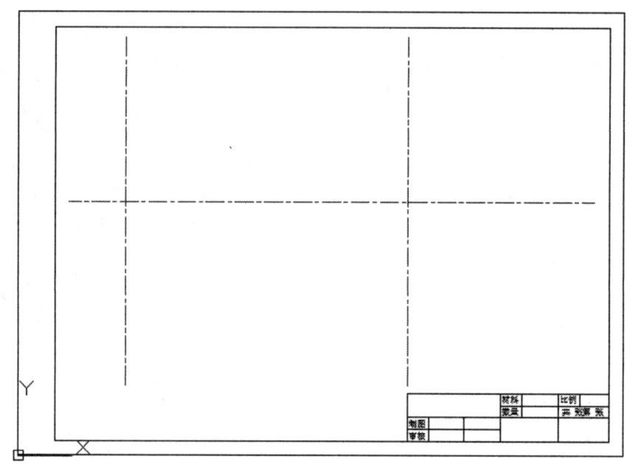

图 7-3　绘制中心线结果

注意

由于圆柱齿轮的尺寸较大，因此先按照 1∶1 的比例绘制圆柱齿轮，再利用“图形缩放”命令使其缩小，并将其放入 A3 图纸。为了便于绘制，隐藏“0”层，同时隐藏标题栏和图框，以使版面干净整洁。

（2）隐藏图层。单击“默认”选项卡的“图层”面板中的“图层特性”按钮，打开“图层特性管理器”选项板，隐藏“标题栏层”和“图框层”图层（见图 7-4），结果如图 7-5 所示。

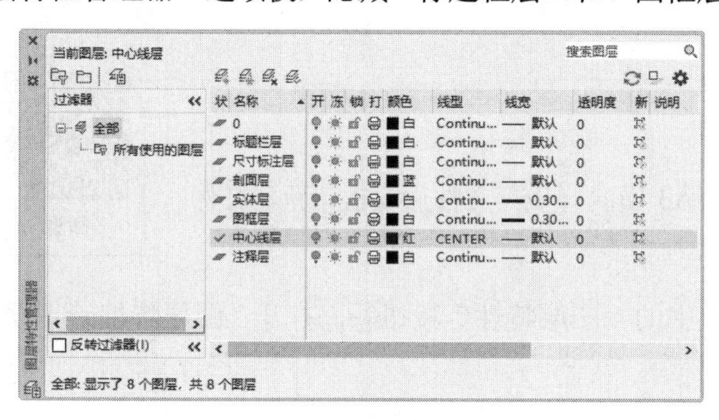

图 7-4　隐藏图层

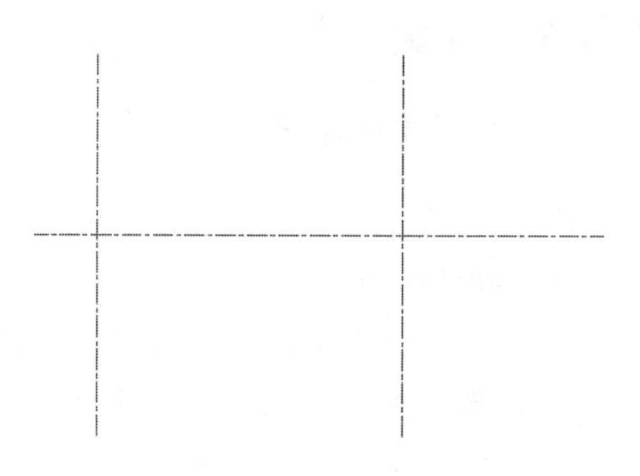

图 7-5　隐藏图层结果

4. 绘制圆柱齿轮主视图

（1）绘制边界线。将“实体层”设置为当前图层，单击“默认”选项卡的“绘图”面板中的“直线”按钮，利用临时捕捉命令绘制两条直线，结果如图 7-6 所示，命令行提示如下。

```
命令: _line ↙
指定第一个点: from（按住 Ctrl 键的同时右击，打开临时捕捉命令菜单，选择“自（F）”命令）↙
基点:（利用对象捕捉功能选择左侧中心线的交点）
<偏移>: @ -41,0 ↙
指定下一点或 [放弃(U)]: @ 0,120 ↙
指定下一点或 [放弃(U)]: @ 41, 0 ↙
指定下一点或 [闭合(C)/放弃(U)]: ↙
```

（2）偏移直线。单击“默认”选项卡的“修改”面板中的“偏移”按钮，先将最左侧的直线向右偏移，偏移距离为33mm，再将最上方的直线向下偏移，偏移距离分别为8mm、20mm、30mm、60mm、70mm和91mm；将中心线向上偏移，偏移距离分别为75mm和116mm，结果如图7-7所示。

（3）倒角图形。单击“默认”选项卡的“修改”面板中的“倒角”按钮，对齿轮的左上角处倒直角*C*4，对凹槽端口和孔口处倒直角*C*4；单击“默认”选项卡的“修改”面板中的“圆角”按钮，对中间凹槽底部进行倒圆角，半径为5mm，并进行修剪，绘制倒圆角轮廓线，结果如图7-8所示。

注意

在执行“倒圆角”命令时，需要针对不同情况交替使用“修剪”模式和“不修剪”模式。若使用“不修剪”模式，则需要调用“修剪”命令进行修剪编辑。

（4）绘制键槽。单击“默认”选项卡的“修改”面板中的“偏移”按钮，将中心线向上偏移8mm，将偏移后的直线移动到“实体层”图层中，并进行修剪，结果如图7-9所示。

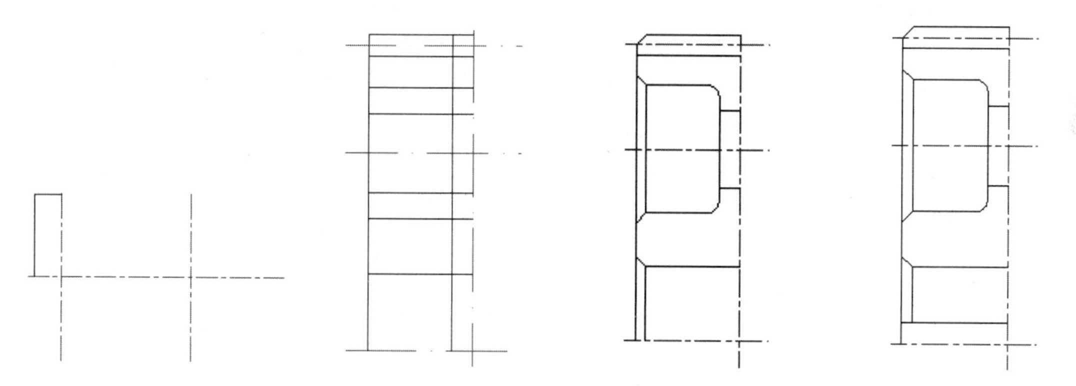

图7-6 绘制边界线　图7-7 偏移直线结果　图7-8 倒角图形结果　图7-9 绘制键槽结果

（5）镜像图形。单击“默认”选项卡的“修改”面板中的“镜像”按钮，分别以两条中心线为镜像轴进行镜像操作，结果如图7-10所示。

（6）绘制剖面线。将“剖面层”图层设置为当前图层，单击“默认”选项卡的“绘图”面板中的“图案填充”按钮，打开“图案填充创建”选项卡。选择“ANSI31”图案作为填充图案；利用提取图形对象特征点的方式选择填充区域，完成圆柱齿轮主视图的绘制，结果如图7-11所示。

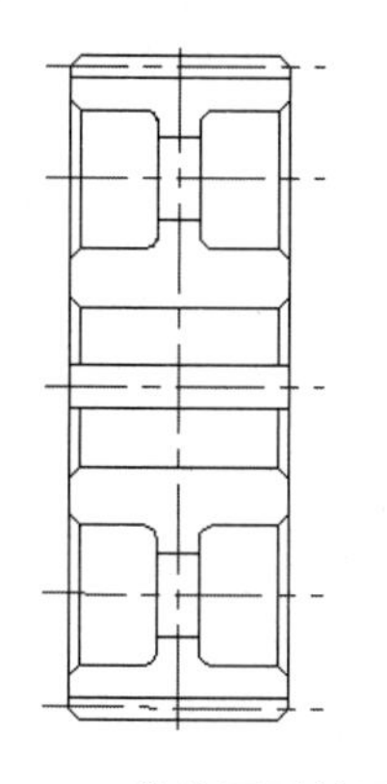

图7-10 镜像图形结果

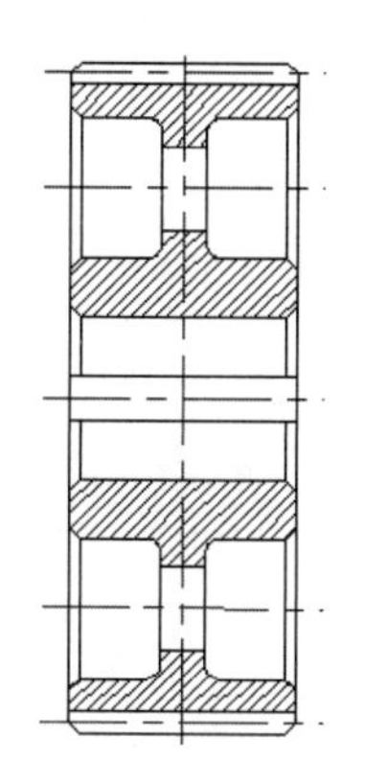

图7-11 圆柱齿轮主视图

5. 绘制圆柱齿轮侧视图

注意

圆柱齿轮侧视图由一组同心圆和环形分布的圆孔组成。由于左视图是在主视图的基础上生成的，因此需要借助主视图的位置信息来确定同心圆的半径或直径数值。这需要从主视图中引出相应的辅助定位线，并利用对象捕捉功能来确定同心圆。另外，需要利用“环形阵列”命令绘制 6 个减重圆孔。

（1）绘制辅助定位线。将“实体层”图层设置为当前图层，单击“默认”选项卡的“绘图”面板中的“直线”按钮，先利用对象捕捉功能在主视图中确定直线起点，再利用正交功能确保引出线水平，任意指定终点位置，结果如图 7-12 所示。

（2）绘制同心圆和减重圆孔。单击“默认”选项卡的“绘图”面板中的“圆”按钮，以右侧中心线交点为圆心，依次捕捉辅助定位线与中心线的交点，将其作为半径，绘制若干个圆；参照左侧主视图，将部分圆的图层调整为“中心线层”图层；单击“默认”选项卡的“绘图”面板中的“圆”按钮，绘制减重圆孔，结果如图 7-13 所示。删除辅助定位线。

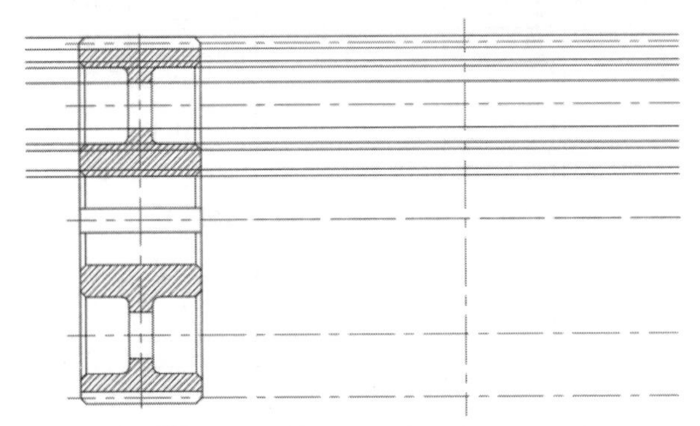

图 7-12　绘制辅助定位线结果

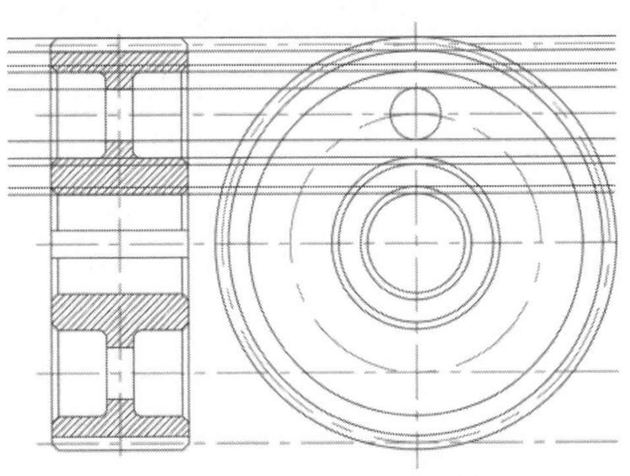

图 7-13　绘制同心圆和减重圆孔结果

（3）绘制环形阵列圆孔。单击“默认”选项卡的“修改”面板中的“环形阵列”按钮，以同心圆的圆心为阵列中心点，选择图 7-13 中的减重圆孔，将其为阵列对象，将阵列数目设置为 6，填充角度设置为 360°，绘制环形阵列圆孔，单击“默认”选项卡的“修改”面板中的“打断”按钮，修剪中心线，结果如图 7-14 所示。

（4）绘制键槽边界线。单击“默认”选项卡的“修改”面板中的“偏移”按钮，向左偏移同心圆的垂直中心线，偏移距离为 33.3mm；分别向上和向下偏移水平中心线，偏移距离均为 8mm；更改偏移后的中心线图层属性为“实体层”图层，结果如图 7-15 所示。

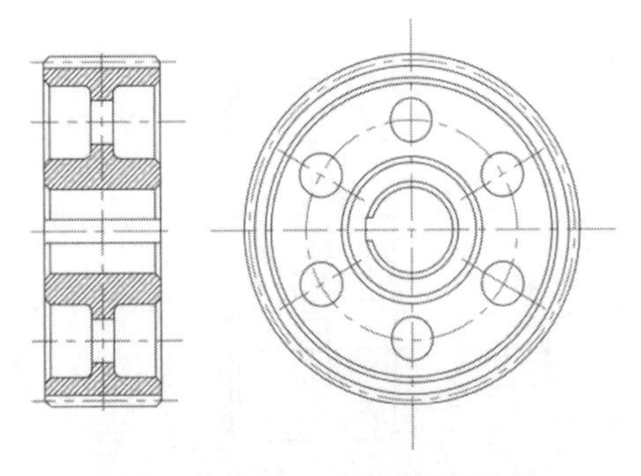

图 7-14　绘制环形阵列圆孔结果

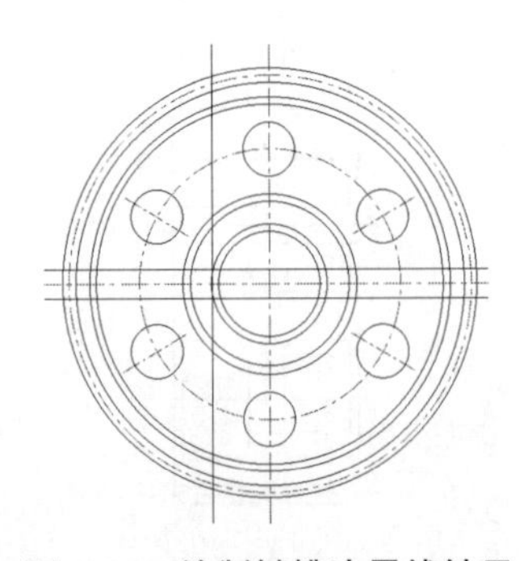

图 7-15　绘制键槽边界线结果

（5）修剪图形。对键槽进行修剪编辑，得到圆柱齿轮左视图，结果如图 7-16 所示。

注意

为了便于对键槽进行标注，需要从圆柱齿轮左视图中复制键槽图形，并单独放置，以便单独标注尺寸和形位公差。

（6）复制键槽。单击“默认”选项卡的“修改”面板中的“复制”按钮，选择键槽轮廓线和中心线并进行复制，如图 7-17 所示。

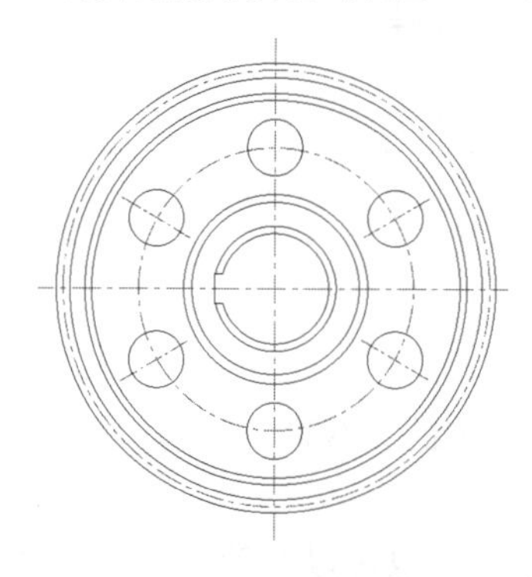

图 7-16 修剪图形结果

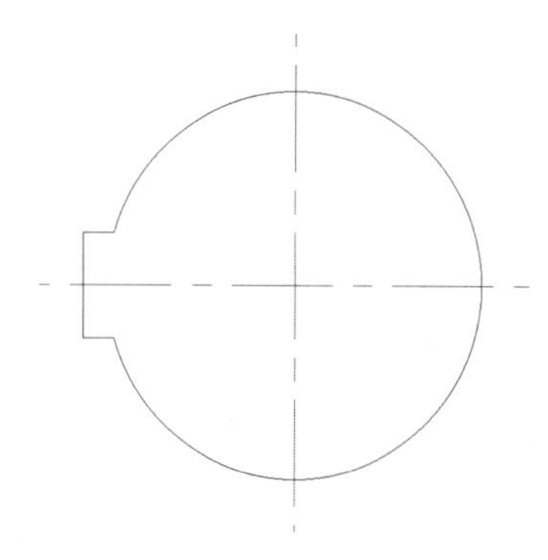

图 7-17 复制键槽

（7）缩放图形。单击“默认”选项卡的“修改”面板中的“缩放”按钮，命令行提示如下：

```
命令:_scale
选择对象:（选择所有图形对象，包括轮廓线、中心线）
选择对象:（可以按 Enter 键或空格键结束选择）
指定基点:（指定缩放中心点）
指定比例因子或[复制(C)/参照(R)]:0.5 ↙（将所有图形对象缩小为原来的一半）
```

6. 标注尺寸

微课

（1）切换图层。将“尺寸标注层”图层设置为当前图层，单击“默认”选项卡的“注释”面板中的“标注样式”按钮；新建“机械制图标注”样式，将“主单位”选项卡中的“比例因子”设置为 2，并将“机械制图标注”样式设置为当前使用的标注样式。

（2）线性标注。单击“默认”选项卡的“注释”面板中的“线性”按钮，使用特殊符号表示法标注同心圆；标注其他无公差尺寸，如图 7-18 所示。标注同心圆的命令行提示如下：

```
命令: _dimlinear
指定第一条尺寸界线原点或 <选择对象>: （选择起点）
指定第二条尺寸界线原点: （选择终点）
指定尺寸线位置或[多行文字(M)/文字(T)/角度(A)/水平(H)/垂直(V)/旋转(R)]: M （ 打开“文字编辑器”选项卡，在数字前面输入%%C，随后关闭“文字编辑器”选项卡）↙
```

（3）设置带公差标注的样式。单击“默认”选项卡的“注释”面板中的“标注样式”按钮，打开“标注样式管理器”对话框，新建一个名为“副本 机械制图（带公差）”的样式，将“基础样式”设置为“机械制图”，如图 7-19 所示；单击“继续”按钮，在打开的“新建标注样式”对话框中设置“公差”选项卡（见图 7-20），并将“副本 机械制图（带公差）”样式设置为当前使用的标注样式。

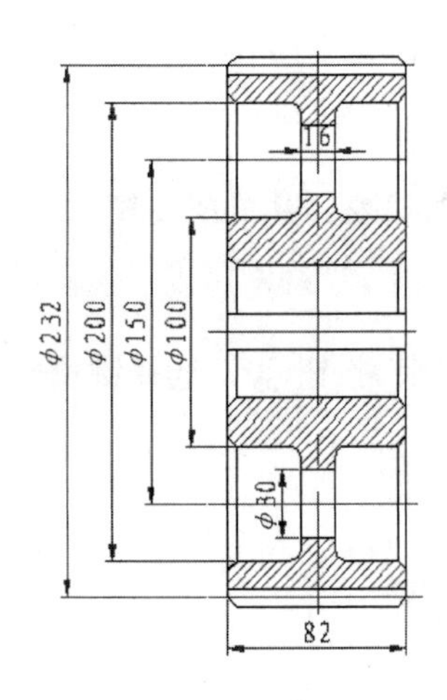

图 7-18　标注其他无公差尺寸

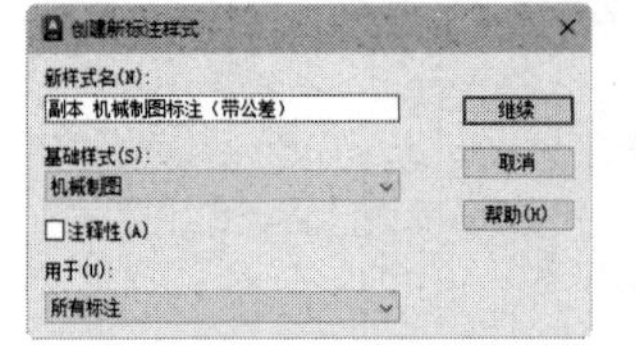

图 7-19　新建标注样式

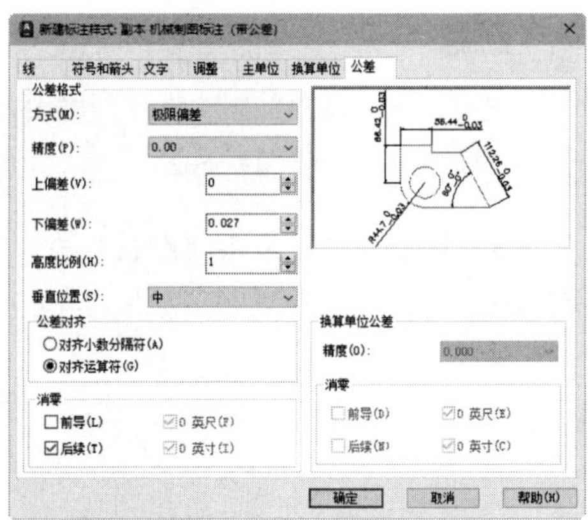

图 7-20　“公差”选项卡设置

（4）线性标注。单击“默认”选项卡的“注释”面板中的“线性”按钮，标注带公差的尺寸。

（5）标注其他公差尺寸，可以参照上述步骤进行标注，也可以在使用线型尺寸进行标注时，在命令行中输入“M”，打开“文字格式”对话框，利用“堆叠”功能进行编辑。

（6）选择需要编辑的尺寸，极限偏差分别为ϕ58、+0.030 和 0，ϕ240、0 和−0.027，16、+0.022 和−0.022，62.3、+0.20 和 0，结果如图 7-21 所示。

7．标注形位公差

（1）插入基准符号，结果如图 7-22 所示。

（2）利用“QLEADER”命令标注形位公差，结果如图 7-23 所示。

（3）标注其他形位公差。参照相同的方法，完成圆柱齿轮其他形位公差的标注，结果如图 7-24 所示。

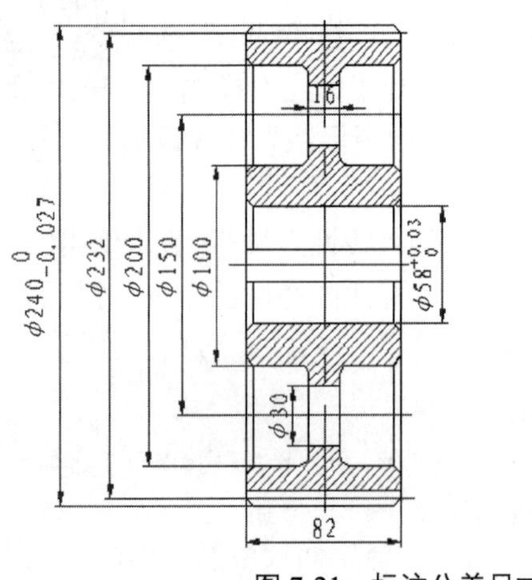

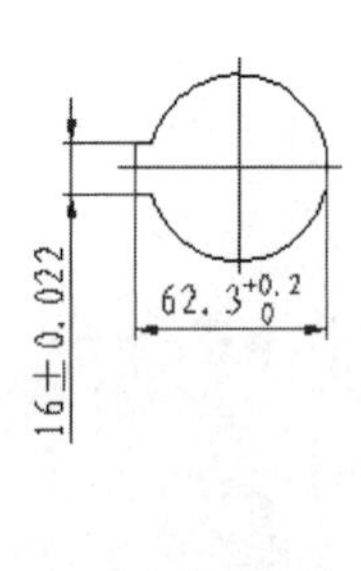

图 7-21　标注公差尺寸

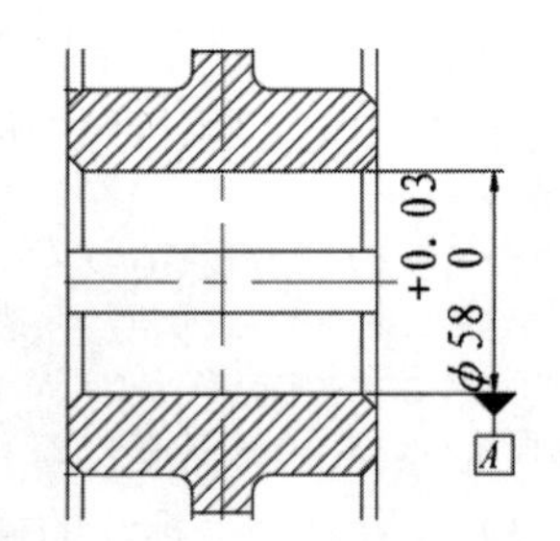

图 7-22　插入基准符号结果

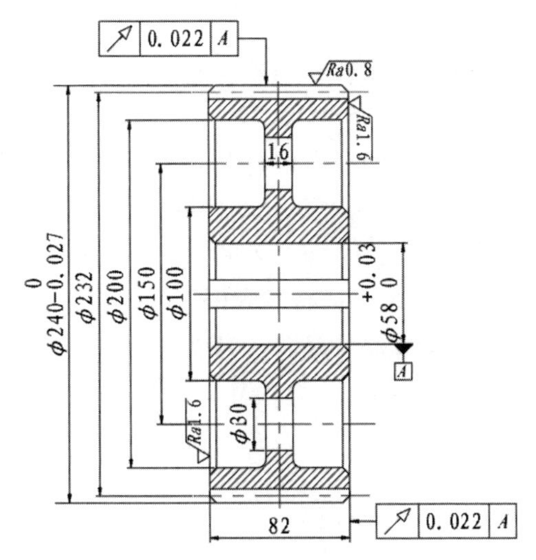

图 7-23 标注形位公差结果

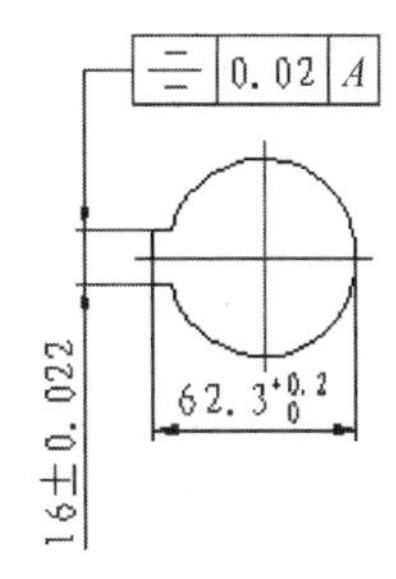

图 7-24 标注其他形位公差结果

注意

若发现形位公差符号选择错误，则可以再次单击“符号”选项，重新进行选择，也可以单击符号选择对话框右下角的“空白”选项，取消当前选择。

（4）打开图层。单击“默认”选项卡的“图层”面板中的“图层特性”按钮，打开“图层特性管理器”选项板，单击“标题栏层”和“图框层”图层中的“打开/关闭图层”图标，使其呈鲜亮色，用于显示图幅边框和标题栏。

8．标注粗糙度

打开项目五的任务一中的粗糙度图块，将其复制到形图中的合适位置，使用“多行文字”命令标注粗糙度，结果如图 7-25 所示。

微课

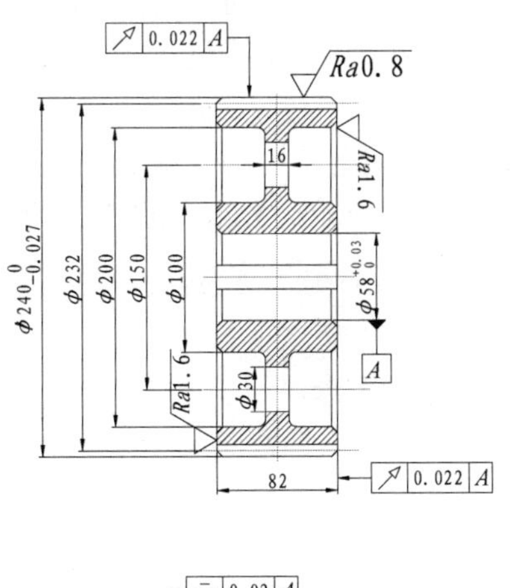

Ra6.3

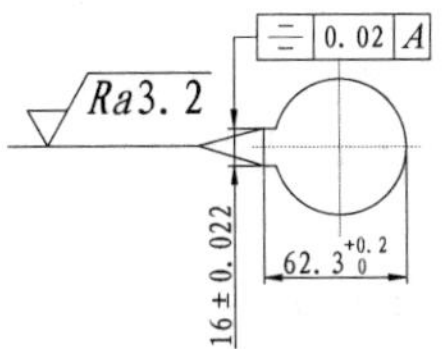

图 7-25 标注粗糙度结果

9. 标注参数表

（1）将“注释层”图层设置为当前图层，单击“默认”选项卡的“注释”面板中的“表格样式”按钮，打开“表格样式”对话框，如图 7-26 所示。

（2）单击“修改”按钮，打开“修改表格样式”对话框（见图 7-27），在该对话框中进行如下设置。在“常规”选项卡中，将“填充颜色”设置为“无”，“对齐”设置为“正中”，“水平”设置为 1.5，“垂直”设置为 1.5；在“文字”选项卡中，将“文字样式”设置为“Standard”，“文字高度”设置为 4.5，“文字颜色”设置为“ByBlock”；将“表格方向”设置为“向下”。

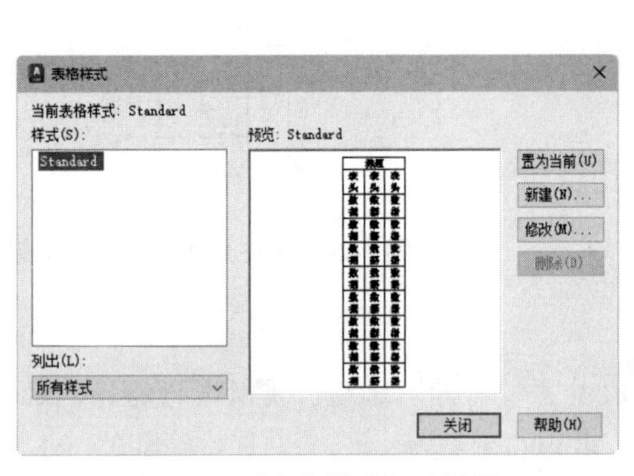

图 7-26　“表格样式”对话框

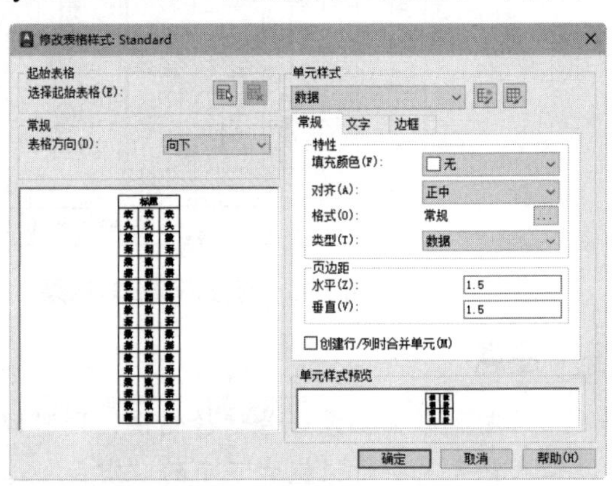

图 7-27　“修改表格样式”对话框

（3）在设置完文字样式后，单击“确定”按钮。

（4）创建表格。单击“默认”选项卡的“注释”面板中的“表格”按钮，打开“插入表格”对话框，如图 7-28 所示；将“插入方式”为“指定插入点”，“列数”设置为 3，“列宽”设置为 8，“数据行数”设置为 9，“行高”设置为 1，“第一行单元样式”设置为“数据”，“第二行单元样式”设置为“数据”，“所有其他行单元样式”设置为“数据”，单击“确定”按钮。在确定后，在绘图区指定插入点，即可插入如图 7-29 所示的空表格，并显示“文字编辑器”选项卡。此时，不需要输入文字，直接在“文字编辑器”选项卡中单击“关闭文字编辑器”按钮。

（5）单击第 1 列中的某个单元格后右击，利用特性命令调整列宽，使其变为 65。参照相同的方法，将第 2 列和第 3 列的列宽设置为 20 和 40，结果如图 7-30 所示。

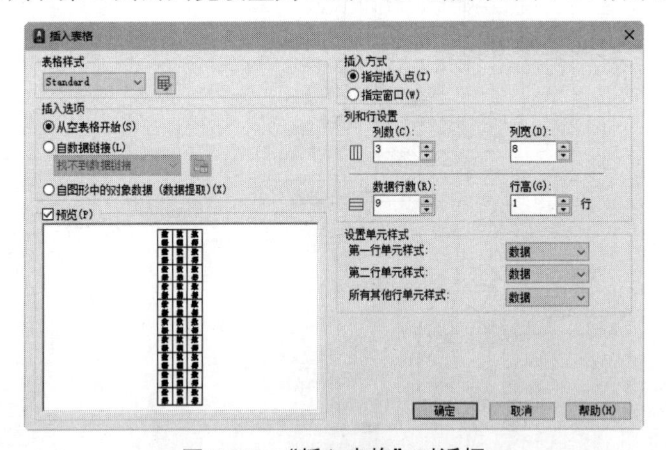

图 7-28　“插入表格”对话框

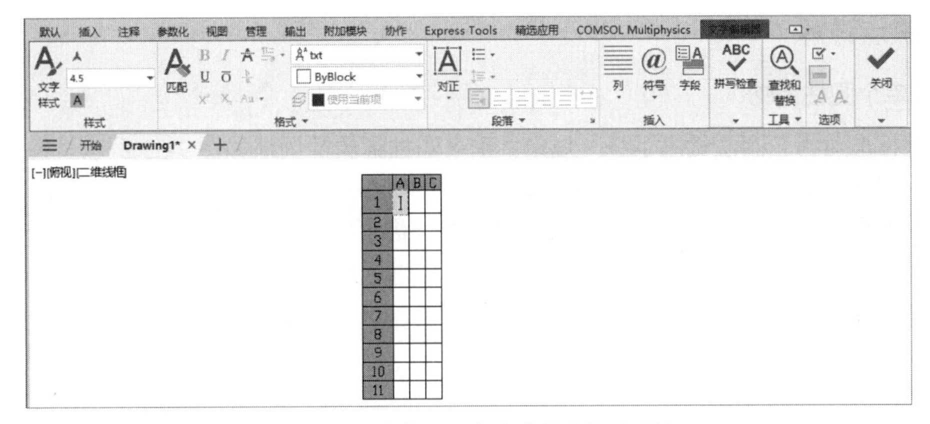

图 7-29 空表格和“文字编辑器”选项卡

（6）双击单元格，重新打开多行文字编辑器，在各单元格中输入相应的文字或数据，结果如图 7-31 所示。

图 7-30 调整列宽结果

模数	m	4
齿数	z	29
齿形角	α	20°
齿顶高系数	h	1
径向变位系数	x	0
精度等级	7-GB/T 10095-2008	
公法线平均长度及偏差	WiEw	$61.283^{-0.088}_{-0.176}$
公法线长度变动公差	F_w	0.036
径向综合公差	F_i''	0.090
一齿径向综合公差	f_i''	0.032
齿向公差	F_β	0.011

图 7-31 输入文字或数据结果

10. 标注技术要求

将“注释层”图层设置为当前图层，单击“默认”选项卡的“注释”面板中的“多行文字”按钮A，标注技术要求，结果如图 7-32 所示。

技术要求

1. 齿轮部位进行渗碳处理，允许完全渗透。渗碳深度和硬度如下。
   a. 对齿轮表面进行磨削后，深度应为0.8～1.2mm，硬度应为≥59HRC。
   b. 非磨削渗碳表面（包括轮齿表面黑斑）的深度≤1.4mm，硬度（必须渗碳表面）应为60HRC。
   c. 芯部硬度为35～45HRC。
2. 在齿顶上检查齿面硬度。
3. 仅在热处理前检齿顶圆直径查。
4. 所有未标注跳动公差的表面对基准A的跳动为0.2。
5. 当未标注齿轮时，允许检查下列3项代替检查径向综合公差和一齿径向综合公差。
   a. 齿圈径向跳动公差F_r为0.056。
   b. 齿形公差f_f为0.016。
   c. 季节极限偏差f_{pb}为±0.018。
6. 允许使用凸角的道具加工齿轮，但齿轮根部不允许有凸台；允许下凹，但下凹深度不应大于0.2。
7. 未标注倒角为$C4$。

图 7-32 标注技术要求结果

11. 填写标题栏

将“标题栏层”图层设置为当前图层，在标题栏中输入相应文本。圆柱齿轮设计最终效果如图 7-1 所示。

知识点详解

1. 单个圆柱齿轮

国家标准对齿轮画法做出了统一规定。单个圆柱齿轮的画法如图 7-33 所示。齿顶圆和齿顶线使用粗实线进行绘制；齿根圆和齿根线使用细实线进行绘制，也可省略不绘制；分度圆和分度线使用细点画线进行绘制，但在剖视图中，齿根线使用粗实线进行绘制，不需要绘制轮齿部分的剖面线，其余结构按照结构的真实投影进行绘制，如图 7-33（a）和图 7-33（b）所示。当需要表示斜齿轮和人字齿轮的齿线形状时，可以使用 3 条与齿线方向一致的细实线来表示，如图 7-33（c）和图 7-33（d）所示。

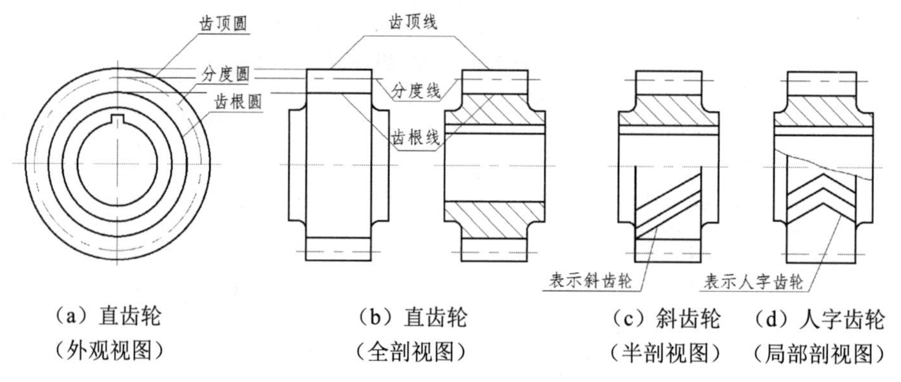

图 7-33　单个圆柱齿轮的画法

2. 啮合的圆柱齿轮

只有两模数相同的齿轮才能相互啮合。当两个标准齿轮相互啮合时，它们的分度圆处于相切位置。在绘制齿轮啮合图时，一般采用圆的视图（端面视图）和非圆视图（轴向视图）两个视图。在圆的视图中，按照规定分别绘制齿根圆、分度圆和齿顶圆这 3 类圆，其中两个分度圆应相切。当采用简化画法时，允许不绘制齿根圆和啮合区内的齿顶圆，如图 7-34（b）和图 7-34（c）所示。在非圆的视图中，若未进行剖切，则在分度圆的相切处绘制一条粗实线，如图 7-34（d）和图 7-34（e）所示。在剖视图中，当剖切平面通过两个啮合齿轮的轴线时，在啮合区内，一个齿轮的轮齿应使用粗实线绘制，另一个齿轮的轮齿被遮挡的部分应使用细虚线绘制（也可选择省略不绘制）。由于齿顶高和齿根高不相等，因此一个轮齿的齿顶线与其啮合的另一轮齿的齿根线之间有 0.25mm 的径向间隙，如图 7-34（a）所示。

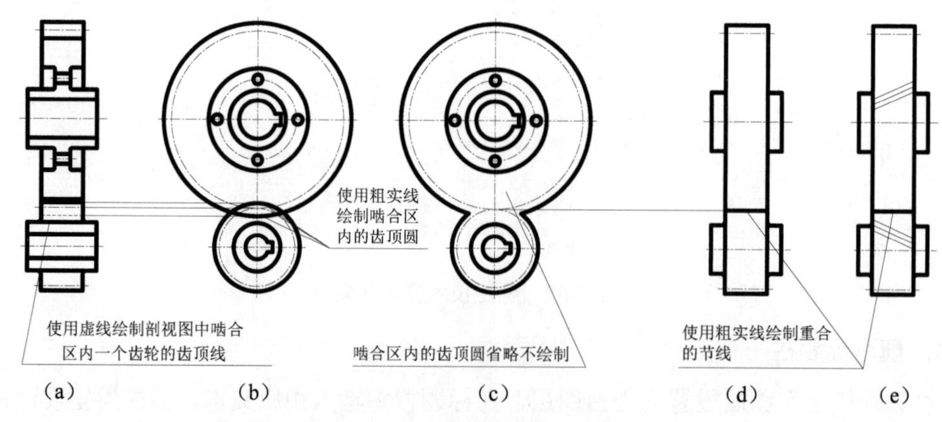

图 7-34　啮合圆柱齿轮的画法

任务二 设计圆柱齿轮轴

任务背景

齿轮轴是一种机械零件，用于支撑传动零件并与之一起旋转，传递运动、扭矩或弯矩。通常，齿轮轴为金属圆柱状，不同段可以具有不同的直径

本节将介绍圆柱齿轮轴的绘制过程。齿轮轴具有对称结构，可以利用基本的“直线”和“偏移”命令完成图形的绘制，也可以利用图形的对称性，先绘制图形的一半，再进行镜像处理以完成绘图工作。这里选择第一种方法。圆柱齿轮轴如图 7-35 所示。

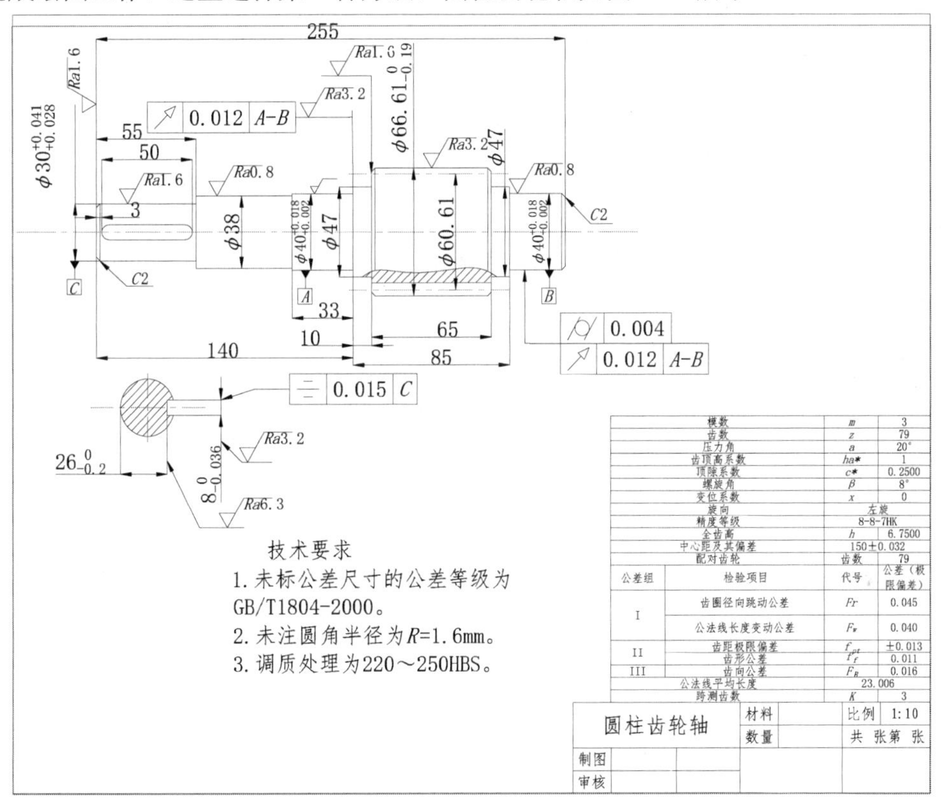

图 7-35 圆柱齿轮轴

操作步骤

1. 新建文件

选择“文件”→“新建”命令，打开“选择样板”对话框，单击“打开”按钮，创建一个新的图形文件。

2. 设置图层

单击“默认”选项卡的“图层”面板中的“图层特性”按钮，打开“图层特性管理器”选项板。在该选项板中依次创建“轮廓线”、“点画线”和“剖面线”3 个图层；设置“轮廓线”图层的“线宽”为 0.50mm；设置“点画线”图层的“线型”为 CENTER2，“颜色”为“红色”。

3. 绘制中心线

将“点画线”图层设置为当前图层，单击“默认”选项卡的“绘图”面板中的“直线”按钮，沿水平方向绘制一条中心线；将“轮廓线”图层设置为当前图层，单击“默认”选项卡的“绘图”面板中的“直线”按钮，沿垂直方向绘制一条中心线，结果如图 7-36 所示。

4. 绘制轮廓线

（1）单击“默认”选项卡的“修改”面板中的“偏移”按钮，将水平中心线分别向上、向下偏移，偏移距离分别为 15mm、19mm、20mm、23.5mm、30.303mm、33.303mm，命令行提示与操作如下：

```
命令: _offset
当前设置: 删除源=否  图层=源  OFFSETGAPTYPE=0
指定偏移距离或 [通过(T)/删除(E)/图层(L)] <10.0000>:15↙
选择要偏移的对象，或 [退出(E)/放弃(U)] <退出>:（选择水平中心线）
指定要偏移的那一侧上的点，或 [退出(E)/多个(M)/放弃(U)] <退出>:（在水平中心线上方单击）
选择要偏移的对象，或 [退出(E)/放弃(U)] <退出>:（选择水平中心线）
指定要偏移的那一侧上的点，或 [退出(E)/多个(M)/放弃(U)] <退出>:（在水平中心线下方单击）
选择要偏移的对象，或 [退出(E)/放弃(U)] <退出>:↙
```

参照相同的方法偏移其他水平中心线，并将偏移的水平中心线转换到“轮廓线”图层中，结果如图 7-37 所示。

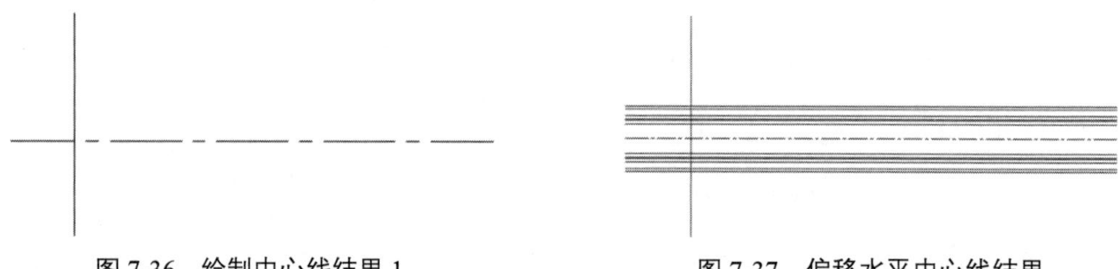

图 7-36　绘制中心线结果 1　　图 7-37　偏移水平中心线结果

（2）单击“默认”选项卡的“修改”面板中的“偏移”按钮，将垂直中心线向右偏移，偏移距离分别为 55mm、107mm、140mm、150mm、215mm、225mm、255mm，结果如图 7-38 所示。

（3）单击“默认”选项卡的“修改”面板中的“修剪”按钮，修剪多余的直线，结果如图 7-39 所示。

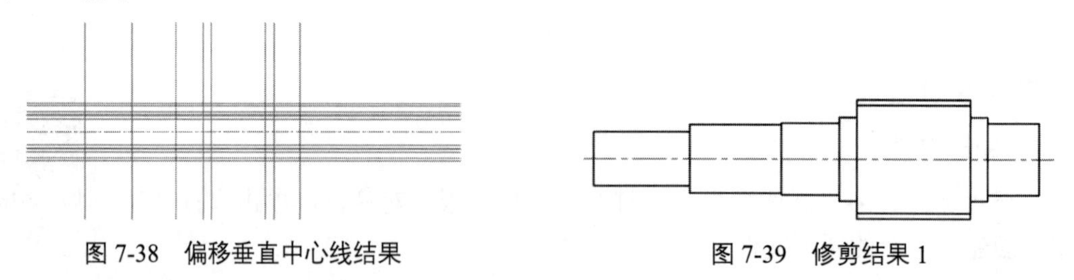

图 7-38　偏移垂直中心线结果　　图 7-39　修剪结果 1

5. 绘制键槽

（1）单击“默认”选项卡的“修改”面板中的“偏移”按钮，将水平中心线分别向上、下偏移，偏移距离为 4mm，同时将偏移的水平中心线转换到“轮廓线”图层中，结果如图 7-40 所示。

（2）单击“默认”选项卡的“修改”面板中的“偏移”按钮，将图 7-40

中的直线 *ab* 向右偏移，偏移距离分别为 3mm、53mm，结果如图 7-41 所示。

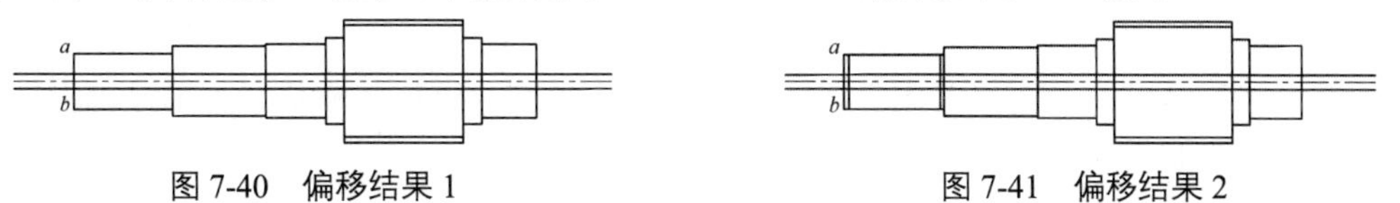

图 7-40 偏移结果 1　　图 7-41 偏移结果 2

（3）通过单击“默认”选项卡的“修改”面板中的“修剪”按钮和“删除”按钮，对图 7-41 中偏移的直线进行修剪并删除多余的线条，结果如图 7-42 所示。

（4）单击“默认”选项卡的“修改”面板中的“圆角”按钮，对图 7-42 中的角点 *c*、角点 *d*、角点 *e*、角点 *g* 进行倒圆角处理，圆角半径为 4mm，结果如图 7-43 所示。

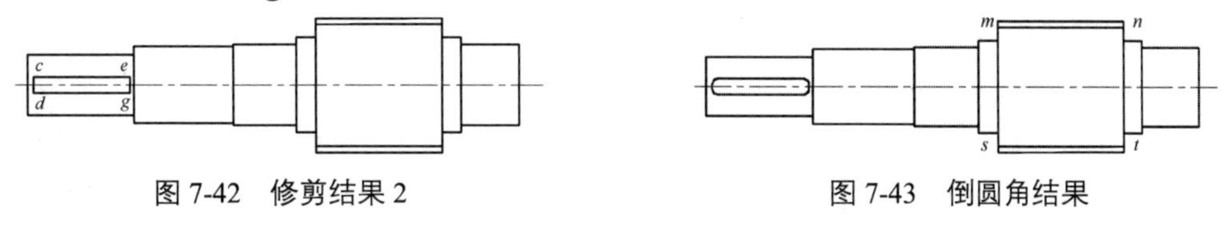

图 7-42 修剪结果 2　　图 7-43 倒圆角结果

6. 绘制齿轮轴的轮齿

（1）将图 7-43 中的直线 *mn* 和直线 *st* 转换到“点画线”图层中，并将其延长，结果如图 7-44 所示。

（2）单击“默认”选项卡的“修改”面板中的“偏移”按钮，将图 7-44 中的直线 *xy* 向上偏移，偏移距离为 6.75mm；单击“默认”选项卡的“修改”面板中的“倒角”按钮，对图 7-44 中的角点 *o*、角点 *p*、角点 *x*、角点 *y* 进行倒角处理，倒角距离为 2mm；单击“默认”选项卡的“绘图”面板中的“直线”按钮，在倒角处绘制直线，结果如图 7-45 所示。

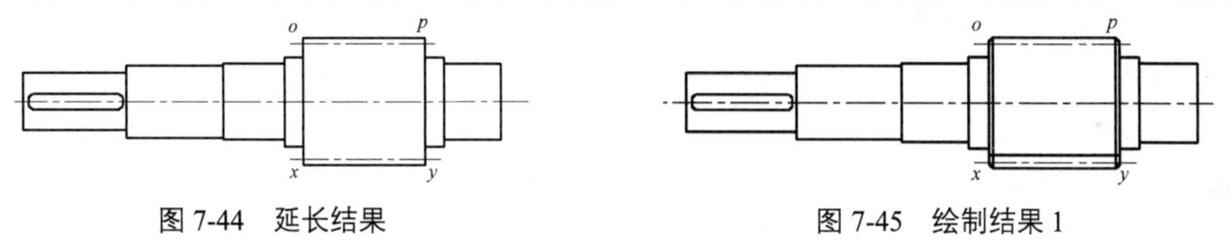

图 7-44 延长结果　　图 7-45 绘制结果 1

7. 绘制齿形处的剖面图

（1）将“剖面线”图层设置为当前图层，单击“默认”选项卡的“绘图”面板中的“样条曲线拟合”按钮，绘制一条波浪线，结果如图 7-46 所示。

（2）通过单击“默认”选项卡的“修改”面板中的“修剪”按钮和“删除”按钮，修剪并删除多余的直线，结果如图 7-47 所示。

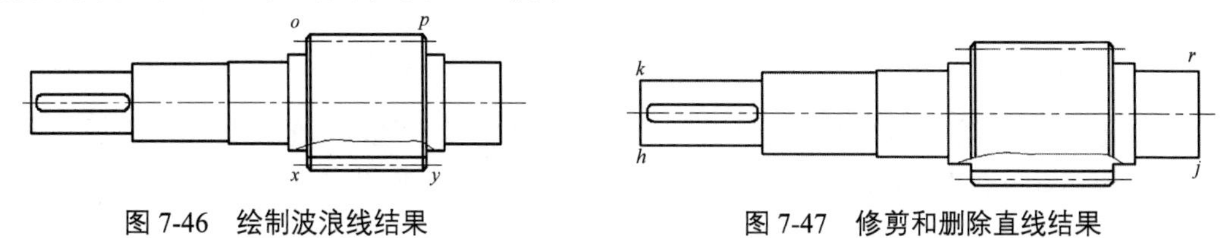

图 7-46 绘制波浪线结果　　图 7-47 修剪和删除直线结果

（3）将“轮廓线”图层设置为当前图层，单击“默认”选项卡的“修改”面板中的“倒角”按钮，对图 7-47 中的角点 *k*、角点 *h*、角点 *r*、角点 *j* 进行倒角处理，倒角距离为 2mm；单击“默认”选项卡的“绘图”面板中的“直线”按钮，在倒角处绘制直线，结果如图 7-48 所示。

（4）将“剖面线”图层设置为当前图层，单击“默认”选项卡的“绘图”面板中的“图案填充”按钮，在打开的“图案填充创建”选项卡中，将“填充图案”设置为“ANSI31”，“角度”设置为0°，“比例”设置为1，其他选项采用默认设置。单击“拾取点”按钮，选择主视图上相关区域，单击“关闭”按钮，完成图案填充。这样就完成了齿形处剖面图的绘制，结果如图 7-49 所示。

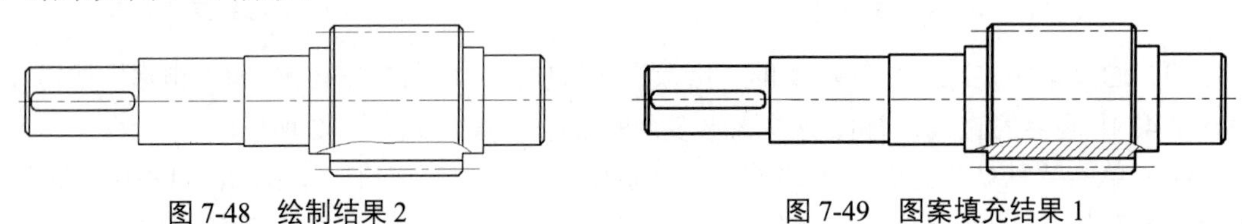

图 7-48　绘制结果 2　　　　图 7-49　图案填充结果 1

8. 绘制键槽处的剖面图

（1）将“点画线”图层设置为当前图层，单击“默认”选项卡的“绘图”面板中的“直线”按钮，在对应的位置绘制中心线，结果如图 7-50 所示。

（2）将“轮廓线”图层设置为当前图层，单击“默认”选项卡的“绘图”面板中的“圆”按钮，以图 7-50 中的 o 点为圆心，绘制半径为 15mm 的圆，结果如图 7-51 所示。

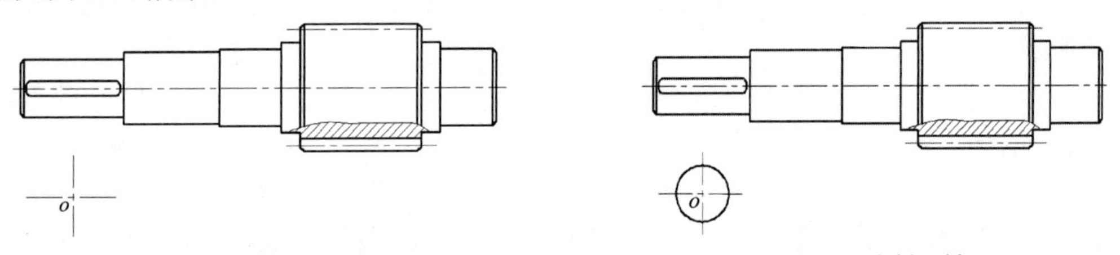

图 7-50　绘制中心线结果 2　　　　图 7-51　绘制圆结果

（3）单击“默认”选项卡的“修改”面板中的“偏移”按钮，将图 7-51 中 o 点所在的水平中心线分别向上、向下偏移 4mm，将 o 点所在的垂直中心线向右偏移 11mm，并将偏移后的中心线转换到“轮廓线”图层，结果如图 7-52 所示。

（4）单击“默认”选项卡的“修改”面板中的“修剪”按钮，修剪多余的直线，结果如图 7-53 所示。

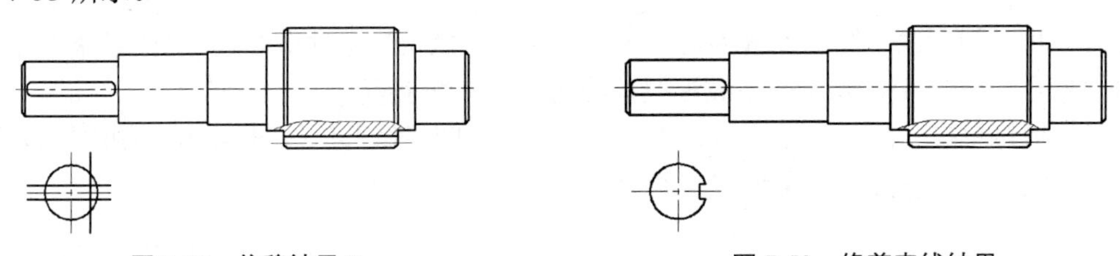

图 7-52　偏移结果 3　　　　图 7-53　修剪直线结果

（5）将“剖面线”图层设置为当前图层，单击“默认”选项卡的“绘图”面板中的“图案填充”按钮，完成图案填充。这样就完成了键槽处的剖面图的绘制，结果如图 7-54 所示。

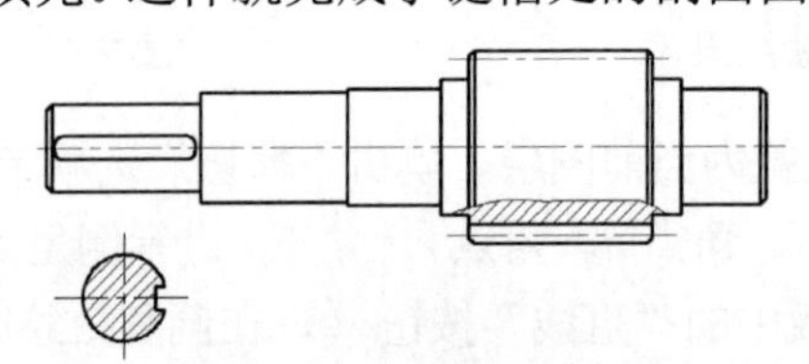

图 7-54　图案填充结果 2

9. 标注轴向尺寸

单击“默认”选项卡的“注释”面板中的“标注样式”按钮，创建新的标注样式，并进行相应设置；完成后，将新标注样式设置为当前标注样式；单击“注释”选项卡的“标注”面板中的“线性”按钮，对齿轮轴中的线性尺寸进行标注，结果如图 7-55 所示。

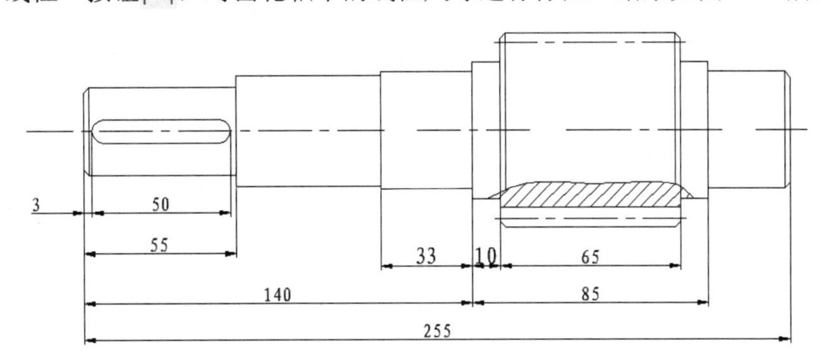

图 7-55 线性标注结果

10. 标注径向尺寸

使用线性标注对直径尺寸进行标注。单击“注释”选项卡的“标注”面板中的“线性”按钮，标注各个不带公差的直径尺寸；双击标注的文字，在打开的“特性”选项板中修改标注文字，完成标注。接下来创建新的标注样式和标注带公差的尺寸，方法与任务一的步骤 6 相同，结果如图 7-56 所示。

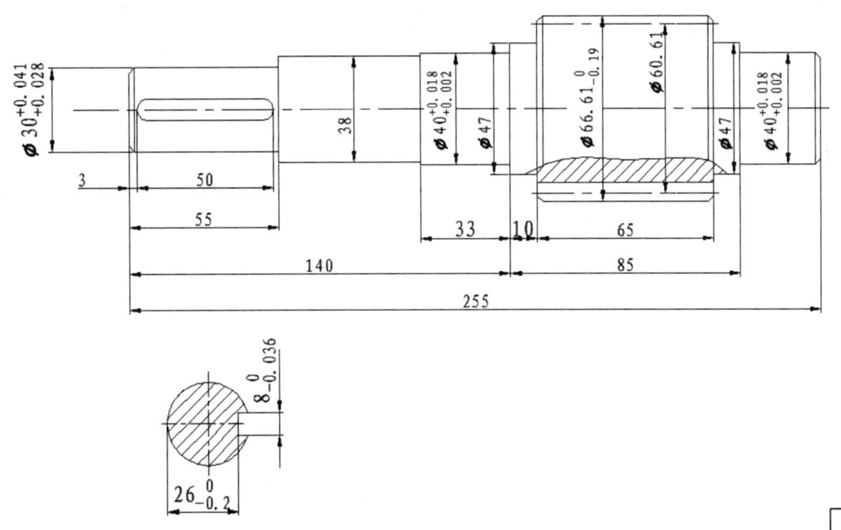

图 7-56 标注径向尺寸结果

11. 标注表面粗糙度

注意

轴的所有表面都需要加工。在标注表面粗糙度时，应查阅推荐数值，如表 7-1 所示。在满足设计要求的前提下，应选择较大值。在轴与标准件配合时，其表面粗糙度应按标准或选配零件的安装要求来确定。当安装密封件处的轴径表面相对滑动速度大于 5m/s 时，表面粗糙度可取 0.2～0.8μm。

表 7-1　轴的表面粗糙度　（单位：μm）

<table>
<tr><th>加 工 表 面</th><th>R_a</th><th>加 工 表 面</th><th colspan="4">R_a</th></tr>
<tr><td>与传动件及联轴器轮毂相配合的表面</td><td>0.8～3.2</td><td rowspan="6">密封处的表面</td><td>毡圈</td><td colspan="2">橡胶油封</td><td>间隙及迷宫</td></tr>
<tr><td>与→P0 级滚动轴承相配合的表面</td><td>0.8～1.6</td><td colspan="3">与轴接触处的圆周速度</td><td>1.6～3.2</td></tr>
<tr><td>平键键槽的工作面</td><td>1.6～3.2</td><td rowspan="2">≤3</td><td rowspan="2">3～5</td><td rowspan="2">5～10</td><td rowspan="4">1.6～3.2</td></tr>
<tr><td>与传动件及联轴器轮毂相配合的轴肩端面</td><td>3.2～6.3</td></tr>
<tr><td>与→P0 级滚动轴承相配合的轴肩端面</td><td>3.2</td><td rowspan="2">1.6～3.2</td><td rowspan="2">0.8～1.6</td><td rowspan="2">0.4～0.8</td></tr>
<tr><td>平键键槽表面</td><td>6.3</td></tr>
</table>

按照表 7-1 标注轴表面的粗糙度符号。单击“默认”选项卡的“块”面板中的“插入”按钮，将表面结构符号图块插入图中的合适位置，单击“注释”选项卡的“文字”面板中的“多行文字”按钮A，标注表面粗糙度，结果如图 7-57 所示。

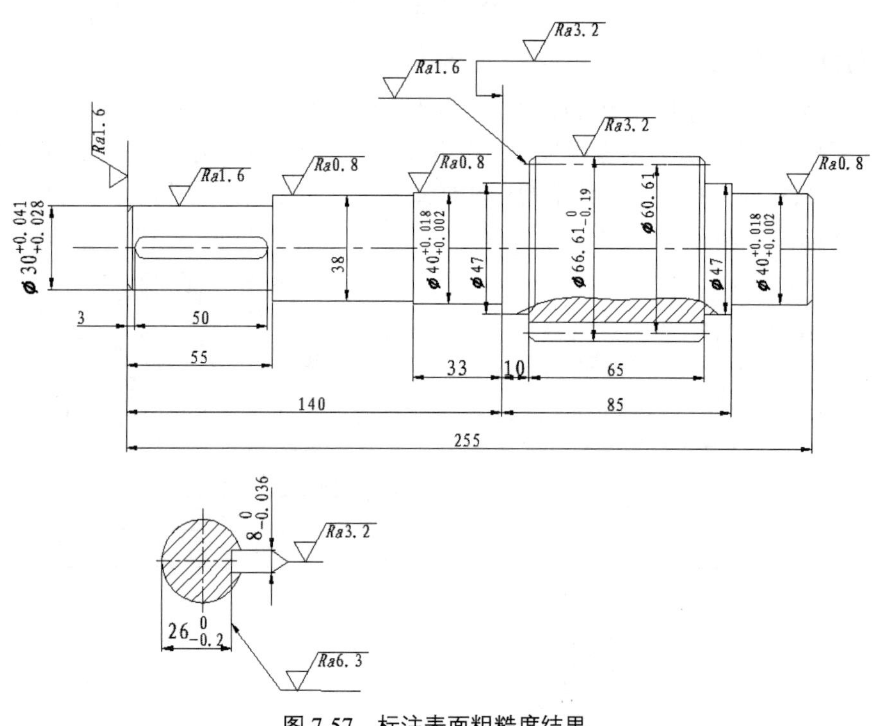

图 7-57　标注表面粗糙度结果

12．标注几何公差

（1）通过单击“默认”选项卡的“绘图”面板中的“矩形”按钮、“多边形”按钮、“图案填充”按钮、“直线”按钮和“多行文字”按钮A，绘制基准符号。

注意

基准符号需要单独绘制。因为我们在任务一中已经绘制了，所以可以直接使用。

（2）单击“注释”选项卡的“标注”面板中的“公差”按钮，打开“形位公差”对话框，如图 7-58 所示；选择所需的符号、基准，并输入公差数值，单击“确定”按钮，结果如图 7-59 所示。

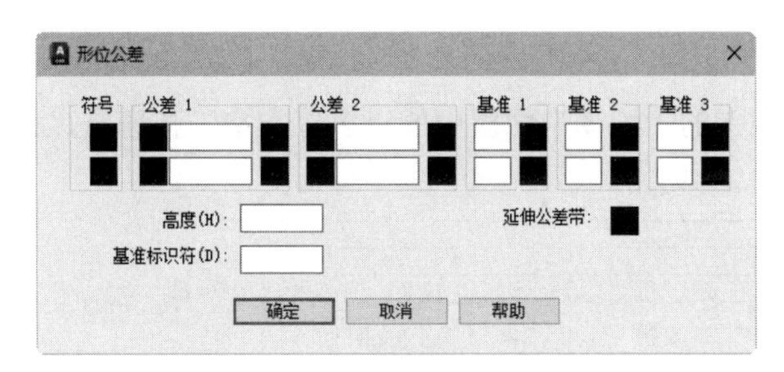

图 7-58 “形位公差”对话框

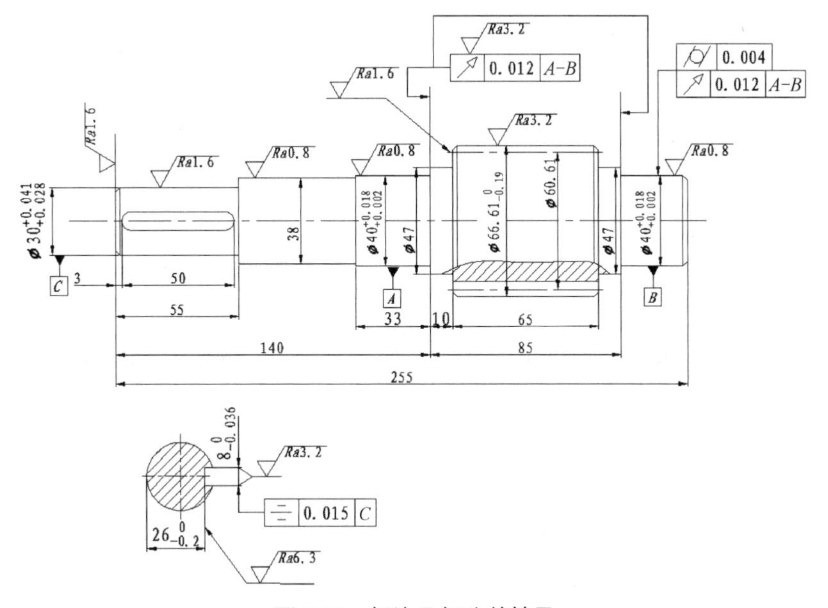

图 7-59 标注几何公差结果

注意

齿轮轴的几何公差图表明了轴端面、齿轮轴段、键槽的形状及相互位置的基本要求，其数值应按照表面作用查阅相关推荐值。

（3）在命令行中输入“QLEADER”，执行引线命令，对齿轮轴的倒角进行标注。

13. 标注参数表

（1）修改表格样式。单击“默认”选项卡的“注释”面板中的“表格样式”按钮，在打开的“表格样式”对话框中单击“修改”按钮，打开“修改表格样式”对话框。在该对话框中进行如下设置：在“常规”选项卡中，将“填充颜色”设置为“无”,“对齐方式”设置为“正中”,“水平页边距”设置为 1.5，“垂直页边距”设置为 1.5；在“文字”选项卡中，将“文字样式”设置为“文字”,“文字高度”设置为 6，“文字颜色”设置为 ByBlock；在“边框”选项卡中，将“特性”选区中的“颜色”设置为“洋红”,“表格方向”设置为“向下”。在设置完表格样式后，单击“确定”按钮。

（2）创建并填写表格：单击“默认”选项卡的“注释”面板中的“表格”按钮，创建表格；双击单元格，打开多行文字编辑器，在各单元格中输入相应的文字或数据，并合并多余的单元格，或者将之前绘制的表格调入图形中，并进行修改，快速完成参数表的标注，结果如图 7-60 所示。

14. 标注技术要求

单击“默认”选项卡的“绘图”面板中的“多行文字”按钮A，标注技术要求，结果如图 7-61 所示。

	模数	m	3
	齿数	z	79
	压力角	a	20°
	齿顶高系数	$ha*$	1
	顶隙系数	$c*$	0.2500
	螺旋角	β	8°
	变位系数	x	0
	旋向	左旋	
	精度等级	8-8-7HK	
	全齿高	h	6.7500
	中心距及其偏差	150±0.032	
	配对齿轮	齿数	79
公差组	检验项目	代号	公差（极限偏差）
I	齿圈径向跳动公差	F_r	0.045
	公法线长度变动公差	F_w	0.040
	齿距极限偏差	f_{pt}	±0.013
II	齿形公差	f_f	0.011
III	齿向公差	F_β	0.016
	公法线平均长度	23.006	
	跨测齿数	K	3

图 7-60 标注参数表结果

技术要求

1. 未标注公差尺寸的公差等级为GB/T1804-2000。
2. 未标注圆角半径为$R\approx1.6$mm。
3. 调质处理为220～250HBS。

图 7-61 标注技术要求结果

15. 插入标题栏

单击“默认”选项卡的“块”面板中的“插入”按钮，将标题栏插入图形的合适位置；单击“默认”选项卡的“绘图”面板中的“多行文字”按钮A，填写相应内容。至此，完成圆柱齿轮轴的绘制，最终效果如图 7-35 所示。

知识点详解

齿轮轴的加工方法有很多种，主要采用滚切、铣削和磨削等切削加工方法，也可采用冷打、冷轧等塑性变形的加工方法。

（1）滚切法：使用花键滚刀在花键轴铣床或滚齿机上按照展成法进行加工。这种方法的生产率和精度都比较高，适用于批量生产齿轮轴的情景。

（2）铣削法：在万能铣床上，使用专用成形铣刀直接铣出齿间轮廓，并使用分度头分齿逐齿铣削。若不使用成形铣刀，则可以使用两把盘铣刀同时铣削齿轮的两侧，逐齿铣完后再使用一把盘铣刀对底径进行修整。铣削法的生产率和精度都比较低，主要用于在单件小批生产中，加工具有外径定心的花键轴和淬硬前的粗加工。

（3）磨削法：使用成形砂轮在花键轴磨床上磨削花键齿侧和底径。这种方法适用于加工淬硬的花键轴，或者对精度要求更高的，特别是具有内径定心的花键轴。

（4）冷打法：它是一种在专门的机床上进行的加工方法。这种方法通过对称布置在工件圆周外侧的两个打头，随着工件的分度回转运动和轴向进给作恒定速比的高速旋转来实现。在工件每转过一齿时，打头上的成形打轮就对工件齿槽部锤击一次，通过打轮高速、高能运动连续锤击，使工件表面产生塑性变形，从而形成花键。冷打的精度介于铣削和磨削之间，效率比铣削约高 5 倍。另外，冷打还可提高材料的利用率。

（5）冷轧法：在低温条件下对金属板材或条材进行塑性变形处理的技术。这种方法通过调整金属材料的尺寸和形状来满足不同工业领域的需求。

任务三 设计腹板式带轮

任务背景

带轮可以使用铸铁、钢或非金属材料（如塑料、木材等）来制造。铸铁带轮允许的最大圆周速度为 25m/s。当速度高于 25m/s 时，可采用铸铁或钢板冲压后焊接的方法来制造带轮。塑料带轮的质量轻、摩擦系数大，常用于机床。

当带轮基准直径 d_d 较小时，可采用实心式带轮；对于中等直径的带轮，常采用腹板式带轮；当带轮基准直径大于 350mm 时，可采用轮辐式带轮，如图 7-62 所示。当采用轮辐式带轮时，轮辐的数目 Z_a 可根据带轮直径来选择。当 $d_d \leqslant 500$mm 时，$Z_a = 4$；当 $d_d \leqslant$（500 ~ 1600）mm 时，$Z_a = 6$；当 $d_d \leqslant$（1600 ~ 3000）mm 时，$Z_a = 8$。

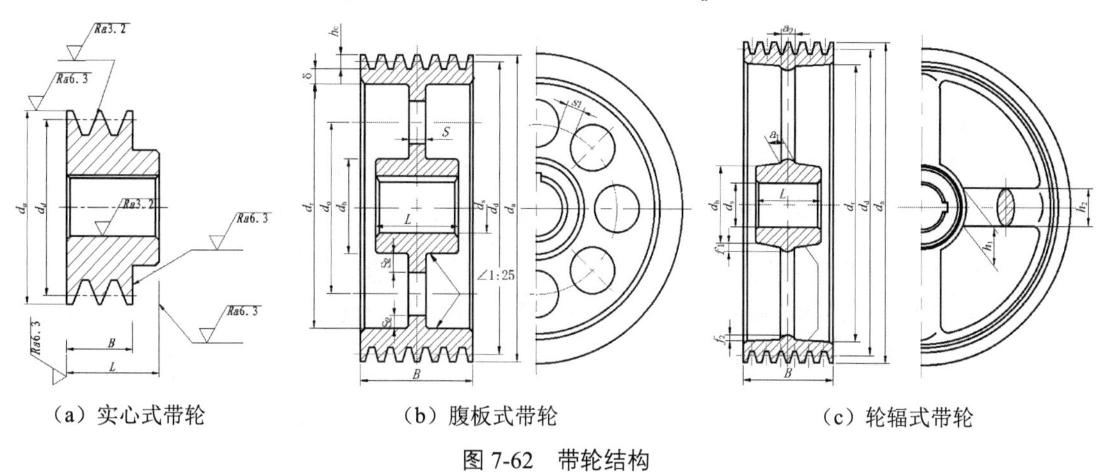

（a）实心式带轮　　（b）腹板式带轮　　（c）轮辐式带轮

图 7-62　带轮结构

下面首先绘制主视图，然后绘制左视图，最后添加标注。腹板式带轮如图 7-63 所示。

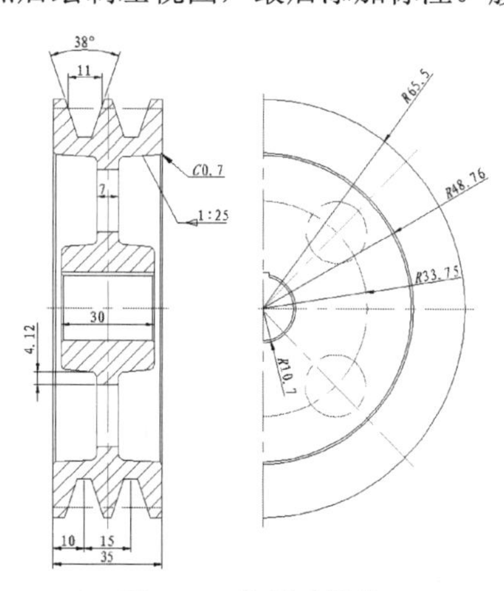

图 7-63　腹板式带轮

操作步骤

1. 绘制主视图

（1）选择“文件”→“新建”命令，打开“选择样板”对话框，以“无样板打开-公制”方式创建一个新的图形文件。

（2）单击“默认”选项卡的“图层”面板中的“图层特性”按钮，打开“图层特性管理器”选项板。在该选项板中，依次创建“点画线”、“轮廓线”和“剖面线”3 个图层，并将“轮廓线”图层的“线宽”设置为 0.50mm，“点画线”图层的“线型”设置为 CENTER2，如图 7-64[①]所示。

（3）将“点画线”图层设置为当前图层，单击“默认”选项卡的“绘图”面板中的“直线”按钮，沿水平和垂直方向绘制两条中心线，结果如图 7-65 所示。

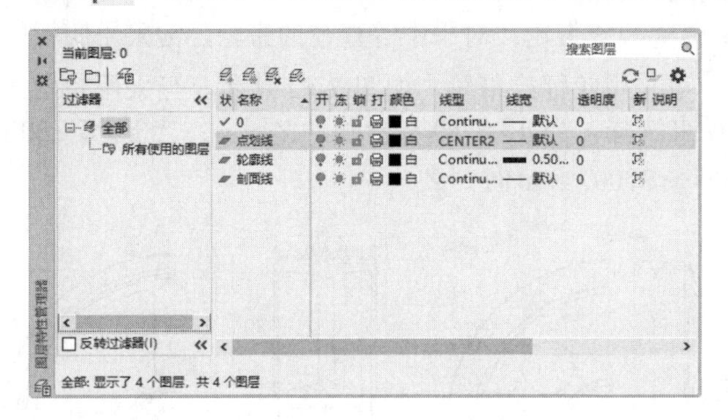

图 7-64　图层设置

图 7-65　绘制中心线结果

（4）将“轮廓线”图层设置为当前图层，单击“默认”选项卡的“修改”面板中的“偏移”按钮，将水平中心线向上偏移 65.5mm、62.5mm、53.5mm、47.5mm、43.5mm、24mm、20mm、10mm；参照相同的方法，将垂直中心线向左、向右各偏移 3.5mm、15mm、17.5mm，结果如图 7-66 所示。

（5）单击“默认”选项卡的“修改”面板中的“修剪”按钮，修剪多余的线条，并将偏移的中心线转换到“轮廓线”图层中，结果如图 7-67 所示。

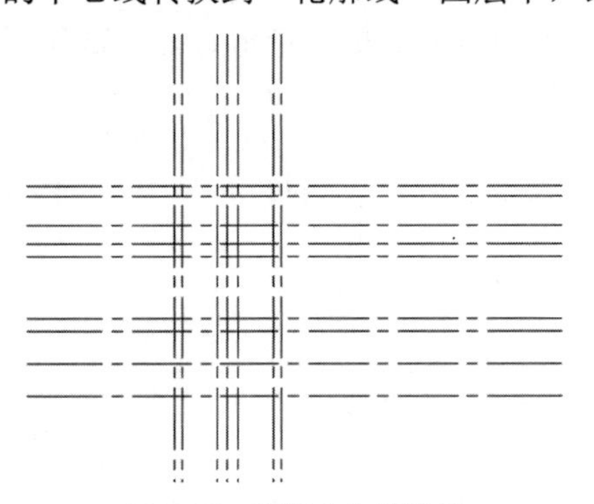

图 7-66　偏移中心线结果

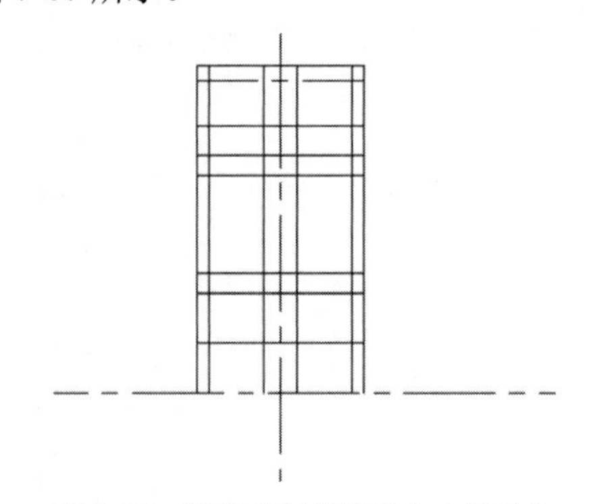

图 7-67　修剪线条并移动中心线结果

（6）单击“默认”选项卡的“修改”面板中的“修剪”按钮，修剪多余的线条，结果如图 7-68 所示。

（7）单击“默认”选项卡的“修改”面板中的“偏移”按钮，将最左边垂直中心向右偏移，偏移距离分别为 10mm 和 25mm，并将偏移的直线转换到“点画线”图层中；单击“默认”选项卡的“修改”面板中的“偏移”按钮，将

① 本书中，“点划线”的正确用法应为“点画线”。

偏移距离为 10mm 的中心线分别向左和向右各偏移 5.5mm，结果如图 7-69 所示。

（8）以图 7-69 中的 *c* 为起点，单击“默认”选项卡的“绘图”面板中的“直线”按钮，绘制与垂直中心线成 289°的斜线；以 *d* 为起点，单击“默认”选项卡的“绘图”面板中的“直线”按钮，绘制与垂直中心线成 251°的斜线，结果如图 7-70 所示。

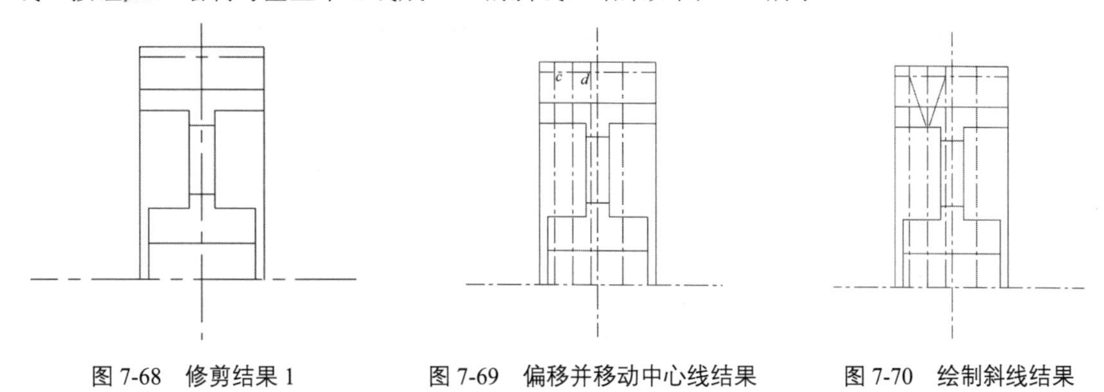

图 7-68 修剪结果 1　　图 7-69 偏移并移动中心线结果　　图 7-70 绘制斜线结果

（9）单击“默认”选项卡的“修改”面板中的“延伸”按钮，将第（8）步中绘制的两条斜线向上延伸，并调用“修剪”命令修剪多余的线条，结果如图 7-71 所示。

（10）单击“默认”选项卡的“修改”面板中的“镜像”按钮，以图 7-72 中的虚线部分为镜像对象，以直线 *mn* 为镜像线进行镜像，结果如图 7-73 所示。

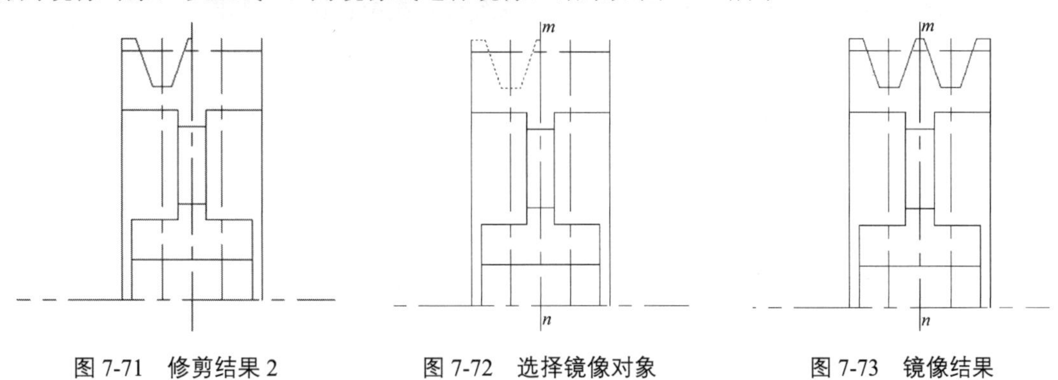

图 7-71 修剪结果 2　　图 7-72 选择镜像对象　　图 7-73 镜像结果

（11）单击“默认”选项卡的“绘图”面板中的“直线”按钮，分别以图 7-74（a）中的 *o*、*p*、*q*、*t* 点为起点，绘制 4 条角度分别为 177.7°、2.3°、−177.7°、−2.3°的角度线；单击“默认”选项卡的“修改”面板中的“删除”按钮，删除多余的直线，结果如图 7-74（b）所示。

微课

（12）单击“默认”选项卡的“修改”面板中的“倒角”按钮，对图形进行倒角处理，命令行提示与操作如下：

```
命令: _chamfer
(“修剪”模式) 当前倒角距离 1＝0.0000，距离 2＝0.0000
选择第一条直线或[放弃(U) /多段线(P) /距离(D) /角度(A) /修剪(T) /方式(E) /多个(M):d↙
指定第一个倒角距离 <0.0000>: 0.7↙
指定第二个倒角距离 <0.7000>:↙
选择第一条直线或 [放弃(U)/多段线(P)/距离(D)/角度(A)/修剪(T)/方式(E)/多个(M)]: t↙
输入修剪模式选项 [修剪(T) /不修剪(N)] <修剪>: n↙
选择第一条直线或 [放弃(U) /多段线(P) /距离(D) /角度(A) /修剪(T) /方式(E) /多个(M)]（选择图 7-74 中的斜线 os）
选择第二条直线，或按住 Shift 键选择要应用角点的直线:（选择图 7-74 中的直线 zs）
```

重复执行“倒角”命令，对其他边进行倒角处理，并且绘制倒角线并修剪图形，结果如图 7-75 所示。

（13）单击“默认”选项卡的“修改”面板中的“偏移”按钮，将水平中心线向上偏移 11.3mm，并将其转换到“轮廓线”图层中，随后对图形进行修剪，结果如图 7-76 所示。

（14）单击“默认”选项卡的“修改”面板中的“圆角”按钮，对带轮进行圆角处理，半径为 2mm，结果如图 7-77 所示。

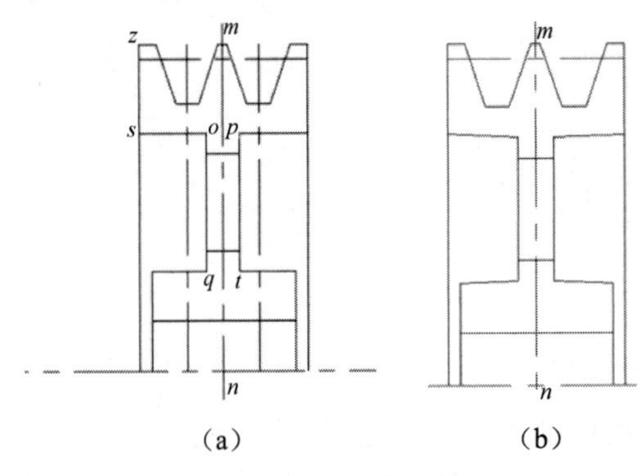

图 7-74 绘制角度线

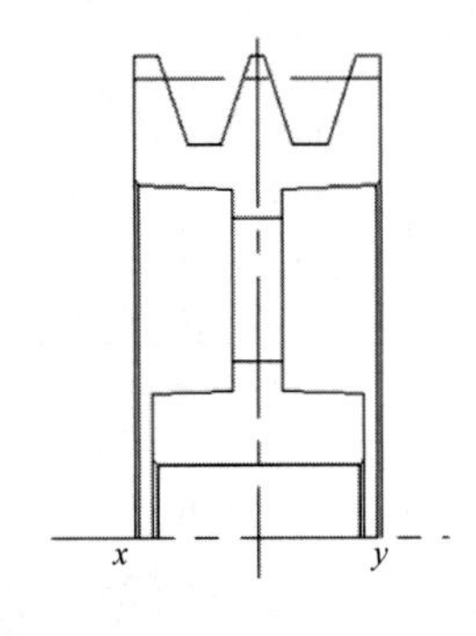

图 7-75 绘制倒角线并修剪图形结果

（15）单击“默认”选项卡的“修改”面板中的“镜像”按钮，以图 7-77 中直线 *xy* 上部分为镜像对象，以直线 *xy* 为镜像线进行镜像；在镜像结果中删除多余的直线，结果如图 7-78 所示。

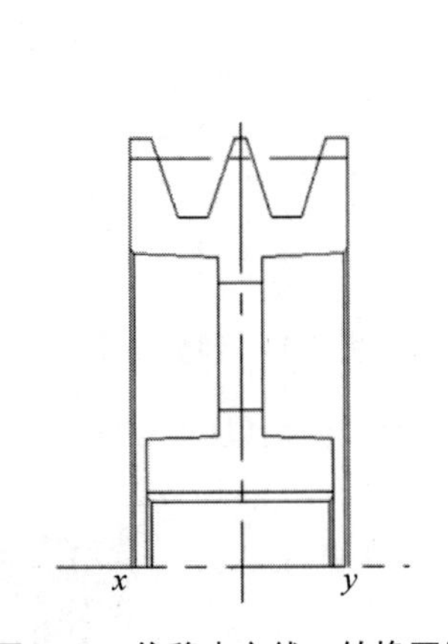

图 7-76 偏移中心线、转换图层并修剪图形结果

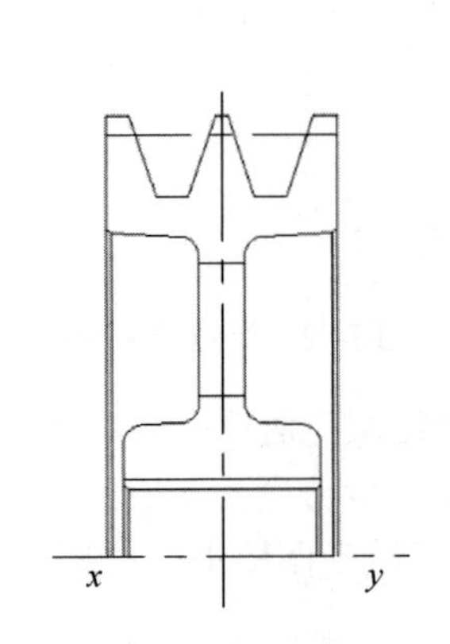

图 7-77 倒圆角

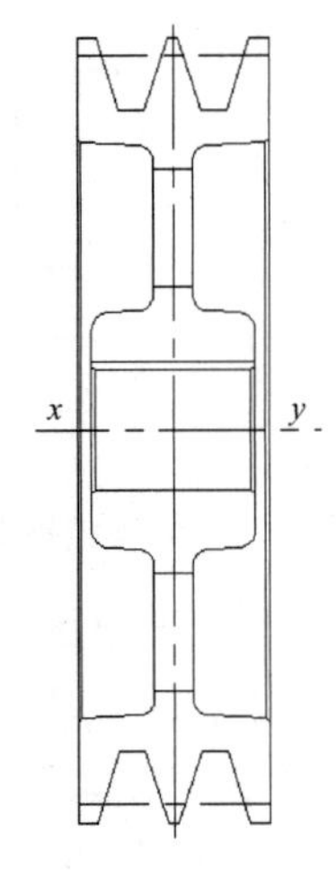

图 7-78 删除多余的直线结果

（16）将“剖面线”图层设置为当前图层，单击“默认”选项卡的“绘图”面板中的“图案填充”按钮，打开“图案填充创建”选项卡，如图 7-79 所示；单击“图案”面板中的“图案填充图案”按钮，打开“图案填充图案”下拉列表（见图 7-80），在其中选择“ANSI31”图案；将“角度”设置为 0°，“比例”设置为 1，其他选项采用默认设置；单击“拾取点”按钮，在图形窗口中选择主视图上相关区域，单击“关闭”按钮，完成剖面线的绘制。这样就完成了带轮主视图的绘制，结果如图 7-81 所示。

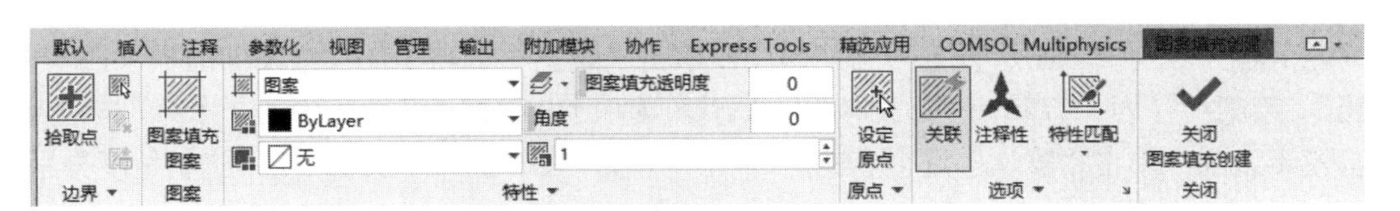

图 7-79 “图案填充创建”选项卡

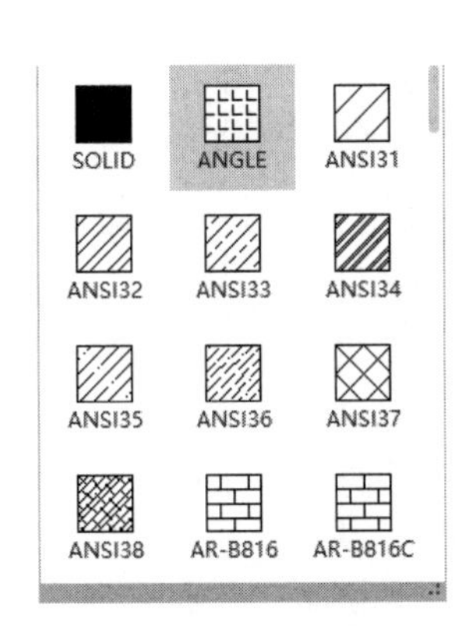

图 7-80 “图案填充图案”下拉列表

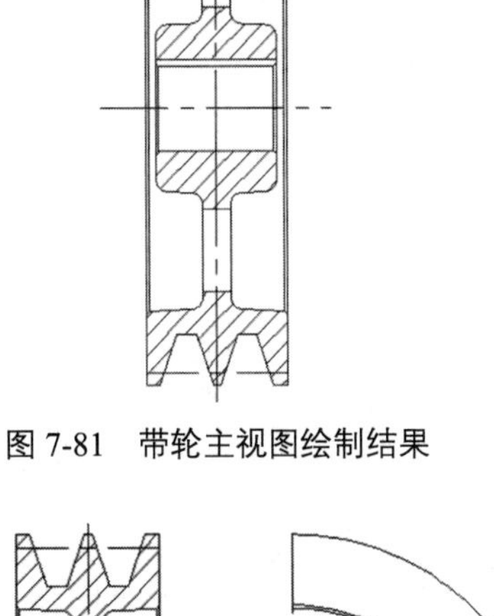

图 7-81 带轮主视图绘制结果

2. 绘制左视图

（1）将“轮廓线”图层设置为当前图层，单击“默认”选项卡的“修改”面板中的“偏移”按钮⊆，将主视图中的垂直中心线向右偏移50mm；单击“默认”选项卡的“绘图”面板中的“圆”按钮，分别绘制半径为10mm、10.7mm、48.03mm、48.76mm、65.5mm的同心圆；单击“默认”选项卡的“修改”面板中的“修剪”按钮，修剪左半边圆，结果如图7-82所示。

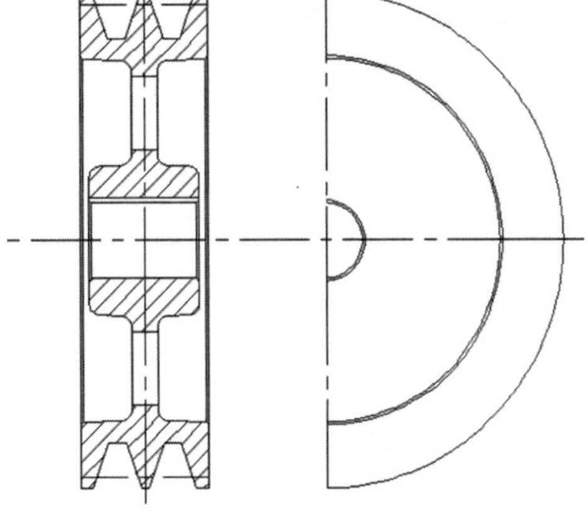

图 7-82 修剪结果 3

（2）单击“默认”选项卡的“修改”面板中的“偏移”按钮⊆，将左视图中的垂直中心线向右偏移2mm；单击“默认”选项卡的“绘图”面板中的“直线”按钮，捕捉交点，绘制水平直线，使其与刚才偏移的中心线垂直相交，结果如图7-83所示。

（3）将第（2）步中偏移的中心线转换到“轮廓线”图层中，单击“默认”选项卡的“修改”面板中的“修剪”按钮，修剪多余的线条，结果如图7-84所示。

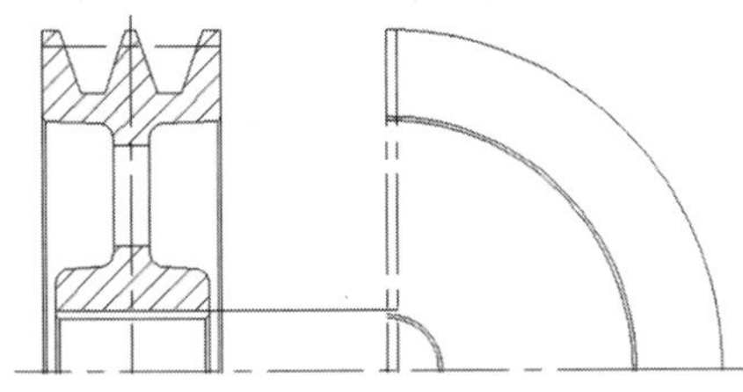

图 7-83 绘制直线结果

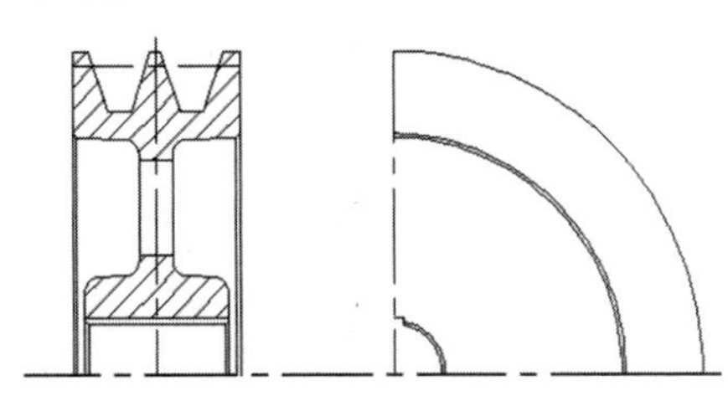

图 7-84 修剪线条结果

（4）将“点画线”图层设置为当前图层，单击“默认”选项卡的“绘图”面板中的“圆”按钮，绘制半径为 33.75mm 的圆；单击“默认”选项卡的“修改”面板中的“修剪”按钮，修剪左半边圆；单击“默认”选项卡的“绘图”面板中的“直线”按钮，绘制角度分别为 45°和−45°的角度线，结果如图 7-85 所示。

（5）将“轮廓线”图层设置为当前图层，单击“默认”选项卡的“绘图”面板中的“圆”按钮，绘制半径为 9.75mm 的圆，如图 7-86 所示。

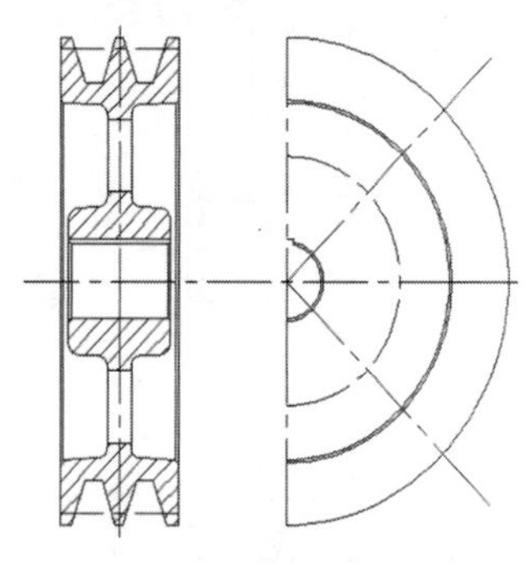

图 7-85　绘制角度线结果

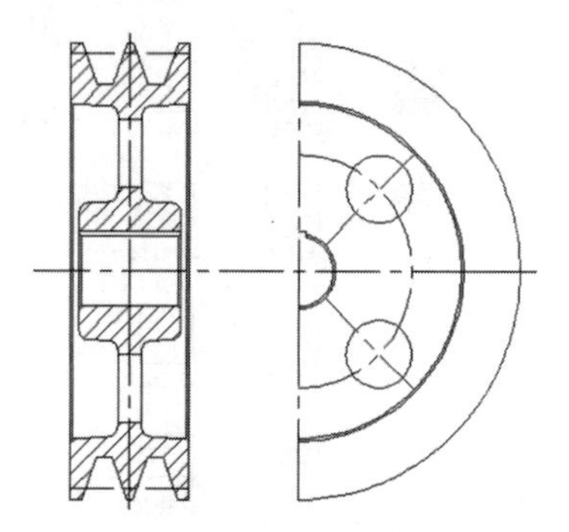

图 7-86　绘制圆结果

3. 添加标注

（1）添加线性标注。

单击“默认”选项卡的“注释”面板中的“线性”按钮，对带轮中的线性尺寸进行标注，结果如图 7-87 所示。

（2）绘制多重引线。

① 单击“注释”选项卡“引线”面板中的“管理多重引线样式”按钮，打开“多重引线样式管理器”对话框，如图 7-88 所示；单击“新建”按钮，打开“创建新多重引线样式”对话框（见图 7-89），输入新的多重引线样式的名称“引线标注”。

② 单击“继续”按钮，打开“修改多重引线样式”对话框（见图 7-90），在各个选项卡中进行相应设置后单击“确定”按钮，返回“多重引线样式管理器”对话框，将“引线标注”设置为当前引线样式，单击“关闭”按钮。

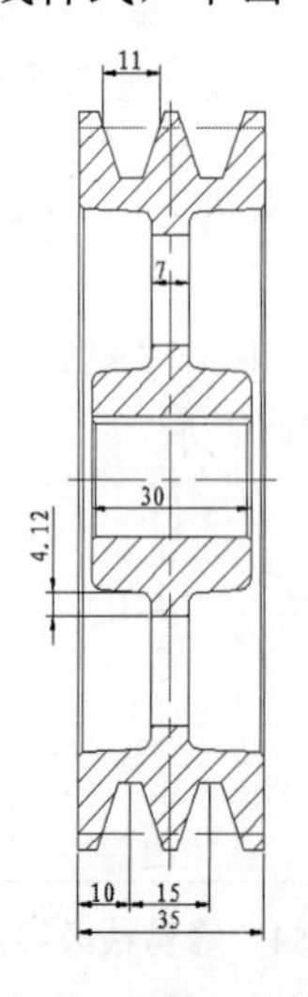

图 7-87　线性标注结果

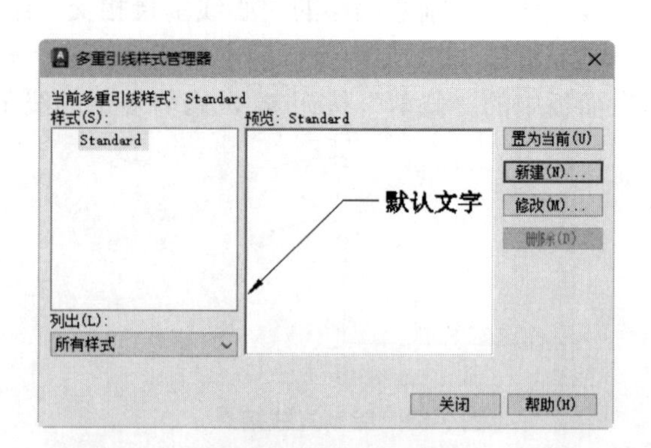

图 7-88　“多重引线样式管理器”对话框

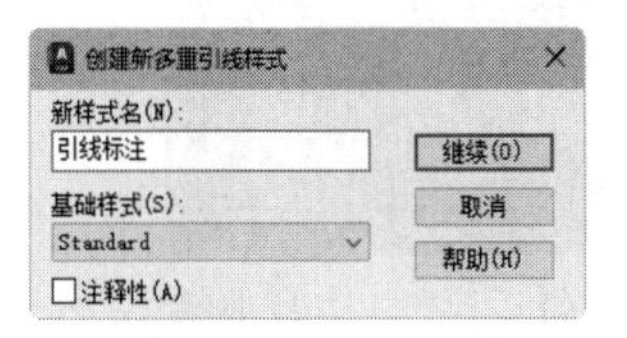

图 7-89 “创建新多重引线样式”对话框

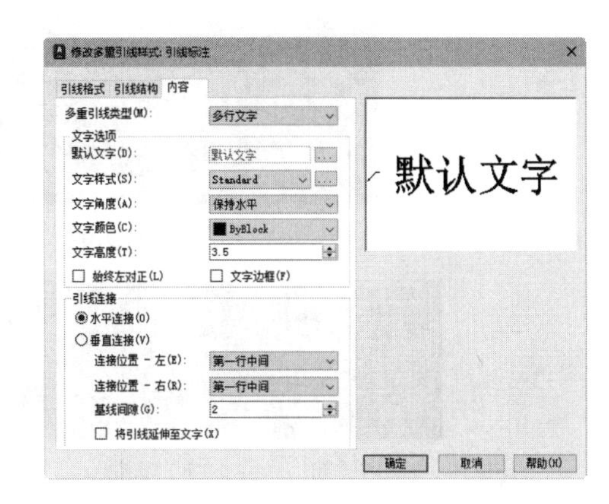

图 7-90 “修改多重引线样式”对话框

③ 单击“注释”选项卡的“引线”面板中的“多重引线”按钮，对倒角进行标注。

④ 通过单击“默认”选项卡的“绘图”面板中的“直线”按钮和“文字样式”按钮，对斜度进行标注，结果如图 7-91 所示。

（3）添加角度标注。

单击“注释”选项卡的“标注”面板中的“角度”按钮，对带槽的倾斜角度进行标注，结果如图 7-92 所示。

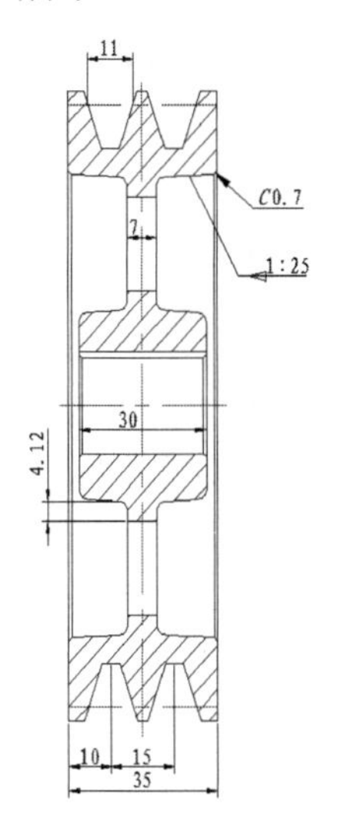

图 7-91 标注倒角和斜度结果

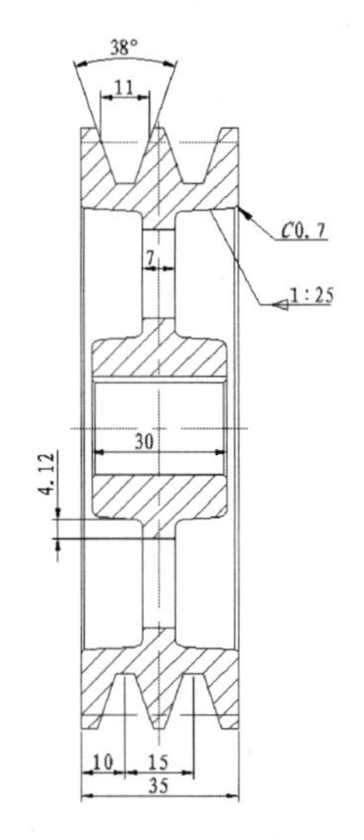

图 7-92 标注角度结果

（4）添加半径标注。

单击“注释”选项卡的“标注”面板中的“半径”按钮，对直径型尺寸进行标注。至此，整个零件图绘制完成，结果如图 7-63 所示。

知识点详解

带传动通过中间挠性件（带）传递运动和动力，适用于两轴中心距较大的场合。带传动具有结构简单、成本低等优点，因此得到了广泛应用。

带传动通常由主动轮 1、从动轮 2 和张紧在两轮上的环形带 3 组成，如图 7-93 所示。传动带按横截面形状可分为平带、V 带和特殊截面带（如多楔带、圆带等）3 大类，如图 7-94 所示。

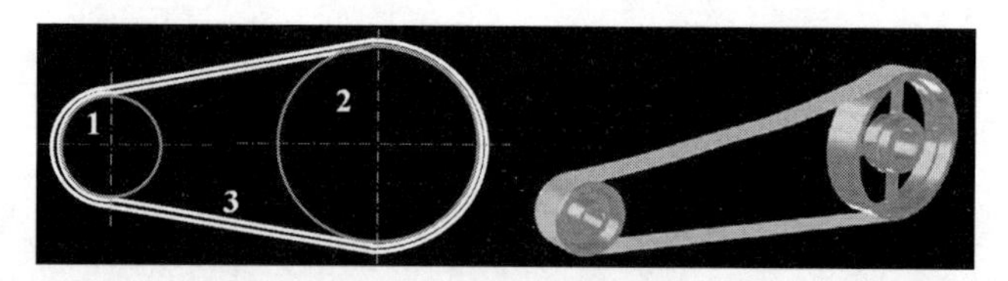

图 7-93　带传动结构图

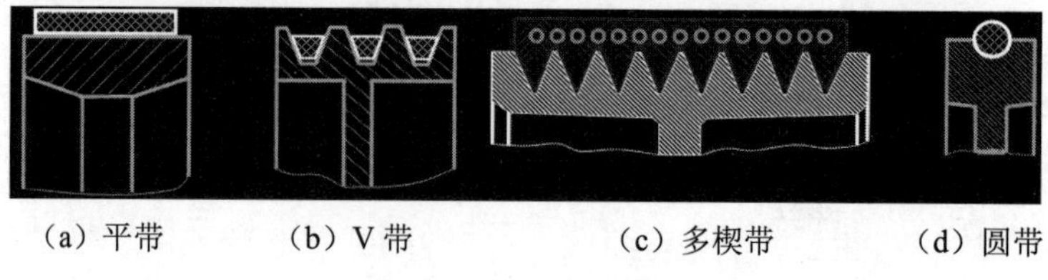

（a）平带　（b）V 带　（c）多楔带　（d）圆带

图 7-94　传动带种类

任务四　上机实验

实验 1　绘制如图 7-95 所示的圆柱齿轮

◆ 目的要求

本实验的目的是帮助读者掌握设计齿轮类零件的方法。

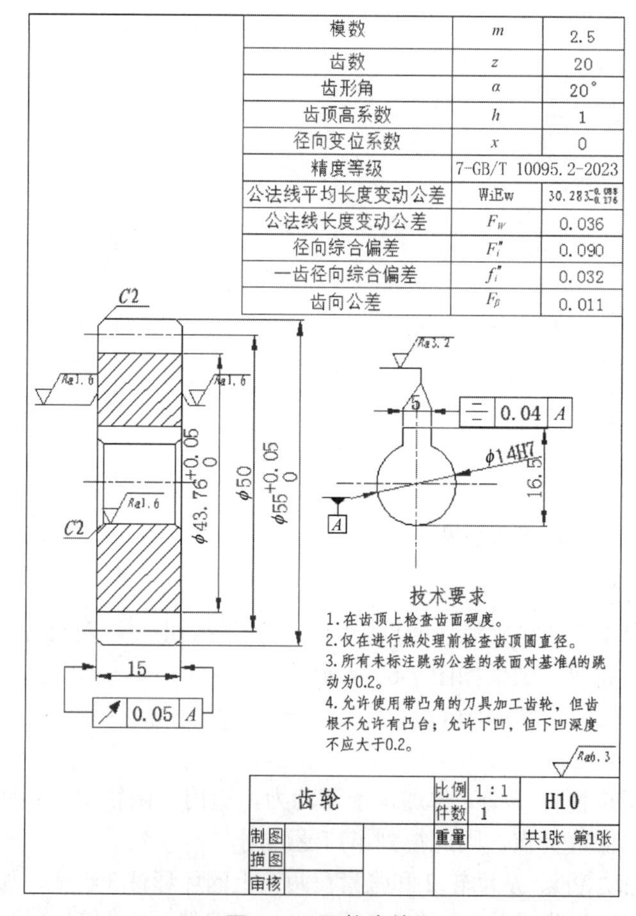

模数	m	2.5
齿数	z	20
齿形角	α	20°
齿顶高系数	h	1
径向变位系数	x	0
精度等级	7-GB/T 10095.2-2023	
公法线平均长度变动公差	WiEw	$30.283^{-0.088}_{-0.176}$
公法线长度变动公差	F_W	0.036
径向综合偏差	F_i''	0.090
一齿径向综合偏差	f_i''	0.032
齿向公差	F_β	0.011

图 7-95　圆柱齿轮

◆ 操作提示

（1）设置图层，并插入图框。

（2）绘制轴线。

（3）绘制主视图。

（4）根据主视图绘制左视图。

（5）标注图形尺寸。

（6）标注粗糙度和形位公差。

实验 2　绘制如图 7-96 所示的锥齿轮

◆ 目的要求

锥齿轮也是机械中常见的一种齿轮。本实验的目的是帮助读者掌握设计齿轮类零件的方法。

◆ 操作提示

（1）设置图层。

（2）绘制轴线。

（3）绘制主视图。

（4）绘制左视图。

（5）标注图形尺寸。

（6）绘制参数表。

（7）标注技术要求。

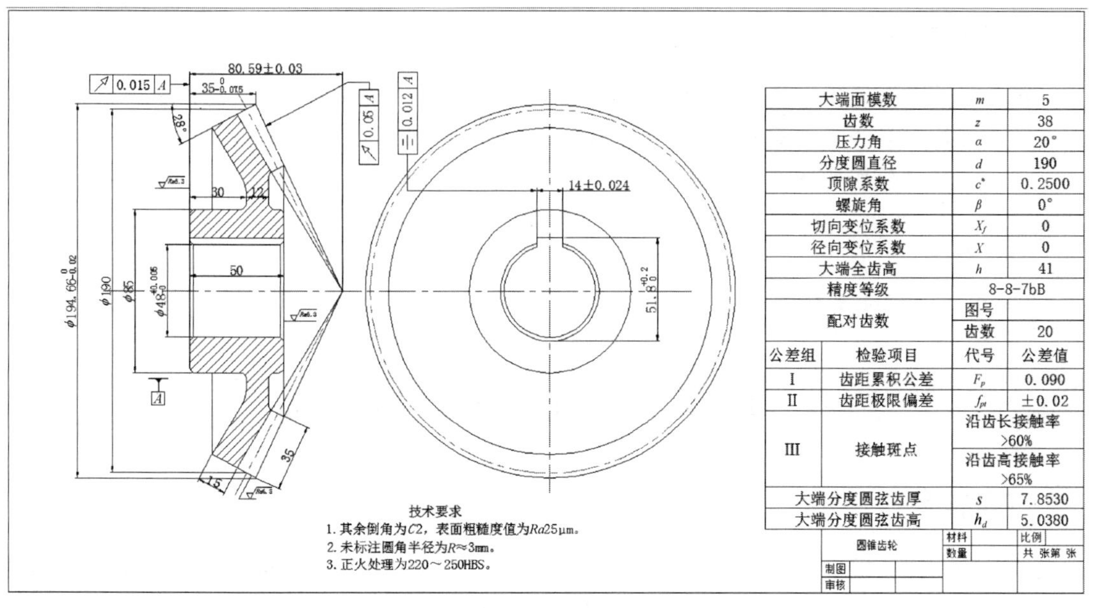

图 7-96　锥齿轮

项目八　设计箱体和箱盖

学习情境

本项目将详细讲解二维图形制作中比较经典的实例——减速箱的箱体和箱盖设计。在本项目中，将充分应用绘图环境的设置、文字和尺寸标注样式的设置，这是系统使用 AutoCAD 2024 二维绘图功能的综合实例。

素质目标

通过深入讲解 AutoCAD 软件，使读者熟练掌握绘制减速箱箱体和箱盖的具体方法，能够灵活应用各种 AutoCAD 命令，高效准确地完成机械绘图任务。通过优化绘图流程，提高读者的机械装配图的绘图速度和效率，培养其在有限时间内快速响应和高效完成绘图任务的能力。同时，鼓励读者通过团队协作和沟通，共同解决绘图过程中遇到的难题。此外，引导读者树立正确的职业观和价值观。

能力目标

- 掌握绘制减速箱箱体和箱盖的具体方法
- 灵活应用各种 AutoCAD 命令
- 提高机械绘图的速度和效率

课时安排

8 课时（讲授 3 课时，练习 5 课时）

任务一　设计减速箱箱盖

任务背景

箱盖的结构比较复杂，加工的表面多、要求高、机械加工的工作量大。由于箱盖的内端面加工比较困难，因此结构上应尽可能使内端面的尺寸小于刀具穿过孔加工前的直径。当内端面的尺寸过大时，还需采用专用径向进给装置。

下面将首先配置绘图环境，然后绘制减速箱箱盖的主视图、俯视图和左视图，最后在各个视图中进行标注。减速箱箱盖如图 8-1 所示。

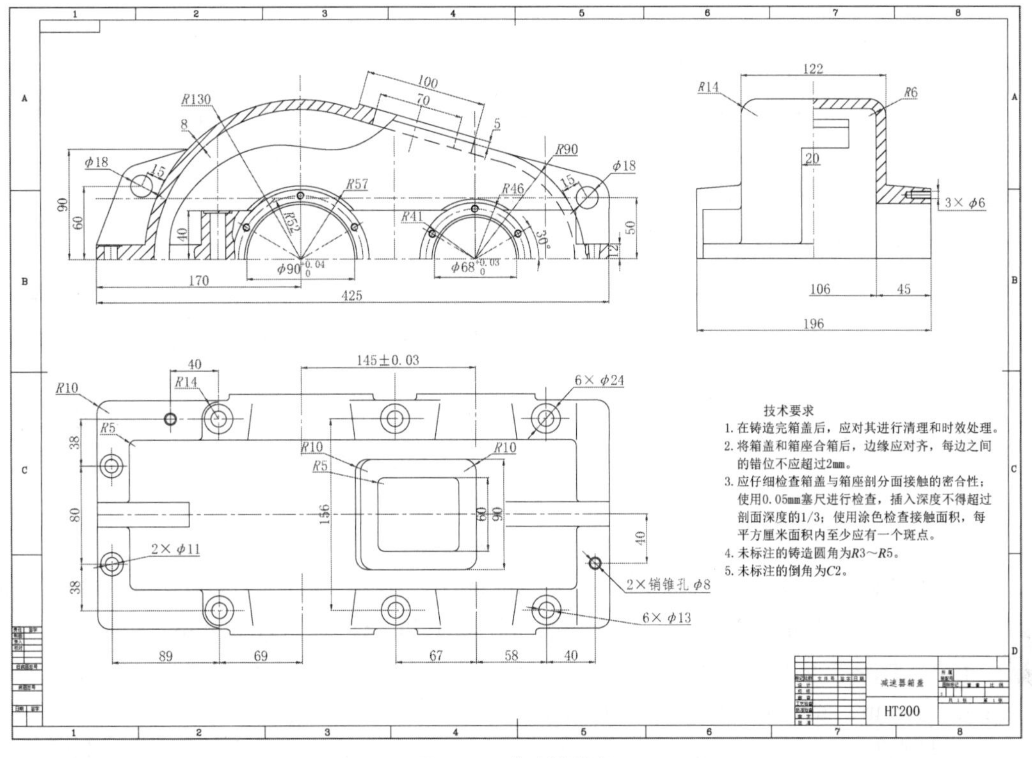

图 8-1 减速箱箱盖

操作步骤

1. 配置绘图环境

（1）新建文件。启动 AutoCAD，单击快速访问工具栏中的“新建”按钮，打开“选择样板”对话框，单击“打开”按钮右侧的下拉按钮，在弹出的下拉列表中选择“无样板打开-公制”选项，创建新文件，将新文件命名为“减速箱箱盖.dwg”并保存。

微课

（2）创建新图层。单击“默认”选项卡的“图层”面板中的“图层特性”按钮，打开“图层特性管理器”选项板，新建并设置每个图层，如图 8-2 所示。

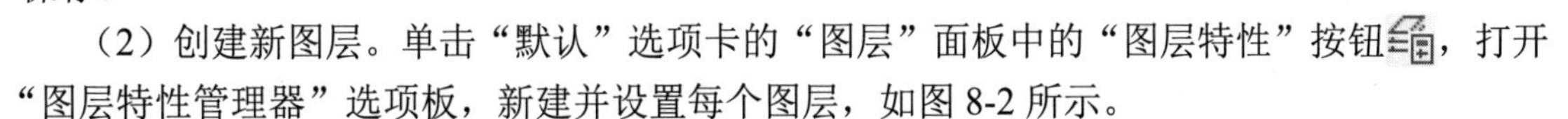

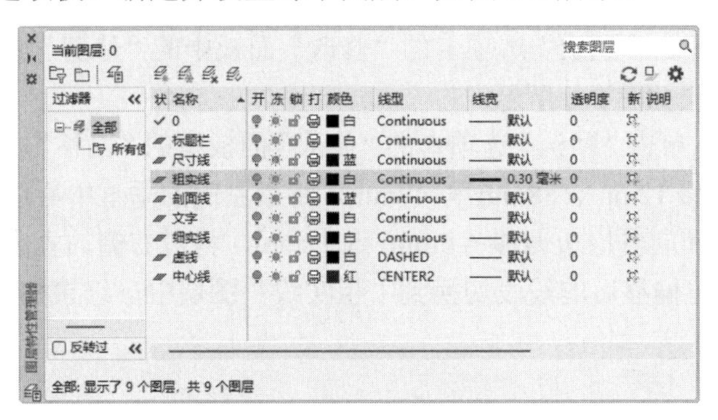

图 8-2 新建并设置图层

（3）设置文字标注样式。单击“默认”选项卡的“注释”面板中的“文字样式”按钮，打开“文字样式”对话框；创建“技术要求”文字标注，将“字体名”设置为“仿宋”，“字体样式”设置为“常规”，“高度”设置为“5.0000”。在设置完后，单击“应用”按钮，完成“技术要求”文字标注格式的设置。

（4）创建新标注样式。单击“默认”选项卡的“注释”面板中的“标注样式”按钮，打开“标注样式管理器”对话框，创建“机械制图标注”样式，各属性设置与前面项目中的相同；将“机械制图标注”样式设置为当前使用的标注样式。

2. 绘制箱盖主视图

（1）绘制中心线。将“中心线”图层设置为当前图层，单击“默认”选项卡的“绘图”面板中的“直线”按钮，绘制一条水平中心线{(0,0),(425,0)}，绘制 5 条垂直中心线{(170,0),(170,150)}、{(315,0),(315,120)}、{(101,0),(101,100)}、{(248,0),(248,100)}和{(373,0),(373,100)}，结果如图 8-3 所示。

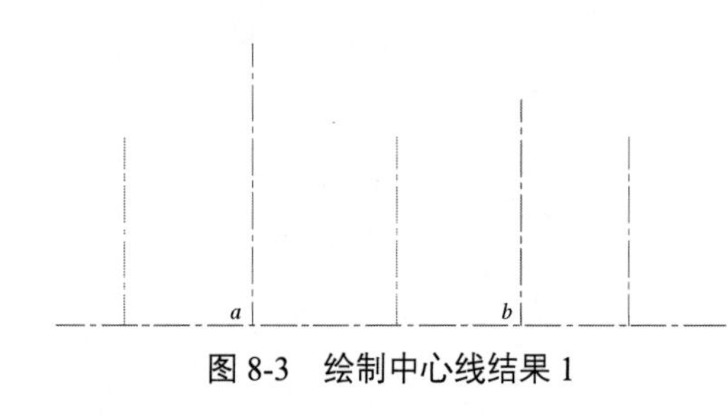

图 8-3　绘制中心线结果 1

（2）绘制圆。将“粗实线”图层设置为当前图层，单击“默认”选项卡的“绘图”面板中的“圆”按钮，以 *a* 点为圆心，分别绘制半径为 130mm、60mm、57mm、47mm 和 45mm 的圆；单击“默认”选项卡的“绘图”面板中的“圆”按钮，以 *b* 点为圆心，分别绘制半径为 90mm、49mm、46mm、36mm 和 34mm 的圆，结果如图 8-4 所示。

（3）绘制直线。单击“默认”选项卡的“绘图”面板中的“直线”按钮，绘制一条两个大圆的切线，结果如图 8-5 所示。

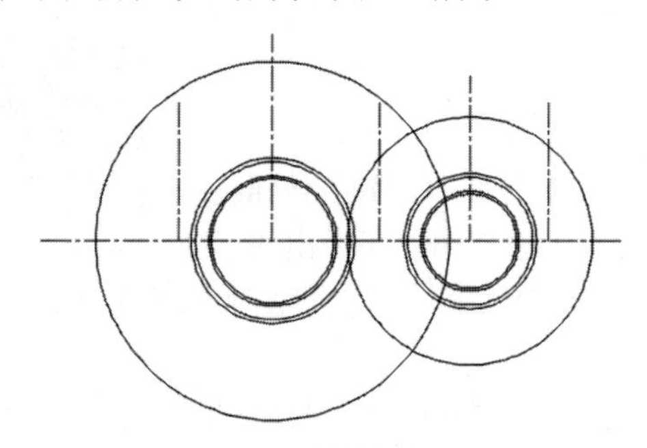
图 8-4　绘制圆结果 1

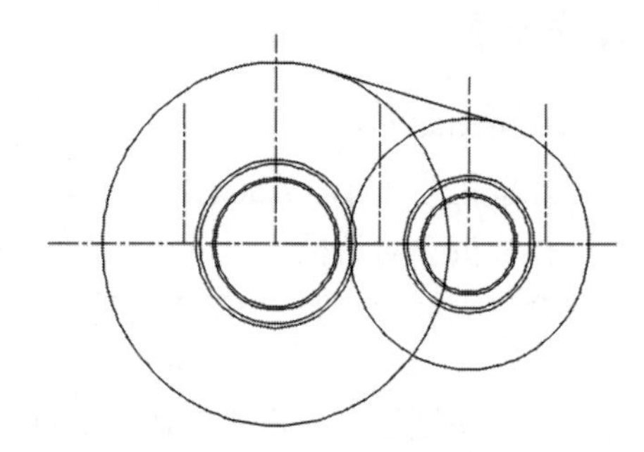
图 8-5　绘制切线结果

（4）修剪处理。单击“默认”选项卡的“修改”面板中的“修剪”按钮，修剪多余的线段，结果如图 8-6 所示。

（5）偏移中心线。单击“默认”选项卡的“修改”面板中的“偏移”按钮，将水平中心线向上偏移 12mm、38mm 和 40mm，将最左侧的垂直中心线向左偏移 14mm，随后向左和向右均边偏移 6.5mm 和 12mm，将最右侧的垂直中心线向右偏移 25mm，并将偏移后的线段切换到“粗实线”图层中，结果如图 8-7 所示。

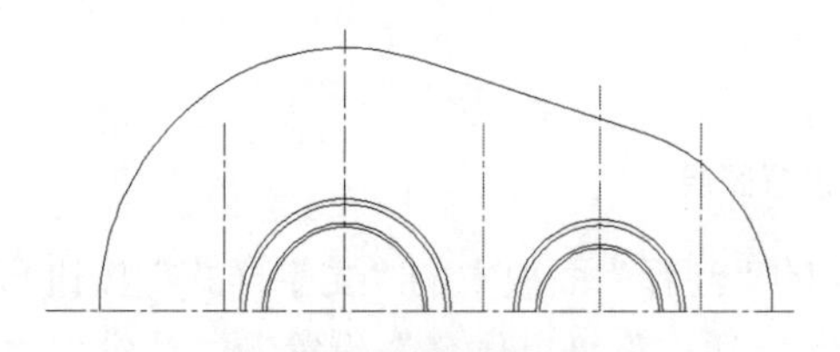
图 8-6　修剪处理结果 1

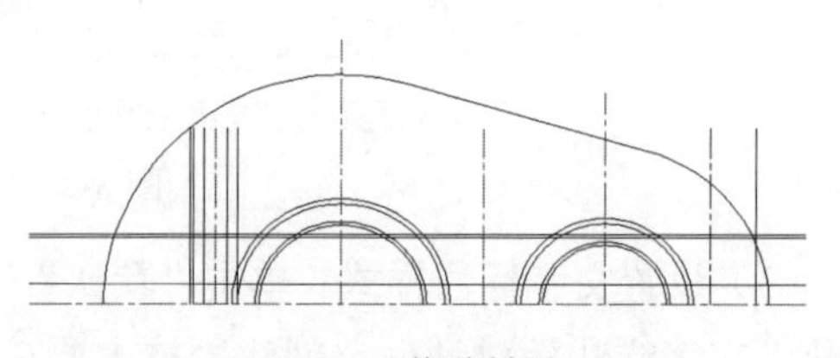
图 8-7　偏移结果 1

（6）修剪处理。单击“默认”选项卡的“修改”面板中的“修剪”按钮，修剪多余的线段，结果如图 8-8 所示。

（7）绘制直线。单击“默认”选项卡的“绘图”面板中的“直线”按钮，连接两端，结果如图 8-9 所示。

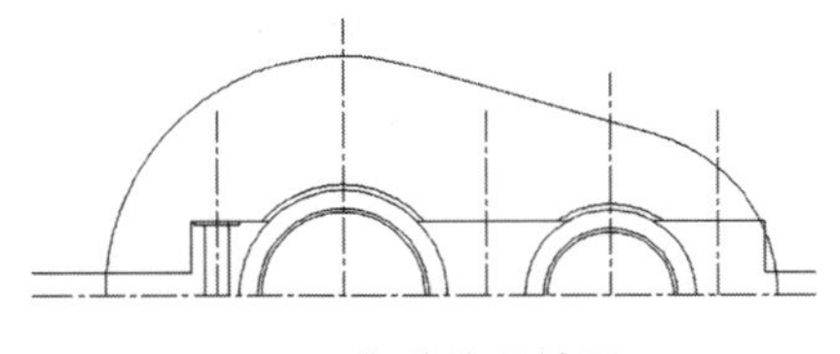

图 8-8 修剪处理结果 2

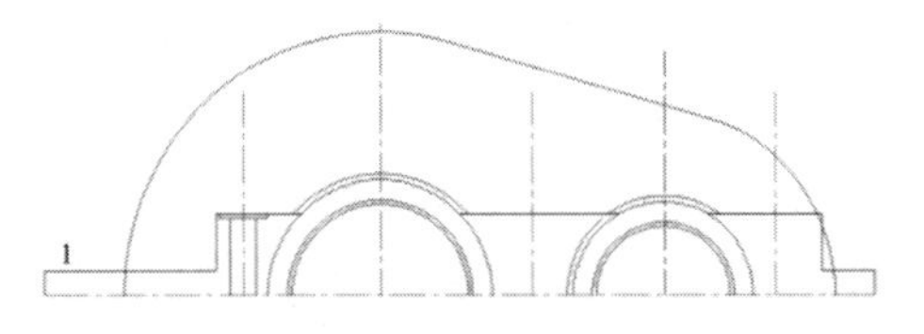

图 8-9 绘制直线结果 1

（8）偏移直线。单击“默认”选项卡的“修改”面板中的“偏移”按钮，将最左侧的直线向右偏移，偏移距离为 12mm；重复执行“偏移”命令，将偏移后的直线向两侧偏移，偏移距离均为 5.5mm 和 9.5mm；重复执行“偏移”命令，将图 8-9 中的直线 1 向下偏移，偏移距离为 2mm。

参照相同的方法，单击“默认”选项卡的“修改”面板中的“偏移”按钮，将最右侧直线向左偏移，偏移距离为 12mm；重复执行“偏移”命令，将偏移后的直线向两侧偏移，偏移距离均为 4mm 和 5mm，结果如图 8-10 所示。

（9）绘制斜线。单击“默认”选项卡的“绘图”面板中的“直线”按钮，连接右侧偏移后的直线端点。

（10）修剪处理和切换图层。通过单击“默认”选项卡的“修改”面板中的“修剪”按钮和“删除”按钮，修剪和删除多余的线段；将中心线切换到“中心线”图层中，结果如图 8-11 所示。

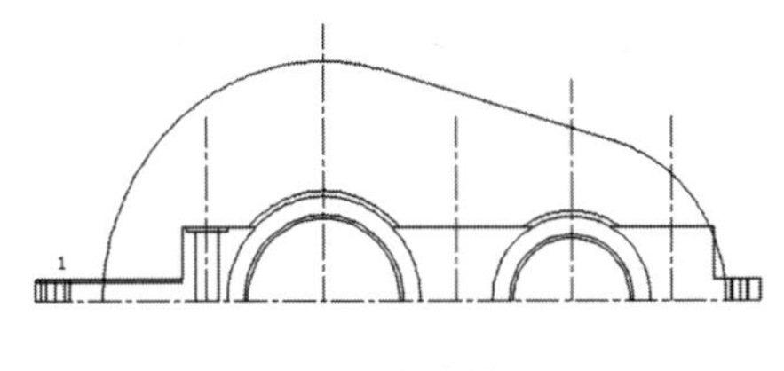

图 8-10 偏移结果 2

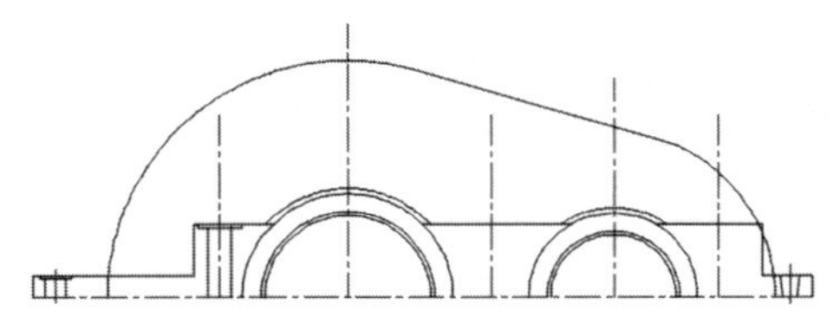

图 8-11 修剪处理和切换图层结果 1

（11）绘制中心线。将“中心线”图层设置为当前图层，单击“默认”选项卡的“绘图”面板中的“直线”按钮，绘制坐标为{(260,87),(@40<74)}的中心线。

（12）偏移直线。单击“默认”选项卡的“修改”面板中的“偏移”按钮，将第（1）步绘制的中心线向两侧偏移，偏移距离均为 50mm 和 35mm；重复执行“偏移”命令，将箱盖轮廓线向内偏移，偏移距离为 8mm，再将箱盖轮廓线向外偏移，偏移距离为 5mm，并将偏移后的中心线切换到“粗实线”图层中。

（13）绘制样条曲线。将“细实线”图层设置为当前图层，单击“默认”选项卡的“绘图”面板中的“样条曲线拟合”按钮，绘制样条曲线。

（14）修剪处理并切换图层。单击“默认”选项卡的“修改”面板中的“修剪”按钮，修剪多余的线段，并将不可见部分线段切换到“虚线”图层中，结果如图 8-12 所示。

（15）偏移处理。将“粗实线”图层设置为当前图层，单击“默认”选项卡的“修改”面板中的“偏移”按钮，将水平中心线向上偏移 60mm 和 90mm；重复执行“偏移”命令，将外轮廓线向外偏移 15mm。

（16）绘制圆。单击“默认”选项卡的“绘图”面板中的“圆”按钮，以偏移后的外轮廓线和偏移 60mm 后的水平中心线的交点为圆心，绘制半径分别为 9mm 和 18mm 的两个圆。

（17）绘制直线。单击“默认”选项卡的“绘图”面板中的“直线”按钮，以左上端点为起点，绘制与 *R*18 圆相切的直线；重复执行“直线”命令，以 *R*18 圆的切点为起点，以向上偏移 90mm 后的中心线与外轮廓线的交点为端点，绘制直线。

（18）修剪和删除处理。通过单击“默认”选项卡的“修改”面板中的“修剪”按钮和“删除”按钮，修剪和删除多余的线段，形成左吊耳，如图 8-13 所示。

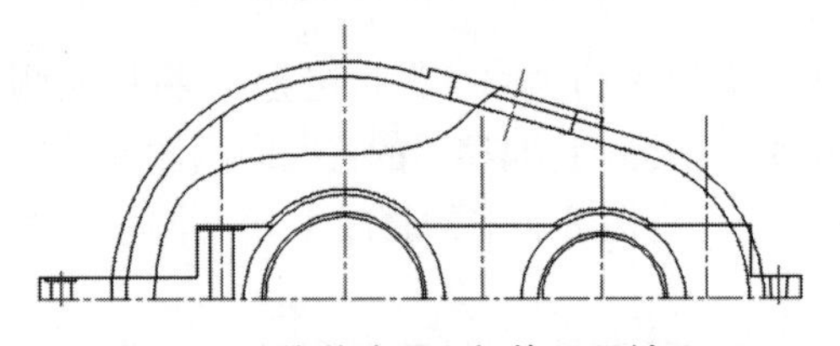
图 8-12　修剪处理和切换图层结果 2

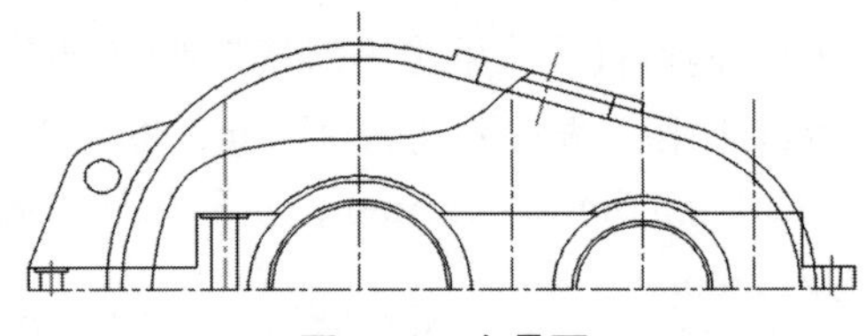
图 8-13　左吊耳

（19）偏移处理。单击“默认”选项卡的“修改”面板中的“偏移”按钮，将水平中心线向上偏移 50mm；重复执行“偏移”命令，将外轮廓线向外偏移 15mm。

（20）绘制圆。单击“默认”选项卡的“绘图”面板中的“圆”按钮，以偏移后的外轮廓线和向上偏移 50mm 后的水平中心线的交点为圆心，绘制半径分别为 9mm 和 18mm 的两个圆。

（21）绘制直线。单击“默认”选项卡的“绘图”面板中的“直线”按钮，以右上端点为起点绘制与 *R*18 圆相切的直线；重复执行“直线”命令，以外轮廓圆弧线的端点为起点，绘制与 *R*18 圆相切的直线。

（22）修剪和删除处理。通过单击“默认”选项卡的“修改”面板中的“修剪”按钮和“删除”按钮，修剪和删除多余的线段，形成右吊耳，如图 8-14 所示。

（23）绘制直线。将“中心线”图层设置为当前图层，单击“默认”选项卡的“绘图”面板中的“直线”按钮，根据坐标{(170,0),(@60<30)}绘制中心线；重复执行“直线”命令，根据坐标点{(315,0),(@50<30)}绘制中心线。

（24）绘制中心圆。单击“默认”选项卡的“绘图”面板中的“圆”按钮，分别以坐标点(170,0)、(315,0)为圆心，绘制半径为 52mm 和 41mm 的中心圆。

（25）绘制圆。将“粗实线”图层设置为当前图层，单击“默认”选项卡的“绘图”面板中的“圆”按钮，分别以第（24）步中绘制的中心圆和直线的交点为圆心，绘制半径为 2.5mm 和 3mm 的圆。

（26）阵列圆。单击“默认”选项卡的“修改”面板中的“环形阵列”按钮，将第（25）步中绘制的圆和中心线绕圆心阵列，阵列个数为 3，项目间角度为 60°，进行阵列，并将 *R*3 的圆切换到“细实线”图层中。

（27）修剪处理。单击“默认”选项卡的“修改”面板中的“修剪”按钮，修剪多余的线段，结果如图 8-15 所示。

（28）圆角处理。单击“默认”选项卡的“修改”面板中的“圆角”按钮，对图形进行圆角处理，设置圆角半径为 3mm。

（29）填充图案。将“剖面线”设置为当前图层，单击“默认”选项卡的“绘图”面板中的“图案填充”按钮▨，打开“图案填充创建”选项卡，选择“ANSI31”图案，设置比例为2，结果如图8-16所示。

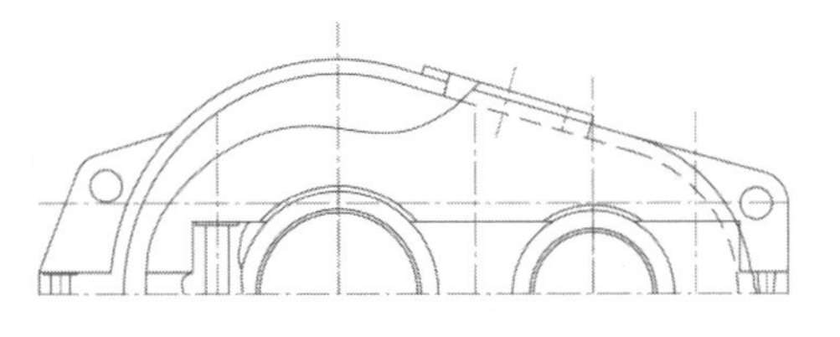

图8-14 右吊耳

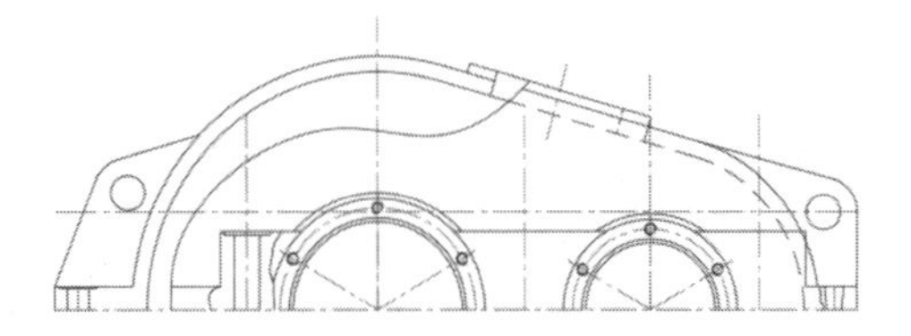

图8-15 修剪处理结果3

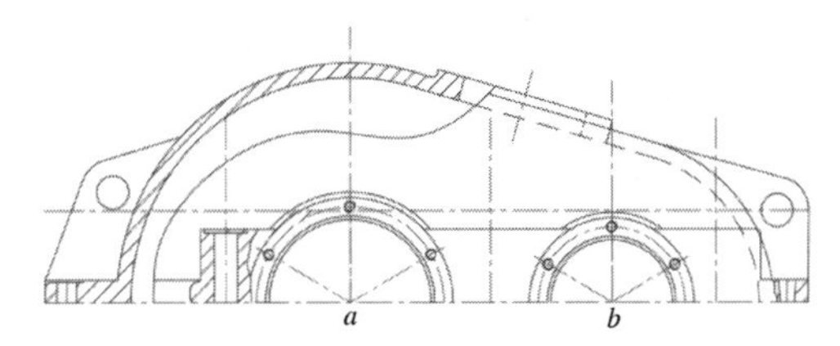

图8-16 填充图案结果1

3. 绘制箱盖俯视图

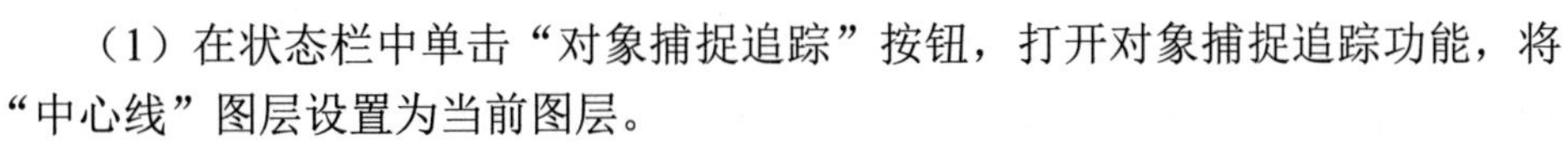

（1）在状态栏中单击“对象捕捉追踪”按钮，打开对象捕捉追踪功能，将“中心线”图层设置为当前图层。

（2）绘制中心线。单击“默认”选项卡的“绘图”面板中的“直线”按钮╱，绘制水平中心线和垂直中心线，结果如图8-17所示。

（3）偏移处理。单击“默认”选项卡的“修改”面板中的“偏移”按钮⊆，将水平中心线向上偏移，偏移距离分别为78mm和40mm；重复执行“偏移”命令，将第一条垂直中心线向右偏移，偏移距离为49mm，结果如图8-18所示。

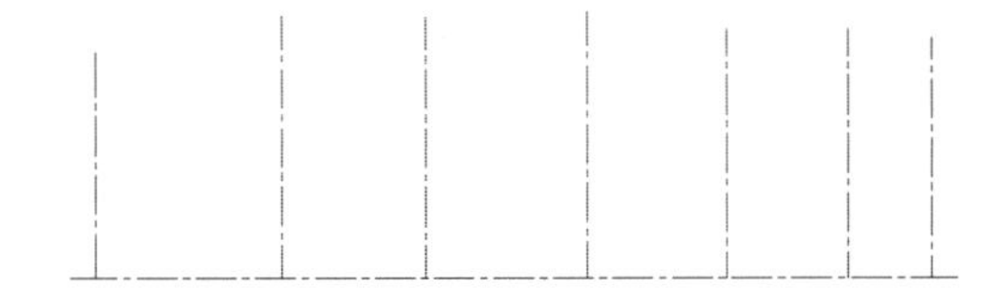

图8-17 绘制中心线结果2

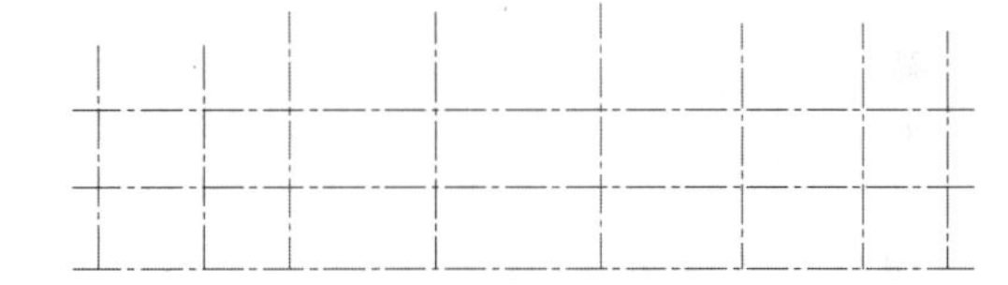

图8-18 偏移中心线结果

（4）偏移处理。单击“默认”选项卡的“修改”面板中的“偏移”按钮⊆，将水平中心线向上偏移，偏移距离分别为61mm、93mm和98mm，将偏移后的中心线切换到“粗实线”图层中。

（5）绘制直线。将“粗实线”图层设置为当前图层，单击“默认”选项卡的“绘图”面板中的“直线”按钮╱，分别连接两端直线的端点，结果如图8-19所示。

（6）偏移处理。单击“默认”选项卡的“修改”面板中的“偏移”按钮⊆，将第（5）步中绘制的直线分别向内偏移，偏移距离为27mm，结果如图8-20所示。

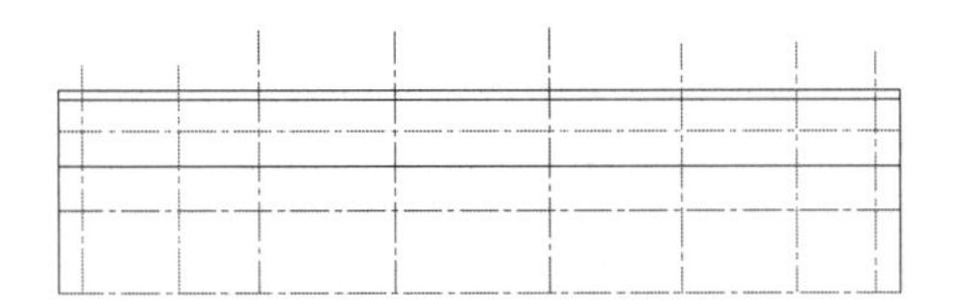

图8-19 绘制直线结果2

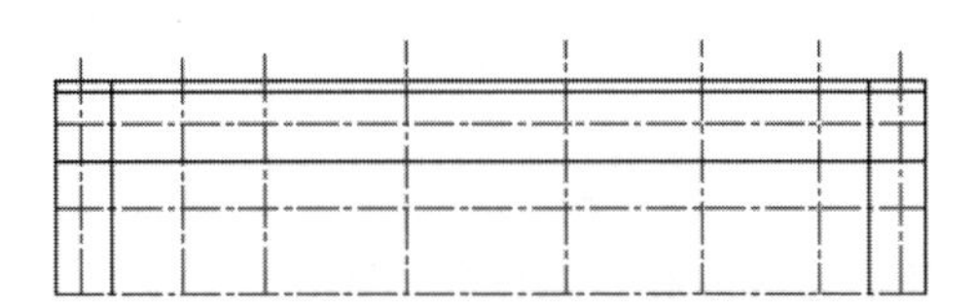

图8-20 偏移结果3

（7）修剪处理。单击“默认”选项卡“修改”面板中的“修剪”按钮，修剪多余的线段，结果如图 8-21 所示。

（8）绘制圆。单击“默认”选项卡的“绘图”面板中的“圆”按钮，以 *a* 点为圆心，绘制半径分别为 8.5mm 和 5.5mm 的圆；重复执行“圆”命令，以 *b* 点为圆心，绘制半径分别为 4mm 和 5mm 的圆；重复执行“圆”命令，以 *c* 点为圆心，绘制半径分别为 14mm、12mm 和 6.5mm 的圆。

（9）复制圆。单击“默认”选项卡的“修改”面板中的“复制”按钮，将 *c* 点处 *R*12 和 *R*6.5 的圆复制到 *d* 点和 *e* 点处，单击“默认”选项卡的“绘图”面板中的“圆”按钮，以 *e* 点为圆心绘制半径为 25mm 的圆，结果如图 8-22 所示。

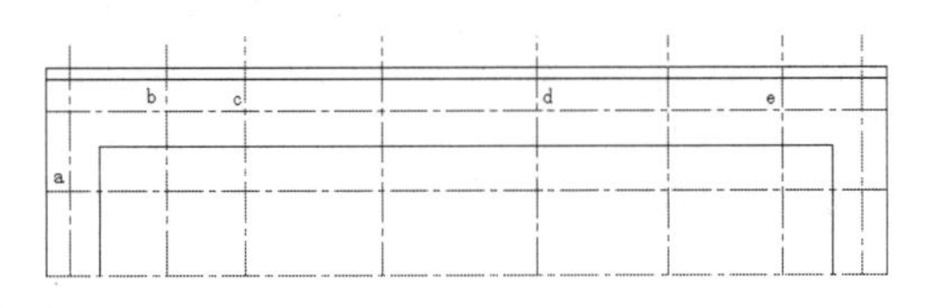

图 8-21　修剪处理结果 4

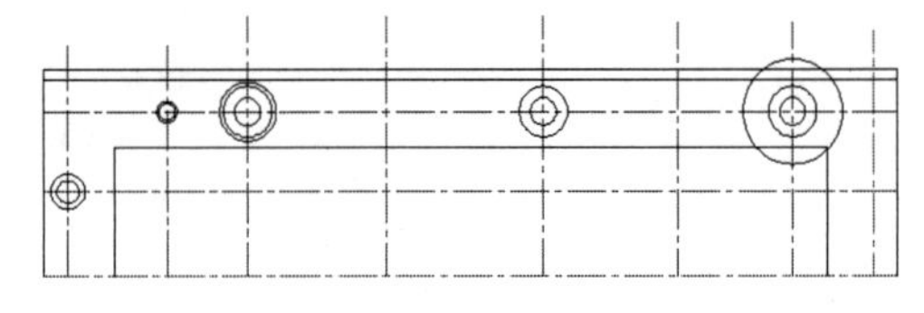

图 8-22　绘制圆结果 2

（10）绘制圆。单击“默认”选项卡的“绘图”面板中的“圆”按钮，以图 8-16 中的 *a*、*b* 两点为圆心，分别绘制半径为 60mm、49mm 的辅助圆。

（11）绘制直线。采用对象捕捉追踪功能，单击“默认”选项卡的“绘图”面板中的“直线”按钮，在对应主视图的适当位置绘制直线。

（12）修剪和删除处理。通过单击“默认”选项卡的“修改”面板中的“修剪”按钮和“删除”按钮，修剪和删除多余的线段。

（13）圆角处理。单击“默认”选项卡的“修改”面板中的“圆角”按钮，对俯视图进行倒圆角处理，圆角半径分别为 10mm、5mm 和 3mm，结果如图 8-23 所示。

（14）绘制直线。采用对象追踪功能，单击“默认”选项卡的“绘图”面板中的“直线”按钮，在对应主视图的适当位置绘制直线。

（15）镜像直线。单击“默认”选项卡的“修改”面板中的“镜像”按钮，对上一步中绘制的直线进行镜像。

（16）修剪和删除处理。通过单击“默认”选项卡的“修改”面板中的“修剪”按钮和“删除”按钮，修剪和删除多余的线段。

（17）圆角处理。单击“默认”选项卡的“修改”面板中的“圆角”按钮，进行倒圆角处理，圆角半径为 3mm，并修剪多余的线段。

（18）绘制直线。单击“默认”选项卡的“绘图”面板中的“直线”按钮，绘制直线，结果如图 8-24 所示。

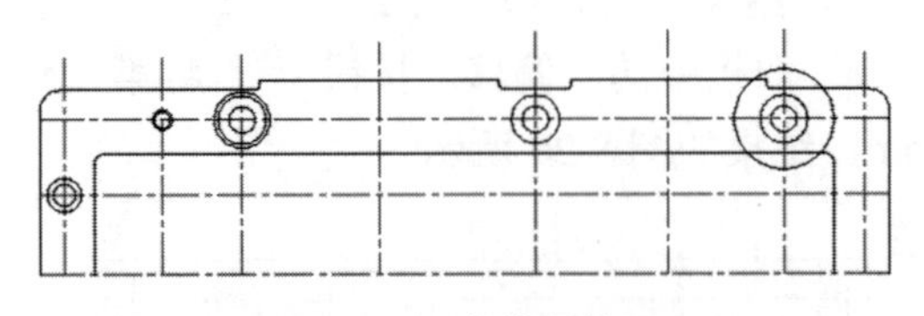

图 8-23　圆角处理结果 1

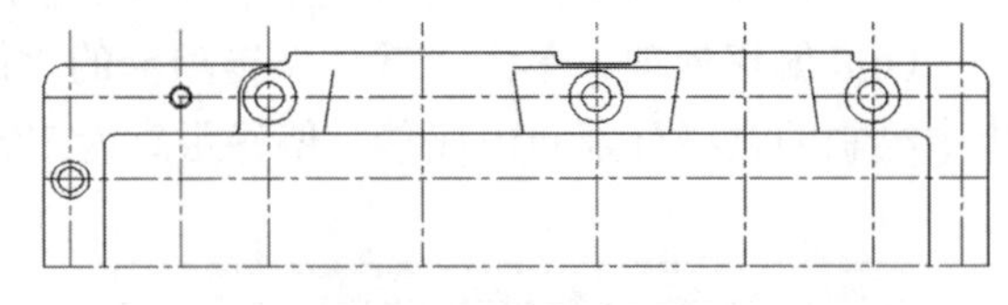

图 8-24　绘制直线结果 3

（19）修剪和删除处理。单击“默认”选项卡的“修改”面板中的“打断”按钮，对中心线进行打断；单击“删除”按钮，删除多余的线段；单击“拉长”按钮，拉长水平中心线。

（20）偏移处理和切换图层。单击“默认”选项卡的“修改”面板中的“偏移”按钮，将第一条水平中心线向上偏移，偏移距离分别为 30mm 和 45mm，并将偏移后的直线切换到“粗实线”图层中。

（21）绘制直线。采用对象捕捉追踪功能，单击“默认”选项卡的“绘图”面板中的“直线”按钮，对应主视图中的透视盖图形绘制直线。

（22）修剪和删除处理。通过单击“默认”选项卡的“修改”面板中的“修剪”按钮和“删除”按钮，修剪和删除多余的线段。

（23）倒圆角处理。单击“默认”选项卡的“修改”面板中的“圆角”按钮，对透视孔进行倒圆角处理，圆角半径分别为 5mm 和 10mm，结果如图 8-25 所示。

（24）偏移处理和切换图层。单击“默认”选项卡的“修改”面板中的“偏移”按钮，将第一条水平中心线向上偏移，偏移距离为 10mm，并将偏移后的直线切换到“粗实线”图层中。

（25）绘制直线。采用对象捕捉追踪功能，对应主视图中的吊耳绘制直线。

（26）修剪和删除处理。通过单击“默认”选项卡的“修改”面板中的“修剪”按钮和“删除”按钮，修剪和删除多余的线段。

（27）倒圆角处理。单击“默认”选项卡的“修改”面板中的“圆角”按钮，对吊耳进行倒圆角处理，圆角半径为 3mm。

（28）修剪处理。单击“默认”选项卡的“修改”面板中的“修剪”按钮，修剪多余的线段，结果如图 8-26 所示。

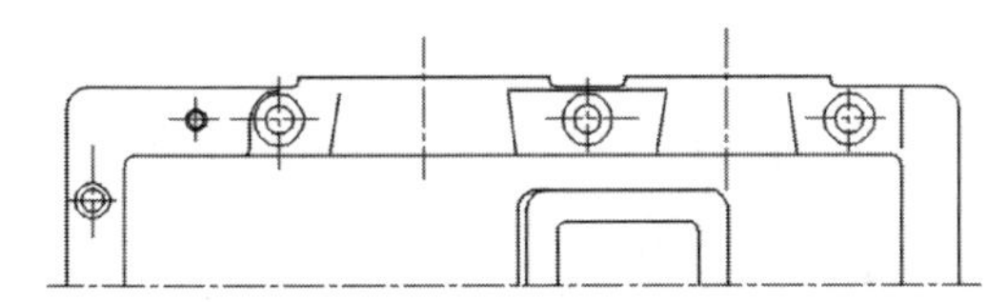

图 8-25 圆角处理结果 2

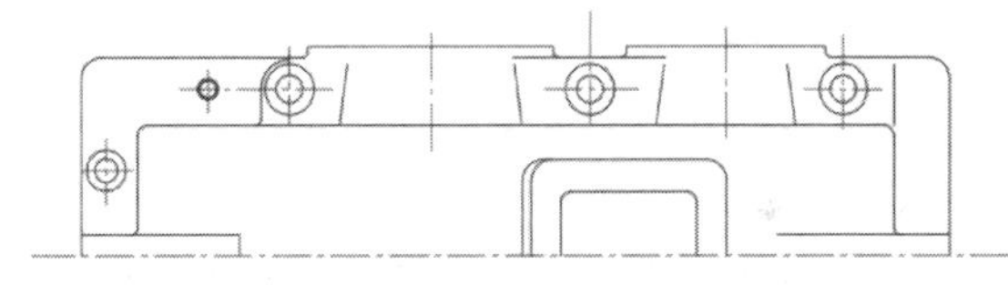

图 8-26 修剪结果

（29）镜像处理。单击“默认”选项卡的“修改”面板中的“镜像”按钮，将俯视图沿第一条水平中心线进行镜像。

（30）偏移处理。单击“默认”选项卡的“修改”面板中的“偏移”按钮，将第一条水平中心线向下偏移，偏移距离为 40mm，继续将最右侧的垂直中心线向右偏移，偏移距离为 40mm，并重新编辑中心线，结果如图 8-27 所示。

（31）移动圆。单击“默认”选项卡的“修改”面板中的“移动”按钮，将图 8-27 中 *f* 点处的同心圆移动到 *g* 点处，结果如图 8-28 所示。

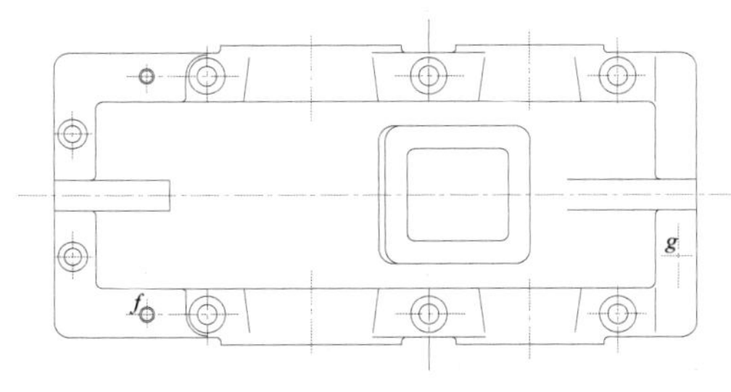

图 8-27 镜像结果 1

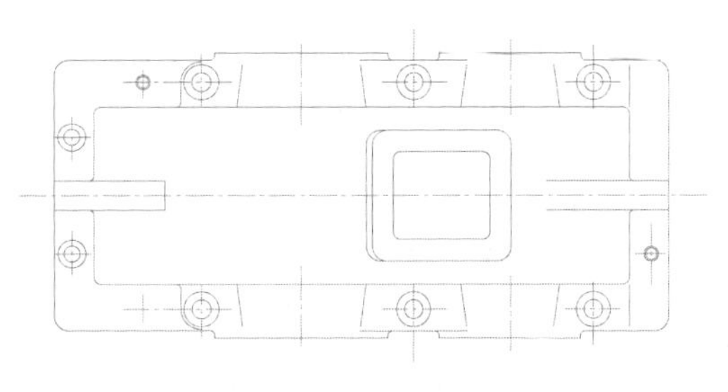

图 8-28 移动圆结果

（32）删除多余的中心线，完成箱盖俯视图的绘制，结果如图 8-29 所示。

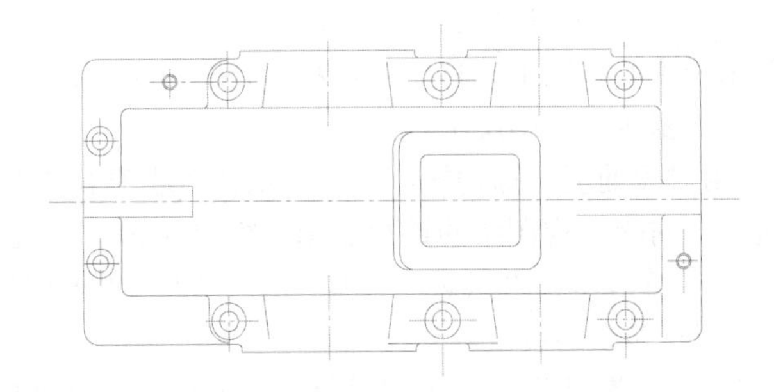

图 8-29　箱盖俯视图绘制结果

4. 绘制箱盖左视图

微课

（1）绘制中心线。将“中心线”图层设置为当前图层，单击“默认”选项卡的“绘图”面板中的“直线”按钮，绘制一条垂直中心线。

（2）绘制直线。将“粗实线”图层设置为当前图层。采用对象追踪功能，单击“默认”选项卡的“绘图”面板中的“直线”按钮，绘制一条水平直线。

（3）偏移处理和切换图层。单击“默认”选项卡的“修改”面板中的“偏移”按钮，将水平直线向上偏移，偏移距离分别为 12mm、40mm、57mm、60mm、90mm 和 130mm；重复执行“偏移”命令，将垂直中心线向左偏移，偏移距离分别为 10mm、61mm、93mm 和 98mm，将偏移后的直线切换到“粗实线”图层中，结果如图 8-30 所示。

（4）绘制直线。单击“默认”选项卡的“绘图”面板中的“直线”按钮，连接图 8-30 中的 1、2 两点。

（5）修剪和删除处理。通过单击“默认”选项卡的“修改”面板中的“修剪”按钮和“删除”按钮，修剪和删除多余的线段，结果如图 8-31 所示。

（6）镜像处理。单击“默认”选项卡的“修改”面板中的“镜像”按钮，对左视图中的左半部分沿垂直中心线进行镜像，结果如图 8-32 所示。

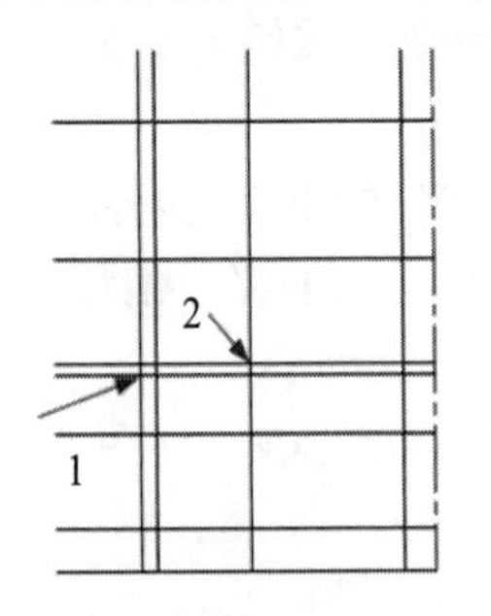

图 8-30　偏移处理和切换图层结果

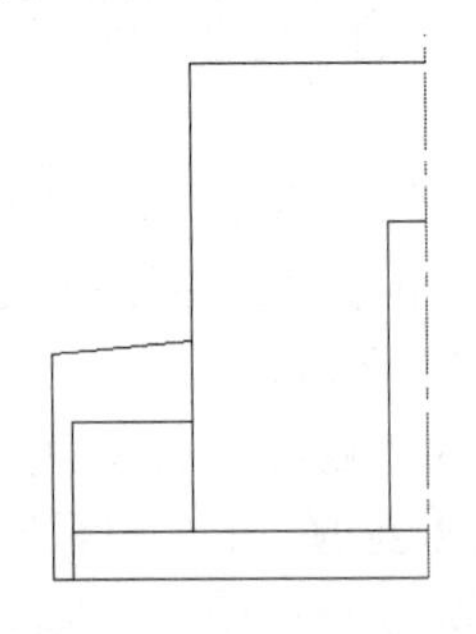

图 8-31　修剪和删除结果

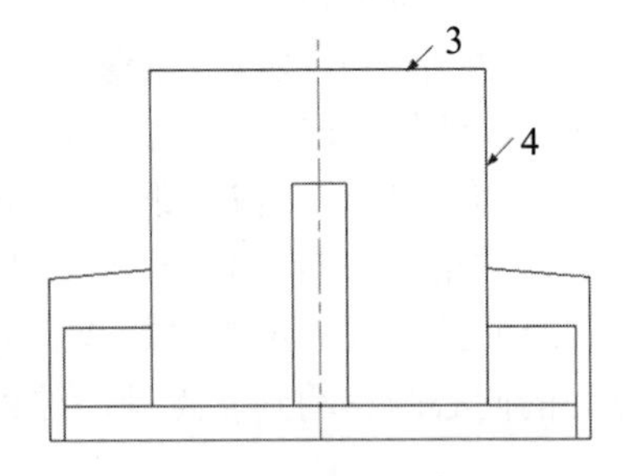

图 8-32　镜像结果 2

（7）偏移处理。单击“默认”选项卡的“修改”面板中的“偏移”按钮，将直线 3 和直线 4 向内偏移，偏移距离为 8mm；重复执行“偏移”命令，将最下边的水平直线向上偏移，偏移距离为 45mm。

（8）修剪和删除处理。通过单击“默认”选项卡的“修改”面板中的“修剪”按钮和“删除”按钮，修剪和删除多余的线段，结果如图 8-33 所示。

（9）偏移处理。单击“默认”选项卡的“修改”面板中的“偏移”按钮，将最下边的水平中心线向上偏移，偏移距离为 52mm，将偏移后的直线切换到“中心线”图层中。重复执行“偏移”命令，将偏移后的中心线向两侧偏移，偏移距离均为 2.5mm 和 3mm；重复执行“偏移”命令，将最右侧的垂直直线向左偏移，偏移距离分别为 16mm 和 20mm，将偏移距离为 2.5mm 的中心线切换到“粗实线”图层中，偏移距离为 3mm 的中心线切换到“细实线”图层中。通过单击“默认”选项卡的“修改”面板中的“修剪”按钮和“删除”按钮，修剪和删除多余的线段，结果如图 8-34 所示.

（10）绘制直线。通过单击“默认”选项卡的“绘图”面板中的“直线”按钮和“修改”面板中的“修剪”按钮，修剪多余的直线，结果如图 8-35 所示。

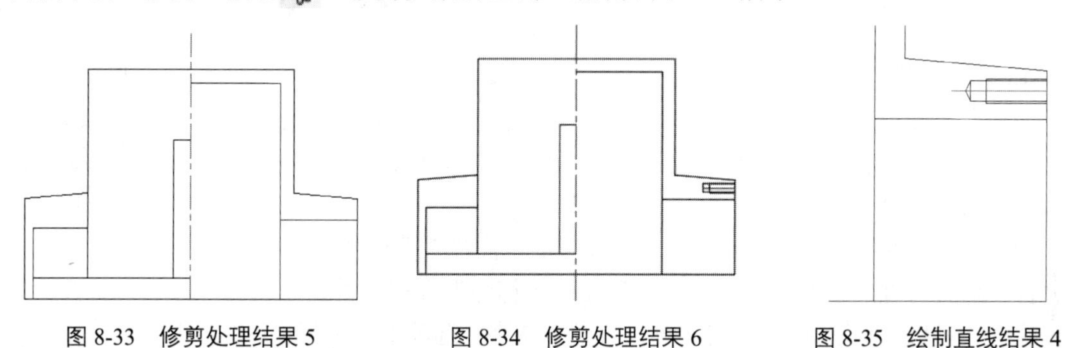

图 8-33 修剪处理结果 5　　图 8-34 修剪处理结果 6　　图 8-35 绘制直线结果 4

（11）绘制透视孔。单击“默认”选项卡的“修改”面板中的“偏移”按钮，将垂直中心线向右偏移，偏移距离为 30mm；将偏移后的中心线切换到“粗实线”图层中。单击“默认”选项卡的“绘图”面板中的“直线”按钮，采用对象捕捉追踪功能，捕捉主视图中透视孔上的点，绘制水平直线。通过单击“默认”选项卡的“修改”面板中的“修剪”按钮和“删除”按钮，修剪和删除多余的线段，形成透视孔，如图 8-36 所示。

（12）圆角处理。单击“默认”选项卡的“修改”面板中的“圆角”按钮，对左视图进行圆角处理，圆角半径分别为 14mm、6mm 和 3mm。

（13）倒角处理。单击“默认”选项卡的“修改”面板中的“倒角”按钮，对右边轴孔进行倒角处理，倒角距离为 2mm；调用“直线”命令，连接倒角后的孔，结果如图 8-37 所示。

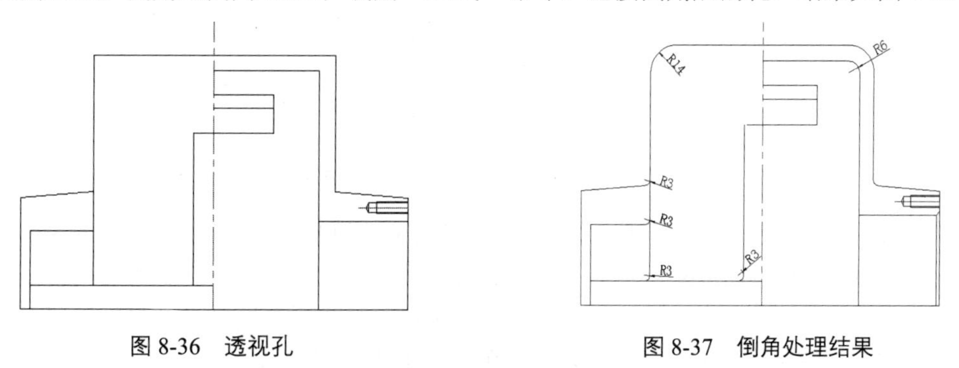

图 8-36 透视孔　　图 8-37 倒角处理结果

（14）填充图案。将“剖面线”图层设置为当前图层，单击“默认”选项卡的“绘图”面板中的“图案填充”按钮，打开“图案填充创建”选项卡，选择“ANSI31”图案，设置“比例”为 2，填充图案，结果如图 8-38 所示。

箱盖绘制完成，如图 8-39 所示。

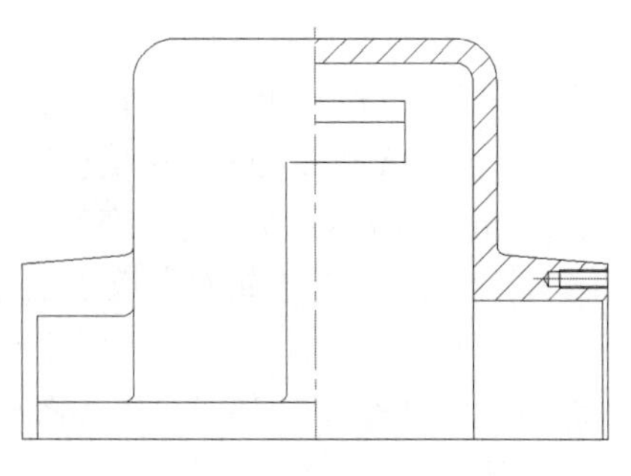

图 8-38　填充图案结果 2

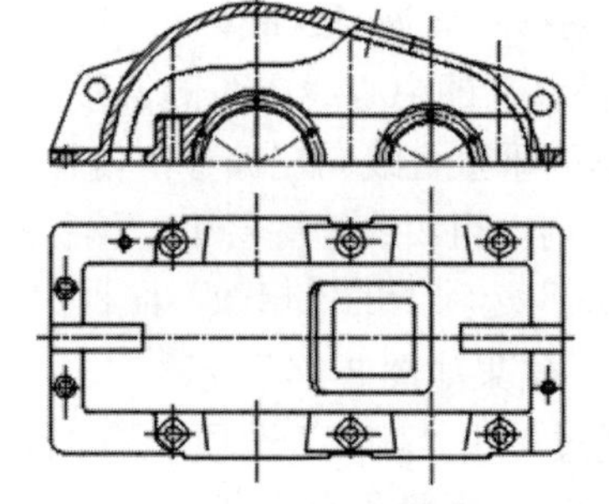
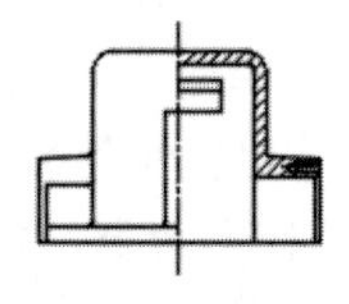

图 8-39　箱盖

5. 俯视图尺寸标注

（1）切换图层。将“尺寸线”图层设置为当前图层，单击“默认”选项卡的“注释”面板中的“标注样式”按钮，将“机械制图标注”样式设置为当前使用的标注样式。

（2）修改标注样式。单击“默认”选项卡的“注释”面板中的“标注样式”按钮，打开“标注样式管理器”对话框，选中“机械制图标注”样式，单击“修改”按钮，打开“修改标注样式（机械制图标注）”对话框；打开“文字”选项卡，选择“ISO 标准”选项，单击“确定”按钮，完成修改。

（3）俯视图无公差尺寸标注。通过单击“注释”选项卡的“标注”面板中的“线性”按钮、“半径”按钮和“直径”按钮，对俯视图进行尺寸标注，结果如图 8-40 所示。

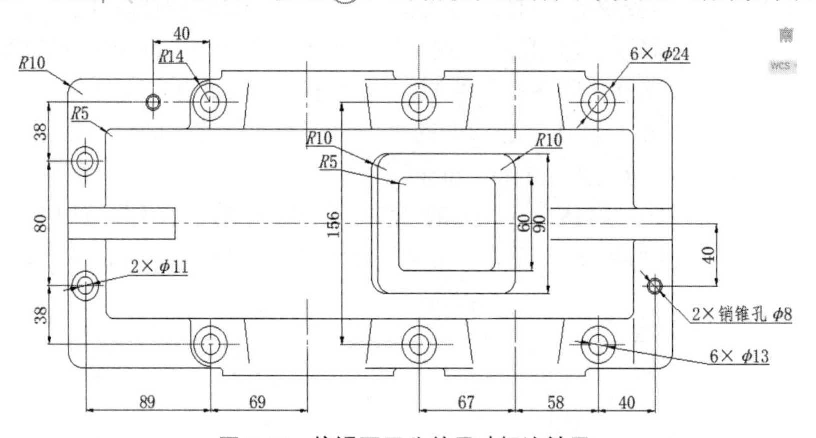

图 8-40　俯视图无公差尺寸标注结果

（4）新建标注样式。单击“默认”选项卡的“注释”面板中的“标注样式”按钮，打开“标注样式管理器”对话框，新建一个名为“副本机械制图标注（带公差）”的样式，设置“基础样式”为“机械制图标注”。在“新建标注样式”对话框中设置“公差”选项卡，并将“副本机械制图样式（带公差）”样式设置为当前使用的标注样式。

（5）俯视图带公差尺寸标注。单击“注释”选项卡的“标注”面板中的“线性”按钮，对俯视图进行带公差尺寸标注，结果如图 8-41 所示。

6. 主视图尺寸标注

（1）主视图无公差尺寸标注。切换到“机械制图标注”样式，通过单击“注释”选项卡的“标注”面板中的“线性”按钮、“已对齐”按钮、“半径”按钮和“直径”按钮，对主视图进行无公差尺寸标注，结果如图 8-42 所示。

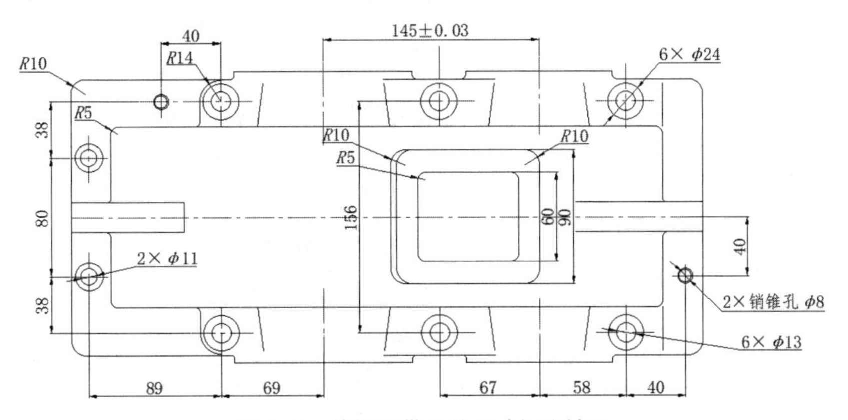

图 8-41　俯视图带公差尺寸标注结果

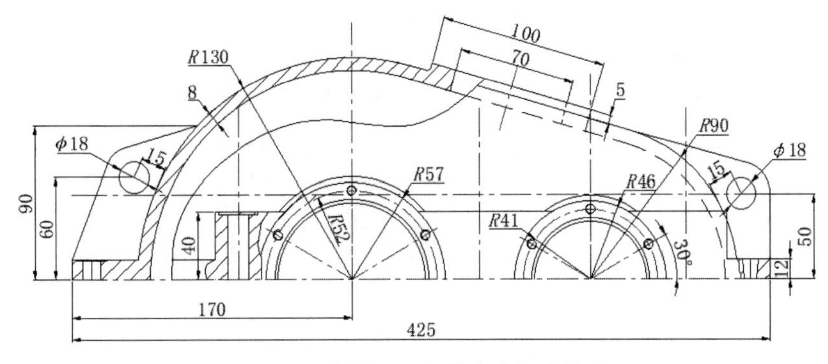

图 8-42　主视图无公差尺寸标注结果

（2）修改带公差标注样式。单击“默认”选项卡的“注释”面板中的“标注样式”按钮，打开“标注样式管理器”对话框，选中“副本机械制图标注（带公差）”样式，并单击“置为当前”按钮；单击“替代”按钮，打开“替代当前样式：副本 机械制图标注（带公差）”对话框，在“修改标注样式”对话框中设置“公差”选项卡；设置完成后单击“确定”按钮，并将“副本机械制图样式（带公差）”的样式替代为当前使用的标注样式。

（3）主视图带公差尺寸标注。单击“注释”选项卡的“标注”面板中的“线性”按钮，对主视图进行带公差尺寸标注（参照前面章节所述的带公差尺寸标注的方法，进行公差编辑修改），结果如图 8-43 所示。

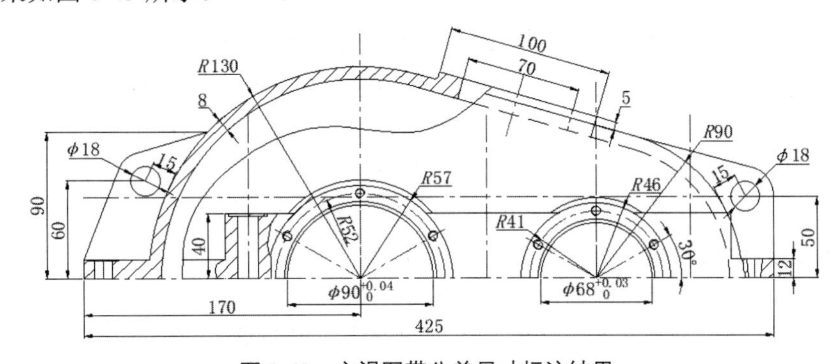

图 8-43　主视图带公差尺寸标注结果

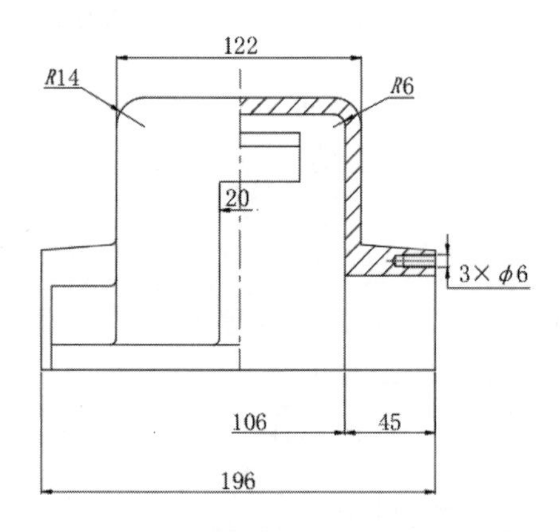

图 8-44　侧视图无公差尺寸标注结果

7. 侧视图尺寸标注

（1）切换当前标注样式。将“机械制图标注”样式设置为当前使用的标注样式。

（2）侧视图无公差尺寸标注。通过单击“注释”选项卡的“标注”面板中的“线性”按钮和“直径”按钮，对侧视图进行无公差尺寸标注，结果如图 8-44 所示。

8. 标注技术要求

（1）设置文字标注格式。单击“默认”选项卡的“注释”面板中的“文字样式”按钮，打开“文字样式”对话框，将“样式”设置为“技术要求”，“高度”设置为 8，单击“应用”按钮，并将该样式设置为当前使用的文字样式。

（2）文字标注。单击“注释”选项卡的“文字”面板中的“多行文字”按钮，打开“文字编辑器”选项卡，在其中填写技术要求，如图 8-45 所示。

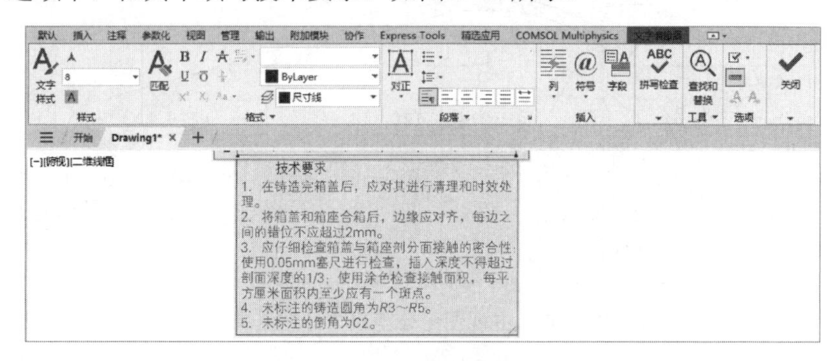

图 8-45　技术要求

将已经绘制好的 A1 横向样板图图框复制到当前图形中，并调整到适当位置。

将“标题栏”图层设置为当前图层，在标题栏中填写“减速箱箱盖”。减速箱箱盖设计最终效果如图 8-1 所示。

知识点详解

利用剖切面局部地剖开物体所得的剖视图被称为局部剖视图，如图 8-46 所示。所谓局部地剖开，就是在利用剖切面剖开物体后，移走剖切面和观察者之间的一部分。

图 8-46 所示的机件，在主视图中，需要表达左侧圆柱及右侧底座上的孔的内形，但这些孔的轴线不位于同一个剖切平面，同时需要在主视图上表示该机件前面水平圆柱的形状和位置。在这种情况下，不合适采用全剖视图，并且不具备采用半剖视图的条件。因此，只能利用剖切平面将机件局部剖开，分为两个局部剖视图。这种表达方式既清晰又简洁。同样，在俯视图上可以采用局部剖视图表达前面水平圆柱的内形。

局部剖视图的绘制方法是将波浪线作为分界线，将一部分绘制为视图以表达外形，另一部分绘制为剖视图，从而展示内部结构。波浪线的绘制方法与前面的局部视图相同，不能出现空缺、越界或重合。局部剖视图兼顾内外形的表达，剖切平面的位置和范围应根据物体的形状和具体表达需求来确定。

1. 应用场合

局部剖视图在表达物体方面非常灵活，一般适用于以下场合。

（1）需要表达机件的内外形，但机件不对称，不能采用半剖视图，或者不宜采用全剖视图的情况，可采用局部剖视图表达物体，如图 8-46 中的主视图。

（2）只需表达机件的局部内部形状，不必或不宜采用全剖视的情况，如图 8-46 中的俯视图。

（3）机件的轮廓线与对称中心线重合，不能采用半剖视图的情况。例如，在图 8-47 中，虽然 3 个机件在前后和左右方向上都对称，但由于主视图正中有外壁或内壁的交线，因此不能将主视图绘制成半剖视图，而应绘制成局部剖视图，并尽可能清晰地显示出机件的内壁或外壁的交线。

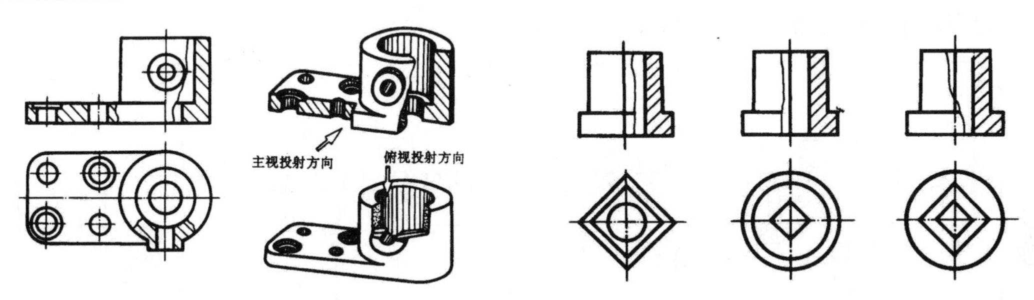

图 8-46　局部剖视图　　图 8-47　使用局部剖视图代替半剖视图

2. 注意事项

（1）在局部剖视图中，视图与剖视图的分界线为波浪线，它可被视为机件断裂痕迹的投影。当被剖切结构为回转体时，允许将该结构的中心线作为局部剖视图与视图的分界线，如图 8-49 所示。

（2）在同一视图中，局部剖视图不宜过多，以免图形过于零碎。一般，一个视图中的局部视图不能多于 3 个。

（3）局部剖视图的标注应遵循剖视图的标注规则，但对于单一剖切位置明显的局部剖视图，应省略其标注。

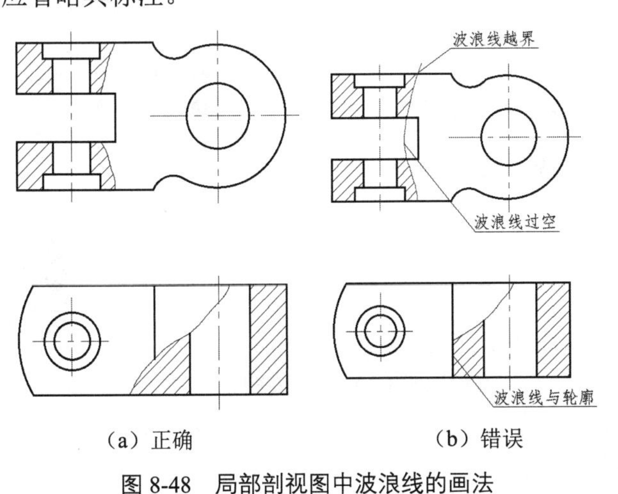

（a）正确　　（b）错误

图 8-48　局部剖视图中波浪线的画法

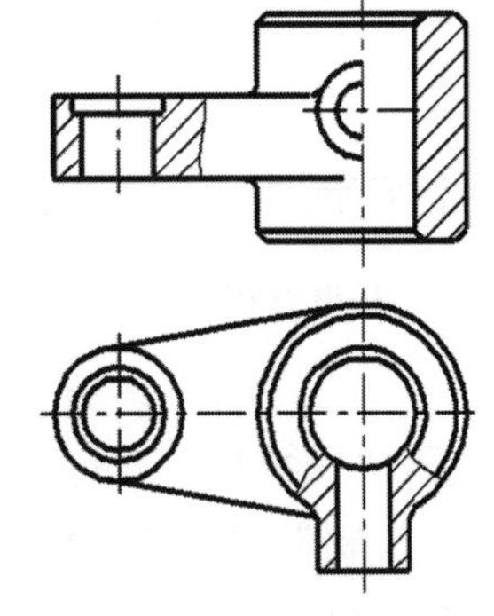

图 8-49　中心线作为局部剖视与视图的分界线

任务二 设计减速箱箱体

任务背景

减速箱箱体起着支持和固定轴系零件，以及保证轴系运转精度、良好润滑及可靠密封等重要作用。箱体通常采用剖分式结构，其剖分面一般通过轴心线。对于重型立式减速箱，为了便于制造、安装和运输，可以采用多个剖分面。

本任务将依次绘制减速箱箱体的俯视图、主视图和左视图，充分利用多视图投影对应关系，以及辅助定位直线。对于箱体，从上至下可划分为 3 个组成部分，即箱体顶面、箱体中间膛体和箱体底座。每个视图的绘制将围绕这 3 个部分进行。另外，在箱体的绘制过程中，将充分应用局部剖视图。减速箱箱体如图 8-50 所示。

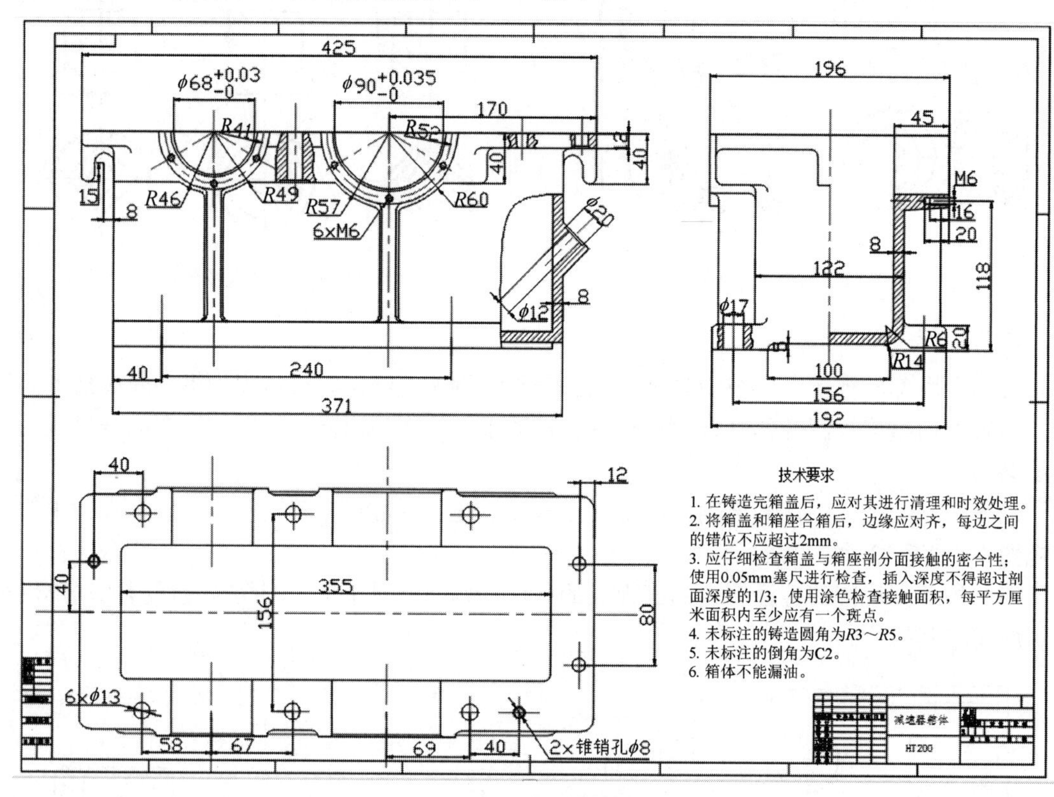

图 8-50 减速箱箱体

操作步骤

微课

1. 新建文件

（1）新建文件。启动 AutoCAD 2024，单击快速访问工具栏中的“新建”命令，打开“选择样板”对话框，单击“打开”按钮右侧的▾下拉按钮，以“无样板打开-公制”方式建立新文件，将文件命名为“减速箱箱体.dwg”并保存。

（2）设置图形界限。输入“LIMITS”命令，使用 A1 图纸，设置两角点坐标分别为(0,0)和(841, 594)。

（3）创建新图层。单击“默认”选项卡的“图层”面板中的“图层特性”按钮，打开

“图层特性管理器”选项板，新建并设置每个图层，如图 8-51 所示。

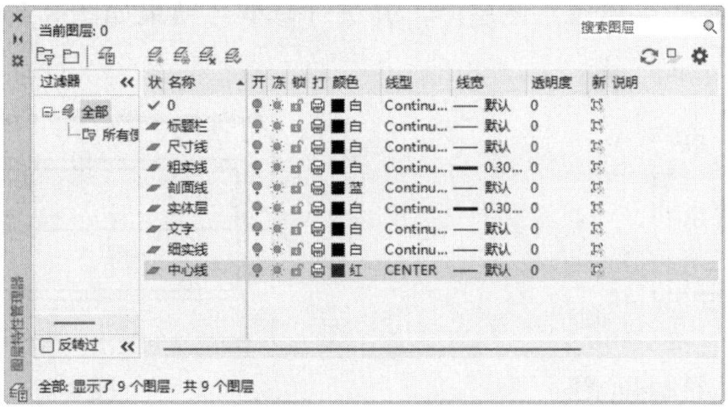

图 8-51 设置图层

2. 设置文字和标注样式

（1）设置文字标注样式。单击“默认”选项卡的“注释”面板中的“文字样式”按钮，打开“文字样式”对话框；创建“技术要求”文字样式，将“字体”设置为“仿宋”，“字体样式”设置为“常规”，“高度”设置为“6.0000”。在设置完后，单击“应用”按钮，完成“技术要求”文字标注格式的设置。

（2）设置标注样式。单击“默认”选项卡的“注释”面板中的“标注样式”按钮，打开“标注样式管理器”对话框；创建“机械制图标注”样式，各属性设置与前面项目中的设置相同；将“机械制图标注”样式设置为当前使用的标注样式。

3. 绘制减速箱箱体俯视图

（1）绘制中心线。将“中心线”图层设置为当前图层，单击“默认”选项卡的“绘图”面板中的“直线”按钮，绘制 3 条水平中心线{(50,150),(500,150)}、{(50,360),(800,360)}和{(50,530),(800,530)}，绘制 5 条垂直中心线{(65,50),(65,550)}、{(490,50),(490,550)}、{(582,350),(582,550)}、{(680,350),(680,550)}和{(778,350),(778,550)}，如图 8-52 所示。

提示

按照传统的机械三视图的绘制方法，应该先绘制主视图，再利用主视图的图形特征来绘制其他视图和局部剖视图。对于减速箱箱体的绘制，将采用先绘制构形相对简单且又能表达减速箱箱体与传动轴、齿轮等安装关系的俯视图，再利用俯视图来绘制其他视图。

（2）绘制矩形。将“实体层”图层设置为当前图层，单击“默认”选项卡的“绘图”面板中的“矩形”按钮，利用给定矩形两个角点的方法分别绘制矩形 1{(65,52),(490,248)}、矩形 2{(100,97),(455,203)}、矩形 3{(92,54),(463,246)}、矩形 4{(92,89),(463,211)}。矩形 1 和矩形 2 可以构成箱体顶面轮廓线，矩形 3 表示箱体底座轮廓线，矩形 4 表示箱体中间膛轮廓线，如图 8-53 所示。

（3）更改图形对象的颜色。选择矩形 3，单击“默认”选项卡的“特性”面板中的“更多颜色”按钮，打开“选择颜色”对话框；在该对话框中，将“颜色”设置为“蓝”，如图 8-54 所示。参照相同的方法更改矩形 4 的线条颜色为红色。

（4）绘制轴孔。单击“默认”选项卡的“修改”面板中的“偏移”按钮，将最左侧的垂直中心线分别向右偏移 110mm 和 255mm，重复执行“偏移”命令，将偏移得到的两条中心线分别向左和向右各偏移 34mm 和 45mm（左轴孔直径为 68mm，右轴孔直径为 90mm），将偏移后的直线切换到“实体层”图层中，并进行修剪，结果如图 8-55 所示。

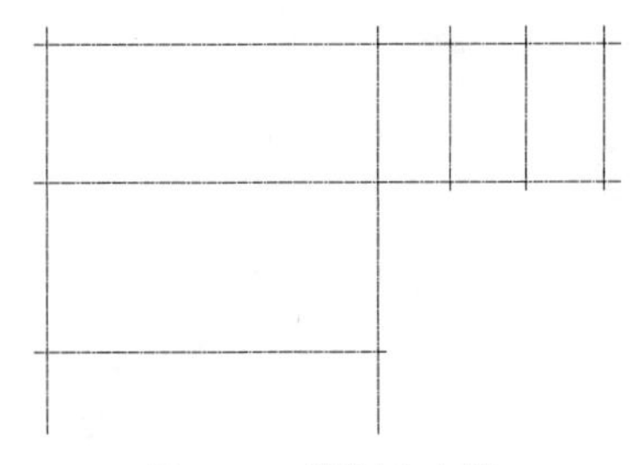

图 8-52　绘制中心线

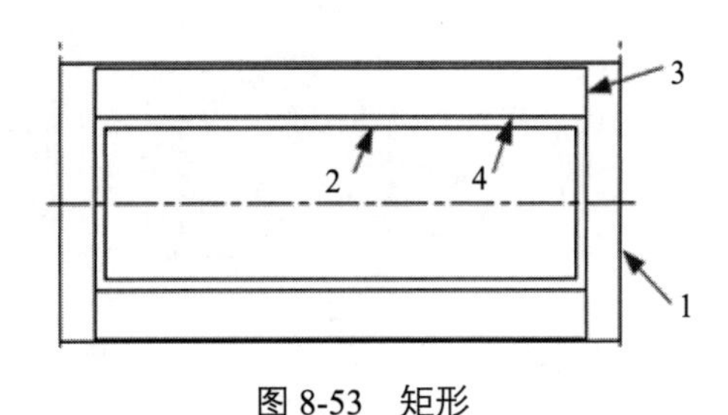

图 8-53　矩形

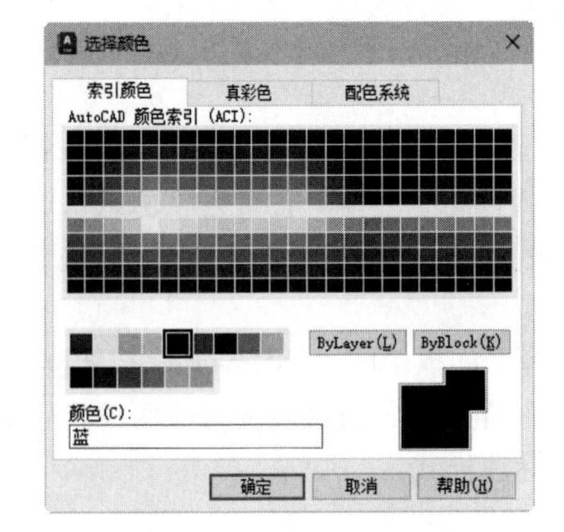

图 8-54　更改对象颜色

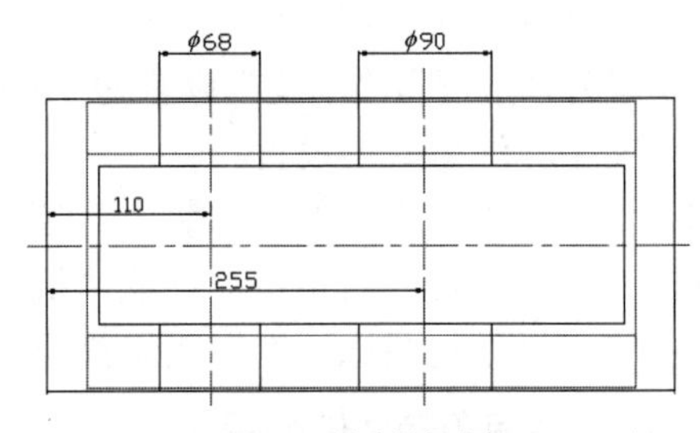

图 8-55　绘制轴孔结果

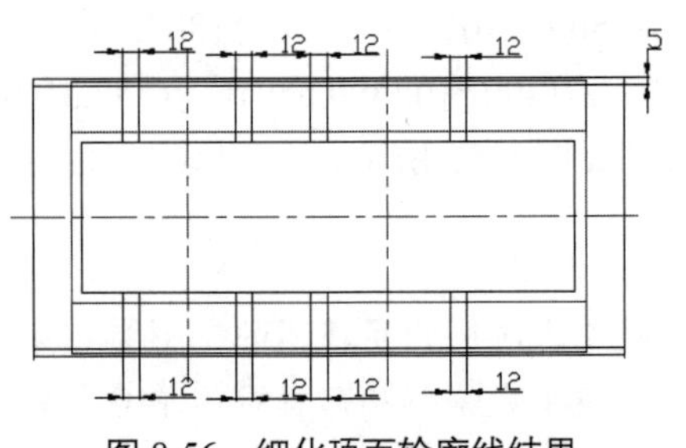

图 8-56　细化顶面轮廓线结果

（5）细化顶面轮廓线。将矩形 1 进行分解，单击“默认”选项卡的“修改”面板中的“偏移”按钮，并将上边和下边向内偏移 5mm，将直径为 68mm 和 90mm 的孔分别向外侧偏移 12mm，结果如图 8-56 所示。

（6）顶面轮廓线倒圆角。单击“默认”选项卡的“修改”面板中的“圆角”按钮，对偏移距离为 5mm 的直线与矩形 1 的两条垂直线形成的 4 个直角进行倒圆角处理，将圆角半径设置为 10mm，并删除多余的线段。继续进行倒圆角处理，将圆角半径设置为 5mm。单击“默认”选项卡的“修改”面板中的“删除”按钮，删除多余的线段。

（7）对轴孔进行倒角。单击“默认”选项卡的“修改”面板中的“倒角”按钮，对轴孔进行倒角处理，将倒角距离设置为 *C*2，结果如图 8-57 所示。

（8）偏移并修剪中心线。单击“默认”选项卡的“修改”面板中的“偏移”按钮，将最左侧垂直中心线向右偏移 12mm；重复执行偏移命令，将左侧第 2 条垂直中心线向左偏移 58mm，向右偏移 67mm；重复执行偏移命令，将左侧第 3 条垂直中心线向右偏移 69mm，并将偏移后的直线向右偏移 40mm；重复执行偏移命令，将最右侧的垂直中心线向左偏移 12mm；重复执行偏移命令，将水平中心线分别向上偏移 78mm，向下各偏移 40mm；将偏移后的中心线进行修剪，结果如图 8-58 所示。

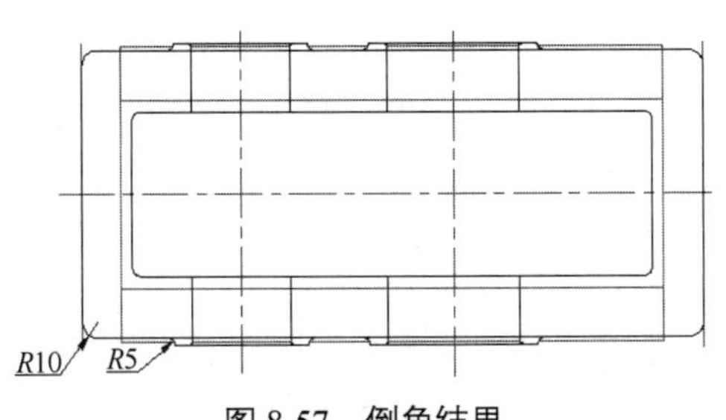

图 8-57 倒角结果

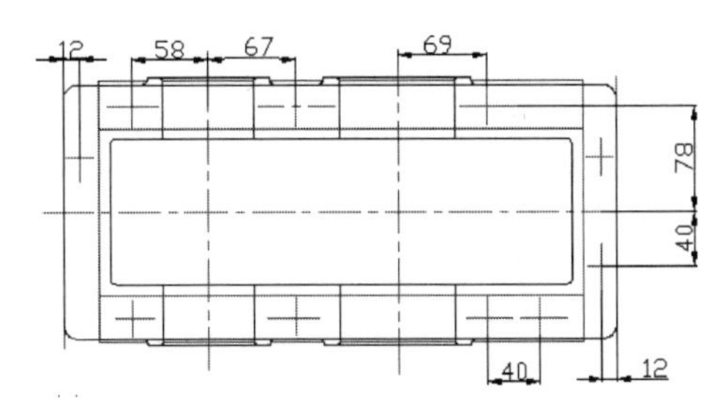

图 8-58 偏移并修剪中心线结果

（9）绘制螺栓孔和销孔。螺栓孔是上下直径为 13mm、右侧直径为 11mm 的通孔，销孔由 $\phi10$ 和 $\phi8$ 两个投影圆组成。单击“默认”选项卡的“绘图”面板中的“圆”按钮，以中心线交点为圆心，分别绘制螺栓孔和销孔，如图 8-59 所示。

（10）箱体底座轮廓线（矩形 3）倒圆角。单击“默认”选项卡的“修改”面板中的“圆角”按钮，对底座轮廓线（矩形 3）进行倒圆角处理，半径为 10mm。随后进行修剪，完成减速箱箱体俯视图的绘制，如图 8-60 所示。

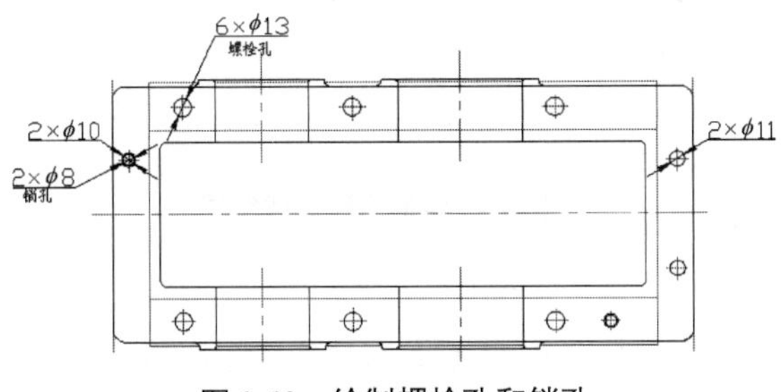

图 8-59 绘制螺栓孔和销孔

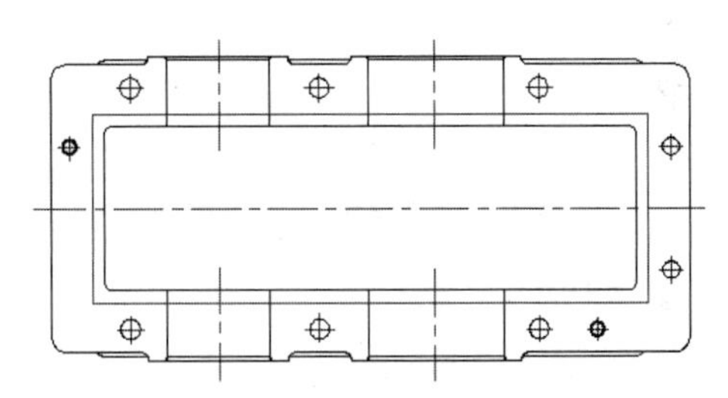

图 8-60 减速箱箱体俯视图

4. 绘制减速箱箱体主视图

（1）绘制箱体主视图的定位线。单击“默认”选项卡的“绘图”面板中的“直线”按钮，利用对象捕捉和正交功能，在俯视图中绘制投影定位线，单击“默认”选项卡的“修改”面板中的“偏移”按钮，将上面的中心线向下偏移，偏移距离为 12mm，将下面的中心线向上偏移，偏移距离为 20mm，结果如图 8-61 所示。

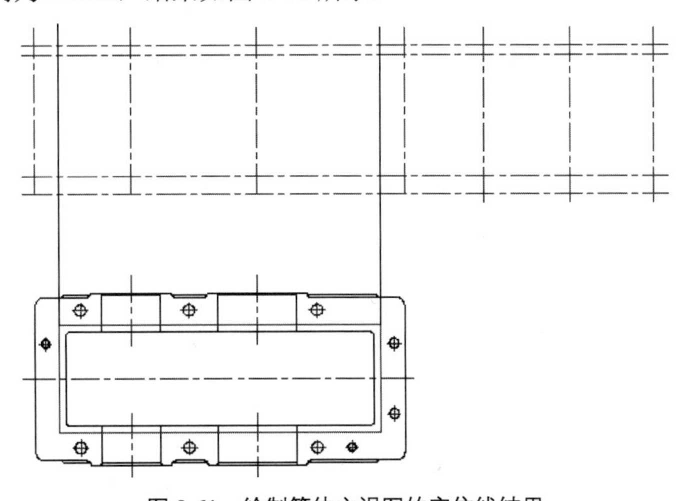

图 8-61 绘制箱体主视图的定位线结果

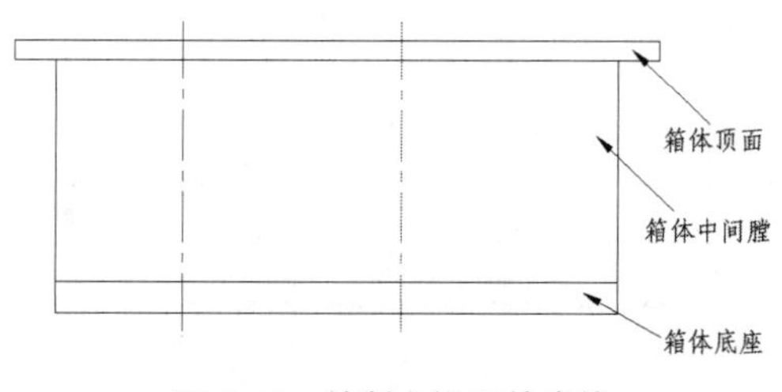

图 8-62　绘制主视图轮廓线

（2）绘制主视图轮廓线。单击“默认”选项卡的“修改”面板中的“修剪”按钮，对主视图进行修剪，形成箱体顶面、箱体中间膛和箱体底座的轮廓线，并将所有轮廓线切换到“实体层”图层中，如图 8-62 所示。

（3）绘制轴孔和端盖安装面。单击“默认”选项卡的“绘图”面板中的“圆”按钮，以两条垂直中心线与顶面线交点为圆心，分别绘制左侧一组同心圆，即 $\phi68$ 、$\phi72$ 、$\phi92$ 和 $\phi98$ ，右侧一组同心圆，即 $\phi90$ 、$\phi94$ 、$\phi114$ 和 $\phi120$ ，并进行修剪，如图 8-63 所示。

（4）绘制偏移直线。单击“默认”选项卡的“修改”面板中的“偏移”按钮，将顶面向下偏移 40mm，并进行修剪，补全左右轮廓线，结果如图 8-64 所示。

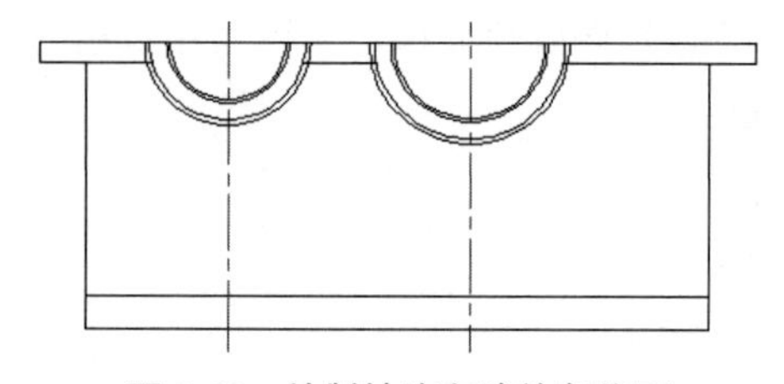

图 8-63　绘制轴孔和端盖安装面

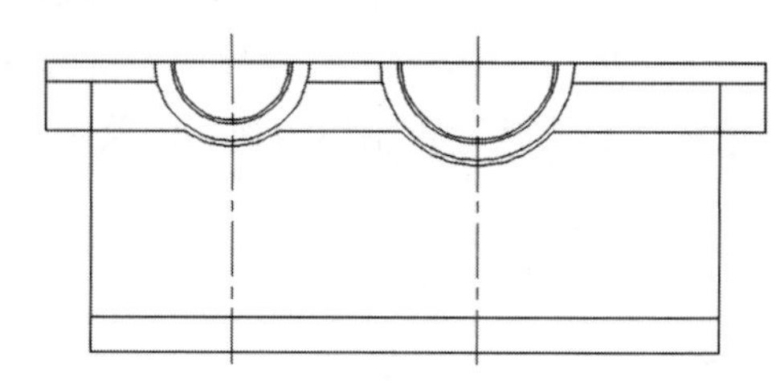

图 8-64　绘制偏移直线结果

提示

在补全左右轮廓线后，可以调用“直线”命令，也可以利用夹点编辑，还可以调用“延伸”命令进行绘制。“延伸”命令的使用方法如图 8-65 所示。

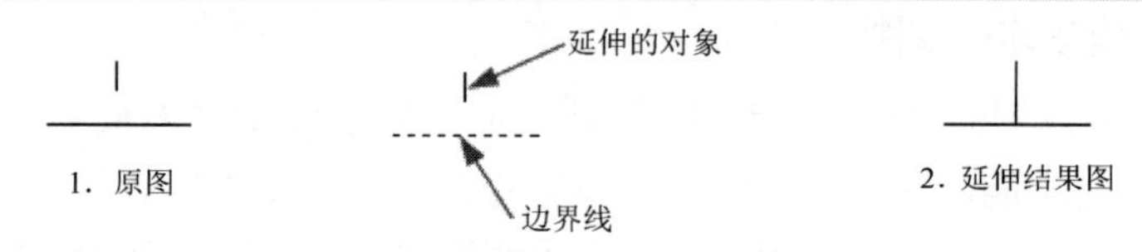

图 8-65　“延伸”命令的使用方法

（5）绘制左右耳片。通过单击“默认”选项卡的“修改”面板中的“偏移”按钮、“圆”按钮、“直线”按钮和“倒圆角”按钮，并进行修剪和删除，将耳片半径设置为 8mm，深度设置为 15mm，圆角半径设置为 5mm，结果如图 8-66 所示。

（6）绘制左右肋板。单击“默认”选项卡的“修改”面板中的“偏移”按钮，绘制偏移直线，将肋板宽度设置为 12mm，与箱体中间膛的相交宽度设置为 16mm，并进行修剪，结果如图 8-67 所示。

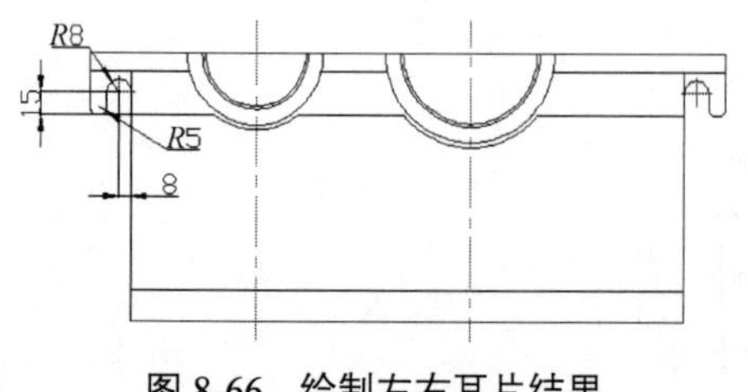

图 8-66　绘制左右耳片结果

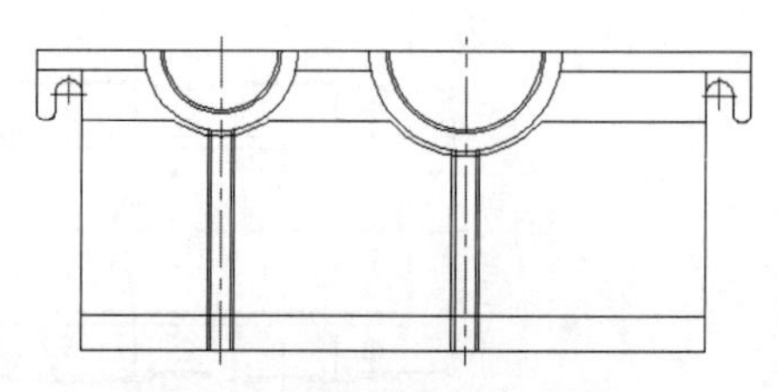

图 8-67　绘制左右肋板结果

（7）倒圆角处理。单击“默认”选项卡的“修改”面板中的“圆角”按钮，采用不修剪、半径模式，对主视图进行倒圆角处理，将箱体的铸造圆角半径设置为5mm。倒角后对图形进行修剪，如图8-68所示。

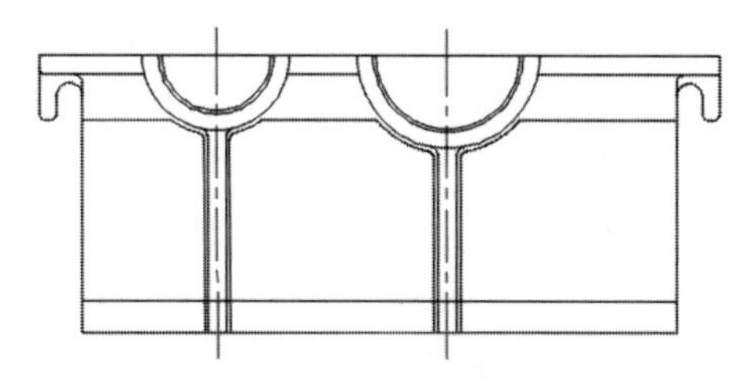

图8-68 修剪图形1

（8）绘制直线。利用“直线”、“偏移”和“倒圆角”命令绘制图形，并进行修剪，修剪结果如图8-69所示。

（9）绘制样条曲线。根据俯视图的投影关系，绘制中心线。将“细实线”图层设置为当前图层，单击“默认”选项卡的“绘图”面板中的“样条曲线拟合”按钮，在两个端盖的安装面之间绘制曲线，以构成剖切平面，结果如图8-70所示。

微课

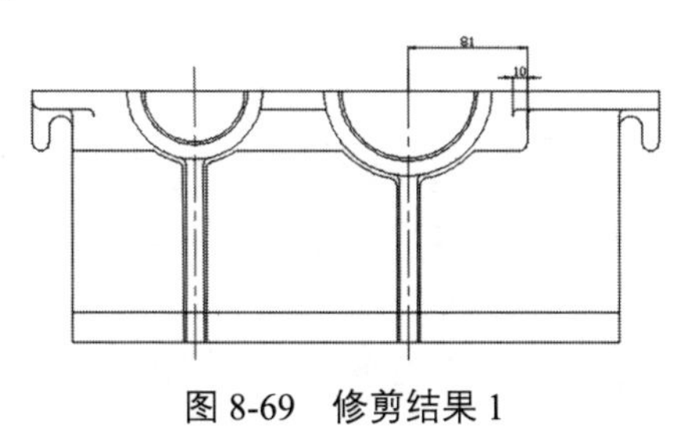

图8-69 修剪结果1

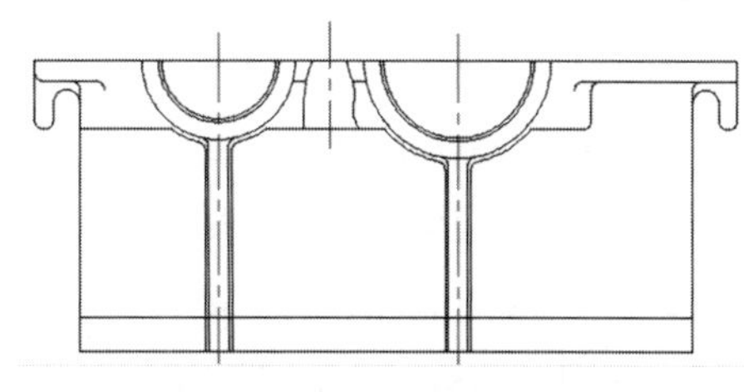

图8-70 绘制样条曲线结果

（10）绘制螺栓通孔。在剖切平面中，利用与俯视图的联系，以及“偏移”、“修剪”、“删除”和“样条曲线拟合”命令，绘制螺栓通孔$\phi13\times38$mm和安装沉孔$\phi24\times2$mm。单击“默认”选项卡的“绘图”面板中的“图案填充”按钮，切换到“剖面线”图层，绘制剖面线。参照相同的方法，绘制销通孔$\phi10\times12$mm、螺栓通孔$\phi11\times10$mm和安装沉孔$\phi15\times2$mm，如图8-71所示。

微课

（11）绘制油标尺安装孔轮廓线。

① 将“实体层”图层设置为当前图层，单击“默认”选项卡的“修改”面板中的“偏移”按钮，将箱底线段向上偏移，偏移距离为100mm。

② 单击“默认”选项卡的“绘图”面板中的“直线”按钮，以偏移线与箱体右侧线的交点为起点绘制直线，命令行提示与操作如下：

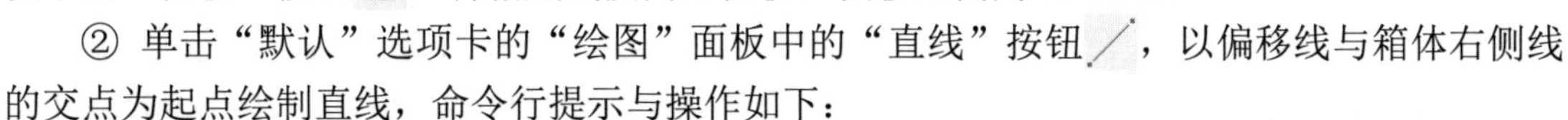

```
命令: _line
指定第一个点:（利用对象捕捉功能捕捉偏移线与箱体右侧线的交点）
指定下一点或[放弃(U)]: @30<-45↙
指定下一点或[放弃(U)]: @30<-135↙
指定下一点或 [闭合(C)/放弃(U)]: ↙
```

绘制油标尺安装孔轮廓线结果如图8-72所示。

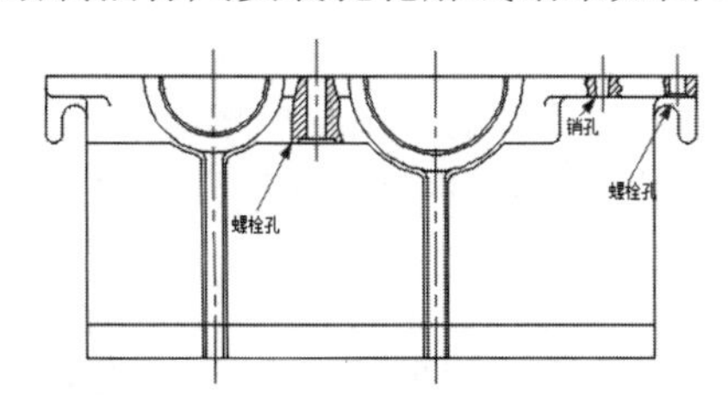

图8-71 绘制螺栓通孔

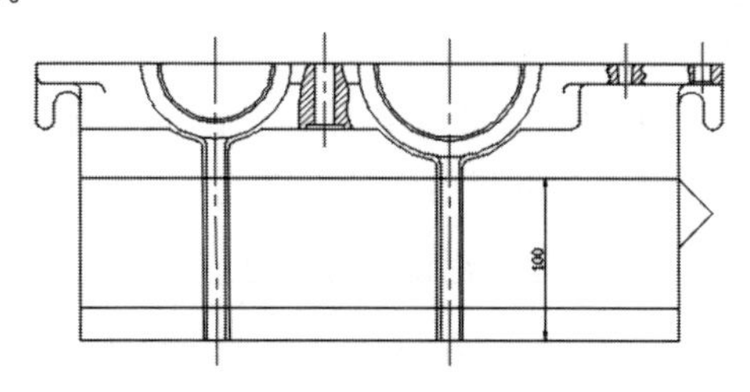

图8-72 绘制油标尺安装孔轮廓线结果

（12）绘制样条曲线和偏移直线。删除辅助线；将“细实线”图层设置为当前图层，单击“默认”选项卡的“绘图”面板中的“样条曲线拟合”按钮，绘制油标尺安装孔的剖面界线；单击“默认”选项卡的“修改”面板中的“偏移”按钮，将最右侧的直线水平向左偏移，偏移距离为 8mm，将最下面的直线向上偏移，偏移距离分别为 5mm 和 13mm，结果如图 8-73 所示。单击“默认”选项卡的“修改”面板中的“修剪”按钮，进行修剪，完成箱体内壁轮廓线的绘制，如图 8-74 所示。

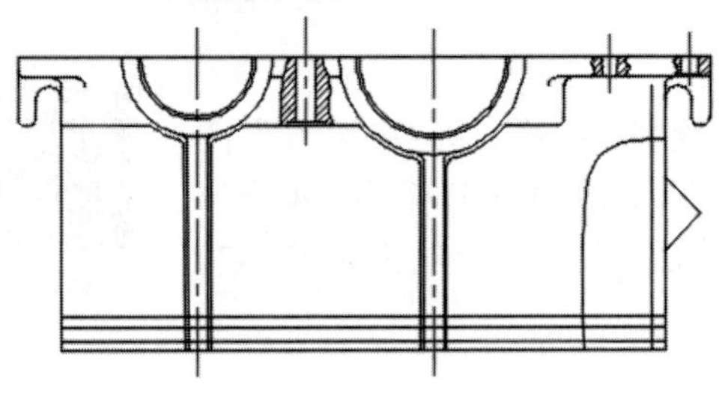

图 8-73　绘制样条曲线和偏移直线

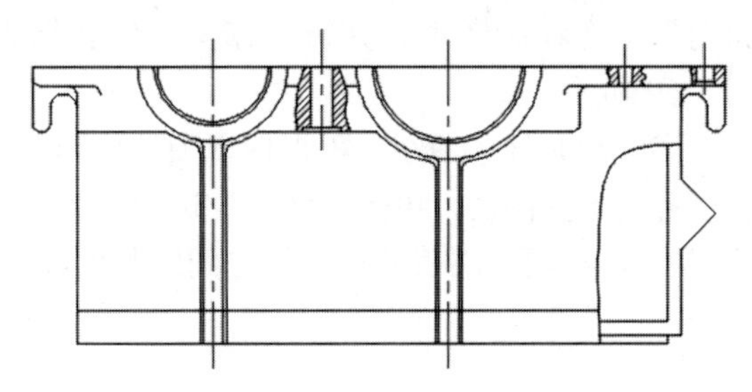

图 8-74　修剪图形 2

（13）绘制油标尺安装孔。通过单击“默认”选项卡的“绘图”面板中的“直线”按钮和“偏移”按钮绘制油标尺安装孔，设置安装孔的孔径为 $\phi12$，安装沉孔为 $\phi20\times1.5$mm，并进行修剪，结果如图 8-75 所示。

（14）绘制剖面线。单击“默认”选项卡“绘图”面板中的“图案填充”按钮，将“剖面线”图层设置为当前图层，绘制剖面线，结果如图 8-76 所示。

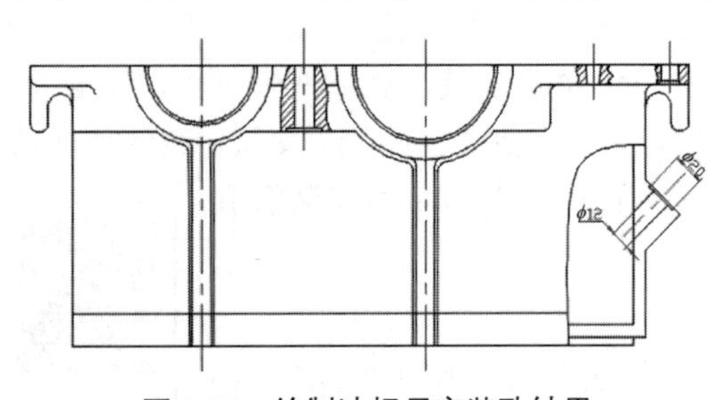

图 8-75　绘制油标尺安装孔结果

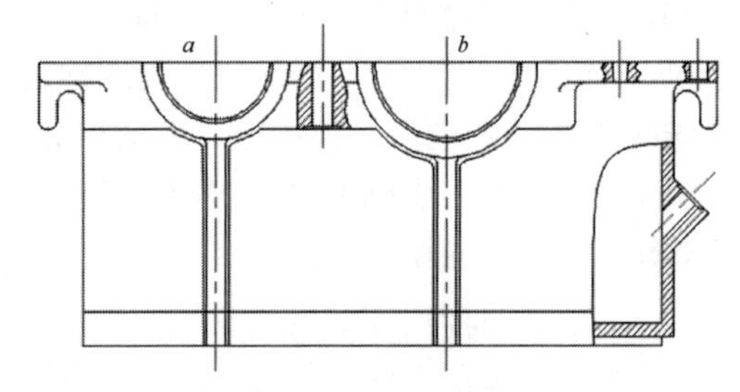

图 8-76　绘制剖面线结果

（15）绘制端盖安装孔。将“中心线”图层设置为当前图层，单击“默认”选项卡的“绘图”面板中的“直线”按钮，分别以 *a*、*b* 点为起点，绘制端点为(@60<−30)的直线。单击“默认”选项卡的“绘图”面板中的“圆”按钮，先以 *a* 点为圆心，绘制半径为 41mm 的圆，再以 *b* 点为圆心，绘制半径为 52mm 的圆；重复执行“圆”命令，切换到“实体层”图层，以中心线和中心圆的交点为圆心，绘制半径为 2.5mm 和 3mm 的同心圆，并对绘制的圆进行修剪和删除。单击“默认”选项卡的“修改”面板中的“环形阵列”按钮，对绘制的同心圆进行环形阵列，将阵列个数设置为 3，项目间角度设置为 60°，填充角度设置为−120°，结果如图 8-77 所示。

（16）修改主视图。单击“默认”选项卡的“修改”面板中的“圆角”按钮，为主视图绘制圆角，将圆角半径设置为 5mm，并进行修剪，修剪结果如图 8-78 所示。

微课

5. 绘制减速箱箱体左视图

（1）绘制箱体左视图定位线。单击“默认”选项卡的“修改”面板中的“偏移”按钮，将对称中心线向左和向右各偏移 61mm 和 96mm，将所有轮廓线均转换到“实体层”图层中，结果如图 8-79 所示。

（2）绘制左视图轮廓线。单击“默认”选项卡的“修改”面板中的“修剪”按钮，对图形进行修剪，形成箱体顶面、箱体中间膛和箱体底座的轮廓线，如图 8-80 所示。

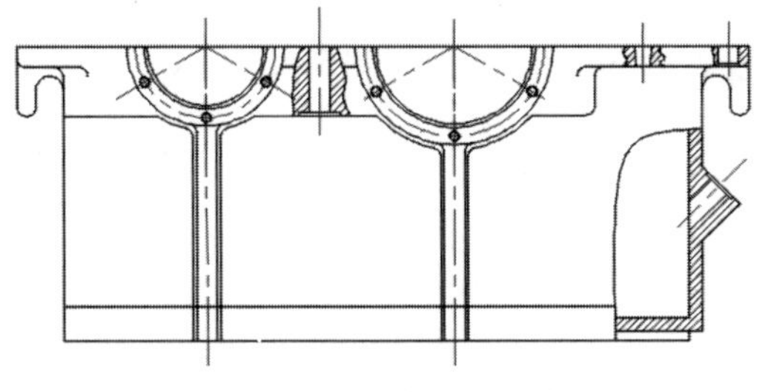

图 8-77　绘制端盖安装结果

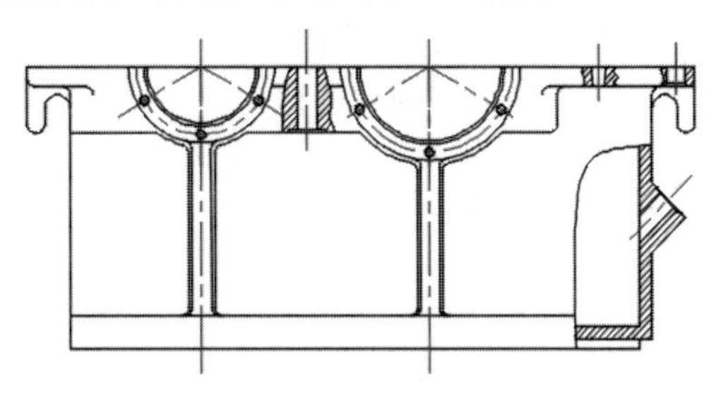

图 8-78　修剪结果 2

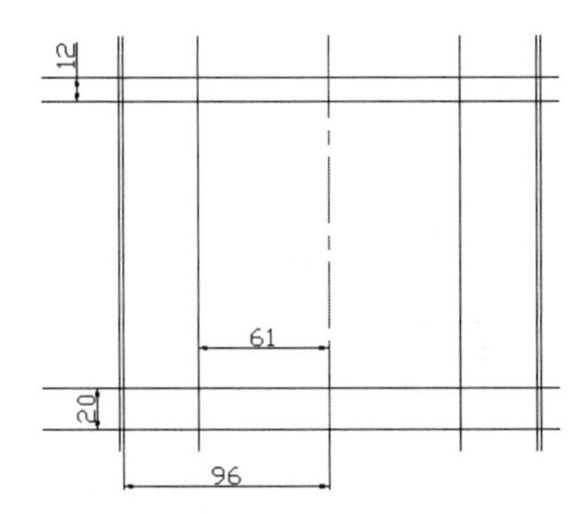

图 8-79　绘制箱体左视图定位线结果

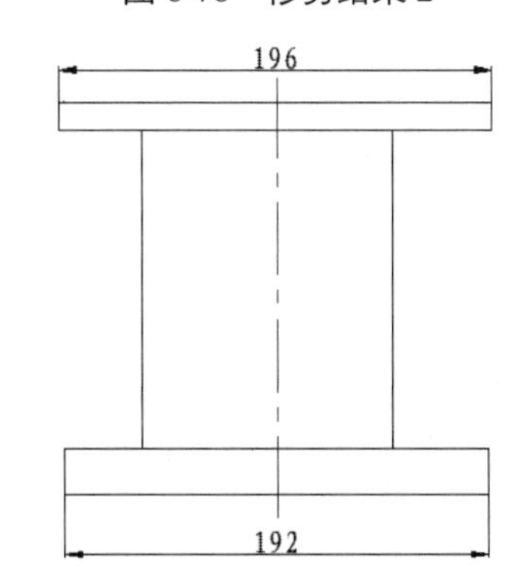

图 8-80　绘制左视图轮廓线结果

（3）绘制顶面水平定位线。将“实体层”图层设置为当前图层，单击“默认”选项卡的“绘图”面板中的“直线”按钮，以主视图中特征点为起点，利用正交功能绘制水平定位线，结果如图 8-81 所示。

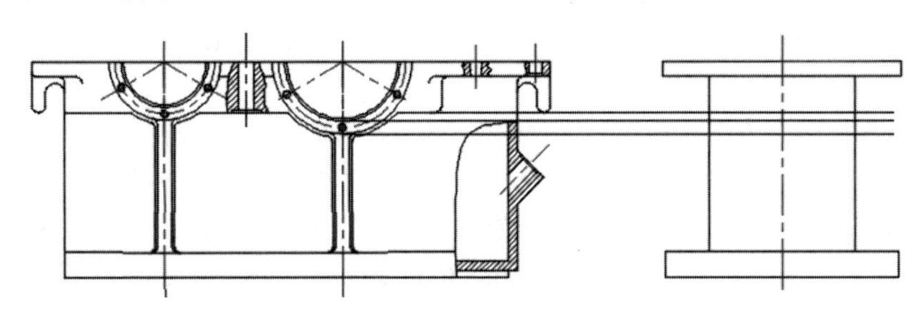

图 8-81　绘制顶面水平定位线

（4）绘制顶面垂直定位线。单击“默认”选项卡的“修改”面板中的“延伸”按钮，将左右两侧轮廓线延伸；单击“默认”选项卡的“修改”面板中的“偏移”按钮，偏移延伸后的轮廓线，将偏移距离设置为 5mm，结果如图 8-82 所示。

（5）修剪和删除图形。通过单击“默认”选项卡的“修改”面板中的“修剪”按钮和“删除”按钮，修剪图形，结果如图 8-83 所示。

（6）绘制肋板。单击“默认”选项卡的“修改”面板中的“偏移”按钮，向内偏移底座左右两侧的垂直线，将偏移距离设置为 5mm，并进行延伸和修剪，结果如图 8-84 所示。

（7）倒圆角处理。单击“默认”选项卡的“修改”面板中的“圆角”按钮，将圆角半径设置为 5mm，并进行修剪，结果如图 8-85 所示。

（8）绘制底座。单击“默认”选项卡的“修改”面板中的“偏移”按钮，将中心线向左和向右偏移，偏移距离均为 50mm，将偏移的中心线转换到“实体层”图层中，将底面线向上偏移，偏移距离为 5mm；单击“修剪”按钮，删除多余的曲线，单击“默认”选项卡的“修改”面板中的“圆角”按钮，将圆角半径设置为 5mm，结果如图 8-86 所示。

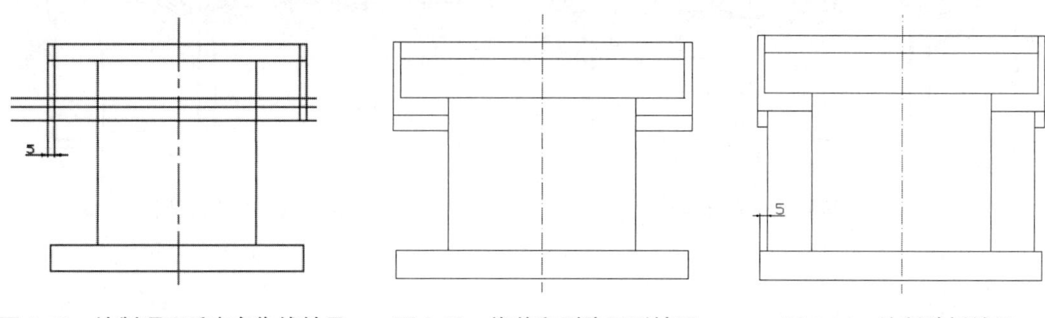

图 8-82　绘制顶面垂直定位线结果　　图 8-83　修剪和删除图形结果　　图 8-84　绘制肋板结果

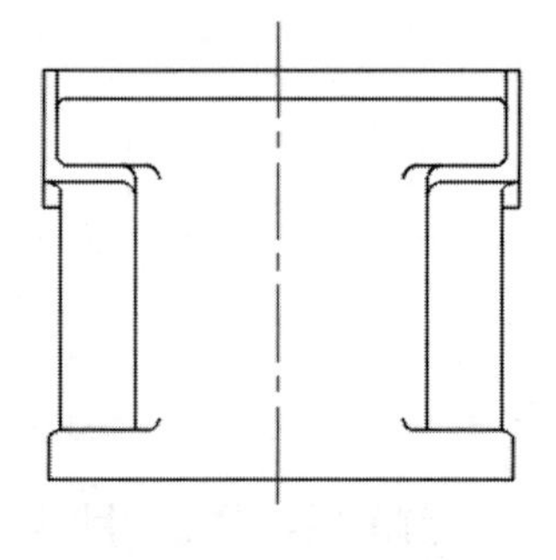

图 8-85　倒圆角结果

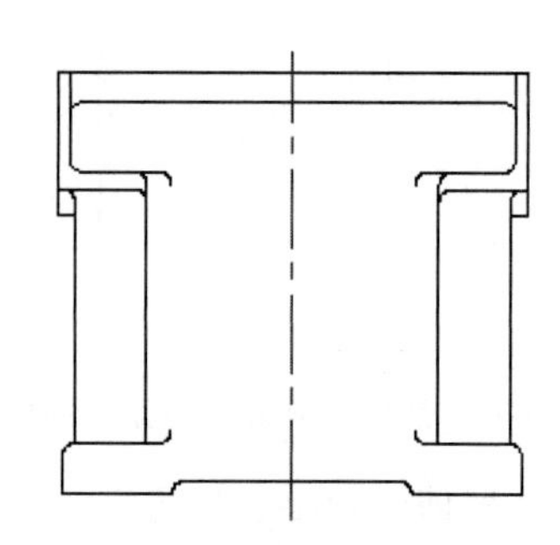

图 8-86　绘制底座结果

（9）绘制底座螺栓通孔。参照主视图中螺栓通孔的绘制方法，绘制定位中心线、剖切线、螺栓通孔、剖切线，并利用“直线”、“圆角”、“修剪”和“图案填充”等命令绘制中间耳钩图形，结果如图 8-87 所示。

（10）绘制剖视图。单击“默认”选项卡的“修改”面板中的“删除”按钮，删除左视图右半部分多余的线段；单击“默认”选项卡的“修改”面板中的“偏移”按钮，将垂直中心线向右偏移 53mm，将下边的线向上偏移 8mm，利用“修剪”、“延伸”和“圆角”命令整理图形，圆角半径从大到小依次为 14mm、6mm、5mm，结果如图 8-88 所示。

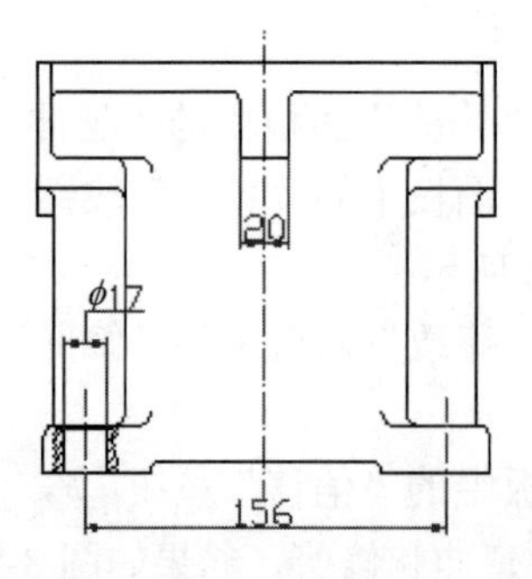

图 8-87　绘制底座螺栓通孔结果

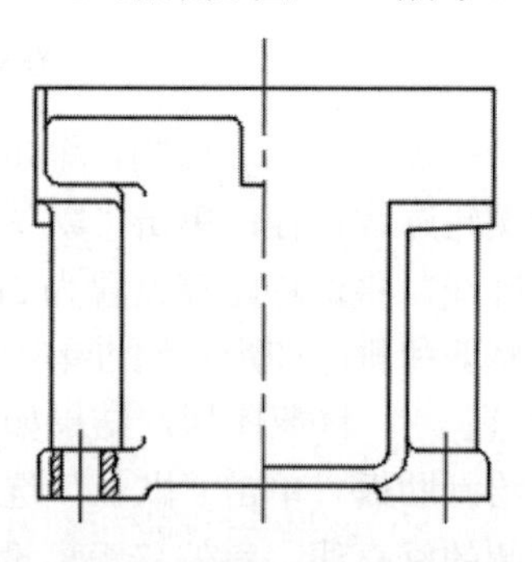

图 8-88　绘制剖视图结果

（11）绘制螺纹孔。利用“直线”、“偏移”和“修剪”命令，绘制螺纹孔，将底面直线向上偏移 118mm，再将偏移后的直线分别向两侧偏移 2.5mm 和 3mm，并将偏移 118mm 后的直线转换到“中心线”图层中，将最右侧直线分别向左偏移 16mm 和 20mm；利用直线命令绘制 120°的顶角，结果如图 8-89 所示。

（12）填充图案。单击“默认”选项卡的“绘图”面板中的“图案填充”按钮，对剖视图填充图案，结果如图 8-90 所示。

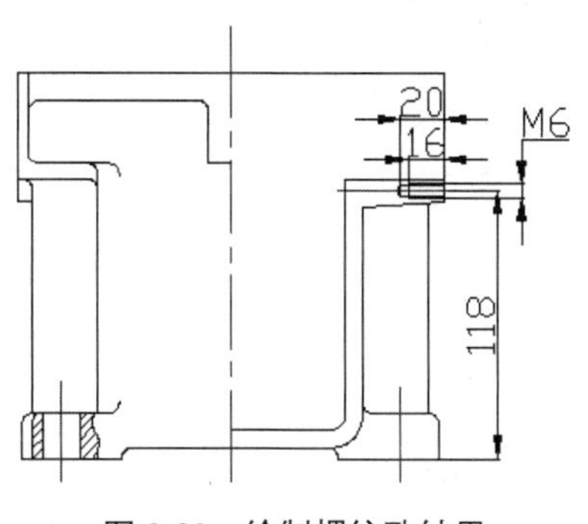

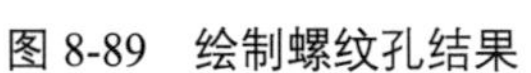
图 8-89 绘制螺纹孔结果

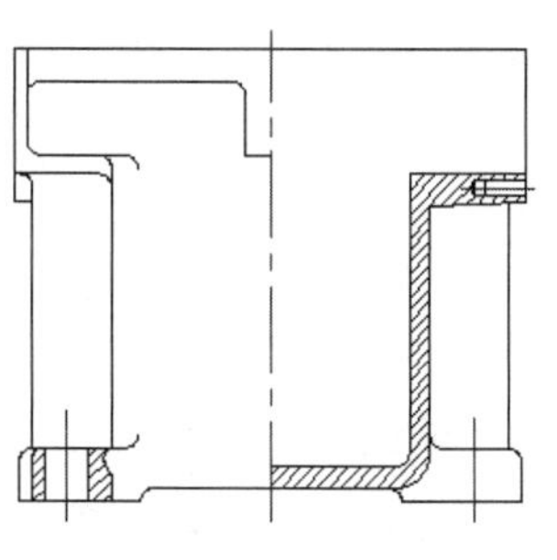

图 8-90 填充图案结果

6. 修剪俯视图

单击“默认”选项卡的“修改”面板中的“删除”按钮，删除俯视图中箱体中间膛的轮廓线（矩形 4），最终完成减速箱箱体的设计，结果如图 8-91 所示。

7. 添加主视图底部安装螺栓孔的定位中心线

利用“偏移”和“修剪”命令添加主视图底部安装螺栓孔的定位中心线，结果如图 8-92 所示。

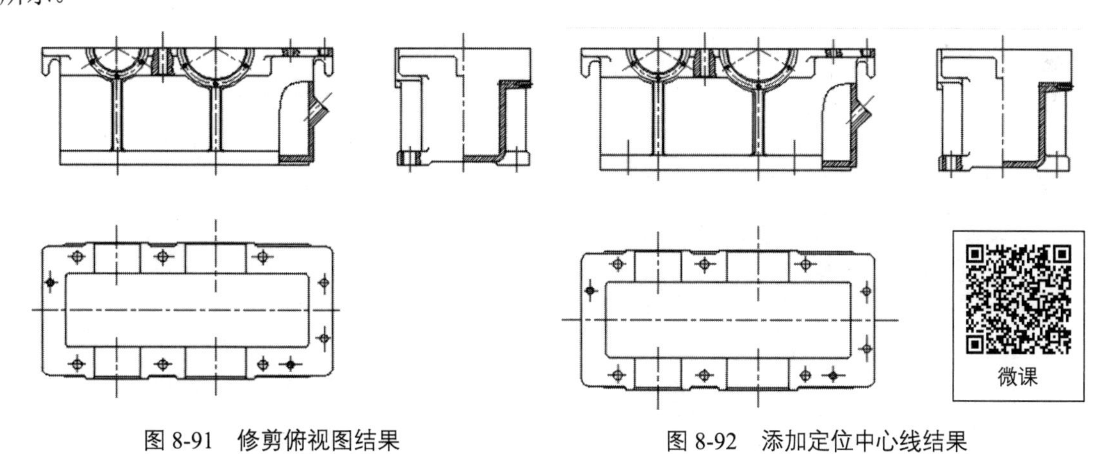

图 8-91 修剪俯视图结果

图 8-92 添加定位中心线结果

8. 俯视图尺寸标注

（1）切换图层。将“尺寸线”图层设置为当前图层。单击“默认”选项卡的“注释”面板中的“标注样式”按钮，选择“文字”选项卡，将“字高”设置为 10，将“机械制图标注”样式设置为当前使用的标注样式。

（2）俯视图尺寸标注。通过单击“注释”选项卡的“标注”面板中的“线性”按钮、“半径”按钮和“直径”按钮，对俯视图进行尺寸标注，结果如图 8-93 所示。

9. 主视图尺寸标注

（1）主视图无公差尺寸标注。通过单击“注释”选项卡的“标注”面板中的“线性”按钮、“半径”按钮和“直径”按钮，对主视图进行无公差尺寸标注，结果如图 8-94 所示。

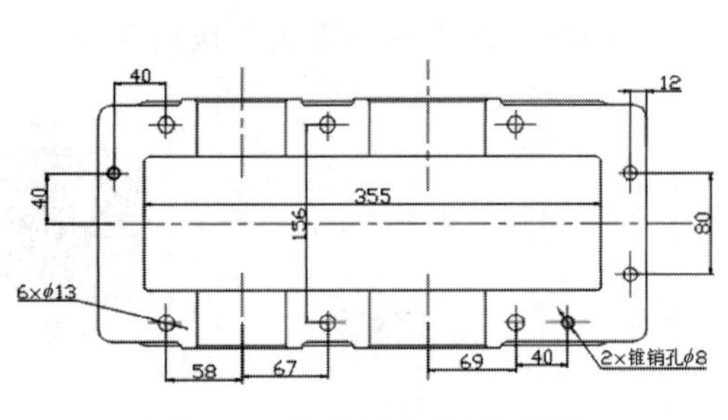

图 8-93　俯视图尺寸标注结果

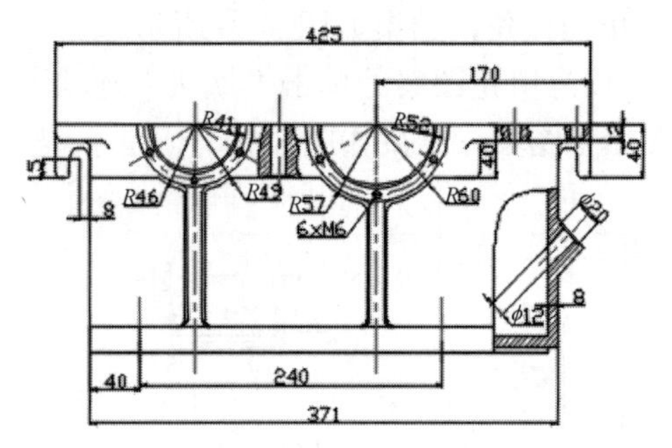

图 8-94　主视图无公差尺寸标注结果

（2）新建带公差标注样式。单击“默认”选项卡的“注释”面板中的“标注样式”按钮，打开“标注样式管理器”对话框，新建一个名为“副本机械制图标注（带公差）”的样式，将“基础样式”设置为“机械制图样式”。在“新建标注样式”对话框中，选择“公差”选项卡，并将“副本机械制图样式（带公差）”样式设置为当前使用的标注样式。

（3）主视图带公差尺寸标注。单击“注释”选项卡的“标注”面板中的“线性”按钮，对主视图进行带公差尺寸标注。参照前面项目中介绍的带公差尺寸标注方法，进行公差编辑修改，结果如图 8-95 所示。

10. 侧视图尺寸标注

（1）切换当前标注样式。将“机械制图样式”设置为当前使用的标注样式。

（2）侧视图无公差尺寸标注。通过单击“注释”选项卡的“标注”面板中的“线性”按钮、“半径”按钮和“直径”按钮，对侧视图进行无公差尺寸标注，结果如图 8-96 所示。

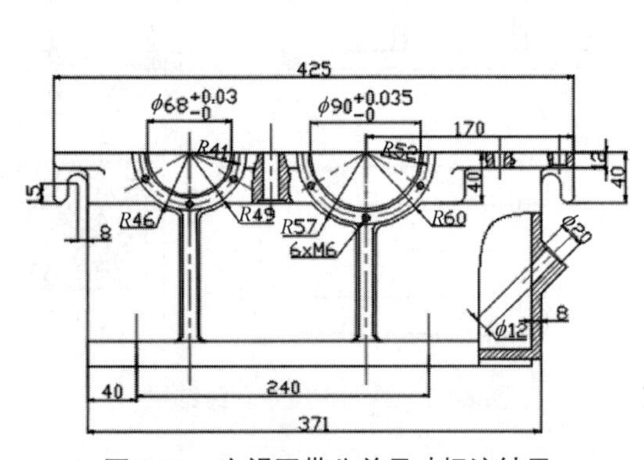

图 8-95　主视图带公差尺寸标注结果

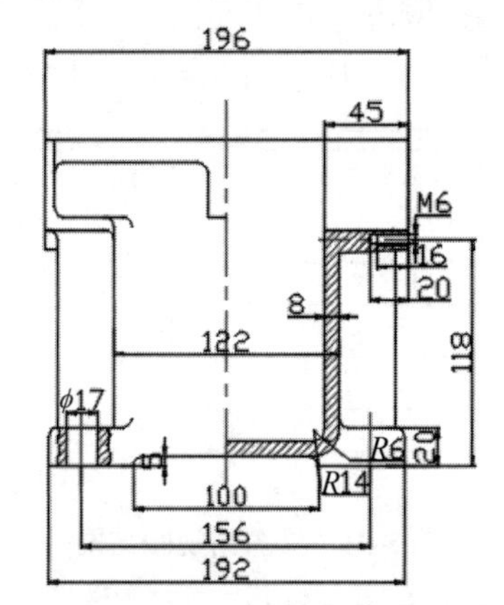

图 8-96　侧视图无公差尺寸标注结果

11. 标注技术要求

（1）设置文字标注格式。单击“默认”选项卡的“注释”面板中的“文字样式”按钮，打开“文字样式”对话框，将“样式”设置为“技术要求”，单击“应用”按钮，将该样式设置为当前使用的文字样式。

（2）文字标注。将“文字”图层设置为当前图层，单击“注释”选项卡的“绘图”面板中的“多行文字”按钮A，打开“文字编辑器”选项卡，在其中填写技术要求，如图 8-97 所示。

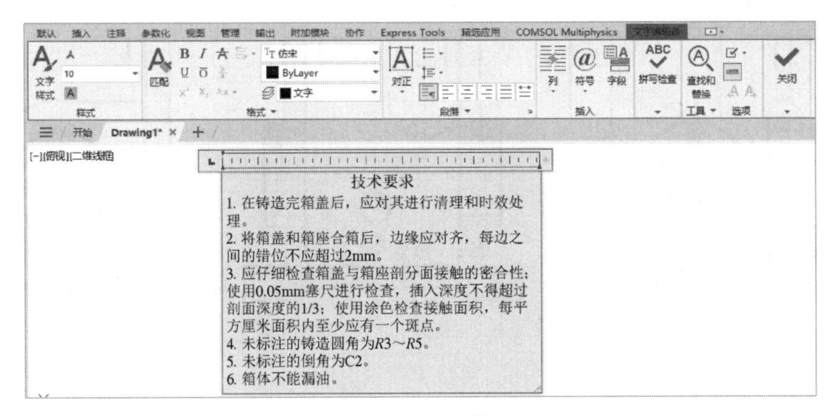

图 8-97　技术要求

调入 A1 横向样板图，将“标题栏”图层设置为当前图层，在标题栏中填写“减速箱箱体”，减速箱箱体设计最终效果如图 8-50 所示。

知识点详解

1. 箱体类零件

（1）结构特点。

箱体类零件主要包括箱体、壳体、阀体、支座等，用于支承、包容和保护其他零件。它是机器或部件中的主要零件，其形状和结构较为复杂，一般为铸件，并且加工工序、加工位置较多。

（2）视图选择。

由于箱体类零件的形状、结构都比较复杂，加工工序也较多，因此一般按照其工作位置进行摆放，并以最能反映其形状特征的方向作为主视图的投射方向。一般，需要 3 个或 3 个以上基本视图及其他辅助图形，采用多种图样画法才能表达清楚此类零件的结构。

在图 8-98 中，箱体可分为腔体和底板两大部分，腔体的内、外结构复杂程度类似，四个侧面和上、下底面均有孔和凸台。另外，在图 8-98 中，箱体是按照箱体的工作位置进行摆放的，并且以最能反映其形状特征的 *A* 方向作为主视图的投射方向。请读者自行分析图 8-99 中两种表达方案的优缺点。

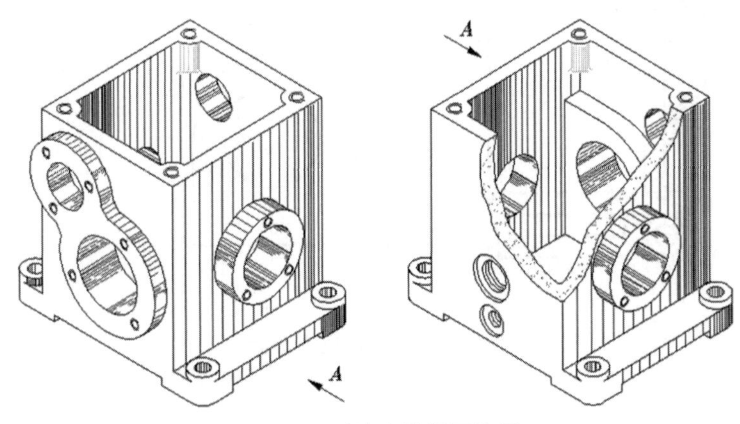

图 8-98　踏脚座的视图选择

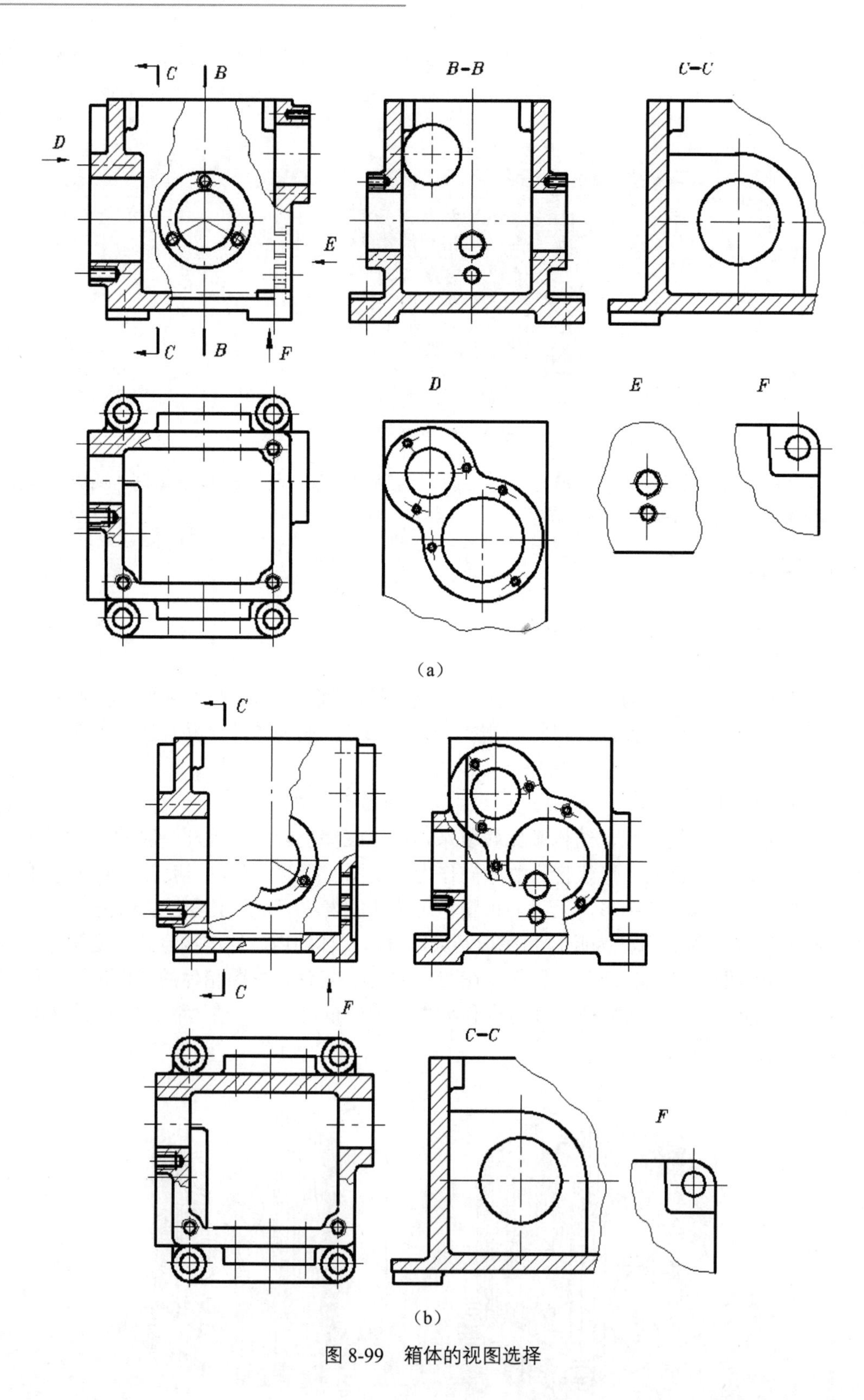

图 8-99　箱体的视图选择

任务三 上机实验

实验 1 绘制如图 8-100 所示的齿轮泵前盖零件图

◆ 目的要求

本实验的目的是帮助读者掌握盖类零件的设计方法。

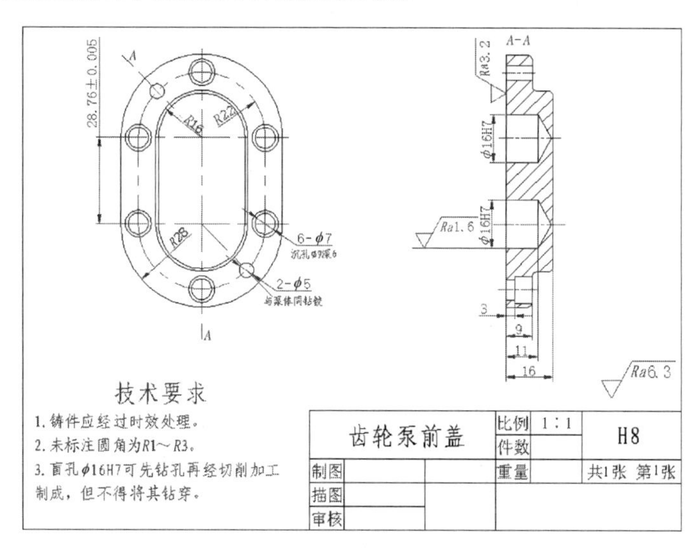

图 8-100 齿轮泵前盖零件图

◆ 操作提示

（1）设置图层。

（2）绘制主视图。

（3）绘制左视图。

（4）标注图形尺寸。

（5）标注技术要求。

实验 2 绘制如图 8-101 所示的齿轮泵机座

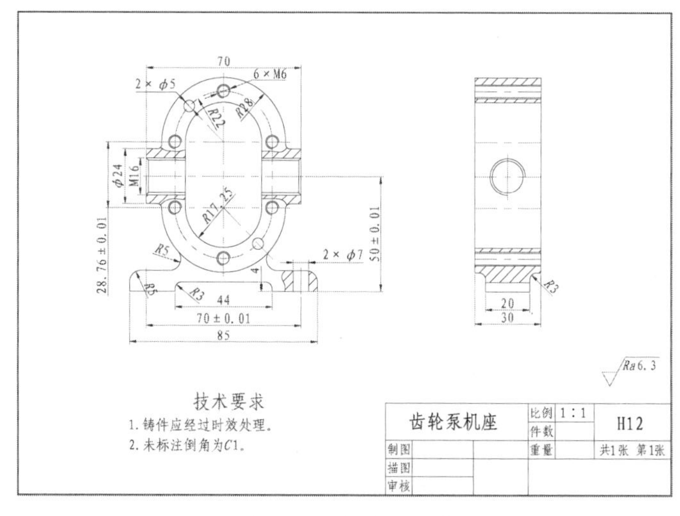

图 8-101 齿轮泵机座

◆ 目的要求

本实验的目的是帮助读者深入掌握机械零件的设计方法和技能。

◆ 操作提示

（1）设置图层。

（2）绘制主视图，综合应用各种方法。

（3）利用主视图与左视图的尺寸关系，绘制俯视图。

（4）标注图形尺寸。

（5）填写技术要求。

项目九　设计减速箱装配图

学习情境

本项目将详细讲解二维图形制作中的经典实例——减速箱装配图设计。在本实例中，将充分运用图块、表格、尺寸标注，这是系统使用 AutoCAD 2024 二维绘图功能的综合实例。

素质目标

通过深入讲解 AutoCAD 软件，使读者熟练掌握绘制装配图的具体方法，能够灵活应用各种 AutoCAD 命令，高效准确地完成机械装配图的绘制任务。通过优化绘图流程，提高读者的机械装配图绘图速度和效率，培养他们在有限时间内快速响应和高效完成绘图任务的能力。同时，培养读者精益求精的工匠精神，使其在绘图过程中注重细节，追求精确，提升专业技能。

能力目标

- 熟练掌握绘制装配图的具体方法
- 灵活应用各种 AutoCAD 命令
- 提高机械装配图的绘图速度和效率

课时安排

6 课时（讲授 2 课时，练习 4 课时）

任务一　装配减速箱

任务背景

减速箱又被称为减速机或减速器，它是按照原动机连接减速箱，随后减速箱连接工作机的方式进行工作的，是一种动力传达设备。减速箱的主要作用是降低电动机的输出或提高电动机的输出。在有减速传动时，原电动机提供的是高转速，低转矩的动力；在有增速传动时，原动机提供的是低转速、大转矩的动力。在机械传动中，减速箱需要带动其工作对象——工作机来实现预定目的。

本任务首先将减速箱箱体图块插入预先设置好的装配图纸中，以便进行装配零件装配定位；其次分别插入提前绘制并保存的各个零件图块，并利用“移动”命令将其安装到减速箱箱体的合适位置；再次补绘漏缺的轮廓线，修剪装配图，并删除图中多余的图线；最后为装配图标注配合尺寸，对各个零件进行编号，并填写标题栏和明细表。减速箱装配图如图 9-1 所示。

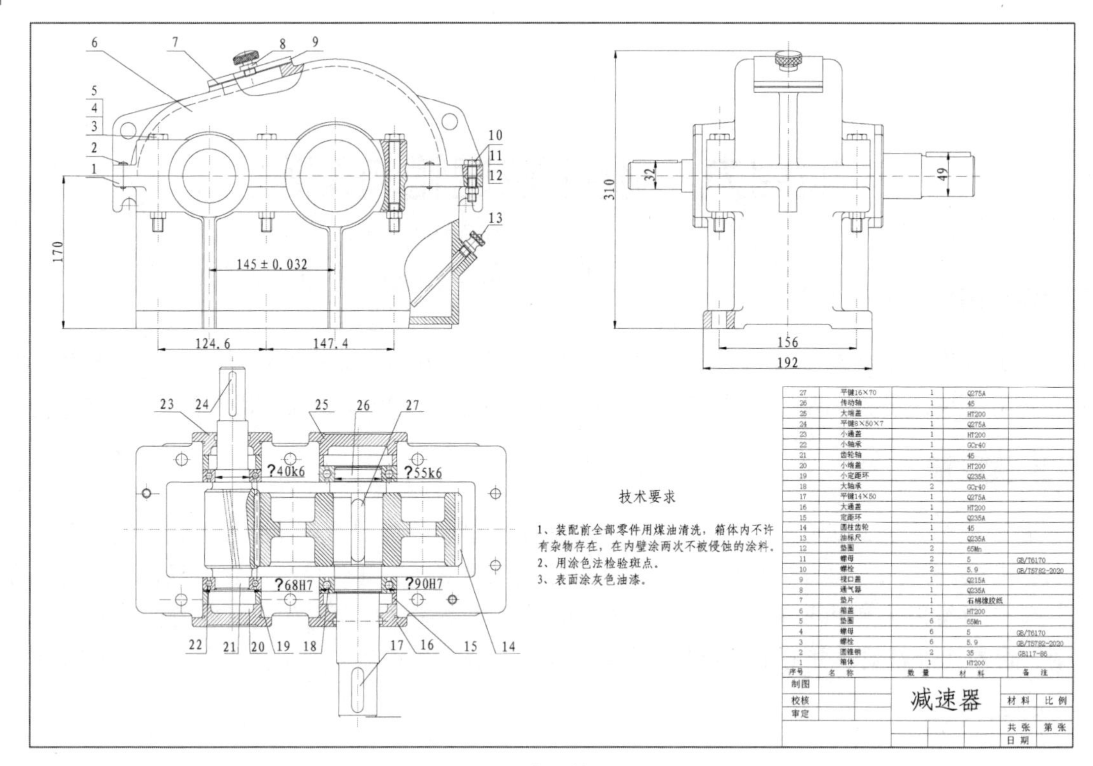

图 9-1　减速箱装配图

操作步骤

微课

1. 配置绘图环境

（1）新建文件。启动 AutoCAD 2024，选择菜单栏中的“文件”→“新建”命令，打开“选择样板”对话框，单击“打开”按钮右侧的下拉按钮，从打开的下拉列表中选择“无样板打开－公制（毫米）”选项，新建文件，将文件命名为“减速箱装配图.dwg”并保存。

（2）设置图形界限。在命令行中输入“LIMITS”命令，并按 Enter 键，命令行提示与操作如下：

```
命令: LIMITS↙
指定左下角点或 [开(ON)/关(OFF)] <0.0000,0.0000>:
指定右上角点 <420.0000,297.0000>: 1189, 841 （使用 A1 图纸）
```

（3）开启栅格功能。单击状态栏中的“栅格”按钮，开启栅格功能。

（4）创建新图层。单击“默认”选项卡的“图层”面板中的“图层特性”按钮，打开“图层特性管理器”选项板，新建并设置每个图层，如图 9-2 所示。

（5）绘制图幅边框。将“7 图框层”图层设置为当前图层，单击“默认”选项卡的“绘图”面板中的“矩形”按钮，指定矩形的长度为 1189mm，宽度为 841mm。

（6）调入“标题栏”图块。单击“插入”选项卡的“块”面板中的“插入”按钮，单击库中的图块，打开如图 9-3 所示的选项板；单击“浏览块库”按钮，打开“为块库选择文件夹或文件”对话框（图 9-4），选择“明细表标题栏图块”图块，单击“打开”按钮。

（7）绘制标题栏。单击需要插入的图块，指定插入点为矩形的右下角，“比例”和“旋转”选项使用默认设置，完成标题栏的绘制。至此，绘图环境配置完成，结果如图 9-5 所示。

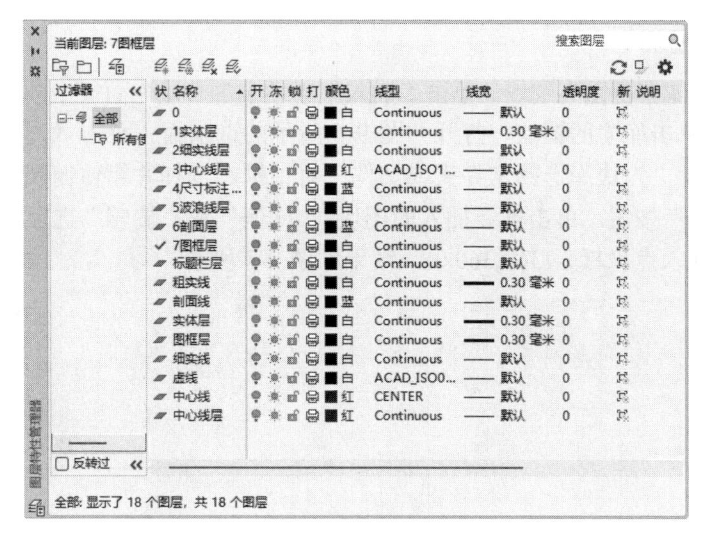

图 9-2 设置图层

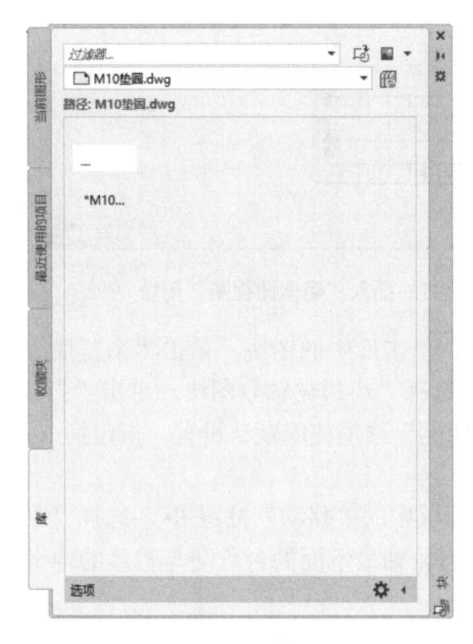

图 9-3 “块”选项板 1

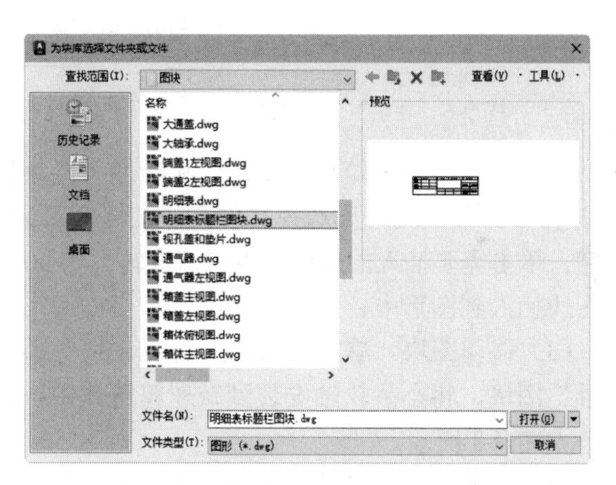

图 9-4 “为块库选择文件夹或文件”对话框

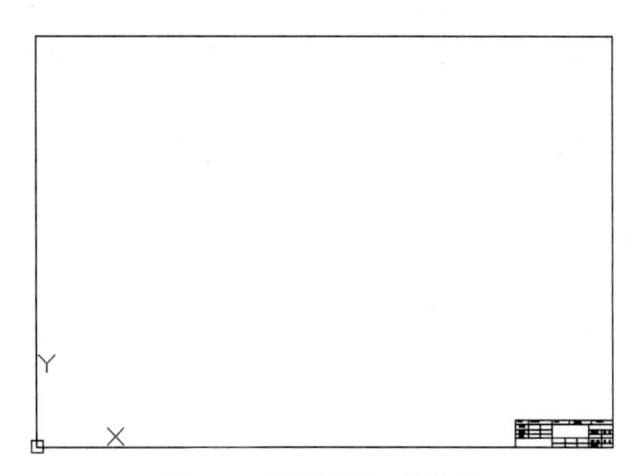

图 9-5 配置绘图环境结果

2. 插入已有图块

（1）插入“箱体俯视图”图块。单击“插入”选项卡的“块”面板中的“插入块”按钮，单击库中的图块，打开如图 9-6 所示的选项板；单击“浏览块库”按钮，打开“为块库选择文件夹或文件”对话框，选择“箱体俯视图”图块，单击“打开”按钮。单击需要插入的图块，“比例”和“旋转”选项使用默认设置，指定插入点坐标为(360,360,0)，结果如图 9-7 所示。

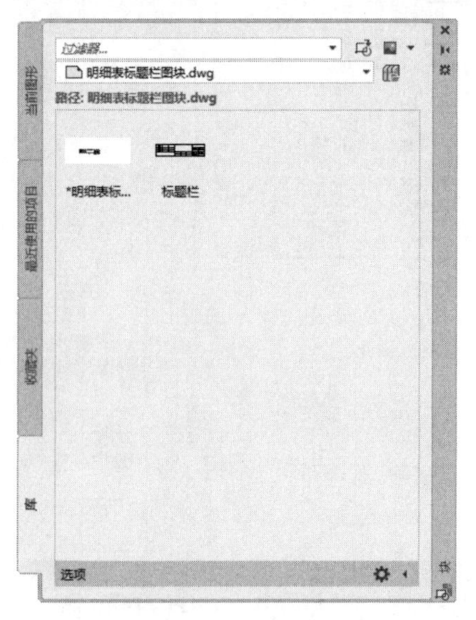

图 9-6 “块”选项板 2

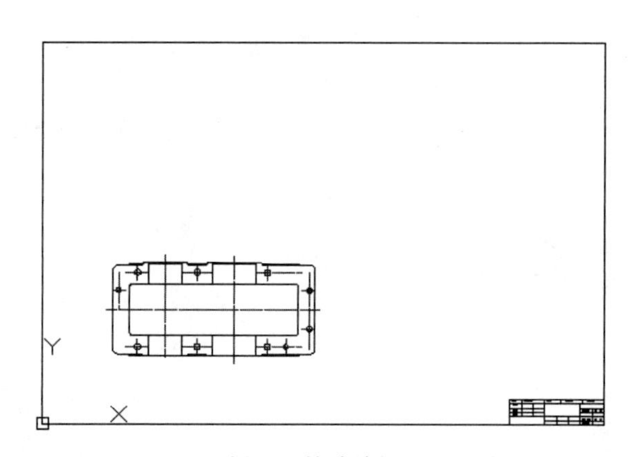

图 9-7 插入“箱体俯视图”图块

（2）插入“小齿轮轴”图块。执行插入图块操作，单击库中的图块，单击“浏览块库”按钮，打开“为块库选择文件夹或文件”对话框，选择“小齿轮轴”图块，单击“打开”按钮。单击需要插入的图块，设置“旋转”为 90°，“比例”选项使用默认设置，指定插入点，将图块插入到图形中。

（3）移动图块。单击“默认”选项卡的“修改”面板中的“移动”按钮，选择“小齿轮轴”图块，将小齿轮轴安装到减速箱箱体中，使小齿轮轴最下面的台阶面与箱体的内壁重合，如图 9-8 所示。

（4）插入“大齿轮轴”图块。执行插入图块操作，单击库中的图块，单击“浏览块库”按钮，打开“为块库选择文件夹或文件”对话框，选择“大齿轮轴”图块，单击“打开”按钮。单击需要插入的图块，设置“旋转”为-90°，“比例”选项使用默认设置，指定插入点，将图块插入到图形中。

（5）移动图块。单击“默认”选项卡的“修改”面板中的“移动”按钮，选择“大齿轮轴”图块，选择移动基点为大齿轮轴的最上面台阶面的中点，将大齿轮轴安装到减速箱箱体中，使大齿轮轴最上面的台阶面与减速箱箱体的内壁重合，如图 9-9 所示。

（6）插入“圆柱齿轮”图块。执行插入图块操作，单击库中的图块，单击“浏览块库”按钮，打开“为块库选择文件夹或文件”对话框，选择“圆柱齿轮”图块，单击“打开”按钮。单击需要插入的图块，设置“旋转”为 90°，其他选项使用默认设置，指定插入点，将图块插入到图形中。

（7）移动图块。单击“默认”选项卡的“修改”面板中的“移动”按钮，选择“圆柱齿轮”图块，选择移动基点为圆柱齿轮上端面的中点，将圆柱齿轮安装到减速箱箱体中，使圆柱齿轮上端面与大齿轮轴的台阶面重合，如图 9-10 所示。

（8）安装其他减速箱零件。参照上面的方法，安装大轴承及 4 个箱体端盖，如图 9-11 所示。

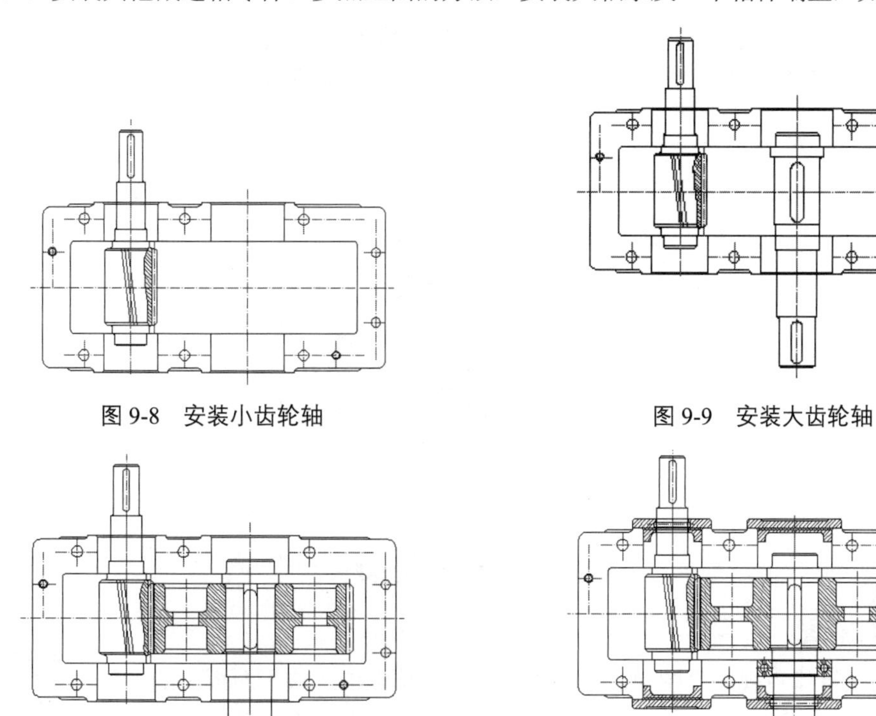

图 9-8　安装小齿轮轴

图 9-9　安装大齿轮轴

图 9-10　安装圆柱齿轮

图 9-11　安装其他减速箱零件

3. 补绘装配图

（1）绘制大、小轴承。单击“默认”选项卡的“修改”面板中的“复制”按钮，复制“大轴承”图块，并将其移动到大齿轮轴的合适位置；绘制小齿轮轴上的两个轴承，其内径为 $\phi40$ 、外径为 $\phi68$ 、宽度为 14mm，结果如图 9-12 所示。

（2）绘制定距环。在轴承与端盖、轴承与齿轮之间绘制定距环，结果如图 9-13 所示。

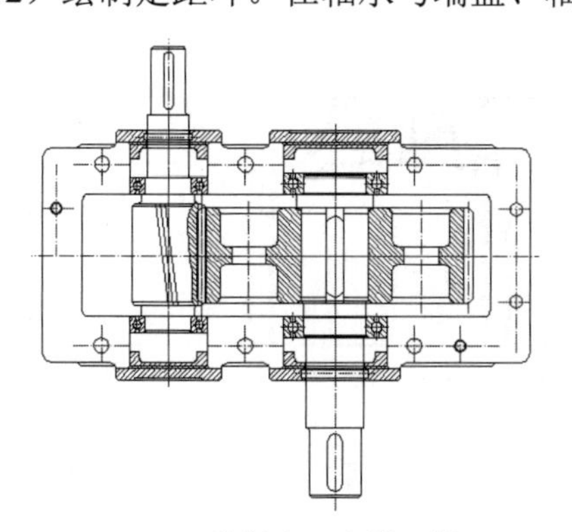

图 9-12　绘制大、小轴承结果

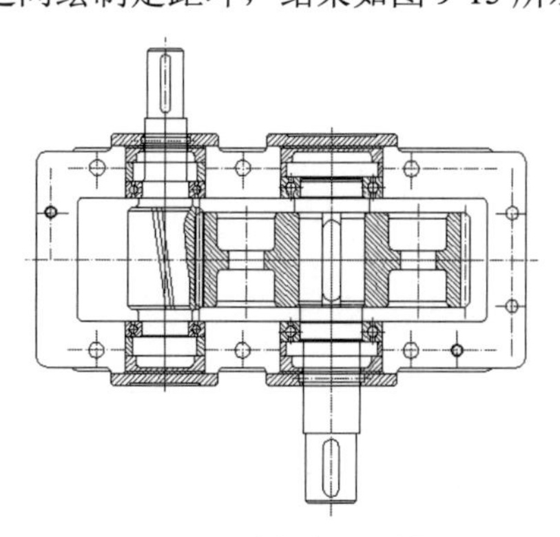

图 9-13　绘制定距环结果

4. 修剪装配图

（1）分解所有图块。单击“默认”选项卡的“修改”面板中的“分解”按钮，对所有图块进行分解。

（2）修剪装配图。通过单击“默认”选项卡的“修改”面板中的“修剪”按钮、“删除”按钮和“打断于点”按钮，对装配图进行细节修剪，结果如图 9-14 所示。

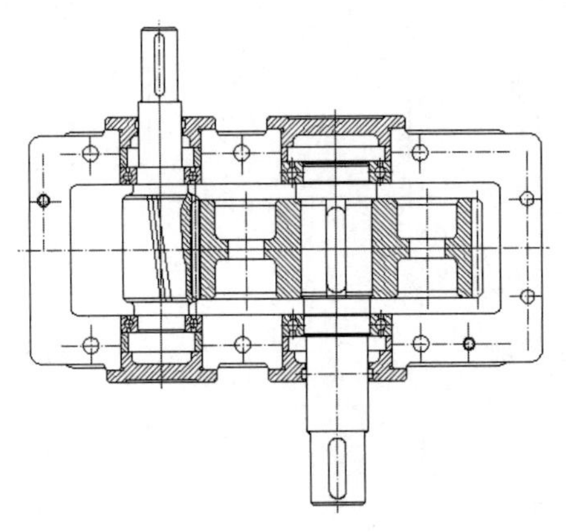

图 9-14　修剪装配图结果

5. 装配主视图

（1）插入“箱体主视图”图块。单击“插入”选项卡的“块”面板中的“插入块”按钮，单击库中的图块，打开如图 9-15 所示的选项板；单击“浏览块库”按钮，弹出“为块库选择文件夹或文件”对话框，选择“箱体主视图”图块，单击“打开”按钮。单击需要插入的图块，“比例”和“旋转”选项使用默认设置，指定插入点，结果如图 9-16 所示。

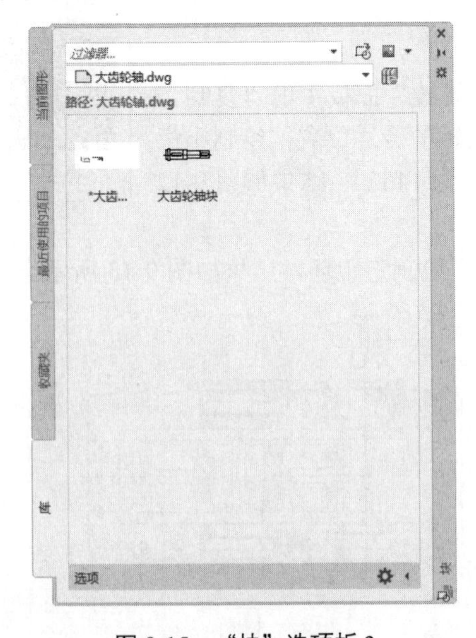

图 9-15　“块”选项板 3

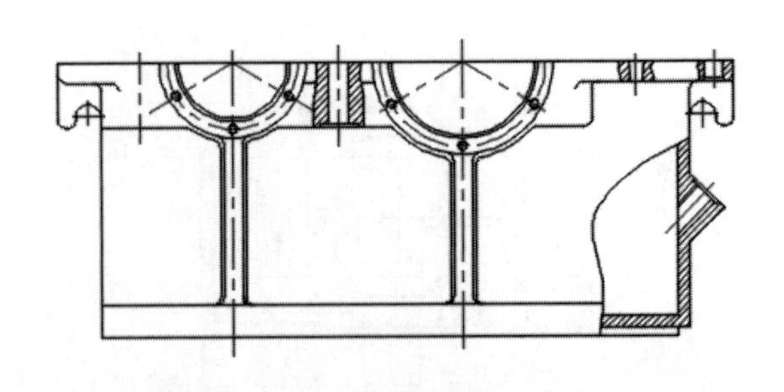

图 9-16　插入“箱体主视图”图块结果

（2）移动图块。移动“箱体主视图”图块，使其与俯视图保持投影关系。

（3）插入“箱盖主视图”图块。执行插入图块操作，单击库中的图块，单击“浏览块库”按钮，打开“为块库选择文件夹或文件”对话框，选择“箱盖主视图”图块，单击“打开”按钮。单击需要插入的图块，“比例”和“旋转”选项使用默认设置，指定插入点，将图块插入到图形中。单击“默认”选项卡的“修改”面板中的“移动”按钮，将图块移动到合适的位置，结果如图 9-17 所示。

（4）插入“圆锥销”图块。执行插入图块操作，单击库中的图块，单击“浏览块库”按钮，打开“为块库选择文件夹或文件”对话框，选择“圆锥销”图块，单击“打开”按钮。单击需要插入的图块，“比例”和“旋转”选项使用默认设置，指定插入点，将图块插入到图形中，结果如图 9-18 所示。

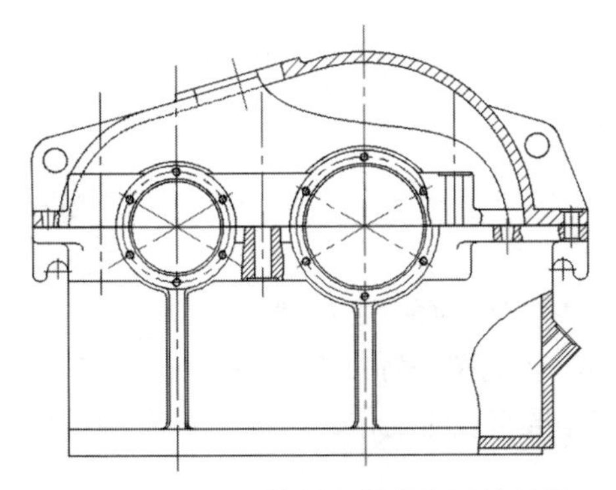

图 9-17 插入“箱盖主视图”图块结果

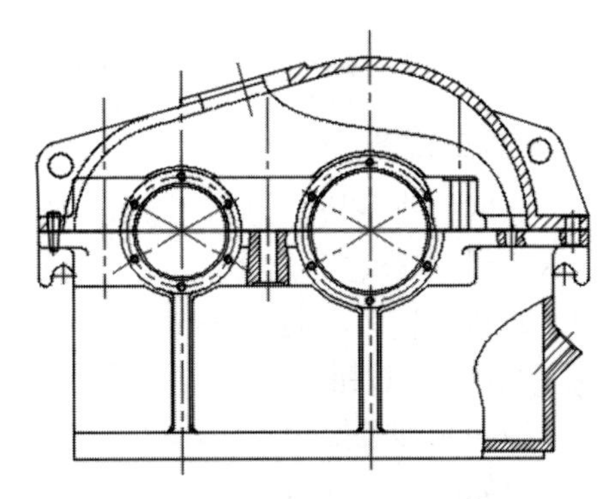

图 9-18 插入“圆锥销”图块结果

（5）插入“游标尺”图块。执行插入图块操作，单击库中的图块，单击“浏览块库”按钮，打开“为块库选择文件夹或文件”对话框，选择“游标尺”图块，单击“打开”按钮。单击需要插入的图块，“比例”和“旋转”选项使用默认设置，指定插入点，将图块插入到图形中，结果如图 9-19 所示。

（6）插入“通气器”图块。执行插入图块操作，单击库中的块，单击“浏览块库”按钮，打开“为块库选择文件夹或文件”对话框，选择“通气器”图块，单击“打开”按钮。单击需要插入的图块，将“旋转”设置为 16°，“比例”设置为 0.5，指定插入点，将图块插入图形中，结果如图 9-20 所示。

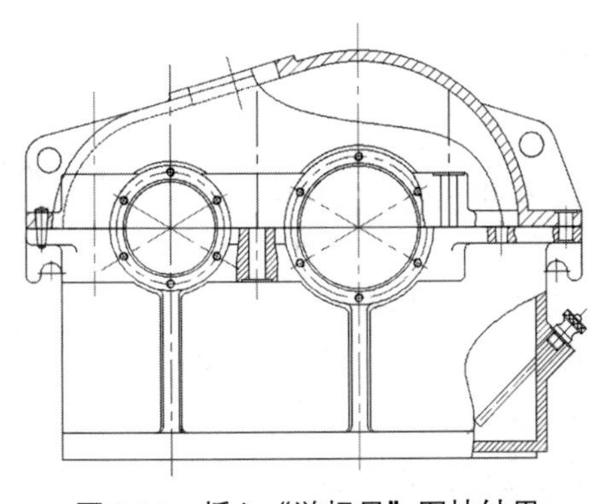

图 9-19 插入“游标尺”图块结果

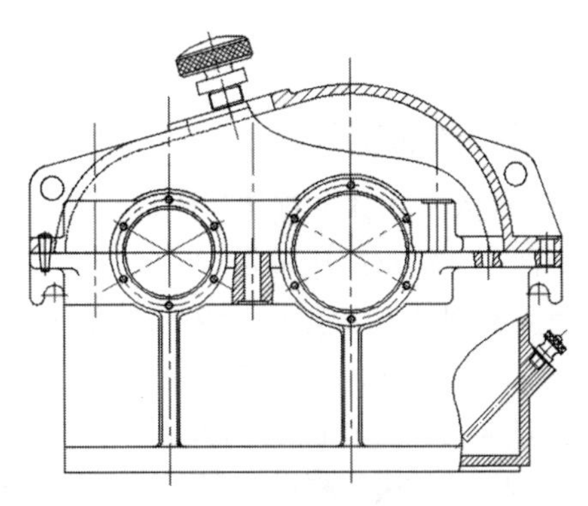

图 9-20 插入“通气器”图块结果

（7）插入其他减速箱零件。参照上面的方法，插入 M10 螺栓、螺母、垫圈，轴承端盖 1、轴承端盖 2 及 3 个 M12 螺栓、螺母、垫圈，结果如图 9-21 所示。

（8）插入视孔盖和垫片。在通气器位置插入视孔盖和垫片，结果如图 9-22 所示。

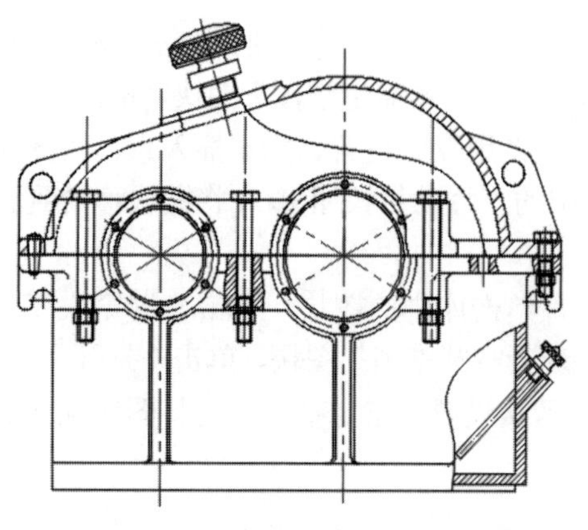

图 9-21　插入其他减速箱零件结果 1

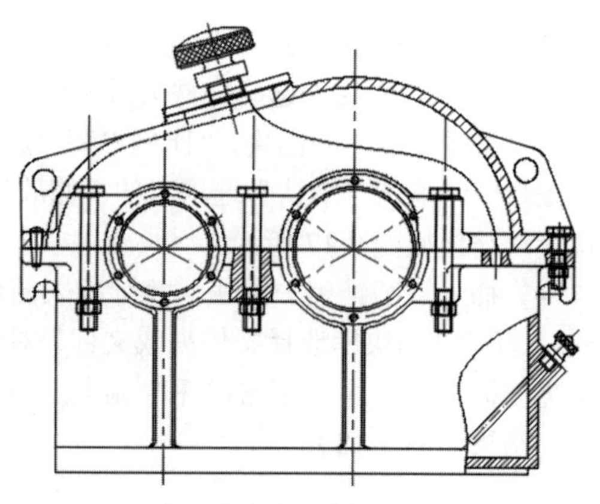

图 9-22　插入视孔盖和垫片结果

6. 修剪主视图

微课

（1）分解所有图块。单击“默认”选项卡的“修改”面板中的“分解”按钮，对所有图块进行分解。

（2）修剪主视图。通过单击“默认”选项卡的“修改”面板中的“修剪”按钮、“删除”按钮和“打断于点”按钮，对装配图进行细节修剪。由于修剪主视图所涉及知识不多，这只是一项烦琐、需要细心的工作，因此这里直接给出修剪后的结果，如图 9-23 所示。

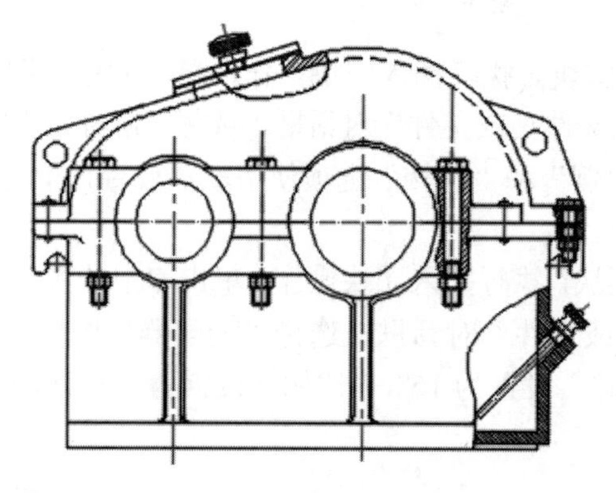

图 9-23　修剪主视图结果

7. 装配左视图

微课

（1）插入“箱体左视图”图块。单击“插入”选项卡的“块”面板中的“插入”按钮，单击库中的图块，打开如图 9-24 所示的选项板；单击“浏览块库”按钮，打开“为块库选择文件夹或文件”对话框，选择“箱体左视图”图块，单击“打开”按钮。单击需要插入的图块，“比例”和“旋转”选项使用默认设置，指定插入点，将图块插入到图形中，结果如图 9-25 所示。

（2）移动图块。移动“箱体左视图”图块，使其与主视图保持投影关系。

（3）插入“箱盖左视图”图块。执行插入图块操作，单击库中的图块，单击“浏览块库”按钮，打开“为块库选择文件夹或文件”对话框，选择“箱盖左视图”图块，单击“打开”按钮。单击需要插入的图块，“比例”和“旋转”选项使用默认设置，指定插入点，将图块插入到图形中，结果如图 9-26 所示。

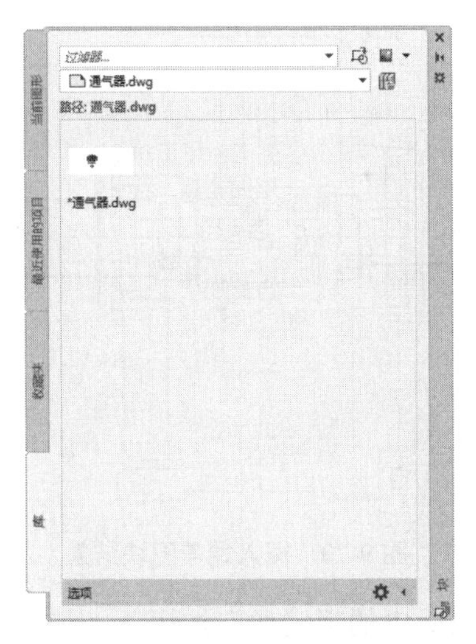

图 9-24 “块”选项板 4

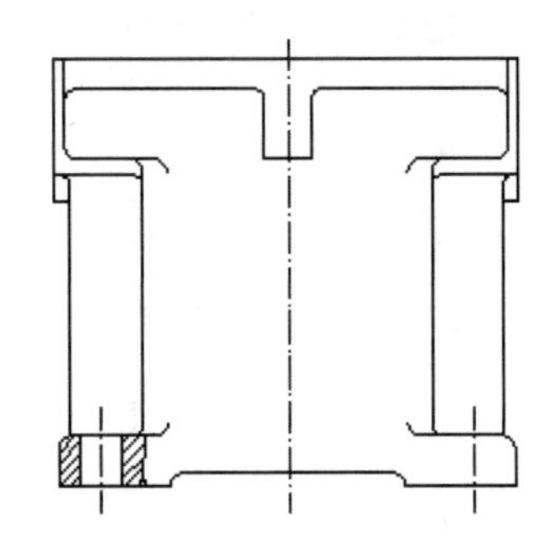

图 9-25 插入“箱体左视图”图块结果

（4）插入“传动轴”图块。执行插入图块操作，单击库中的图块，单击“浏览块库”按钮，打开“为块库选择文件夹或文件”对话框，选择“传动轴”图块，单击“打开”按钮。单击需要插入的图块，“比例”和“旋转”选项使用默认设置，指定插入点，将图块插入到图形中。

（5）移动图块。单击“默认”选项卡的“修改”面板中的“移动”按钮，移动“传动轴”图块，使其左端距离中心线 69mm，位置如图 9-27 所示。

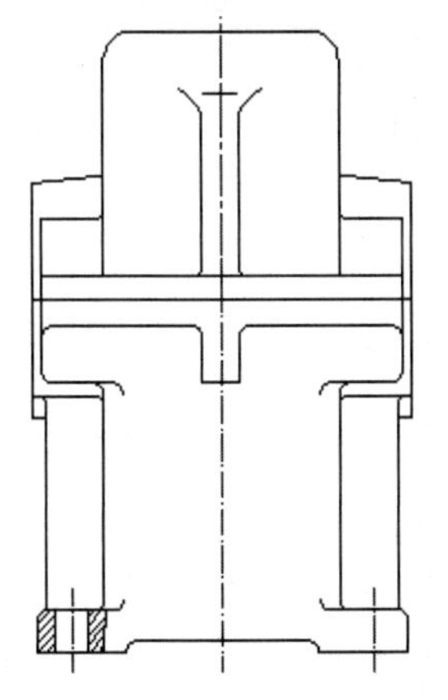

图 9-26 插入“箱盖左视图”图块结果

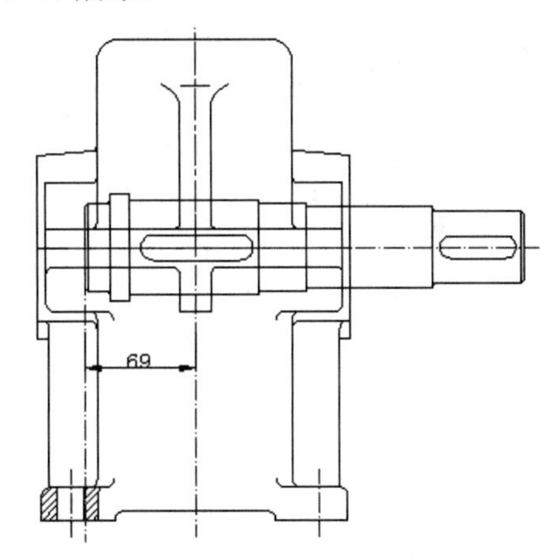

图 9-27 “传动轴”图块位置

（6）插入“齿轮轴”图块。执行插入块操作，单击库中的图块，单击“浏览块库”按钮，打开“为块库选择文件夹或文件”对话框，选择“齿轮轴”图块，单击“打开”按钮。单击需要插入的图块，将“旋转”设置为 180°，“比例”选项使用默认设置，指定插入点，将图块插入到图形中。移动“齿轮轴”图块，使其右端距离中心线 67mm，结果如图 9-28 所示。

（7）插入“端盖 1 左视图”图块。执行插入图块操作，单击库中的图块，单击“浏览块库”按钮，打开“为块库选择文件夹或文件”对话框，选择“端盖 1 左视图”图块，单击“打开”按钮。单击需要插入的图块，将“旋转”设置为 90°，“比例”选项使用默认设置，指定插入点，将图块插入到图形中。移动图块，使端盖与箱体右端面贴合。参照相同的方法，插入“端盖 2 左视图”图块，结果如图 9-29 所示。

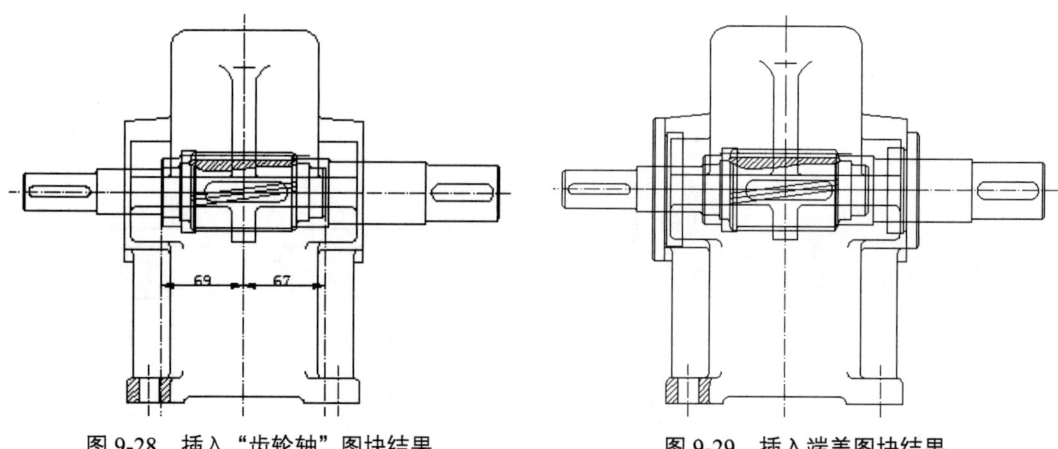

图 9-28　插入“齿轮轴”图块结果　　　　图 9-29　插入端盖图块结果

（8）镜像端盖。单击“默认”选项卡的“修改”面板中的“镜像”按钮，选择需要插入的端盖，将其关于中心线进行镜像，结果如图 9-30 所示。

（9）插入其他减速箱零件。参照上面的方法，插入 2 个 M12 螺栓、垫片螺母，结果如图 9-31 所示。

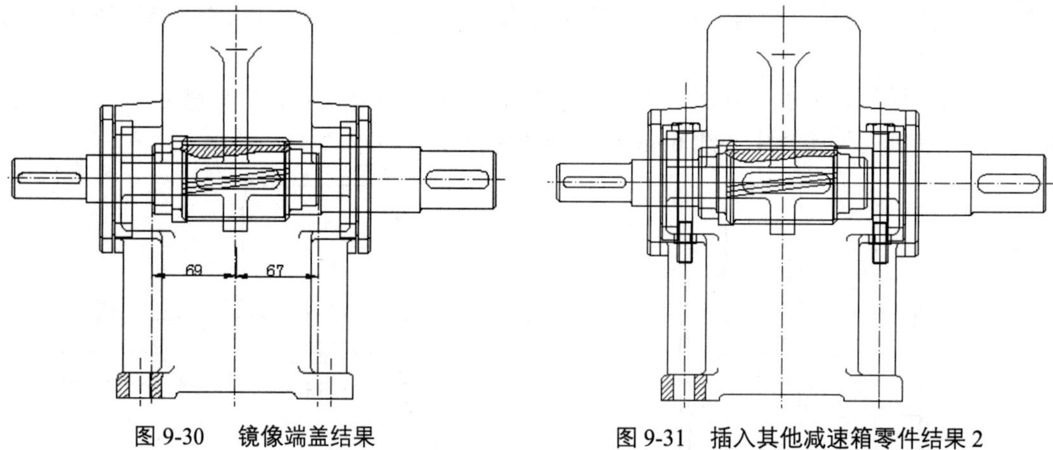

图 9-30　镜像端盖结果　　　　图 9-31　插入其他减速箱零件结果 2

（10）插入圆头平键。参照前面的方法，插入传动轴平键和齿轮轴平键，结果如图 9-32 所示。

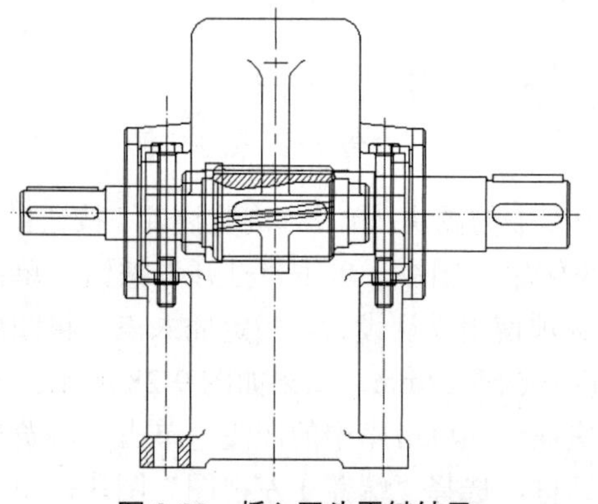

图 9-32　插入圆头平键结果

8. 修剪左视图

（1）分解所有图块。单击“默认”选项卡的“修改”面板中的“分解”按钮，对所有图块进行分解。

（2）修剪左视图。通过单击“默认”选项卡的“修改”面板中的“修剪”按钮、“删除”按钮和“打断于点”按钮，对装配图进行细节修剪。由于修剪左视图涉及知识不多，因此这里直接给出修剪后的结果，如图 9-33 所示。

（3）插入顶部通气器和视孔盖，结果如图 9-34 所示。

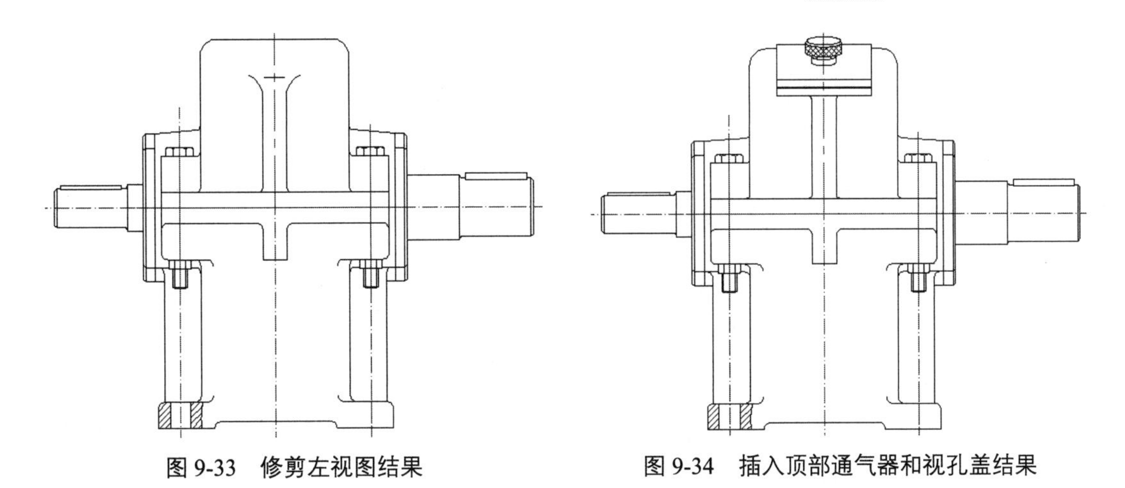

图 9-33 修剪左视图结果　　图 9-34 插入顶部通气器和视孔盖结果

9. 修整总装图

将总装图按照三视图投影关系进行修整，结果如图 9-35 所示。

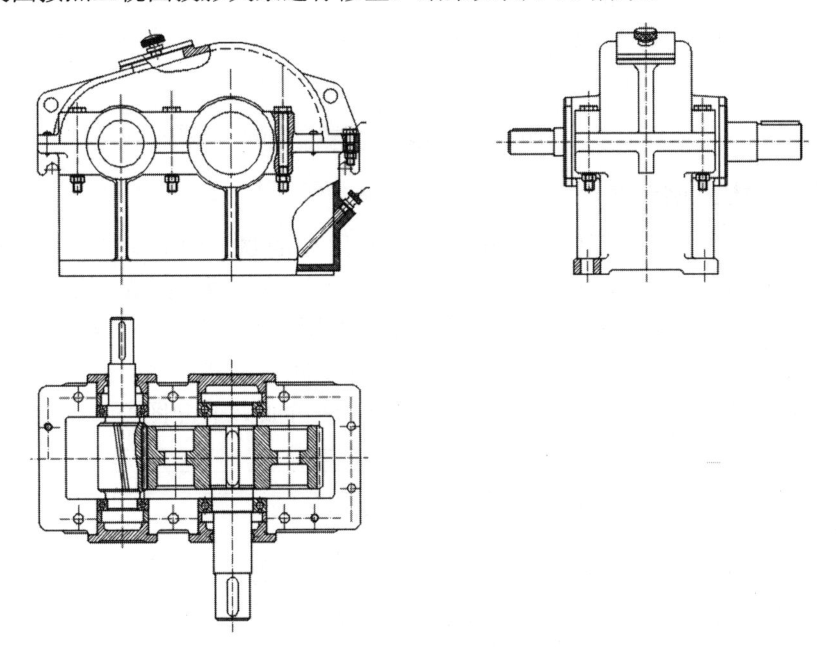

图 9-35 修整总装图结果

10. 标注装配图

（1）设置尺寸标注样式。单击“默认”选项卡的“注释”面板中的“标注样式”按钮，打开“标注样式管理器”对话框，创建“机械制图标注”样式，各属性设置与前面项目中的设置相同；将该样式设置为当前使用的标注样式，并将“4 尺寸标注层”图层设置为当前图层。

（2）标注带公差的配合尺寸。单击“注释”选项卡的“标注”面板中的“线性”按钮，标注小齿轮轴与小轴承的配合尺寸、小轴承与箱体轴孔的配合尺寸、大齿轮轴与大齿轮的配合尺寸、大齿轮轴与大轴承的配合尺寸及大轴承与箱体轴孔的配合尺寸。

（3）标注零件序号。在命令行中输入“QLEADER”命令，从装配图左上角开始，沿着装配图外表面按照顺时针方向依次为各个减速箱零件进行编号，结果如图 9-36 所示。

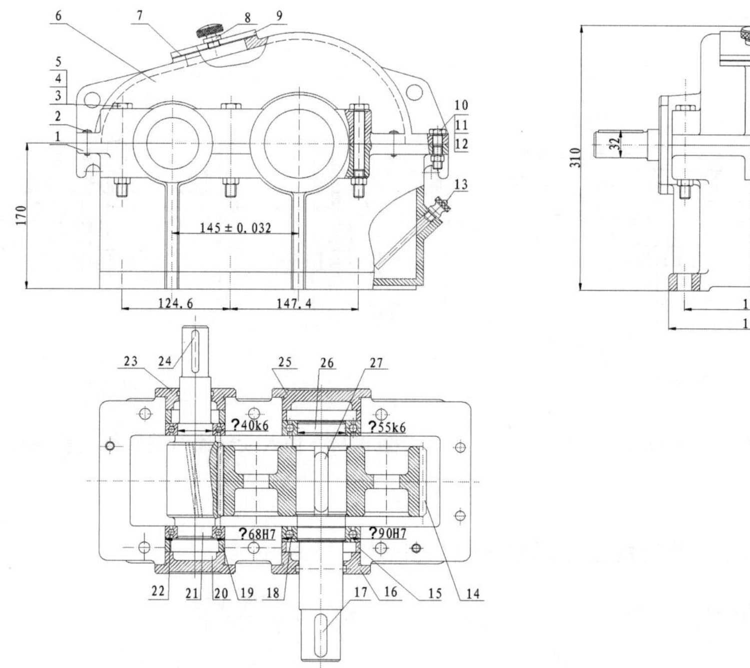

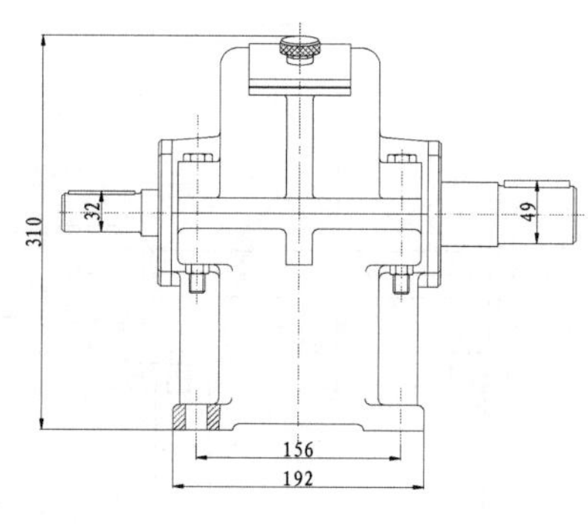

图 9-36　标注零件序号结果

11. 填写标题栏和明细表

（1）填写标题栏。将“图框层”设置为当前图层，在标题栏中填写“装配图”。

（2）插入“明细表”图块。单击“默认”选项卡的“绘图”面板中的“插入块”按钮，单击库中的图块，单击“浏览块库”按钮，打开“为块库选择文件夹或文件”对话框，选择“明细表”图块，单击“打开”按钮。单击需要插入的图块，“比例”和“旋转”选项使用默认设置，将图块插入到图形中，结果如图 9-37 所示。至此，装配图绘制完成。

序号	名　称	数　量	材　料	备　注
27	平键16×70	1	Q275A	
26	传动轴	1	45	
25	大端盖	1	HT200	
24	平键8×50×7	1	Q275A	
23	小通盖	1	HT200	
22	小轴承	1	GCr40	
21	齿轮轴	1	45	
20	小端盖	1	HT200	
19	小定距环	1	Q235A	
18	大轴承	2	GCr40	
17	平键14×50	1	Q275A	
16	大通盖	1	HT200	
15	定距环	1	Q235A	
14	圆柱齿轮	1	45	
13	油标尺	1	Q235A	
12	垫圈	2	65Mn	
11	螺母	2	5	GB/T6170
10	螺栓	2	5.9	GB/T5782-2020
9	视口盖	1	Q215A	
8	通气器	1	Q235A	
7	垫片	1	石棉橡胶纸	
6	箱盖	1	HT200	
5	垫圈	6	65Mn	
4	螺母	6	5	GB/T6170
3	螺栓	6	5.9	GB/T5782-2020
2	圆锥销	2	35	GB117-86
1	箱体	1	HT200	

图 9-37　插入“明细表”图块结果

知识点详解

1. 装配图的一般绘制过程

装配图的绘制过程与零件图比较相似，但又具有自身的特点。下面简单介绍装配图的一般绘制过程如下。

（1）在绘制装配图之前，同样需要根据图纸幅面的大小和版式，建立符合机械制图国家标准的若干机械图样模板。模板中应包括图纸幅面、图层、使用文字的一般样式、尺寸标注的一般样式等。这样，在绘制装配图时，可以直接调用建立好的模板进行绘图，有助于提高工作效率。

（2）使用绘制装配图的绘制方法完成装配图的绘制。这些方法将在下面进行详细介绍。

（3）对装配图进行尺寸标注。

（4）编写零部件的序号。使用快速引线标注命令 QLEADER 绘制序号的引线及标注序号。

（5）绘制明细栏（也可以将明细栏的单元格创建为图块，在使用时插入即可），填写标题栏及明细栏，并标注技术要求。

（6）保存图形文件。

2. 装配图的绘制方法

（1）零件图块插入法：它是一种将组成部件或机器的各个零件的图形创建为图块，再按照零件间的相对位置关系逐个插入零件图块，从而拼画装配图的方法。

（2）图形文件插入法：由于在 AutoCAD 2024 中，图形文件可以通过插入图块命令 INSERT 直接插入到不同的图形中，因此可以使用直接插入零件图形文件的方法来拼画装配图。该方法与零件图块插入法非常相似，不同的是，该方法插入基点为零件图形的左下角坐标(0,0)。这会导致在拼画装配图时无法准确地确定零件图形在装配图中的位置。为了能够准确地将图形插入所需位置，在绘制完零件图形后，应先使用定义基点命令 BASE 设置插入基点，再保存文件。这样在使用插入图块命令 INSERT 插入该图形文件时，就可以以定义的基点为插入点进行插入，从而完成装配图的拼画。

（3）直接绘制：对于一些比较简单的装配图，可以直接利用 AutoCAD 的二维绘图及编辑命令，按照装配图的绘制步骤将其绘制出来。另外，在绘制过程中，需要使用对象捕捉及正交等绘图辅助工具进行精确绘图，同时需要使用对象追踪工具来确保视图之间的投影关系。

（4）利用设计中心窗口拼画装配图：在 AutoCAD 的设计中心窗口中，可以直接插入其他图形中定义的图块，但是一次只能插入一个图块。图块被插入到图形中后，如果原来的图块被修改，则插入到图形中的图块也随着发生改变。

3. 装配图的内容

一幅完整的装配图应包括下列内容。

（1）一组视图。装配图由一组视图组成，用于表达各组成零件的相互位置和装配关系，以及部件或机器的工作原理和结构特点。

（2）必要的尺寸。必要的尺寸包括部件或机器的性能规格尺寸、零件之间的配合尺寸、外形尺寸、部件或机器的安装尺寸和其他重要尺寸等。

（3）技术要求。说明部件或机器的装配、安装、检验和运转的技术要求，一般使用文字标出。

（4）零部件序号、明细栏和标题栏。在装配图中，应对每个不同的零部件编写序号，并在明细栏中依次填写序号、名称、件数、材料和备注等内容。标题栏与零件图中的标题栏相同。

4. 装配图的特殊表达方法

（1）沿结合面进行剖切或拆卸的画法：在装配图中，为了表达部件或机器的内部结构，可以采用沿结合面进行剖切的画法，即假设沿某些零件的结合面进行剖切，在结合面上不绘制剖面线，而被剖切的零件一般都应画出剖面线。

在装配图中，为了表达被遮挡部分的装配关系或其他零件，可以采用沿结合面进行拆卸的画法，即假设拆卸一个或多个零件，只需画出所要表达部分的视图即可。

（2）假想画法：为了表示运动零件的极限位置，或者与该部件有装配关系但又不属于该部件的其他相邻零件（或部件），可以使用双点画线画出其轮廓。

（3）夸大画法：对于薄片零件、细丝弹簧、微小间隙等，若按照实际尺寸在装配图中难以绘制或明显表示时，则可以采用此方法，而不按照比例进行绘制。

（4）简化画法：在装配图中，零件的工艺结构，如圆角、倒角、退刀槽等可以不绘制。对于多个相同的零件组，如螺栓连接等，可以详细绘制一组或几组，其余零件使用点画线表示其装配位置即可。

5. 装配图的尺寸

装配图与零件图在生产中的作用不同，对标注尺寸的要求也有所不同。装配图仅标注与机器或部件的规格、性能、装配、检验、安装及运输等有关的尺寸。

（1）特性尺寸。

表示机器或部件规格或性能的尺寸被称为特性尺寸。它是设计的主要参数，也是用户选择产品的依据。

（2）装配尺寸。

表示机器或部件中与装配有关的尺寸被称为装配尺寸。它是装配工作的主要依据，也是保证机器或部件性能必需的重要尺寸。装配尺寸一般包括配合尺寸、连接尺寸和相对位置尺寸。

① 配合尺寸。

配合尺寸是指相同基本尺寸的孔与轴之间的配合要求，一般由基本尺寸和表示配合种类的配合代号组成。

② 连接尺寸。

连接尺寸一般包括非标准件的螺纹连接尺寸及标准件的相对位置尺寸。对于螺纹紧固件，其连接部分的尺寸由明细表中的名称反映。

③ 相对位置尺寸。

a 主要轴线到安装基准面之间的距离。

b 主要平行轴之间的距离。

c 装配后两零件之间必须保证的间隙。

（3）外形尺寸。

表示机器或部件的总长、总宽和总高的尺寸被称为外形尺寸。它反映了机器或部件所占空间的大小，是包装、运输、安装及厂房设计所需的数据。

（4）安装尺寸。

表示机器或部件与其他零件、部件、机座间安装所需的尺寸被称为安装尺寸。

在装配图中，除了上述尺寸，还需标注设计中通过计算确定的重要尺寸及运动件活动范围的极限尺寸等。

6. 装配图的零件序号、明细表和技术要求

为了便于读图、图样管理及做好生产准备工作，装配图中的所有零件和部件都必须编写序号。在同一装配图中，相同零件和部件只能编写一个序号，并将其填写在标题栏上方的明细栏中。

（1）零件序号。

① 装配图中序号编写的常见形式。

装配图中序号的编写形式主要分为 3 种，如图 9-38 所示。首先在所指的零件和部件的可见轮廓内绘制一个圆点，然后从该圆点开始绘制引线（采用细实线），并在引线的末端绘制一条水平线或一个圆（均采用细实线），最后在水平线上或圆内标注序号。但是，序号的字高应比尺寸数字大两号，如图 9-38（a）所示。

另外，可以不在引线的末端绘制水平线或圆，直接标注序号，但序号的字高应比尺寸数字大两号，如图 9-38（b）所示。

对于很薄的零件或涂黑的剖面，可以使用箭头来代替圆点，箭头应指向该部分的轮廓，如图 9-38（c）所示。

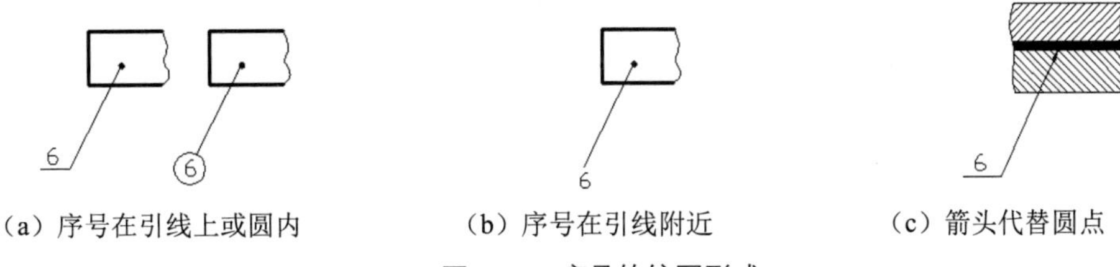

（a）序号在引线上或圆内　（b）序号在引线附近　（c）箭头代替圆点

图 9-38　序号的编写形式

② 编写序号的注意事项。

引线相互不能相交，不能与剖面线平行，必要时可以将引线绘制为折线，但是只允许曲折一次，如图 9-39 所示。

序号应按照水平或垂直方向，顺时针（或逆时针）顺次排列整齐，并尽可能均匀分布。对于一组紧固件或装配关系清楚的零件组，可以采用公共引线，如图 9-40 所示。

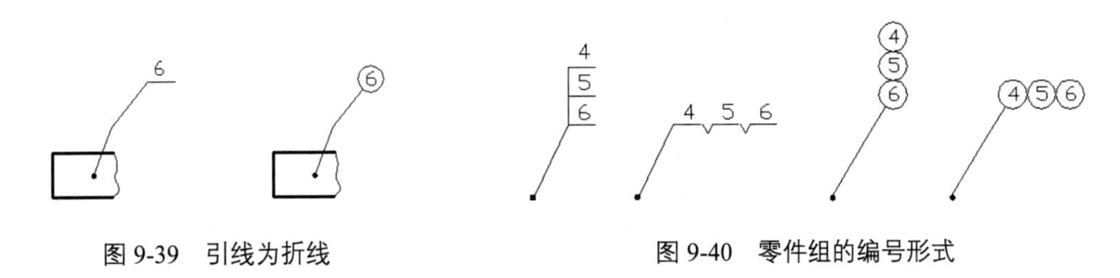

图 9-39　引线为折线　　图 9-40　零件组的编号形式

装配图中的标准化组件（如滚动轴承、电动机等）可被看作一个整体，只编写一个序号。部件中的标准件可以与非标准件一样编写序号，也可以不编写序号，而直接使用引线在图中标明标准件的数量与规格。

（2）明细表。

明细表是说明零件序号、代号、名称、规格、数量、材料等内容的表格，位于标题栏的

上方，其外框为粗实线，内格为细实线。若空间不足，则可以对明细表进行分段，并依次绘制在标题栏的左侧。

（3）技术要求。

在装配图的空白处，应使用简明的文字说明对机器或部件的性能要求、装配要求、试验和验收要求、外观和包装要求、使用要求及执行标准等内容。

任务二　上机实验

实验 1　绘制如图 9-41 所示的滑动轴承装配图

◆ 目的要求

装配图主要用于表达部件的结构原理和装配关系，是一种非常重要的工程图。在绘制时，主要利用插入图块的方法来实现。本实验的目的是帮助读者深入掌握机械装配图的设计方法和技能。

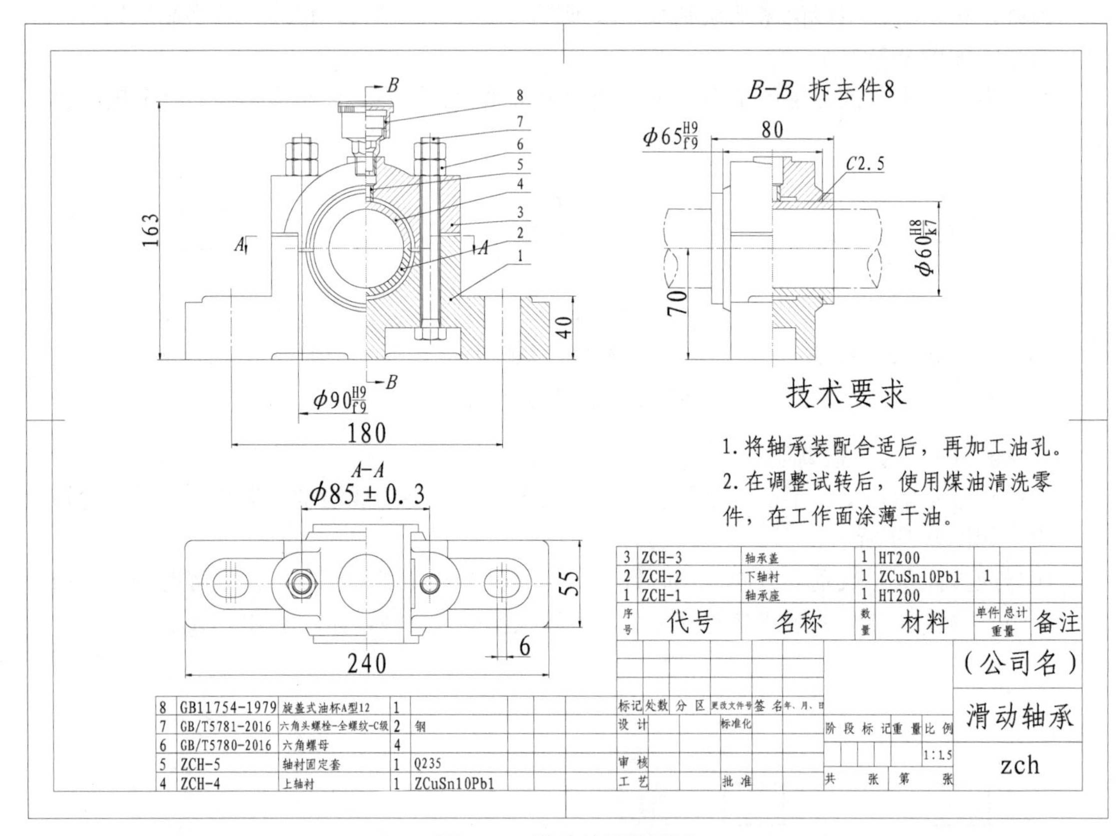

图 9-41　滑动轴承装配图

◆ 操作提示

（1）设置图层，并插入图框。

（2）插入轴承座图块。

（3）依次插入其他图块。

（4）分解相关图块，修剪相关图线，并厘清相关图线在空间的位置关系。

（5）标注图形尺寸。

（6）标注零件序号。

（7）绘制明细表。

（8）填写技术要求。

（9）填写标题栏。

实验 2　绘制如图 9-42 所示的手压阀装配图

◆ 目的要求

手压阀装配图由阀体、阀杆、手把、底座、弹簧、胶垫、压紧螺母、销轴、胶木球、密封垫零件图组成，可以对这些零件图的视图进行修改，将其制作成图块，并将这些图块插入装配图。本实验的目的是帮助读者深入掌握机械装配图的设计方法和技能。

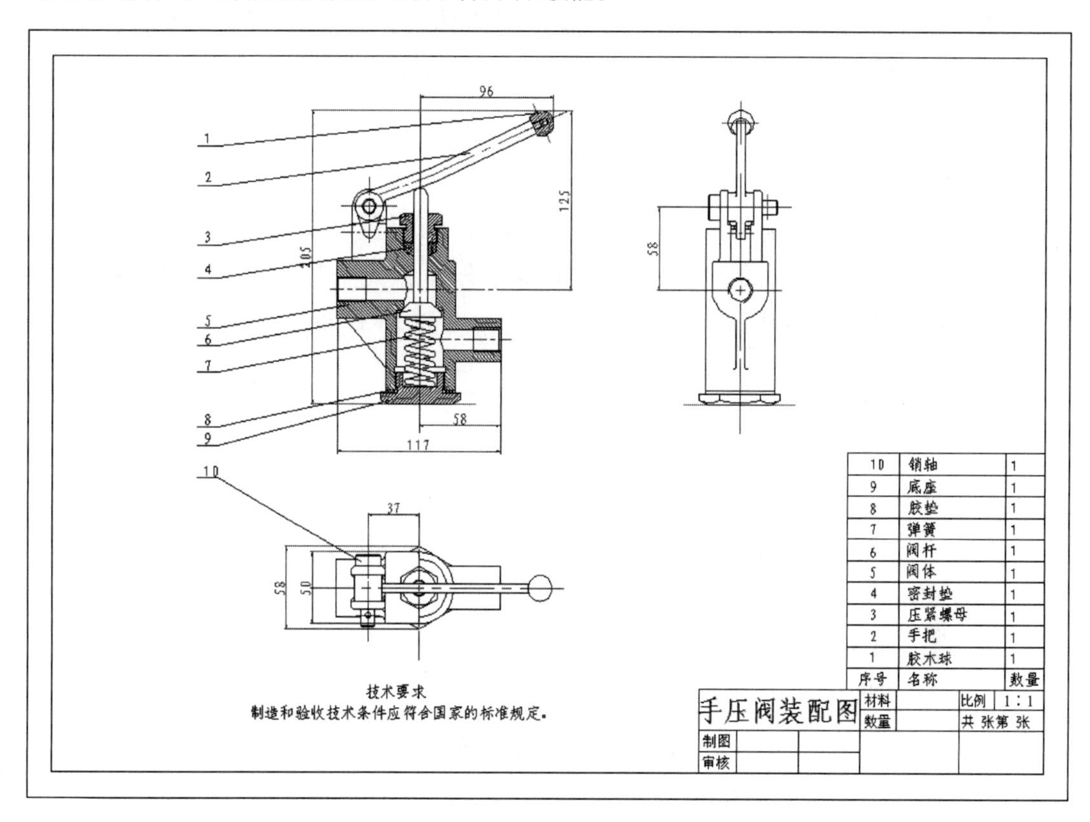

图 9-42　手压阀装配图

◆ 操作提示

（1）设置图层，并插入图框。

（2）插入阀体图块。

（3）依次插入其他图块。

（4）分解相关图块，修剪相关图线，并厘清相关图线在空间的位置关系。

（5）标注图形尺寸。

（6）标注零件序号。

（7）绘制明细表。

（8）填写技术要求。

（9）填写标题栏。

反侵权盗版声明

举报电话：（010）88254396；（010）88258888

传　　真：（010）88254397

E-mail：dbqq@phei.com.cn

通信地址：北京市万寿路173信箱

电子工业出版社总编办公室

邮　　编：100036